Python

数据科学零基础一本通

上册

U0392328

洪锦魁◎著

清华大学出版社

北 京

内 容 简 介

这是一本专为没有编程基础的读者编写的 Python 入门书籍,全书包含 800 多个程序实例及 200 多道实践习题,一步一步详细讲解 Python 语法的基础知识,同时也将应用范围拓展至图形界面设计、影像处理、图表绘制、文字识别、词云、股市资料摘取与图表制作、线性代数、基础统计以及与数据科学相关的 Numpy、Scipy、Pandas。Python 是一门非常灵活的编程语言,本书特色在于对 Python 的基础知识与应用辅以大量实例进行讲解,读者可以通过这些程序实例事半功倍地学会 Python。

本书封面贴有清华大学出版社防伪标签,无标签者不得销售。

版权所有,侵权必究。侵权举报电话:010-62782989 13701121933

图书在版编目(CIP)数据

Python数据科学零基础一本通 / 洪锦魁著. —北京:清华大学出版社,2020.2
ISBN 978-7-302-54539-2

Ⅰ.①P… Ⅱ.①洪… Ⅲ.①软件工具—程序设计 Ⅳ.①TP311.561

中国版本图书馆 CIP 数据核字(2019)第 290377 号

责任编辑:张 敏 薛 阳
封面设计:杨玉兰
责任校对:徐俊伟
责任印制:丛怀宇

出版发行:清华大学出版社
      网 址:http://www.tup.com.cn,http://www.wqbook.com
      地 址:北京清华大学学研大厦 A 座   邮 编:100084
      社 总 机:010-62770175   邮 购:010-62786544
      投稿与读者服务:010-62776969,c-service@tup.tsinghua.edu.cn
      质 量 反 馈:010-62772015,zhiliang@tup.tsinghua.edu.cn
印 装 者:三河市铭诚印务有限公司
经 销:全国新华书店
开 本:170mm×240mm   印 张:48.75   字 数:1278 千字
版 次:2020 年 4 月第 1 版   印 次:2020 年 4 月第 1 次印刷
定 价:129.00 元(上、下册)

产品编号:085277-01

序

多次与教育界的朋友相聚，谈到计算机语言的发展趋势时，大家一致认为 Python 是当今最重要的计算机语言。许多知名公司，例如 Google、Facebook 等皆已将 Python 列为必备计算机语言。许多人想学 Python，市面上的书也不少，但书中对 Python 语法的讲解并不完整，造成读者学习上的障碍，读者读完一本 Python 书籍，仍然看不懂专家写的 Python 程序。因此，笔者决定撰写一本用丰富、实用、有趣的实例完整且深入讲解 Python 语法的入门书籍。

Python 以简洁著名，语法非常灵活，同时拥有丰富、实用的模块。本书除了以实例解说 Python 语法，还会穿插讲解各种模块，以帮助读者更灵活地掌握 Python。此外，笔者也尝试在书中穿插基本的科学、数学、统计与人工智能的基础知识，帮助读者为进一步的学习打下扎实的基础。

本书包含 800 多个程序实例，搭配 400 多个模块，并辅以 200 多道实践习题，细致讲解 Python 语法。本书也会说明下列知识与应用：

❑ 人工智能基础知识；

❑ Python 彩蛋；

❑ 从 bytes 数据、编码（encode）、译码（decode）说起，到精通列表（list）、元组（tuple）、字典（dict）、集合（set）；

❑ 从小型列表、元组、字典到大型数据资料的建立；

❑ 生成式（generator）建立 Python 数据结构；

❑ 在坐标轴内计算任意两点之间的距离，同时解说与人工智能的关联；

❑ 用经纬度计算地球任意两座城市之间的距离，学习取得地球任意位置的经纬度；

❑ 用莱布尼茨公式、尼拉卡莎级数、蒙特卡罗模拟计算圆周率；

❑ 讲解基础函数观念，也深入到嵌套、closure、lambda、Decorator 等高阶应用；

❑ 对 map( ) 和 reduce( ) 进行完整解说，并进一步配合 lambda 解说高级应用；

❑ 建立类别的同时深入讲解装饰器 @property、@classmethod、@staticmethod 与类别特殊属性与方法；

- ❏ 设计与应用自己设计的模块、活用外部模块（module）；
- ❏ 赌场骗局；
- ❏ 自己设计加密与解密程序；
- ❏ Python 的输入与输出；
- ❏ 文件压缩与解压缩；
- ❏ 程序除错与异常处理；
- ❏ 文件读取与目录管理；
- ❏ 剪贴板应用；
- ❏ 正则表达式；
- ❏ 递归式观念与碎形 Fractal；
- ❏ 图像处理与文字辨识，更进一步说明计算机储存图像的方法；
- ❏ 基本与进阶 QR code 制作；
- ❏ 词云（Word Cloud）设计；
- ❏ GUI 设计：设计小计算器；
- ❏ 动画与游戏；
- ❏ matplotlib 中英文图表绘制；
- ❏ 说明 CSV 和 JSON 文件；
- ❏ 股市数据读取与图表制作；
- ❏ Python 解线性代数；
- ❏ Python 解联立方程式；
- ❏ Python 执行数据分析；
- ❏ 科学计算与数据分析 Numpy、Scipy、Pandas。

　　笔者编写过许多计算机领域的著作，本书将沿袭笔者以往著作的特色，程序实例丰富。相信读者通过学习本书内容，一定可以快速精通 Python。笔者虽力求完美，但是书中不足与疏漏在所难免，请不吝指正。

洪锦魁

2019.10.31

目　　录

01

第 1 章

基本概念

本章摘要

1-1 认识 Python

Python 是一种**直译式**（Interpreted Language）、**面向对象**（Object Oriented Language）的程序语言，它拥有完整的函数库，可以协助用户轻松地完成许多常见的工作。

直译式语言是指，**直译器**（Interpretor）会将程序代码一句一句直接执行，不需要经过**编译**（Compile）动作，将语言先转换成**机器码**，再予以执行。目前 Python 的直译器是 CPython，这是由 C 语言编写的一个直译程序，与 Python 一样目前由 Python 基金会管理使用。

Python 也算是一种动态的高级语言，具有**垃圾回收**（garbage collection）功能。**垃圾回收**是指程序在执行时，直译程序会主动收回不再需要的动态内存空间，将内存集中管理，这种机制可以减轻程序设计师的负担，当然也就减少了程序设计师犯错的机会。

由于 Python **开放源码**（Open Source），每个人皆可免费使用或为它贡献，除了它本身有许多内建的**套件**（package）或称**模块**（module）外，许多公司也为它开发了更多的套件，促使它的功能可以持续扩充，因此 Python 目前已经是全球最热门的程序语言之一。

1-2 Python 的起源

Python 的最初设计者是**吉多·范罗姆苏**（Guido van Rossum），他是荷兰人，1956 年出生于荷兰哈勒姆，1982 年毕业于阿姆斯特丹大学的数学和计算机系，并获得硕士学位。

吉多·范罗姆苏在 1996 年为一本 O'Reilly 出版社作者 Mark Lutz 所著的 *Programming Python* 的序言中表示：6 年前，1989 年我想在圣诞节期间思考设计一种程序语言打发时间，当时我正在构思一个新的脚本（script）语言的解释器，它是 ABC 语言的后代，期待这个程序语言对 UNIX C 的程序语言设计师会有吸引力。基于我是蒙提派森飞行马戏团（Monty Python's Flying Circus）的疯

狂爱好者，所以就以 Python 为这个程序命名。

在一些 Python 的文件或有些书封面喜欢用蟒蛇代表 Python，但是从吉多·范罗姆苏的上述序言可知，Python 灵感的来源是**马戏团名称**而非**蟒蛇**。

1999 年，他向美国国防高级研究计划局（Defense Advanced Research Projects Agency, DARPA）提出 Computer Programming for Everybody 的研发经费申请，并提出了下列 Python 的目标。

（1）这是一个简单直觉式的程序语言，可以和主要程序语言一样强大。

（2）这是开放源码（Open Source）的程序语言，每个人皆可自由使用与贡献。

（3）程序代码像英语一样容易理解与使用。

（4）可在短期间内开发一些常用功能。

现在上述目标都已经实现了，Python 已经与 C/C++、Java 一样成为程序设计师必备的程序语言，然而它却比 C/C++ 和 Java 更容易学习。

目前，Python 语言是由 Python 软件基金会（www.python.org）管理，有关新版软件下载的相关信息可以在这个基金会取得，可参考附录 A。

1-3 Python 语言发展史

在 1991 年 Python 正式诞生时，当时的操作系统平台是 Mac。尽管吉多·范罗姆苏坦言 Python 是构思于 ABC 语言，但是 ABC 语言并没有成功。吉多·范罗姆苏本人认为 ABC 语言并不是一个开放的程序语言，是其失败的主要原因。因此，在 Python 的推广中，他避开了这个错误，将 Python 推向开放式系统，因而获得了巨大的成功。

1. Python 2.0 发布

2000 年 10 月 16 日，Python 2.0 正式发布，主要是增加了**垃圾回收**的功能，同时支持 Unicode。

Unicode 是一种适合多语系的编码规则，主要是使用可变长度字节方式存储字符，以节省内存空间。例如，对于英文字母而言是使用 1 字节（byte）空间存储即可，对于含有附加符号的希腊文、拉丁文或阿拉伯文等则用 2 字节空间存储，中文则是以 3 字节空间存储，只有极少数的平面辅助文字需要 4 字节空间存储。也就是说，这种编码规则已经包含全球所有语言的字符了，所以采用这种编码方式设计程序时，其他语系的程序只要支持 Unicode 编码即可显示。例如，法国人即使使用法文版的程序，也可以正常显示中文。

2. Python 3.0 发布

2008 年 12 月 3 日，Python 3.0 正式发布。一般程序语言的发展会考虑到兼容特性，但是 Python 3 在开发时为了不受先前 2.x 版本的束缚，因此没有考虑兼容特性，所以许多早期版本开发的程序是无法在 Python 3.x 版上执行的。

不过为了解决这个问题，尽管发布了 Python 3.x 版本，后来又陆续将 3.x 版的特性移植到 Python 2.6/2.7x 版上，所以现在进入 Python 基金会网站时，可以发现有 2.7x 版和 3.7x 版的软件可以下载。

笔者经验提醒：有一些早期开发的冒险游戏软件只支持 Python 2.7x 版，目前尚未支持 Python 3.7x 版。不过相信这些软件未来也将朝向支持 Python 3.7x 版的路迈进。

Python 基金会提醒：Python 2.7x 已经被确定为最后一个 Python 2.x 的版本，目前暂定基金会对此版本的支持到 2020 年。

笔者在撰写此书时，所有程序都是以 Python 3.x 版作为主要依据的。

1-4 Python 的应用范围

尽管 Python 是一个非常适合初学者学习的程序语言，在国外有许多儿童程序语言教学也是以 Python 为工具，然而它却是一个功能强大的程序语言，下列是它的部分应用。

（1）设计动画游戏。

（2）支持图形用户接口（Graphical User Interface, GUI）开发。

（3）数据库开发与设计动态网页。

（4）科学计算与大数据分析。

（5）人工智能与机器学习。

（6）Google、Yahoo!、YouTube、NASA、Dropbox（文件分享服务）、Reddit（社交网站）在内部都大量使用 Python 作为开发工具。

（7）网络爬虫、黑客攻防。

目前，Google 搜索引擎、纽约股票交易所、NASA 航天行动的关键任务执行，都是使用 Python 语言。

1-5 静态语言与动态语言

变量（variable）是一个语言的核心，由变量的设置可以知道这个程序所要完成的工作。

有些程序语言的**变量**在使用前需要先声明它的数据类型，这样**编译程序**（compile）会在内存内预留空间给这个变量。这个变量的数据类型经过声明后，未来无法再改变它的数据类型，这类的程序语言称为**静态语言**（static language），例如，C、C++、Java 等。声明变量可以协助计算机捕捉可能的错误，同时也可以让程序执行速度更快，但是程序设计师需要花更多的时间编写程序与思考程序的规划。

有些程序语言的变量在使用前不必声明它的数据类型，这样可以用比较少的程序代码完成更多工作，增加程序设计的便利性，这类程序在执行前不必经过**编译**（compile）过程，而是使用**直译器**（interpreter）直接**直译**（interpret）与**执行**（execute），这类的程序语言称为**动态语言**（dynamic language），有时也可称这类语言是**文字码语言**（scripting language），例如，Python、Perl、Ruby。动态语言执行速度比经过编译后的静态语言执行速度慢，所以有相当长的时间动态语言只适合进行短小程序的设计，或是将它作为准备数据供静态语言处理，在这种状况下也有人将这种动态语言称为**胶水码**（glue code）。后来随着软件技术的进步，直译器执行速度越来越快，已经可以用它执行复杂的工作了。如果读者懂 Java、C、C++，将会发现，Python 相较于这些语言除了便利性，程序设计效率已经远远超过这些语言了，这也是 Python 成为目前最热门程序语言的原因。

使用 Python 语言时可以直接在提示信息下（>>>）输入程序代码执行工作（可参考 1-7 节），也可以将程序代码存储成文件然后再执行（可参考 1-9 节）。

1-6 跨平台的程序语言

Python 是一种跨平台的程序语言，主要的操作系统，如 Windows、Mac OS、UNIX、Linux 等，都可以安装和使用。

跨平台的程序语言意味着，用户可以在某一个平台上使用 Python 设计一个程序，未来这个程序也可以在其他平台上顺利运行。

1-7 系统的安装与执行

有关安装 Python 的步骤请参考附录 A。下面将以 Python 3.7x 版为例进行说明。双击附录 A 中所建的在 Windows 桌面上的 idle 图标，将看到下列 Python Shell 窗口。

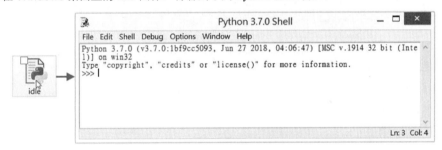

图中 >>> 符号是提示信息，可以在此输入 Python 指令。

程序实例 ch1_1.py：使用 print( ) 函数，输出字符串。

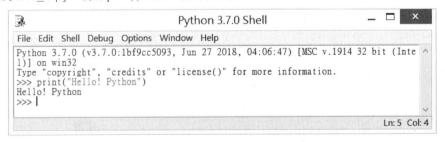

1-8 Python 2 与 Python 3 不相容的验证

下面是早期在 Python 2 上执行输出字符串的 print 用法。

如果相同的输出方式应用在 Python 3 中将出现错误。

出现错误的原因是，在 Python 3 中 print( ) 已经是一个函数。不过在 1-3 节中也提过，Python 基金会后来陆续将 3.x 版的特性移植到 Python 2.6/2.7x 版上，所以如果在 Python 2.6/2.7x 版本上使用 print( ) 函数，将可以得到正确的输出。

1-9　文件的建立、存储、执行与打开

如果设计一个程序每次均要在 Python Shell 窗口环境重新输入命令的话，将是一件麻烦的事，所以程序设计时，可以将所设计的程序保存在文件内是一件重要的事。

1-9-1　文件的建立

在 Python Shell 窗口中可以执行 File → New File 命令，建立一个空白的 Python 文件。

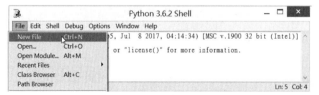

然后可以建立一个 Untitled 窗口，窗口内容是空白，下面是笔者在空白文件内输入一条命令的实例。

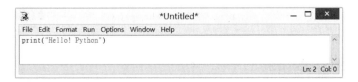

如果想要执行上述文件，需要先存储上述文件。

1-9-2　文件的存储

可以执行 File → Save As 命令存储文件。

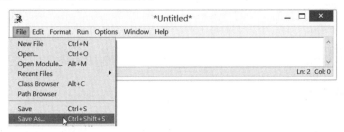

然后将看到**另存新文件**对话框，此例将文件存储在 D:/Python/ch1 文件夹，文件名是 ch1_1（Python 的扩展名是 py），可以得到下列结果。

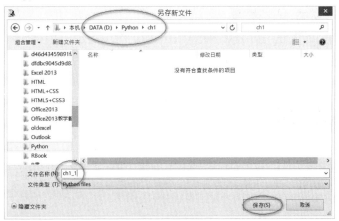

单击**"保存"**按钮。

原标题 Untitled 已经改为 ch1_1.py 了。

1-9-3　文件的执行

执行 Run → Run Module 命令，就可以正式执行先前所建的 ch1_1.py 文件。

执行后，在原先的 Python Shell 窗口中可以看到执行结果。

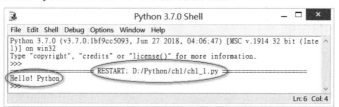

学习到此，恭喜你已经成功地建立了一个 Python 文件，同时执行成功了。

1-9-4　打开文件

假设已经离开 ch1_1.py 文件，未来想要打开这个程序文件，可以执行 File → Open 命令。

然后会出现"打开文件"对话框，选择要打开的文件即可。

1-10　程序注释

程序注释的主要功能是让程序可读性更高，更容易了解。在企业工作中，一个实用的程序可以很轻易超过几千或上万行，此时可能需设计好几个月，给程序加上程序注释，可方便自己或他人了解程序内容。

1-10-1　注释符号

不论是使用 Python Shell 直译器或是 Python 程序文件中，"#"符号右边的文字，都称为程序注释，Python 语言的直译器会忽略此符号右边的文字。可参考下列实例。

实例 1：在 Python Shell 窗口注释的应用 1，注释可以放在程序语句的右边。

```
>>> print("Python数据科学零基础一本通")    # 打印本书名称
Python数据科学零基础一本通
>>>
```

实例 2：在 Python Shell 窗口注释的应用 2，注释可以放在程序语句的最左边。

```
>>> # 打印本书名称
>>> print("Python数据科学零基础一本通")
Python数据科学零基础一本通
>>> |
```

程序实例 ch1_2.py：重新设计 ch1_1.py，为程序增加注释。

```
1  # ch1_2.py
2  print("Hello! Python")    # 打印字符串
```

　　注：Python 程序左边是没有行号的，上述行号是笔者为了读者阅读方便加上去的。

1-10-2　三个单引号或双引号

　　如果要进行大段落的注释，可以用三个单引号或双引号将注释文字包起来。

程序实例 ch1_3.py：以三个单引号当作注释。

```
1  '''
2  程序实例ch1_3.py
3  作者:洪锦魁
4  使用三个单引号当作注释
5  '''
6  print("Hello! Python")    # 打印字符串
```

　　上述前 5 行是程序注释。

程序实例 ch1_4.py：以三个双引号当作注释。

```
1  """
2  程序实例ch1_4.py
3  作者:洪锦魁
4  使用三个双引号当作注释
5  """
6  print("Hello! Python")    # 打印字符串
```

　　上述前 5 行是程序注释。

1-11　Python 彩蛋

　　Python 核心程序开发人员在软件内部设计了两个彩蛋，一个是搞笑网站，一个是经典名句又称 Python 之禅。这是在其他软件中没有见过的，非常有趣。

1. Python 之禅

　　在 Python Shell 环境下输入"import this"即可看到经典名句，其实这些经典名句也代表着研读 Python 的意境。

```
>>> import this
The Zen of Python, by Tim Peters

Beautiful is better than ugly.
Explicit is better than implicit.
Simple is better than complex.
Complex is better than complicated.
Flat is better than nested.
Sparse is better than dense.
Readability counts.
Special cases aren't special enough to break the rules.
Although practicality beats purity.
Errors should never pass silently.
Unless explicitly silenced.
In the face of ambiguity, refuse the temptation to guess.
There should be one-- and preferably only one --obvious way to do it.
Although that way may not be obvious at first unless you're Dutch.
Now is better than never.
Although never is often better than *right* now.
If the implementation is hard to explain, it's a bad idea.
If the implementation is easy to explain, it may be a good idea.
Namespaces are one honking great idea -- let's do more of those!
```

2. Python 搞笑网站

可以在 Python Shell 环境下输入 "import antigravity" 即可连接下列网址，读者可以欣赏有关 Python 的趣味内容。

https://xkcd.com/353/

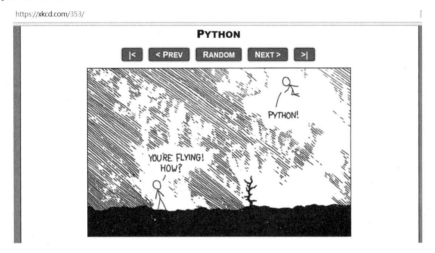

习题

设计程序可以输出下列 3 行数据。

就读学校

年级

姓名

```
================ RESTART: D:/Python/ex/ex1_1.py ================
明志科技大学
一年级
洪锦魁
>>>
```

02

第 2 章

认识变量与基本数学运算

本章摘要

本章将从基本数学运算开始，一步一步讲解变量的使用与命名，接着介绍 Python 的算术运算。

2-1 用 Python 做计算

假设读者到麦当劳打工，一小时可以获得 120 元，如果想计算一天工作 8 小时，可以获得多少工资，可以用计算器执行 120×8，然后得到执行结果。在 Python Shell 中，可以使用下列方式计算。

```
>>> 120 * 8
960
>>>
```

如果一年实际工作天数是 300 天，可以用下列方式计算一年所得。

```
>>> 120 * 8 * 300
288000
>>> |
```

如果读者一个月的花费是 9000 元，可以用下列方式计算一年可以存储多少钱。

```
>>> 9000 * 12
108000
>>> 288000 - 108000
180000
>>>
```

上述先计算一年的花费，再用一年的收入减去一年的花费，可以得到所存储的金额。本章将一步一步推导应如何以程序思想，处理一般的运算问题。

2-2 认识变量

2-2-1 基本概念

变量是一个暂时存储数据的地方，对于 2-1 节的内容而言，如果时薪从 120 元调整到 125 元，想要重新计算一年可以存储多少钱，将发现所有的计算需要重新开始。为了解决这个问题，可以考虑将时薪设为一个变量，未来如果调整薪资，直接更改变量内容即可。

在 Python 中可以用"="设置变量的内容，在这个实例中，建立了一个变量 x，然后用下列方式设置时薪。

```
>>> x = 120
>>>
```

如果想要用 Python 列出时薪，可以使用 print( ) 函数。

```
>>> print(x)
120
>>>
```

如果时薪从 120 元调整到 125 元，那么可以用下列方式表达。

```
>>> x = 125
>>> print(x)
125
>>>
```

注 在 Python Shell 环境，也可以直接输入变量名称，即可获得执行结果。

```
>>> x = 125
>>> x
125
>>>
```

　　一个程序中是可以使用多个变量的，如果想计算一天工作 8 小时，一年工作 300 天，可以赚多少钱，假设用变量 y 表示一年工作所赚的钱，可以用下列方式计算。

```
>>> x = 125
>>> y = x * 8 * 300
>>> print(y)
300000
>>>
```

　　如果每个月花费是 9000 元，使用变量 z 表示每个月的花费，可以用下列方式计算每年的花费，使用 a 表示每年的花费。

```
>>> z = 9000
>>> a = z * 12
>>> print(a)
108000
>>>
```

　　如果想计算每年可以存储多少钱，使用 b 表示每年所存储的钱，可以使用下列方式计算。

```
>>> x = 125
>>> y = x * 8 * 300
>>> z = 9000
>>> a = z * 12
>>> b = y - a
>>> print(b)
192000
>>>
```

　　上述语句顺利地使用 Python Shell 计算了每年可以存储多少钱，可是上述使用 Python Shell 做运算潜藏的最大问题是，只要过了一段时间，我们可能忘记当初所有设置的变量是代表什么意义。因此在设计程序时，如果可以为变量取个有意义的名称，未来看到程序时，可以比较容易记得。下列是笔者重新设计的变量名称。

　　时薪：hourly_salary，用此变量代替 x，即每小时的薪资。

　　年薪：annual_salary，用此变量代替 y，即一年工作所赚的钱。

　　月支出：monthly_fee，用此变量代替 z，即每个月的花费。

　　年支出：annual_fee，用此变量代替 a，即每年的花费。

　　年存储：annual_savings，用此变量代替 b，即每年所存储的钱。

　　如果现在使用上述变量重新设计程序，可以得到下列结果。

```
>>> hourly_salary = 125
>>> annual_salary = hourly_salary * 8 * 300
>>> monthly_fee = 9000
>>> annual_fee = monthly_fee * 12
>>> annual_savings = annual_salary - annual_fee
>>> print(annual_savings)
192000
>>>
```

相信经过上述说明，读者应该了解变量的基本意义了。

2-2-2　认识变量的地址

Python 是一种动态语言，它处理变量的过程与一般静态语言不同。对于静态语言而言，例如 C、C++，当声明变量时内存就会预留空间存储此变量的内容，例如，若声明与定义 x=10, y=10 时，内存内容如下方左图所示。

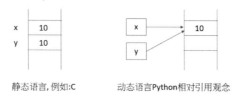

静态语言,例如:C　　　动态语言Python相对引用观念

对于 Python 而言，变量所使用的是参照（reference）地址的观念，设置一个变量 x 等于 10 时，Python 会在内存某个地址存储 10，此时我们建立的变量 x 好像是一个标志（tags），标志内容是存储 10 的内存地址。如果有另一个变量 y 也是 10，则变量 y 的标志内容也是存储 10 的内存地址，如上方右图所示。

使用 Python 可以使用 id( ) 函数获得变量的地址，可参考下列语法。

实例：列出变量的地址，相同内容的变量会有相同的地址。

```
>>> x = 10
>>> y = 10
>>> z = 20
>>> id(x)
1614727440
>>> id(y)
1614727440
>>> id(z)
1614727600
```

2-3　认识程序的意义

延续上一节的实例，如果时薪改变、工作天数改变或每个月的花费改变，所有输入与运算都要重新开始，而且每次都要重新输入程序代码，这是一件很费劲的事，同时很可能会输入错误，为了解决这个问题，可以使用 Python Shell 打开一个文件，将上述运算存储在文件内，这个文件就是所谓的**程序**。未来有需要时，再打开重新运算即可。

程序实例 ch2_1.py：使用程序计算每年可以存储多少钱，下面是整个程序设计。

```
1   # ch2_1.py
2   hourly_salary = 125
3   annual_salary = hourly_salary * 8 * 300
4   monthly_fee = 9000
5   annual_fee = monthly_fee * 12
6   annual_savings = annual_salary - annual_fee
7   print(annual_savings)
```

执行结果

```
==================== RESTART: D:\Python\ch2\ch2_1.py ====================
192000
```

　　未来时薪改变、工作天数改变或每个月的花费改变时，只要适度修改变量内容，就可以获得正确的执行结果。

2-4　认识注释的意义

　　程序 ch2_1.py 中尽管已经为变量设置了有意义的名称，但时间一久，常常还是会忘记各个指令的内涵。所以笔者建议，设计程序时，应适度地为程序代码加上注释。在 1-10 节已经讲解了注释的方法，下面将直接以实例说明。

程序实例 ch2_2.py：重新设计程序 ch2_1.py，为程序代码加上注释。

```
1   # ch2_2.py
2   hourly_salary = 125                          # 设置时薪
3   annual_salary = hourly_salary * 8 * 300      # 计算年薪
4   monthly_fee = 9000                           # 设置每月花费
5   annual_fee = monthly_fee * 12                # 计算每年花费
6   annual_savings = annual_salary - annual_fee  # 计算每年存储金额
7   print(annual_savings)                        # 列出每年存储金额
```

执行结果　与 ch2_1.py 相同。

　　相信经过上述注释后，即使再过 10 年，只要一看到程序也可轻松了解整个程序的意义。

2-5　Python 变量与其他程序语言的差异

　　许多程序语言变量在使用前需要先声明，Python 对于变量的使用则是可以在需要时，再直接设置使用。有些程序语言在声明变量时，需要设置变量的数据类型，Python 则不需要设置，它会针对变量值的内容自行设置数据类型。

2-6　变量的命名原则

　　Python 对于变量的命名，在使用时有一些规则要遵守，否则会造成程序错误。

（1）必须由英文字母、＿（下画线）或中文开头，建议使用英文字母。

（2）变量名称只能由英文字母、数字、＿（下画线）或中文组成。

（3）英文字母大小写是敏感的，例如，Name 与 name 被视为不同变量名称。

（4）Python **系统保留字**（或称**关键词**）不可当作变量名称，会让程序产生错误，Python 内建**函数名称**不建议当作变量名称。

注：虽然变量名称可以用中文，不过笔者不建议使用中文，将来可能会有兼容性的问题。

下列是不可当作变量名称的 Python **系统保留字**。

and	as	assert	break	class	continue
def	del	elif	else	except	False
finally	for	from	global	if	import
in	is	lambda	none	nonlocal	not
or	pass	raise	return	True	try
while	with	yield			

下列是不建议当作变量名称的 Python 系统**内建函数**，若是不小心将系统内建函数名称当作变量，程序本身不会错误，但是原函数功能会丧失。

abs( )	all( )	any( )	apply( )	basestring( )
bin( )	bool( )	buffer( )	bytearray( )	callable( )
chr( )	classmethod( )	cmp( )	coerce( )	compile( )
complex( )	delattr( )	dict( )	dir( )	divmod( )
enumerate( )	eval( )	execfile( )	file( )	filter( )
float( )	format( )	frozenset( )	getattr( )	globals( )
hasattr( )	hash( )	help( )	hex( )	id( )
input( )	int( )	intern( )	isinstance( )	issubclass( )
iter( )	len( )	list( )	locals( )	long( )
map( )	max( )	memoryview( )	min( )	next( )
object( )	oct( )	open( )	ord( )	pow( )
print( )	property( )	range( )	raw_input( )	reduce( )
reload( )	repr( )	reversed( )	round( )	set( )
setattr( )	slice( )	sorted( )	staticmethod( )	str( )
sum( )	super( )	tuple( )	type( )	unichr( )
unicode( )	vars( )	xrange( )	zip( )	_import( )

实例 1：下列是一些不合法的变量名称。

```
sum,1          # 变量不可有 ","
3y             # 变量不可由阿拉伯数字开头
x$2            # 变量不可有 "$" 符号
and            # 这是系统保留字不可当作变量名称
```

实例 2：下列是一些合法的变量名称。

```
SUM
_fg
x5
总和
```

实例 3：下列 3 个代表不同的变量。

```
SUM
Sum
sum
```

2-7　基本数学运算

2-7-1　四则运算

Python 的四则运算是指加（＋）、减（－）、乘（＊）和除（／）。

实例 1：下列是加法与减法运算实例。

```
>>> x = 5 + 6          # 将5加6设置给变量x
>>> print(x)
11
>>> y = x - 10         # 将x减10设置给变量y
>>> print(y)
1
>>>
```

实例 2：乘法与除法运算实例。

```
>>> x = 5 * 9          # 将5乘9设置给变量x
>>> print(x)
45
>>> y = 9 / 5          # 将9除以5设置给变量y
>>> print(y)
1.8
>>>
```

2-7-2　余数和整除

余数（mod）所使用的符号是"%"，可计算出除法运算中的余数。整除所使用的符号是"//"，是指除法运算中只保留整数部分。

实例：余数和整除运算实例。

```
>>> x = 9 % 5          # 将9除以5的余数设置给变量x
>>> print(x)
4
>>> y = 9 // 2         # 将9除以2的整数结果设置给变量y
>>> print(y)
4
>>>
```

其实在程序设计中求余数是非常有用的，例如，如果要判断数字是奇数或偶数可以用 %，例如

"num % 2"，如果 num 是奇数，所得结果是 1；如果 num 是偶数，所得结果是 0。当读者学会更多指令后，笔者会做更多的应用说明。

2-7-3　次方

次方的符号是 "**"。

实例：平方、次方的运算实例。

```
>>> x = 3 ** 2          # 将3的平方设置给变量x
>>> print(x)
9
>>> y = 3 ** 3          # 将3的3次方设置给变量y
>>> print(y)
27
>>>
```

2-7-4　Python 语言控制运算的优先级

Python 语言碰上计算式同时出现在一个指令内时，除了括号 "( )" 内部运算最优先外，其余计算优先次序如下。

（1）次方；

（2）乘法、除法、求余数（%）、求整数（//），彼此依照出现顺序运算；

（3）加法、减法，彼此依照出现顺序运算。

实例：Python 语言控制运算的优先级的应用。

```
>>> x = ( 5 + 6 ) * 8 - 2
>>> print(x)
86
>>> y = 5 + 6 * 8 - 2
>>> print(y)
51
>>> z = 2 * 3**3 * 2
>>> print(z)
108
```

2-8　指派运算符

常见的指派运算符如下。

运算符	实例	说明
+=	a += b	a = a + b
-=	a -= b	a = a - b
*=	a *= b	a = a * b
/=	a /= b	a = a / b
%=	a %= b	a = a % b
//=	a //= b	a = a // b
**=	a **= b	a = a ** b

实例：指派运算符的实例说明。

```
>>> x = 10
>>> x += 5
>>> print(x)
15
>>> x = 10
>>> x -= 5
>>> print(x)
5
>>> x = 10
>>> x *= 5
>>> print(x)
50
>>> x = 10
>>> x /= 5
>>> print(x)
2.0
>>> x = 10
>>> x %= 5
>>> print(x)
0
>>> x = 10
>>> x //= 5
>>> print(x)
2
>>> x = 10
>>> x **= 5
>>> print(x)
100000
>>>
```

2-9　Python 等号的多重指定使用

使用 Python 时，可以一次设置多个变量等于某一数值。

实例 1：设置多个变量等于某一数值的应用。

```
>>> x = y = z = 10
>>> print(x)
10
>>> print(y)
10
>>> print(z)
10
>>>
```

Python 也允许多个变量同时指定不同的数值。

实例 2：设置多个变量，每个变量有不同值。

```
>>> x, y, z = 10, 20, 30
>>> print(x, y, z)
10 20 30
>>>
```

当执行上述多重设置变量值后，甚至可以执行更改变量内容。

实例 3：将两个变量内容交换。

```
>>> x, y = 10, 20
>>> print(x, y)
10 20
>>> x, y = y, x
>>> print(x, y)
20 10
>>>
```

上述原先 x, y 分别设为 10, 20，但是经过多重设置后变为 20, 10。其实可以使用多重指定更灵活地应用 Python，在 2-7-2 节有求商和余数的实例，可以使用 divmod( ) 函数一次获得商和余数，可参考下列实例。

```
>>> x = 9 // 5          # 将9除以5的整数给变量x
>>> print(x)
1
>>> y = 9 % 5           # 将9除以5的余数给变量y
>>> print(y)
4
>>> z = divmod(9,5)     # 一次获得商与余数
>>> print(z)
(1, 4)
>>> x,y = z
>>> print(x)
1
>>> print(y)
4
>>>
```

上述使用了 divmod（9,5）方法一次获得了元组值（1,4），第 8 章会介绍元组，然后使用多重指定将此元组（1,4）分别设置给 x 和 y 变量。

2-10 删除变量

程序设计时，如果某个变量不再需要，可以使用 del 指令将此变量删除，相当于可以收回原变量所占的内存空间，以节省内存空间。删除变量的格式如下：

```
del 变量名称
```

实例：验证变量名称回收后，将无法再使用。此例中尝试输出已删除的变量，然后程序出现错误消息。

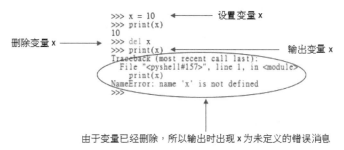

由于变量已经删除，所以输出时出现 x 为未定义的错误消息

2-11 Python 的断行

2-11-1 一行有多个语句

在 Python 中允许一行有多个，彼此用 ";" 隔开即可，尽管 Python 有提供此功能，不过笔者不鼓励如此撰写程序代码。

程序实例 ch2_3.py：一行有多个语句的实例。

```
1  # ch2_3.py
2  x = 10
3  print(x)
4  y = 20;print(y)          # 一行有两个语句,不过不鼓励这种写法
```

执行结果

```
==================== RESTART: D:\Python\ch2\ch2_3.py ====================
10
20
```

2-11-2　将一个语句分成多行

在设计大型程序时，常会碰上一个语句很长，需要分成两行或更多行撰写，此时可以在语句后面加上"\"符号，Python 解释器会将下一行的语句视为这一行的语句。特别注意，在"\"符号右边不可以加上任何符号或文字，即使是注释符号也是不允许的。

另外，也可以在语句内使用小括号，如果使用小括号，就可以在语句右边加上注释符号。

程序实例 ch2_4.py：将一个语句分成多行的应用。

```
1  # ch2_4.py
2  a = b = c = 10
3  x = a + b + c + 12
4  print(x)
5  # 续行方法1
6  y = a +\
7      b +\
8      c +\
9      12
10 print(y)
11 # 续行方法2
12 z = ( a +      # 此处可以加上注释
13      b +
14      c +
15      12 )
16 print(z)
```

执行结果

```
==================== RESTART: D:\Python\ch2\ch2_4.py ====================
42
42
42
```

2-12　专题——复利计算 / 计算圆面积与圆周长

2-12-1　银行存款复利的计算

程序实例 ch2_5.py：银行存款复利的计算。假设目前银行年利率是 1.5%，复利公式如下：

本金和 = 本金 × (1 + 年利率)^n # n 是年

现有一笔 5 万元存款，请计算 5 年后的本金和。

```
1  # ch2_5.py
2  money = 50000 * ( 1 + 0.015 ) ** 5
3  print("本金和是")
4  print(money)
```

执行结果

```
==================== RESTART: D:\Python\ch2\ch2_5.py ====================
本金和是
53864.20019421873
```

2-12-2　计算圆面积与周长

程序实例 ch2_6.py：假设圆半径是 5cm，圆面积与圆周长计算公式分别如下：

圆面积 = PI × r × r   # PI = 3.14159, r 是半径

圆周长 = 2 × PI × r

```
1  # ch2_6.py
2  PI = 3.14159
3  r = 5
4  print("圆面积:单位是平方厘米")
5  area = PI * r * r
6  print(area)
7  circurference = 2 * PI * r
8  print("圆周长:单位是厘米")
9  print(circurference)
```

执行结果

```
==================== RESTART: D:\Python\ch2\ch2_6.py ====================
圆面积:单位是平方厘米
78.53975
圆周长:单位是厘米
31.4159
>>>
```

在程序语言的设计中，有一个概念是**常量**（named constant），这种常量是不可更改内容的。上述计算圆面积或圆周长所使用的 PI 是圆周率，这是一个固定的值，由于 Python 语言没有提供此**常量**（names constant）的语法，上述程序笔者用大写 PI 当作**常量**的变量，这是一种习惯，未来读者可以用这种方式处理固定内容的变量。

习题

1. 请重新设计 ch2_1.py，将打工时薪改为 150 元。（2-1 ～ 2-3 节）

```
==================== RESTART: D:/Python/ex/ex2_1.py ====================
每年存款金额
252000
```

2. 重新设计 ch2_5.py，假设是单利率，5 年期间可以领多少利息？（2-5 ~ 2-7 节）

```
===================== RESTART: D:/Python/ex/ex2_2.py =====================
利息总和
3750.0
```

3. 重新设计 ch2_5.py，假设期初本金是 100 000 元，年利率是 2%，这是复利计算，请问 10 年后本金总和是多少？（2-5 ~ 2-12 节）

```
===================== RESTART: D:\Python\ex\ex2_3.py =====================
10年后本金和
121899.44199947573
```

4. 一个幼儿园买了 100 个苹果给学生当营养午餐，学生人数是 23 人，每个人午餐可以吃一个，请问这些苹果可以吃几天？第几天苹果会不够供应？同时列出缺少了几个。（2-5 ~ 2-12 节）

```
===================== RESTART: D:/Python/ex/ex2_4.py =====================
苹果可以吃的天数
4
第几天产生苹果供应不足
5
不足数量
15
```

5. 地球和月球的距离是 384 400 千米，假设火箭飞行速度是每分钟 400 千米，请问从地球飞到月球需要多少分钟？（2-5 ~ 2-12 节）

```
===================== RESTART: D:/Python/ex/ex2_5.py =====================
地球到月球所需分钟总数
961.0
```

6. 假设圆柱半径是 20 厘米，高度是 30 厘米，请计算此圆柱的体积。圆柱体积计算公式是：圆面积 × 圆柱高度。（2-5 ~ 2-12 节）

```
===================== RESTART: D:/Python/ex/ex2_6.py =====================
圆柱体积:单位是立方厘米
37699.08
```

7. 圆周率 PI 是一个数学常数，常常使用希腊字母表示，它的物理意义是圆的周长和直径的比率。历史上第一个无穷级数公式称为**莱布尼茨公式**，它的计算公式如下：（2-5 ~ 2-12 节）

$$PI = 4 \times \left(1 - \frac{1}{3} + \frac{1}{5} - \frac{1}{7} + \frac{1}{9} - \frac{1}{11} + \cdots\right)$$

请分别计算下列级数的执行结果。

（1）$PI = 4 \times \left(1 - \frac{1}{3} + \frac{1}{5} - \frac{1}{7} + \frac{1}{9}\right)$

（2）$PI = 4 \times \left(1 - \frac{1}{3} + \frac{1}{5} - \frac{1}{7} + \frac{1}{9} - \frac{1}{11}\right)$

（3）$PI = 4 \times \left(1 - \frac{1}{3} + \frac{1}{5} - \frac{1}{7} + \frac{1}{9} - \frac{1}{11} + \frac{1}{13}\right)$

注 上述级数如果要收敛到我们熟知的 3.14159 需要相当长的级数计算。

```
===================== RESTART: D:\Python\ex\ex2_7.py =====================
PI的值4 * (1 - 1/3 + 1/5 - 1/7 + 1/9)
3.3396825396825403
PI的值4 * (1 - 1/3 + 1/5 - 1/7 + 1/9 - 1/11)
2.9760461760461765
PI的值4 * (1 - 1/3 + 1/5 - 1/7 + 1/9 - 1/11 + 1/13)
3.2837384837384844
>>>
```

莱布尼茨（Leibniz，1646—1716）是德国人，在世界数学舞台上占有一席之地，他本人另一个职业是律师，许多数学公式都是他在各大城市通勤期间完成的。数学历史上有一个两派说法的无解公案，有人认为他是微积分的发明人，也有人认为发明人是牛顿（Newton）。

8. 尼拉卡莎级数也是应用于计算圆周率 PI 的级数，此级数收敛的速度比莱布尼茨级数更好，更适合于用来计算 PI，它的计算公式如下：

$$PI=3+\frac{4}{2\times3\times4}-\frac{4}{4\times5\times6}+\frac{4}{6\times7\times8}-\cdots$$

请分别计算下列级数的执行结果。

（a）$PI=3+\dfrac{4}{2\times3\times4}-\dfrac{4}{4\times5\times6}+\dfrac{4}{6\times7\times8}-\cdots$

（b）$PI=3+\dfrac{4}{2\times3\times4}-\dfrac{4}{4\times5\times6}+\dfrac{4}{6\times7\times8}-\dfrac{4}{8\times9\times10}\cdots$

```
===================== RESTART: D:/Python/ex/ex2_8.py =====================
PI的值3 + 4/(2*3*4) - 4/(4*5*6) + 4/(6*7*8)
3.145238095238095
PI的值3 + 4/(2*3*4) - 4/(4*5*6) + 4/(6*7*8) - 4/(8*9*10)
3.1396825396825396
```

03

Python 的基本数据类型

本章摘要

Python 的基本数据类型有下列几种。

（1）**数值**数据类型（numeric type）：常见的数值数据又可分成**整数**（int）、**浮点数**（float）、**复数**（complex number）（**不常用**所以不在本书讨论范围）。

（2）**布尔值**（Boolean）数据类型：也可归为数值数据类型。

（3）**文字序列**类型（text sequence type）：也就是字符串（string）数据类型。

（4）**字符组**（bytes，有的书称**字节**）数据类型：这是二进制的数据类型，长度是 8 位。

（5）**序列**类型（sequence type）：list（第 6 章说明）、tuple（第 8 章说明）。

（6）**对映**类型（mapping type）：dict（第 9 章说明）。

（7）**集合**类型（set type）：集合 set（第 10 章说明）、冻结集合 frozenset。

3-1　type( ) 函数

在正式介绍 Python 的数据类型前，笔者想介绍一下 type( ) 函数，这个函数可以列出变量的数据类型类别。这个函数在读者未来进入 Python 实战时非常重要，因为变量在使用前不需要声明，同时在程序设计过程中变量的数据类型会改变，我们常常需要使用此函数判断目前的变量数据类型。或是在进阶 Python 应用中，会调用一些方法（method），这些方法会返回一些数据，可以使用 type( ) 获得所返回的数据类型。

程序实例 ch3_1.py：列出数值变量的数据类型。

```
1   # ch3_1.py
2   x = 10
3   y = x / 3
4   print(x)
5   print(type(x))
6   print(y)
7   print(type(y))
```

执行结果

```
==================== RESTART: D:/Python/ch3/ch3_1.py ====================
10
<class 'int'>
3.3333333333333335
<class 'float'>
```

从上述执行结果可以看到，变量 x 的内容是 10，数据类型是整数（int）。变量 y 的内容是 3.33 …3，数据类型是浮点数（float）。下一节会说明为何是这样。

3-2　数值数据类型

3-2-1　整数 int

整数的英文是 integer，在计算机程序语言中一般用 int 表示。如果读者学过其他计算机语言，在介绍整数时一定会告诉你,该计算机语言使用了多少空间存储整数,所以设计程序时整数的大小必须是在某一区间,否则会有**溢位**(overflow)造成数据不正确。例如,如果存储整数的空间是 32 位,则整数大小为 -2 147 483 648 ～ 2 147 483 647。在 Python 2.x 版时代,整数被限制在 32 位,另外还有长整数 long,空间大小是 64 位,所以可以存储的数值更大,达到 -9 223 372 036 854 775 808 ～ 9 223 372 036 854 775 807。在 Python 3 中已经将整数可以存储空间大小的限制取消了,所以没有 long 了,也就是说 int 可以是任意大小的数值。

英文 googol 是指自然数 10^{100},计算机是用 1e^{100} 显示,这是 1938 年美国数学家**爱德华·卡斯纳**(Edward Kasner)9 岁的侄子**米尔顿·西罗蒂**(Milton Sirotta)所创造的。下列是笔者尝试使用整数 int 显示此 googol 值。

```
>>> googol = 10 ** 100
>>> googol
10000000000000000000000000000000000000000000000000000000000000000
00000000000000000000000000
```

3-2-2　浮点数

浮点数的英文是 float,既然整数大小没有限制,浮点数大小当然也没有限制。在 Python 语言中,带有小数点的数字称为**浮点数**。例如:

```
x = 10.3
```

表示 x 是浮点数。

3-2-3　基本数值数据的使用

Python 在声明变量时可以不用设置这个变量的数据类型,未来如果这个变量内容是放整数,这个变量就是整数(int)数据类型,如果这个变量内容是放浮点数,这个变量就是浮点数数据类型。整数与浮点数最大的区别是,整数不含小数点,浮点数含小数点。

程序实例 ch3_2.py:测试浮点数。

```
1  # ch3_2.py
2  x = 10.0
3  print(x)
4  print(type(x))
```

执行结果

```
==================== RESTART: D:/Python/ch3/ch3_2.py ====================
10.0
<class 'float'>
```

在程序实例 ch3_1.py 中,x 变量的值是“10”,列出 x 变量是**整数变量**,在这个实例中,x 变量的值是“10.0”,列出 x 变量是**浮点数变量**。

3-2-4　整数与浮点数的运算

Python 程序设计时不相同的数据类型也可以执行运算,程序设计时常常会发生整数与浮点数之间的数据运算，Python 具有简单的自动转换能力，在计算时会将整数转换为浮点数再执行运算。

程序实例 ch3_3.py：不同数据类型的运算。

```
1  # ch3_3.py
2  x = 10
3  y = x + 5.5
4  print(x)
5  print(type(x))
6  print(y)
7  print(type(y))
```

执行结果

```
==================== RESTART: D:/Python/ch3/ch3_3.py ====================
10
<class 'int'>
15.5
<class 'float'>
```

上述变量 y，由于是整数与浮点数的加法，所以结果是浮点数。此外，某一个变量如果是整数，但是如果最后所存储的值是浮点数，Python 也会将此变量转成浮点数。

程序实例 ch3_4.py：整数转换成浮点数的应用。

```
1  # ch3_4.py
2  x = 10
3  print(x)
4  print(type(x))        # 加法前列出x数据类型
5  x = x + 5.5
6  print(x)
7  print(type(x))        # 加法后列出x数据类型
```

执行结果

```
==================== RESTART: D:/Python/ch3/ch3_4.py ====================
10
<class 'int'>
15.5
<class 'float'>
```

原先变量 x 所存储的值是整数，所以列出的是整数。后来存储了浮点数，所以列出的是浮点数。

3-2-5　二进制整数与函数 bin( )

可以用二进制方式代表整数，Python 中定义凡是以 0b 开头的数字，代表这是二进制的整数。

bin( ) 函数可以将一般整数数字转换为二进制。

程序实例 ch3_5.py：将十进制数值与二进制数值互转的应用。

```
1  # ch3_5.py
2  x = 0b1101            # 这是二进制整数
3  print(x)              # 列出十进制的结果
4  y = 13                # 这是十进制整数
5  print(bin(y))         # 列出转换成二进制的结果
```

执行结果

```
==================== RESTART: D:/Python/ch3/ch3_5.py ====================
13
0b1101
```

3-2-6　八进制整数与函数 oct( )

可以用八进制方式代表整数，Python 中定义凡是以 0o 开头的数字，代表这是八进制的整数。

oct( ) 函数可以将一般数字转换为八进制。

程序实例 ch3_6.py：将十进制数值与八进制数值互转的应用。

```
1  # ch3_6.py
2  x = 0o57          # 这是八进制整数
3  print(x)          # 列出十进制的结果
4  y = 47            # 这是十进制整数
5  print(oct(y))     # 列出转换成八进制的结果
```

执行结果

```
==================== RESTART: D:/Python/ch3/ch3_6.py ====================
47
0o57
```

3-2-7　十六进制整数与函数 hex( )

可以用十六进制方式代表整数，Python 中定义凡是以 0x 开头的数字，代表这是十六进制的整数。

hex( ) 函数可以将一般数字转换为十六进制。

程序实例 ch3_7.py：将十进制数值与八进制数值互转的应用。

```
1  # ch3_7.py
2  x = 0x5D          # 这是十六进制整数
3  print(x)          # 列出十进制的结果
4  y = 93            # 这是十进制整数
5  print(hex(y))     # 列出转换成十六进制的结果
```

执行结果

```
==================== RESTART: D:/Python/ch3/ch3_7.py ====================
93
0x5d
```

3-2-8　强制数据类型的转换

有时候设计程序时，可以自行强制使用下列函数，转换变量的数据类型。

int( )：将数据类型强制转换为整数。

float( )：将数据类型强制转换为浮点数。

程序实例 ch3_8.py：将浮点数强制转换为整数的运算。

```
1  # ch3_8.py
2  x = 10.5
3  print(x)
4  print(type(x))        # 加法前列出x数据类型
5  y = int(x) + 5
6  print(y)
7  print(type(y))        # 加法后列出y数据类型
```

执行结果

```
==================== RESTART: D:/Python/ch3/ch3_8.py ====================
10.5
<class 'float'>
15
<class 'int'>
```

程序实例 ch3_9.py：将整数强制转换为浮点数的运算。

```
1  # ch3_9.py
2  x = 10
3  print(x)
4  print(type(x))        # 加法前列出x数据类型
5  y = float(x) + 10
6  print(y)
7  print(type(y))        # 加法后列出y数据类型
```

执行结果

```
==================== RESTART: D:/Python/ch3/ch3_9.py ====================
10
<class 'int'>
20.0
<class 'float'>
```

3-2-9　数值运算常用的函数

下列是数值运算时常用的函数。

abs( )：计算绝对值。

pow (x,y)：返回 x 的 y 次方。

round( )：这是采用运算法则的 Bankers Rounding 概念，如果处理位数左边是**奇数则使用四舍五入**，如果处理位数左边是**偶数则使用五舍六入**，例如，round(1.5)=2，round(2.5)=2。

处理小数时，第 2 个参数代表取到小数第几位，1 代表取到小数第 1 位。根据保留小数位的后两位，采用 "50" 舍去，"51" 进位，例如，round(2.15,1)=2.1，round(2.25,1)=2.2，round(2.151,1)=2.2，round(2.251,1)=2.3。

程序实例 ch3_10.py：abs( )、pow( )、round( )、round(x,n) 函数的应用。

```
1   # ch3_10.py
2   x = -10
3   print("以下输出abs()函数的应用")
4   print(x)                # 输出x变量
5   print(abs(x))           # 输出abs(x)
6   x = 5
7   y = 3
8   print("以下输出pow()函数的应用")
9   print(pow(x, y))        # 输出pow(x,y)
10  x = 47.5
11  print("以下输出round(x)函数的应用")
12  print(x)                # 输出x变量
13  print(round(x))         # 输出round(x)
14  x = 48.5
15  print(x)                # 输出x变量
16  print(round(x))         # 输出round(x)
17  x = 49.5
18  print(x)                # 输出x变量
19  print(round(x))         # 输出round(x)
20  print("以下输出round(x,n)函数的应用")
21  x = 2.15
22  print(x)                # 输出x变量
23  print(round(x,1))       # 输出round(x,1)
24  x = 2.25
25  print(x)                # 输出x变量
26  print(round(x,1))       # 输出round(x,1)
27  x = 2.151
28  print(x)                # 输出x变量
29  print(round(x,1))       # 输出round(x,1)
30  x = 2.251
31  print(x)                # 输出x变量
32  print(round(x,1))       # 输出round(x,1)
```

执行结果

```
==================== RESTART: D:\Python\ch3\ch3_10.py ====================
以下输出abs()函数的应用
-10
10
以下输出pow()函数的应用
125
以下输出round(x)函数的应用
47.5
48
48.5
48
49.5
50
以下输出round(x,n)函数的应用
2.15
2.1
2.25
2.2
2.151
2.2
2.251
2.3
```

需留意的是，使用上述 abs( )、pow( ) 或 round( ) 函数，尽管可以得到运算结果，但是原先变量的值是没有改变的。

3-2-10　科学记数法

科学记数的概念如下，将一个数字转换成下列数学式：

$a \times 10^n$

a 是浮点数，例如，123456 可以表示为 1.23456×10^5，以 10 为基底数我们用 E 或 e 表示，指数部分则转为一般数字，然后省略"×"符号，最后表达式如下：

```
1.23456E+5
```

或

```
1.23456e+5
```

如果是碰上小于 1 的数值，则 E 或 e 右边是负值"-"。例如，0.000123 转成科学记数法，最后表达式如下：

```
1.23E-4
```

或

```
1.23e-4
```

下列是示范输出。

```
>>> x = 1.23456E+5
>>> x
123456.0
>>> y = 1.23e-4
>>> y
0.000123
```

4-2-2 节和 4-2-3 节会介绍将一般数值转成科学记数法输出的方式，以及格式化输出方式。

3-3 布尔值数据类型

Python 的布尔值（Boolean）数据类型的值有两种，True（真）或 False（伪）。它的数据类型代号是 bool。布尔值一般应用在程序流程的控制中，特别是在条件表达式中，程序可以根据这个布尔值判断应该如何执行下一步工作。

程序实例 ch3_11.py：列出布尔值 True 与布尔值 False 的数据类型。

```
1  # ch3_11.py
2  x = True
3  print(x)
4  print(type(x))      # 列出x数据类型
5  y = False
6  print(y)
7  print(type(y))      # 列出y数据类型
```

执行结果

```
==================== RESTART: D:/Python/ch3/ch3_11.py ====================
True
<class 'bool'>
False
<class 'bool'>
```

如果将布尔值数据类型强制转换成整数，如果原值是 True，将得到 1；如果原值是 False，将得到 0。

程序实例 ch3_12.py：将布尔值强制转换为整数，同时列出转换的结果。

```
1  # ch3_12.py
2  x = True
3  print(int(x))
4  print(type(x))      # 列出x数据类型
5  y = False
6  print(int(y))
7  print(type(y))      # 列出y数据类型
```

执行结果

```
==================== RESTART: D:/Python/ch3/ch3_12.py ====================
1
<class 'bool'>
0
<class 'bool'>
```

在本章一开始说过，有时候也可以将布尔值当作数值数据，因为 True 会被视为 1，False 会被视为 0，可以参考下列实例。

程序实例 ch3_13.py：将布尔值与整数值相加，并观察最后变量数据类型，可以发现，最后的变量数据类型是整数值。

```
1   # ch3_13.py
2   xt = True
3   x = 1 + xt
4   print(x)
5   print(type(x))      # 列出x数据类型
6
7   yt = False
8   y = 1 + yt
9   print(y)
10  print(type(y))      # 列出y数据类型
```

执行结果

```
==================== RESTART: D:/Python/ch3/ch3_13.py ====================
2
<class 'int'>
1
<class 'int'>
```

此外，在程序设计中 False 值不一定是要经过条件判断是 False，才可以得到 False，下列情况也会被视为 False。

布尔值 False

整数 0

浮点数 0.0

空字符串 ''

空列表 [ ]

空元组 ( )

空字典 { }

空集合 set( )

None

至于其他的都会被视为 True。

3-4 字符串数据类型

字符串（string）数据是指**两个单引号**（'）之间**或**是**两个双引号**（"）之间任意个数字元符号的数据，它的数据类型代号是 str。在英文字符串的使用中常会发生某字中间有单引号的情况，其实这是文字的一部分，如下所示：

```
This is James's ball
```

如果用单引号去处理上述字符串将产生错误，如下所示：

```
>>> x = 'This is James's ball'
SyntaxError: invalid syntax
>>>
```

碰到这种情况，可以用双引号解决，如下所示：

```
>>> x = "This is James's ball"
>>> print(x)
This is James's ball
>>>
```

程序实例 ch3_14.py：使用单引号与双引号设置与输出字符串数据的应用。

```
1  # ch3_14.py
2  x = "DeepStone means Deep Learning"   # 双引号设置字符串
3  print(x)
4  print(type(x))                        # 列出x字符串数据类型
5  y = '深石数字 - 深度学习滴水穿石'      # 单引号设置字符串
6  print(y)
7  print(type(y))                        # 列出y字符串数据类型
```

执行结果

```
================== RESTART: D:\Python\ch3\ch3_14.py ==================
DeepStone means Deep Learning
<class 'str'>
深石数字 - 深度学习滴水穿石
<class 'str'>
```

3-4-1 字符串的连接

数学的运算符 "+"，可以进行两个字符串相加的操作，产生新的字符串。

程序实例 ch3_15.py：字符串连接的应用。

```
1  # ch3_15.py
2  num1 = 222
3  num2 = 333
4  num3 = num1 + num2
5  print("以下是数值相加")
6  print(num3)
7  numstr1 = "222"
8  numstr2 = "333"
9  numstr3 = numstr1 + numstr2
10 print("以下是由数值组成的字符串相加")
11 print(numstr3)
12 numstr4 = numstr1 + " " + numstr2
13 print("以下是由数值组成的字符串相加，同时中间加上一空格")
14 print(numstr4)
15 str1 = "DeepStone "
16 str2 = "Deep Learning"
17 str3 = str1 + str2
18 print("以下是一般字符串相加")
19 print(str3)
```

```
===================== RESTART: D:\Python\ch3\ch3_15.py =====================
以下是数值相加
555
以下是由数值组成的字符串相加
222333
以下是由数值组成的字符串相加，同时中间加上一空格
222 333
以下是一般字符串相加
DeepStone Deep Learning
```

3-4-2　处理多于一行的字符串

程序设计时如果字符串长度多于一行，可以使用三个单引号（或是三个双引号）将字符串括起来即可。

程序实例 ch3_16.py：使用三个单引号处理多于一行的字符串。

```
1  # ch3_16.py
2  str1 = '''Silicon Stone Education is an unbiased organization
3  concentrated on bridging the gap ... '''
4  print(str1)
```

```
==================== RESTART: D:/Python/ch3/ch3_16.py ====================
Silicon Stone Education is an unbiased organization
concentrated on bridging the gap ...
```

读者可以留意第 2 行 Silicon 左边的 3 个单引号和第 3 行末端的 3 个单引号，另外，上述第 2 行若是少了 "str1 = "，3 个单引号间的跨行字符串就变成了程序的注释。

3-4-3　转义字符

在字符串使用中，如果字符串内有一些特殊字符，例如单引号、双引号等，必须在此特殊字符前加上 "\"（反斜杠），才可正常使用，这种含有 "\" 符号的字符串称**为转义字符**（Escape Character）。

转义字符	Hex 值	意义	转义字符	Hex 值	意义
\'	27	单引号	\n	0A	换行
\"	22	双引号	\o		八进制表示
\\	5C	反斜杠	\r	0D	光标移至最左位置
\a	07	响铃	\x		十六进制表示
\b	08	Backspace 键	\t	09	Tab 键
\f	0C	换页	\v	0B	垂直定位

字符串使用中特别是碰到字符串含有单引号时，如果是使用单引号定义这个字符串，必须要使用此**转义字符**，才可以顺利显示，可参考 ch3_17.py 的第 3 行。如果是使用双引号定义字符串，则可以不必使用**转义字符**，可参考 ch3_17.py 的第 6 行。

程序实例 ch3_17.py：转义字符的应用，这个程序第 9 行增加了 "\t" 字符，所以 "can't" 跳到下一个 Tab 键位置输出。同时有 "\n" 字符，这是换行符号，所以 "loving" 跳到下一行输出。

```
1   # ch3_17.py
2   #以下输出使用单引号设置的字符串,需使用\'
3   str1 = 'I can\'t stop loving you.'
4   print(str1)
5   #以下输出使用双引号设置的字符串,不需使用\'
6   str2 = "I can't stop loving you."
7   print(str2)
8   #以下输出有\t和\n字符
9   str3 = "I \tcan't stop \nloving you."
10  print(str3)
```

执行结果

```
==================== RESTART: D:/Python/ch3/ch3_17.py ====================
I can't stop loving you.
I can't stop loving you.
I       can't stop
loving you.
```

3-4-4　str( ) 函数

str( ) 函数有如下几个用法。

（1）设置空字符串。

```
>>> x = str( )                        # 设置空字符串
>>> x
''
>>> print(x)

>>>
```

（2）设置字符串。

```
>>> x = str('ABC')
>>> x
'ABC'
```

（3）强制将数值数据转换为字符串数据。

```
>>> x = 123
>>> y = str(x)
>>> y
'123'
```

程序实例 ch3_18.py：使用 str( ) 函数将数值数据强制转换为字符串的应用。

```
1   # ch3_18.py
2   num1 = 222
3   num2 = 333
4   num3 = num1 + num2
5   print("这是数值相加")
6   print(num3)
7   str1 = str(num1) + str(num2)
8   print("强制转换为字符串相加")
9   print(str1)
```

执行结果

```
==================== RESTART: D:\Python\ch3\ch3_18.py ====================
这是数值相加
555
强制转换为字符串相加
222333
```

　　上述字符相加，读者可以想成是字符串连接，执行结果是一个字符串，所以上述执行结果 555 是数值数据，222333 则是一个字符串。

3-4-5　将字符串转换为整数

　　int( ) 函数可以将字符串转为整数，在未来的程序设计中也常会发生将字符串转换为整数数据，下面将直接以实例做说明。**注**：如果数字是非数字字符组成，会产生错误。

程序实例 ch3_19.py：将字符串数据转换为整数数据的应用。

```
1   # ch3_19.py
2   x1 = "22"
3   x2 = "33"
4   x3 = x1 + x2
5   print(x3)          # 打印字符串相加
6   x4 = int(x1) + int(x2)
7   print(x4)          # 打印整数相加
```

执行结果

```
==================== RESTART: D:/Python/ch3/ch3_19.py ====================
2233
55
```

　　上述执行结果 55 是数值数据，2233 则是一个字符串。

3-4-6　字符串与整数相乘产生字符串复制效果

　　在 Python 中允许将字符串与整数相乘，结果是字符串将重复该整数的次数。

程序实例 ch3_20.py：字符串与整数相乘的应用。

```
1   # ch3_20.py
2   x1 = "A"
3   x2 = x1 * 10
4   print(x2)          # 打印字符串乘以整数
5   x3 = "ABC"
6   x4 = x3 * 5
7   print(x4)          # 打印字符串乘以整数
```

执行结果

```
==================== RESTART: D:/Python/ch3/ch3_20.py ====================
AAAAAAAAAA
ABCABCABCABCABC
```

3-4-7　聪明地使用字符串加法和换行字符 \n

有时在设计程序时，想将字符串分行输出，可以使用字符串加法功能，在加法过程中加上换行字符 "\n" 即可产生字符串分行输出的结果。

程序实例 ch3_21.py：将数据分行输出的应用。

```
1   # ch3_21.py
2   str1 = "洪锦魁著作"
3   str2 = "HTML5+CSS3王者归来"
4   str3 = "Python数据科学零基础一本通"
5   str4 = str1 + "\n" + str2 + "\n" + str3
6   print(str4)
```

执行结果

```
===================== RESTART: D:\Python\ch3\ch3_21.py =====================
洪锦魁著作
HTML5+CSS3王者归来
Python数据科学零基础一本通
```

3-4-8　字符串前加 r

在使用 Python 时，如果在字符串前加上 r，可以防止转义字符被转义，可参考 3-4-3 节的转义字符表，相当于可以取消转义字符的功能。

程序实例 ch3_22.py：字符串前加上 r 的应用。

```
1   # ch3_22.py
2   str1 = "Hello!\nPython"
3   print("不含r字符的输出")
4   print(str1)
5   str2 = r"Hello!\nPython"
6   print("含r字符的输出")
7   print(str2)
```

执行结果

```
===================== RESTART: D:\Python\ch3\ch3_22.py =====================
不含r字符的输出
Hello!
Python
含r字符的输出
Hello!\nPython
```

3-5　字符串与字符

在 Python 中没有所谓的字符（character）数据，如果字符串含一个字符，我们称这是含一个字符的字符串。

3-5-1　ASCII 码

　　计算器内部最小的存储单位是**位**（bit），这个**位**只能存储 0 或 1。一个英文字符在计算器中是被存储成 8 个位的一连串 0 或 1 中，存储这个英文字符的编码称为 ASCII（American Standard Code for Information Interchange，美国信息交换标准程序代码），有关 ASCII 码的内容可以参考附录 E。

　　在这个 ASCII 表中由于是用 8 位定义一个字符，所以使用了 0 ～ 127 定义了 128 个字符，在这 128 个字符中有 33 个字符是无法显示的控制字符，其他则是可以显示的字符。不过有一些应用程序扩充了功能，让部分控制字符可以显示，例如，扑克牌花色、笑脸等。至于其他可显示字符有一些符号，例如 +、-、=、0 ～ 9、A ～ Z 或 a ～ z 等。这些符号每一个都有一个编码，我们称这个编码是 ASCII 码。

　　可以使用下列函数执行数据的转换。

　　chr（ x ）：返回函数 x 值的 ASCII 或 Unicode 字符。

　　例如，从 ASCII 表可知，字符 a 的 ASCII 码值是 97，可以使用下列方式打印出此字符。

```
>>> x = 97
>>> print(chr(x))
a
```

　　英文小写与英文大写的码值相差 32，可参考下列实例。

```
>>> x = 97
>>> x -= 32
>>> print(chr(x))
A
```

3-5-2　Unicode 码

　　计算机是美国发明的，因此 ASCII 码对于英语系国家的确很好用，但是地球是一个多种族的社会，存在几百种语言与文字，ASCII 所能容纳的字符是有限的，只要随便一个不同语系的外来词，例如 café，含重音字符就无法显示了，更何况有几万中文字或其他语系文字。为了让全球语系的用户可以彼此用计算机沟通，因此有了 Unicode 码。

　　Unicode 码的基本精神是，世上所有的文字都有一个码值，可以参考下列网页：

　　http://www.unicode.org/charts

　　目前，Unicode 内定义了超过 11 万的文字，它的定义方式是以 "\u" 开头后面有 4 个十六进制的数字，所以是从 "\u0000" 至 "\uFFFF"。在上述网页中可以看到不同语系表，其中，East Asian Scripts 字段可以看到 CJK（Chinese，Japanese，Korean），在这里可以看到汉字的 Unicode 码值表，CJK 统一汉字的编码为 4E00 ～ 9FBB。

　　在 Unicode 编码中，前 128 个码值是保留给 ASCII 码使用，所以对于原先存在 ASCII 码中的英文大小写、标点符号等，是可以正常在 Unicode 码中使用的，Unicode 编码中经常用的是 ord( ) 函数。

　　ord（ x ）：可以返回函数字符参数 x 的 Unicode 码值，如果是中文字也可返回 Unicode 码值。如果是英文字符，Unicode 码值与 ASCII 码值是一样的。有了这个函数，可以很轻易地获得字符的 Unicode 码值。

程序实例 ch3_23.py : 这个程序首先会将整数 97 转换成英文字符 'a'，然后将字符 'a' 转换成 Unicode 码值，最后将中文字 '魁' 转成 Unicode 码值。

```
1  # ch3_23.py
2  x1 = 97
3  x2 = chr(x1)
4  print(x2)                    # 输出数值97的字符
5  x3 = ord(x2)
6  print(x3)                    # 输出字符x3的Unicode(十进制)码值
7  x4 = '魁'
8  print(hex(ord(x4)))          # 输出字符'魁'的Unicode(十六进制)码值
```

执行结果

```
==================== RESTART: D:/Python/ch3/ch3_23.py ====================
a
97
0x9b41
```

3-5-3　utf-8 编码

utf-8 是针对 Unicode 字符集的可变长度编码方式，这是 Internet 目前所遵循的编码方式，在这种编码方式下，utf-8 使用 1 ~ 4 个 byte 表示一个字符，这种编码方式会根据不同的字符变化编码长度。

❑　ASCII 使用 utf-8 编码规则

对于 ASCII 字符而言，基本上它使用 1 个 byte 存储 ASCII 字符，utf-8 的编码方式是 byte 的第一个位是 0，其他 7 个位则是此字符的 ASCII 码值。

❑　中文字的 utf-8 编码规则

对于需要 n 个 byte 编码的 Unicode 汉字字符而言，例如需要 3 个 byte 编码的汉字，第一个 byte 的前 n(3) 位皆设为 1，n+1(4) 设为 0。后面第 2 和第 3 个 byte 的前 2 位是 10，其他没有说明的二进制全部是此汉字字符的 Unicode 码。依照此规则，可以得到汉字的 utf-8 编码规则如下：

1110xxxx 10xxxxxx 10xxxxxx　　　　　　　# xx 就是要填入的 Unicode 码

例如，从 ch3_23.py 的执行结果可知 "魁" 的 Unicode 码值是 0x9b41，如果转成二进制方式则如下所示：

10011011 01000001

我们可以用下列更细的方式，将 "魁" 的 Unicode 码值填入 xx 内。

utf-8中文编码规则	1	1	1	0	x	x	x	x	1	0	x	x	x	x	x	x	1	0	x	x	x	x	x	x
魁的Unicode编码					1	0	0	1			1	0	1	1	0	1			0	0	0	0	0	1
魁的utf-8编码	1	1	1	0	1	0	0	1	1	0	1	0	1	1	0	1	1	0	0	0	0	0	0	1

从上图可以得到 "魁" 的 utf-8 编码结果是 0xe9ad81，3-6-1 节的实例 2 也可以验证这个结果。

3-6　bytes 数据

使用 Python 处理一般字符串数据时，可以很放心地使用 Unicode 字符串 str 数据类型，至于 Python 内部如何处理可以不用理会，这些事情 Python 的直译程序会处理。

　　但是有一天需要与外界沟通或交换数据时，特别是我们使用中文，如果不懂中文字符串与 bytes 数据的转换，所获得的数据将会是乱码。例如，设计电子邮件的接收程序，所接收的可能是 bytes 数据，这时必须学会将 bytes 数据转成 Unicode 字符串，否则会有乱码产生。或是有一天你要设计供中国人使用的网络聊天室，必须设计将使用者所传送的 Unicode 中文字符串转成 bytes 数据传上聊天室，然后也要设计将网络接收的 bytes 数据转成 Unicode 中文字符串，这个聊天室才可以顺畅使用。

　　bytes 数据格式是在字符串前加上 b，例如，下列是"魁"的 bytes 数据。

```
b'\xe9\xad\x81'
```

　　如果是英文字符串的 bytes 数据格式，相对单纯地会显示原始的字符，例如，下列是字符串 "abc"的 bytes 数据。

```
b'abc'
```

3-6-1　Unicode 字符串转成 bytes 数据

　　将 Unicode 字符串转成 bytes 数据称为**编码**（encode），所使用的是 encode( ) 函数，这个方法的参数是指出编码的方法，可以参考下列表格。

编码	说明
'ascii'	标准 7 位的 ASCII 编码
'utf-8'	Unicode 可变长度编码，这也是最常使用的编码
'cp-1252'	一般英文 Windows 操作系统编码
'cp950'	繁体中文 Windows 操作系统编码
'unicode-escape'	Unicode 的常数格式，\uxxxx 或 \Uxxxxxxxx

　　如果 Unicode 字符串是英文则转成 bytes 数据相对容易，因为对于 utf-8 格式编码，Unicode 也是用一个 byte 存储每个字符串的字符。

实例 1：英文 Unicode 字符串数据转成 bytes 数据。

　　假设有一个字符串 string，内容是 'abc'，可以使用下列方法设置，同时检查此字符串的长度。

```
>>> string = 'abc'
>>> len(string)
3
```

　　下面将 Unicode 字符串 string 用 utf-8 编码格式转成 bytes 数据，然后列出 bytes 数据的长度、数据类型，以及 bytes 数据的内容。

```
>>> stringBytes = string.encode('utf-8')
>>> len(stringBytes)
3
>>> type(stringBytes)
<class 'bytes'>
>>> stringBytes
b'abc'
```

实例 2：中文 Unicode 字符串数据转成 bytes 数据。

　　假设有一个字符串 name，内容是 '洪锦魁'，可以使用下列方法设置，同时检查此字符串的长度。

```
>>> name = '洪锦魁'
>>> len(name)
3
```

下面将 Unicode 字符串 name 用 utf-8 编码格式转成 bytes 数据，然后列出 bytes 数据的长度、数据类型，以及 bytes 数据的内容。

```
>>> nameBytes = name.encode('utf-8')
>>> len(nameBytes)
9
>>> type(nameBytes)
<class 'bytes'>
>>> nameBytes
b'\xe6\xb4\xaa\xe9\x94\xa6\xe9\xad\x81'
```

由上述数据可以得到原来 Unicode 字符串用了 3byte 存储一个中文字，所以 3 个中文字获得了 bytes 的数据长度是 9。

3-6-2 bytes 数据转成 Unicode 字符串

对于一个专业的 Python 程序设计师而言，常常需要从网络取得数据，所取得的是 bytes 数据，这时需要将此数据转成 Unicode 字符串，将 bytes 数据转成 Unicode 字符串可以称为**译码**，所使用的是 decode( ) 函数，这个方法的参数是指出编码的方法，与 encode( ) 函数相同。

实例 1：bytes 数据转成 Unicode 字符串数据。

```
>>> stringUcode = stringBytes.decode('utf-8')
>>> len(stringUcode)
3
>>> stringUcode
'abc'
```

实例 2：bytes 数据转成 Unicode 字符串数据。

下面是将 nameBytes 数据使用 utf-8 编码格式转成 Unicode 字符串的方法，同时列出字符串长度和字符串内容。

```
>>> nameUcode = nameBytes.decode('utf-8')
>>> len(nameUcode)
3
>>> nameUcode
'洪锦魁'
```

3-7 专题——地球到月球时间计算 / 计算坐标轴两点之间的距离

3-7-1 计算地球到月球所需时间

马赫是音速的单位，主要是为了纪念奥地利科学家**恩斯特·马赫**（Ernst Mach）而命名，一马赫就是一倍音速，它的速度大约是每小时 1225 千米。

程序实例 ch3_24.py：从地球到月球约 384 400 千米，假设火箭的速度是一马赫，设计一个程序计算需要多少天、多少小时才可抵达月球。这个程序省略分钟数。

```
1  # ch3_24.py
2  dist = 384400                        # 地球到月亮距离
3  speed = 1225                         # 马赫速度每小时1225千米
4  total_hours = dist // speed          # 计算小时数
5  days = total_hours // 24             # 商 = 计算天数
6  hours = total_hours % 24             # 余数 = 计算小时数
7  print("总共需要天数")
8  print(days)
9  print("小时数")
10 print(hours)
```

执行结果

```
==================== RESTART: D:\Python\ch3\ch3_24.py ====================
总共需要天数
13
小时数
1
```

由于尚未介绍完整的格式化程序输出，所以使用上述方式输出，第 4 章会改良上述程序。Python 之所以可以成为当今最流行的程序语言，主要是它有丰富的函数库与方法，上述求商（第 5 行）和余数（第 6 行），在 2-9 节中介绍了 divmod( ) 函数，其实可以用 divmod( ) 函数一次取得商和余数，如下：

```
商，余数 = divmod(被除数，除数)                    # 函数方法
days, hours = divmod(total_hours, 24)             # 本程序应用方式
```

程序实例 ch3_25.py：使用 divmod( ) 函数重新设计 ch3_24.py。

```
1  # ch3_25.py
2  dist = 384400                        # 地球到月亮距离
3  speed = 1225                         # 马赫速度每小时1225千米
4  total_hours = dist // speed          # 计算小时数
5  days, hours = divmod(total_hours, 24) # 商和余数
6  print("总共需要天数")
7  print(days)
8  print("小时数")
9  print(hours)
```

执行结果　与 ch3_24.py 相同。

3-7-2　计算坐标轴两个点之间的距离

有两个点坐标分别是（x1, y1）、（x2, y2），这两个点的距离计算公式如下。

$$\sqrt{(x1-x2)^2+(y1-y2)^2}$$

可以将上述公式转成下列计算机数学表达式。

```
dist = ( (x1 - x2)² + (y1 - y2)² ) ** 0.5        # ** 0.5 相当于开根号
```

在人工智能的应用中，常用点坐标代表某一个对象的**特征**（feature），计算两个点之间的距离，相当于可以了解物体间的相似程度。距离越短代表相似度越高，距离越长代表相似度越低。

程序实例 ch3_26.py：有两个点坐标分别是 (1, 8) 与 (3, 10)，请计算这两个点之间的距离。

```
1  # ch3_26.py
2  x1 = 1
3  y1 = 8
4  x2 = 3
5  y2 = 10
6  dist = ((x1 - x2) ** 2 + ((y1 - y2) ** 2)) ** 0.5
7  print("两点的距离是")
8  print(dist)
```

执行结果

```
================= RESTART: D:\Python\ch3\ch3_26.py =================
两点的距离是
2.8284271247461903
```

习题

1. 假设 a 是 10，b 是 18，c 是 5，请计算下列执行结果，取整数结果。(3-2 节)

  (a) s = a + b − c   (b) s = 2 * a + 3 − c   (c) s = b * c + 20 / b

  (d) s = a % c * b + 10   (e) s = a ** c − a * b * c

```
================= RESTART: D:\Python\ex\ex3_1.py =================
13
18
42.5
10
99600
```

2. 请重新设计第 2 章习题 2，请使用 int( ) 函数，以整数列出本金和。(3-2 节)

```
================= RESTART: D:\Python\ex\ex3_2.py =================
本金和
106120
```

3. 请重新设计第 2 章习题 2，使用 round( ) 函数，以整数列出本金和。(3-2 节)

```
================= RESTART: D:\Python\ex\ex3_3.py =================
本金和
106121
```

4. 地球和月球的距离是 384 400 千米，假设火箭飞行速度是每分钟 250 千米，请问从地球飞到月球需要多少天、多少小时、多少分钟，请舍去秒钟。(3-2 节)

```
================= RESTART: D:/Python/ex/ex3_4.py =================
天总数
1
小时数
25
分钟数
37
```

5. 请列出你自己名字十进制的 Unicode 码值。(3-5 节)

```
================= RESTART: D:/Python/ex/ex3_5.py =================
洪
27946
锦
38182
魁
39745
```

6. 请列出你自己名字十六进制的 Unicode 码值。(3-5 节)

```
==================== RESTART: D:/Python/ex/ex3_6.py ====================
洪
0x6d2a
锦
0x9526
魁
0x9b41
```

7. 请将 Unicode 字符串 "Python 王者归来" 转成 bytes 数据，然后输出 bytes 数据。(3-6 节)

```
==================== RESTART: D:/Python/ex/ex3_7.py ====================
Unicode字符串内容
Python王者归来
bytes数据内容
b'Python\xe7\x8e\x8b\xe8\x80\x85\xe5\xbd\x92\xe6\x9d\xa5'
将bytes数据转回Unicode字符串                         \
Python王者归来
```

8. 重新设计 ch3_25.py，需计算至分钟与秒钟数。(3-7 节)

```
==================== RESTART: D:/Python/ex/ex3_8.py ====================
313.7959183673469
总共需要天数
13.0
小时数
1.7959183673469283
分钟数
47
秒钟数
45
```

9. 请修改 ch3_26.py，计算这两个点坐标（1, 8）与（3, 10）距坐标原点（0, 0）的距离。

```
==================== RESTART: D:/Python/ex/ex3_9.py ====================
坐标(1, 8)点与坐标原点(0, 0)的距离是
8.06225774829855
坐标(3, 10)点与坐标原点(0, 0)的距离是
10.44030650891055
```

04

第 4 章

基本输入与输出

本章摘要

本章将介绍如何在屏幕上进行输入与输出，另外也将讲解 Python 内建的实用功能。

4-1 Python 的辅助说明 help( )

help( ) 函数可以列出某一个 Python 指令或函数的使用说明。

实例：列出输出函数 print( ) 的使用说明。

```
>>> help(print)
Help on built-in function print in module builtins:

print(...)
    print(value, ..., sep=' ', end='\n', file=sys.stdout, flush=False)

    Prints the values to a stream, or to sys.stdout by default.
    Optional keyword arguments:
    file:  a file-like object (stream); defaults to the current sys.stdout.
    sep:   string inserted between values, default a space.
    end:   string appended after the last value, default a newline.
    flush: whether to forcibly flush the stream.

>>>
```

当然程序语言是全球化的语言，所有说明是以英文为基础，要有一定的英文能力才可彻底了解，不过笔者在本书中会详尽地用中文引导读者入门。

4-2 格式化输出数据使用 print( )

相信读者经过前三章的学习，对于使用 print( ) 函数输出数据已经非常熟悉了，现在是时候完整解说这个输出函数的用法了。

4-2-1 函数 print( ) 的基本语法

print( ) 的基本语法格式如下：

print(value, … , sep=" ", end="\n", file=sys.stdout, flush=False)

value：表示想要输出的数据，可以一次输出多个数据，各数据间以逗号隔开。

sep：当输出多个数据时，可以插入各数据的分隔字符，默认是一个空格。

end：当数据输出结束时所插入的字符，默认是插入换行字符，所以下一次 print( ) 函数的输出会在下一行输出。如果想让下次输出不换行，可以在此设置空字符串，或是空格或是其他字符串。

file：数据输出位置，默认是 sys.stdout，也就是屏幕。也可以使用此设置，将输出导入其他文件或设备。

flush：是否清除数据流的缓冲区，默认是不清除。

程序实例 ch4_1.py：重新设计 ch3_18.py，其中在第二个 print( ) 中两个输出数据的分隔字符是 " $$$"。

```
1   # ch4_1.py
2   num1 = 222
3   num2 = 333
4   num3 = num1 + num2
5   print("这是数值相加", num3)
6   str1 = str(num1) + str(num2)
7   print("强制转换为字符串相加", str1, sep=" $$$ ")
```

执行结果

```
==================== RESTART: D:\Python\ch4\ch4_1.py ====================
这是数值相加 555
强制转换为字符串相加 $$$ 222333
```

程序实例 ch4_2.py：重新设计 ch4_1.py，将两个数据在同一行输出，彼此之间使用 Tab 键的距离隔开。

```
1   # ch4_2.py
2   num1 = 222
3   num2 = 333
4   num3 = num1 + num2
5   print("这是数值相加", num3, end="\t")   # 以Tab键值位置分隔两个数据输出
6   str1 = str(num1) + str(num2)
7   print("强制转换为字符串相加", str1, sep=" $$$ ")
```

执行结果

```
==================== RESTART: D:\Python\ch4\ch4_2.py ====================
这是数值相加 555          强制转换为字符串相加 $$$ 222333
```

4-2-2　格式化 print( ) 输出

在使用格式化输出时，基本使用格式如下：

```
print("  …输出格式区…  " % ( 变量系列区， … ))
```

在上述**输出格式区**中，可以放置**变量系列区**相对应的格式化字符，这些格式化字符的基本意义如下。

%d：格式化整数输出。

%f：格式化浮点数输出。

%x：格式化十六进制整数输出。

%X：格式化大写十六进制整数输出。

%o：格式化八进制整数输出。

%s：格式化字符串输出。

%e：格式化科学记数法 e 的输出。

%E：格式化科学记数法大写 E 的输出。

程序实例 ch4_3.py：格式化输出的应用。

```
1   # ch4_3.py
2   score = 90
3   name = "洪锦魁"
4   count = 1
5   print("%s你的第 %d 次物理考试成绩是 %d" % (name, count, score))
```

执行结果

```
===================== RESTART: D:\Python\ch4\ch4_3.py =====================
洪锦魁你的第 1 次物理考试成绩是 90
```

设计程序时，在 print( ) 函数内的**输出格式区**也可以用一个字符串变量取代。

程序实例 ch4_4.py：重新设计 ch4_3.py，在 print( ) 内用字符串变量取代字符串列，读者可以参考第 5 行和第 6 行与原先 ch4_3.py 的第 5 行做比较。

```
1   # ch4_4.py
2   score = 90
3   name = "洪锦魁"
4   count = 1
5   formatstr = "%s你的第 %d 次物理考试成绩是 %d"
6   print(formatstr % (name, count, score))
```

执行结果　与 ch4_3.py 相同。

程序实例 ch4_5.py：格式化十六进制和八进制输出的应用。

```
1   # ch4_5.py
2   x = 100
3   print("100的十六进制 = %x\n100的八进制 = %o" % (x, x))
```

执行结果

```
===================== RESTART: D:\Python\ch4\ch4_5.py =====================
100的十六进制 = 64
100的八进制 = 144
```

程序实例 ch4_6.py：将整数与浮点数分别以 %d、%f、%s 格式化，同时观察执行结果。特别要注意的是，浮点数以整数 %d 格式化后，小数数据将被舍去。

```
1   # ch4_6.py
2   x = 10
3   print("整数%d \n浮点数%f \n字符串%s" % (x, x, x))
4   y = 9.9
5   print("整数%d \n浮点数%f \n字符串%s" % (y, y, y))
```

执行结果

```
===================== RESTART: D:\Python\ch4\ch4_6.py =====================
整数10
浮点数10.000000
字符串10
整数9
浮点数9.900000
字符串9.9
```

下列是使用 %x 和 %X 格式化数据输出的实例。

```
>>> x = 27
>>> print("%x" % x)
1b
>>> print("%X" % x)
1B
```

下列是使用 %e 和 %E 格式化科学记数法数据输出的实例。

```
>>> x = 10000000
>>> print("%e" % x)
1.000000e+07
>>> print("%E" % x)
1.000000E+07
>>> y = 0.000123
>>> print("%e" % y)
1.230000e-04
```

4-2-3 精准控制格式化的输出

在上述程序实例 ch4_6.py 中，我们发现最大的缺点是无法精确地控制浮点数的小数输出位数，print( ) 函数在格式化过程中，可以让我们设置保留多少格的空间让文件做输出，此时格式化的语法如下。

% (+|-) nd：格式化整数输出。

% (+|-) m.nf：格式化浮点数输出。

% (+|-) nx：格式化十六进制整数输出。

% (+|-) no：格式化八进制整数输出。

% (-) ns：格式化字符串输出。

% (-) m.ns：m 是输出字符串宽度，n 是显示字符串长度，n 小于字符串长度时会有裁减字符串的效果。

% (+|-) e：格式化科学记数法 e 输出。

% (+|-) E：格式化科学记数法大写 E 输出。

上述格式对浮点数而言，m 代表保留多少格数供输出（包含小数点），n 则是小数数据保留格数。至于其他的数据格式，n 则是保留多少格数空间，如果保留格数空间不足将完整输出数据，如果保留格数空间太多则数据靠右对齐。

如果是格式化数值数据或字符串数据有加上负号（-），表示保留格数空间有多余时，数据将靠左输出。如果是格式化数值数据有加上正号（+），如果输出数据是正值时，将在左边加上正值符号。

程序实例 ch4_7.py：格式化输出的应用。

```
1  # ch4_7.py
2  x = 100
3  print("x=/%6d/" % x)
4  y = 10.5
5  print("y=/%6.2f/" % y)
6  s = "Deep"
7  print("s=/%6s/" % s)
8  print("以下是保留格数空间不足的实例")
9  print("x=/%2d/" % x)
10 print("y=/%3.2f/" % y)
11 print("s=/%2s/" % s)
```

执行结果

```
==================== RESTART: D:\Python\ch4\ch4_7.py ====================
x=/   100/
y=/ 10.50/
s=/  Deep/
以下是保留格数空间不足的实例
x=/100/
y=/10.50/
s=/Deep/
```

程序实例 ch4_8.py：格式化输出，靠左对齐的实例。

```
1   # ch4_8.py
2   x = 100
3   print("x=/%-6d/" % x)
4   y = 10.5
5   print("y=/%-6.2f/" % y)
6   s = "Deep"
7   print("s=/%-6s/" % s)
```

执行结果

```
==================== RESTART: D:/Python/ch4/ch4_8.py ====================
x=/100   /
y=/10.50 /
s=/Deep  /
```

程序实例 ch4_9.py：格式化输出，正值数据将出现正号（+）。

```
1   # ch4_9.py
2   x = 10
3   print("x=/%+6d/" % x)
4   y = 10.5
5   print("y=/%+6.2f/" % y)
```

执行结果

```
==================== RESTART: D:/Python/ch4/ch4_9.py ====================
x=/   +10/
y=/+10.50/
```

程序实例 ch4_10.py：格式化输出的应用。

```
1   # ch4_10.py
2   print(" 姓名     语文    英文     总分")
3   print("%3s  %4d    %4d    %4d" % ("洪冰儒", 98, 90, 188))
4   print("%3s  %4d    %4d    %4d" % ("洪雨星", 96, 95, 191))
5   print("%3s  %4d    %4d    %4d" % ("洪冰雨", 92, 88, 180))
6   print("%3s  %4d    %4d    %4d" % ("洪星宇", 93, 97, 190))
```

执行结果

```
==================== RESTART: D:\Python\ch4\ch4_10.py ====================
 姓名     语文    英文    总分
洪冰儒     98      90     188
洪雨星     96      95     191
洪冰雨     92      88     180
洪星宇     93      97     190
```

下面是格式化科学记数法 e 和 E 输出的应用。

```
>>> x = 12345678
>>> print("/%10.1e/" % x)
/    1.2e+07/
>>> print("/%10.2E/" % x)
/   1.23E+07/
>>> print("/%-10.2E/" % x)
/1.23E+07   /
>>> print("/%+10.2E/" % x)
/ +1.23E+07/
```

对于格式化字符串有一个特别的是使用"%m.n"方式格式化字符串，这时 m 是保留显示字符串空间，n 是显示字符串长度，如果 n 的长度小于实际字符串长度，会有裁减字符串的效果。

```
>>> string = "abcdefg"
>>> print("/%10.3s/" % string)
/       abc/
```

4-2-4 format( ) 函数

这是 Python 增强版的格式化输出功能，是字符串使用 format 方法做格式化的动作，基本使用格式如下：

　　print(" …输出格式区… ".format(变量系列区， …))

在输出格式区内的变量使用"{ }"表示。

程序实例 ch4_11.py：使用 format( ) 函数重新设计 ch4_3.py。

```
1  # ch4_11.py
2  score = 90
3  name = "洪锦魁"
4  count = 1
5  print("{}你的第 {} 次物理考试成绩是 {}".format(name, count, score))
```

执行结果 与 ch4_3.py 相同。

程序实例 ch4_12.py：以字符串代表输出格式区，重新设计 ch4_11.py。

```
1  # ch4_12.py
2  score = 90
3  name = "洪锦魁"
4  count = 1
5  string = "{}你的第 {} 次物理考试成绩是 {}"
6  print(string.format(name, count, score))
```

执行结果 与 ch4_3.py 相同。

在使用 { } 代表变量时，也可以在 { } 内增加编号 n，此时 n 将是 format( ) 内变量的顺序，编号从 0 开始计算，变量多时方便了解变量的顺序。

程序实例 ch4_12_1.py：重新设计 ch4_12.py，在 { } 内增加编号。

```
1  # ch4_12_1.py
2  score = 90
3  name = "洪锦魁"
4  count = 1
5  # 以下鼓励使用
6  print("{0}你的第 {1} 次物理考试成绩是 {2}".format(name,count,score))
7
8  # 以下语法对但不鼓励使用
9  print("{2}你的第 {1} 次物理考试成绩是 {0}".format(score,count,name))
```

执行结果

```
==================== RESTART: D:\Python\ch4\ch4_12_1.py ====================
洪锦魁你的第 1 次物理考试成绩是 90
洪锦魁你的第 1 次物理考试成绩是 90
```

也可以在 format( ) 内使用具名参数。

程序实例 ch4_12_2.py：使用具名参数，重新设计 ch4_12_1.py。

```
1  # ch4_12_2.py
2  print("{n}你的第 {c} 次物理考试成绩是 {s}".format(n="洪锦魁",c=1,s=90))
```

执行结果

```
==================== RESTART: D:\Python\ch4\ch4_12_2.py ====================
洪锦魁你的第 1 次物理考试成绩是 90
```

也可以将 4-2-2 节所述格式化输出数据的概念应用于 format( )，例如，d 是格式化整数、f 是格式化浮点数、s 是格式化字符串等。传统的格式化输出是使用 % 配合 d、s、f，使用 format 则是使用 "："，可参考下列实例第 5 行。

程序实例 ch4_12_3.py：计算圆面积，同时格式化输出。

```
1  # ch4_12_3.py
2  r = 5
3  PI = 3.14159
4  area = PI * r ** 2
5  print("/半径{0:3d}圆面积是{1:10.2f}/".format(r,area))
```

执行结果

```
==================== RESTART: D:\Python\ch4\ch4_12_3.py ====================
/半径  5圆面积是      78.54/
```

在使用格式化输出时默认是靠右输出，也可以使用下列参数设置输出对齐方式。

　　> : 靠右对齐

　　< : 靠左对齐

　　^ : 居中对齐

程序实例 ch4_12_4.py：输出对齐方式的应用。

```
1  # ch4_12_4.py
2  r = 5
3  PI = 3.14159
4  area = PI * r ** 2
5  print("/半径{0:3d}圆面积是{1:10.2f}/".format(r,area))
6  print("/半径{0:>3d}圆面积是{1:>10.2f}/".format(r,area))
7  print("/半径{0:<3d}圆面积是{1:<10.2f}/".format(r,area))
8  print("/半径{0:^3d}圆面积是{1:^10.2f}/".format(r,area))
```

执行结果

```
==================== RESTART: D:\Python\ch4\ch4_12_4.py ====================
/半径  5圆面积是      78.54/
/半径  5圆面积是      78.54/
/半径5  圆面积是78.54     /
/半径 5 圆面积是  78.54   /
```

在使用 format 输出时也可以使用填充字符，字符是放在"："后面，在 <、^、> 或指定宽度之前。

程序实例 ch4_12_5.py：填充字符的应用。

```
1  # ch4_12_5.py
2  title = "南极旅游讲座"
3  print("/{0:*^20s}/".format(title))
```

执行结果

```
=============== RESTART: D:\Python\ch4\ch4_12_5.py ===============
/*******南极旅游讲座*******/
```

4-2-5 字符串输出与基本排版的应用

适度利用输出格式，可以制作一封排版的信件，以下程序的前 3 行会先利用 sp 字符串变量建立一个含 40 格的空白格数，然后产生对齐效果。

程序实例 ch4_12_6.py：有趣排版信件的应用。

```
1   # ch4_12_6.py
2   sp = " " * 40
3   print("%s    1231 Delta Rd" % sp)
4   print("%s    Oxford, Mississippi" % sp)
5   print("%s    USA\n\n\n" % sp)
6   print("Dear Ivan")
7   print("I am pleased to inform you that your application for fall 2020 has")
8   print("been favorably reviewed by the Electrical and Computer Engineering")
9   print("Office.\n\n")
10  print("Best Regards")
11  print("Peter Malong")
```

执行结果

```
=============== RESTART: D:\Python\ch4\ch4_12_6.py ===============
                                        1231 Delta Rd
                                        Oxford, Mississippi
                                        USA


Dear Ivan
I am pleased to inform you that your application for fall 2020 has
been favorably reviewed by the Electrical and Computer Engineering
Office.


Best Regards
Peter Malong
```

4-2-6 一个无聊的操作

程序实例 ch4_12_6.py 第 2 行，利用空格乘以 40 产生 40 个空格，功能是用于排版。如果将某个字符串乘以 500，然后用 print( ) 输出，可以在屏幕上建立一个无聊的画面。

实例：在屏幕上建立一个无聊的画面。

```
>>> x = "Boring Time" * 500
>>> print(x)
Boring TimeBoring TimeBoring TimeBoring TimeBoring TimeBoring TimeBoring TimeBoring TimeBoring TimeBorin
g TimeBoring TimeBoring TimeBoring TimeBoring TimeBoring TimeBoring TimeBoring TimeBoring TimeBoring Tim
eBoring TimeBoring TimeBoring TimeBoring TimeBoring TimeBoring TimeBoring TimeBoring TimeBoring TimeBori
ng TimeBoring TimeBoring TimeBoring TimeBoring TimeBoring TimeBoring TimeBoring TimeBoring TimeBoring Ti
meBoring TimeBoring TimeBoring TimeBoring TimeBoring TimeBoring TimeBoring TimeBoring TimeBoring TimeBor
ing TimeBoring TimeBoring TimeBoring TimeBoring TimeBoring TimeBoring TimeBoring TimeBoring TimeBoring T
imeBoring TimeBoring TimeBoring TimeBoring TimeBoring TimeBoring TimeBoring TimeBoring TimeBoring TimeBo
ring TimeBoring TimeBoring TimeBoring TimeBoring TimeBoring TimeBoring TimeBoring TimeBoring TimeBoring
oring TimeBoring TimeBoring TimeBoring TimeBoring TimeBoring TimeBoring TimeBoring TimeBoring TimeBoring
TimeBoring TimeBoring TimeBoring TimeBoring TimeBoring TimeBoring TimeBoring TimeBoring TimeBoring TimeB
oring TimeBoring TimeBoring TimeBoring TimeBoring TimeBoring TimeBoring TimeBoring TimeBoring TimeBoring TimeB
oring TimeBoring TimeBoring TimeBoring TimeBoring TimeBoring TimeBoring TimeBoring TimeBoring
```

上述实例是启发读者活用 Python，可以产生许多意外的结果。

4-3　输出数据到文件

在 4-2-1 节有讲解在 print( ) 函数中，默认输出位置是屏幕（sys.stdout），其实可以利用这个特性将输出导向一个文件。

4-3-1　打开一个文件 open( )

open( ) 函数可以打开一个文件供读取或写入，如果这个函数执行成功，会返回文件流对象，这个函数的基本使用格式如下：

file_Obj = open(file, mode="r")# 只列出最常用的两个参数

file：用字符串列出要打开的文件，如果不指明路径，则打开目前工作文件夹。

mode：打开文件的模式，如果省略代表是 mode="r"，使用时如果 mode="w" 或其他，也可以省略 "mode="，直接写 "w"。也可以同时具有多项模式，例如，"wb" 代表以二进制文件打开供写入，可以是下列基本模式。下列是第一个字母的操作意义。

❑ "r"：这是默认值，打开文件供读取（read）。

❑ "w"：打开文件供写入，如果原先文件有内容将被覆盖。

❑ "a"：打开文件供写入，如果原先文件有内容，新写入数据将附加在后面。

❑ "x"：打开一个新的文件供写入，如果所打开的文件已经存在会产生错误。

下列是第二个字母的意义，代表文件类型。

❑ "b"：打开二进制文件模式。

❑ "t"：打开文本文件模式，这是默认值。

file_Obj：这是文件对象，读者可以自行命名，未来 print( ) 函数可以将输出导向此对象，不使用时要关闭 file_Obj.close( )，才可以返回操作系统的文件管理器观察执行结果。

4-3-2　使用 print( ) 函数输出数据到文件

程序实例 ch4_13.py：将数据输出到文件的实例，其中，输出到 out1.txt 采用 "w" 模式，输出到 out2.txt 采用 "a" 模式。

```
1  # ch4_13.py
2  fstream1 = open("d:\python\ch4\out1.txt", mode="w") # 覆盖先前文件
3  print("Testing for output", file=fstream1)
4  fstream1.close()
5  fstream2 = open("d:\python\ch4\out2.txt", mode="a") # 附加数据后面
6  print("Testing for output", file=fstream2)
7  fstream2.close()
```

执行结果

　　这个程序执行后需到 ch4 文件夹查看执行结果内容，如果执行程序一次，可以得到 out1.txt 和 out2.txt 内容相同。但是如果持续执行，out2.txt 内容会持续增加，out1.txt 内容则保持不变，下列是检查文件夹内容。

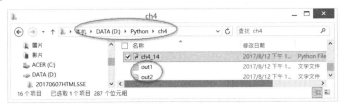

下列是执行两次此程序后 out1.txt 和 out2.txt 的内容。

4-4　数据输入 input( )

　　这个 input( ) 函数功能与 print( ) 函数功能相反，会从屏幕读取用户从键盘输入的数据，它的使用格式如下：

```
value = input("prompt: ")
```

　　value 是变量，所输入的数据会存储在此变量内，特别需注意的是所输入的数据不论是字符串或是数值数据返回到 value 时一律是字符串数据，如果要执行数学运算需要用 int( ) 函数转换为整数。

程序实例 ch4_14.py：认识输入数据类型。

```
1  # ch4_14.py
2  name = input("请输入姓名：")
3  engh = input("请输入成绩：")
4  print("name数据类型是", type(name))
5  print("engh数据类型是", type(engh))
```

执行结果

```
===================== RESTART: D:\Python\ch4\ch4_14.py =====================
请输入姓名：洪锦魁
请输入成绩：100
name数据类型是 <class 'str'>
engh数据类型是 <class 'str'>
```

程序实例 ch4_15.py：基本数据输入与运算。

```
1   # ch4_15.py
2   print("欢迎使用成绩输入系统")
3   name = input("请输入姓名：")
4   engh = input("请输入英文成绩：")
5   math = input("请输入数学成绩：")
6   total = int(engh) + int(math)
7   print("%s 你的总分是 %d" % (name, total))
```

执行结果

```
===================== RESTART: D:\Python\ch4\ch4_15.py =====================
欢迎使用成绩输入系统
请输入姓名：洪锦魁
请输入英文成绩：98
请输入数学成绩：99
洪锦魁 你的总分是 197
```

接下来的程序主要是处理中文名字与英文名字的技巧，假设要求使用者分别输入**姓氏**（lastname）与**名字**（firstname），在中文中要处理成名字，可以使用下列字符串连接方式。

    fullname = lastname + firstname

在英文中首先**名字在前面，姓氏在后面**，同时中间有一个空格，因此处理方式如下：

    fullname = firstname + " " + lastname

程序实例 ch4_16.py：分别输入中文和英文的姓氏以及名字，本程序将会输出名字组合并输出问候语。

```
1   # ch4_16.py
2   clastname = input("请输入中文姓氏：")
3   cfirstname = input("请输入中文名字：")
4   cfullname = clastname + cfirstname
5   print("%s 欢迎使用本系统" % cfullname)
6   lastname = input("请输入英文Last Name：")
7   firstname = input("请输入英文First Name：")
8   fullname = firstname + " " + lastname
9   print("%s Welcome to SSE System" % fullname)
```

执行结果

```
===================== RESTART: D:\Python\ch4\ch4_16.py =====================
请输入中文姓氏：洪
请输入中文名字：锦魁
洪锦魁 欢迎使用本系统
请输入英文Last Name：Hung
请输入英文First Name：Jiin-Kwei
Jiin-Kwei Hung Welcome to SSE System
```

4-5 处理字符串的数学运算 eval( )

Python 内有一个非常好用的计算数学表达式的函数 eval( )，这个函数可以直接返回字符串内数学表达式的计算结果。

```
result = eval(expression )          # expression 是字符串
```

程序实例 ch4_17.py：输入公式，本程序可以列出计算结果。

```
1  # ch4_17.py
2  numberStr = input("请输入数值公式 : ")
3  number = eval(numberStr)
4  print("计算结果 : %5.2f" % number)
```

执行结果

```
==================== RESTART: D:\Python\ch4\ch4_17.py ====================
请输入数值公式 : 5*9+10
计算结果 : 55.00
>>>
==================== RESTART: D:\Python\ch4\ch4_17.py ====================
请输入数值公式 : 5 * 9 + 10
计算结果 : 55.00
```

由上述执行结果可以发现，在第一个执行结果中输入的是 "5*9+10" 字符串，eval( ) 函数可以处理此字符串的数学表达式，然后将计算结果返回，同时也可以发现即使此数学表达式之间有空字符也可以正常处理。

Windows 操作系统有计算器程序，其实当我们使用计算器输入运算公式时，就可以将所输入的公式用字符串存储，然后使用 eval( ) 方法就可以得到运算结果。在 ch4_15.py 中 input( ) 所输入的数据是字符串，当时我们使用 int( ) 将字符串转成整数处理，其实也可以使用 eval( ) 配合 input( )，直接返回整数数据。

程序实例 ch4_18.py：使用 eval( ) 重新设计 ch4_15.py。

```
1  # ch4_18.py
2  print("欢迎使用成绩输入系统")
3  name = input("请输入姓名 : ")
4  engh = eval(input("请输入英文成绩 : "))
5  math = eval(input("请输入数学成绩 : "))
6  total = engh + math
7  print("%s 你的总分是 %d" % (name, total))
```

执行结果

```
==================== RESTART: D:\Python\ch4\ch4_18.py ====================
欢迎使用成绩输入系统
请输入姓名：洪锦魁
请输入英文成绩：98
请输入数学成绩：99
洪锦魁 你的总分是 197
```

一个 input( ) 可以读取一个输入字符串，我们可以灵活运用多重指定在 eval( ) 与 input( ) 函数上，然后产生一行输入多个数值数据的效果。

程序实例 ch4_19.py：输入 3 个数字，本程序可以输出平均值，注意输入时各数字间要用 "," 隔开。

```
1  # ch4_19.py
2  n1, n2, n3 = eval(input("请输入3个数字："))
3  average = (n1 + n2 + n3) / 3
4  print("3个数字平均是 %6.2f" % average)
```

执行结果

```
==================== RESTART: D:\Python\ch4\ch4_19.py ====================
请输入3个数字：21, 33, 99
3个数字平均是   51.00
```

4-6　列出所有内建函数 dir( )

阅读至此，相信读者已经使用了许多 Python 内建的函数了，例如 help( )、print( )、input( ) 等，读者可能想了解到底 Python 提供哪些内建函数可供我们在设计程序时使用，可以使用下列方式列出 Python 所提供的内建函数。

```
dir( _ _ builtins _ _ )    # 列出 Python 内建函数
```

实例：列出 Python 所有内建函数。

```
>>> dir(__builtins__)
['ArithmeticError', 'AssertionError', 'AttributeError', 'BaseException', 'BlockingIOError', 'BrokenPipeE
rror', 'BufferError', 'BytesWarning', 'ChildProcessError', 'ConnectionAbortedError', 'ConnectionError',
'ConnectionRefusedError', 'ConnectionResetError', 'DeprecationWarning', 'EOFError', 'Ellipsis', 'Environ
mentError', 'Exception', 'False', 'FileExistsError', 'FileNotFoundError', 'FloatingPointError', 'FutureW
arning', 'GeneratorExit', 'IOError', 'ImportError', 'ImportWarning', 'IndentationError', 'IndexError',
'InterruptedError', 'IsADirectoryError', 'KeyError', 'KeyboardInterrupt', 'LookupError', 'MemoryError',
ModuleNotFoundError', 'NameError', 'None', 'NotADirectoryError', 'NotImplemented', 'NotImplementedError',
'OSError', 'OverflowError', 'PendingDeprecationWarning', 'PermissionError', 'ProcessLookupError', 'Rec
ursionError', 'ReferenceError', 'ResourceWarning', 'RuntimeError', 'RuntimeWarning', 'StopAsyncIteration
', 'StopIteration', 'SyntaxError', 'SyntaxWarning', 'SystemError', 'SystemExit', 'TabError', 'TimeoutErr
or', 'True', 'TypeError', 'UnboundLocalError', 'UnicodeDecodeError', 'UnicodeEncodeError', 'UnicodeError
', 'UnicodeTranslateError', 'UnicodeWarning', 'UserWarning', 'ValueError', 'Warning', 'WindowsError', 'Z
eroDivisionError', '__build_class__', '__debug__', '__doc__', '__import__', '__loader__', '__name__', '_
_package__', '__spec__', 'abs', 'all', 'any', 'ascii', 'bin', 'bool', 'bytearray', 'bytes', 'callable',
'chr', 'classmethod', 'compile', 'complex', 'copyright', 'credits', 'delattr', 'dict', 'dir', 'divmod',
'enumerate', 'eval', 'exec', 'exit', 'filter', 'float', 'format', 'frozenset', 'getattr', 'globals', 'ha
sattr', 'hash', 'help', 'hex', 'id', 'input', 'int', 'isinstance', 'issubclass', 'iter', 'len', 'license
', 'list', 'locals', 'map', 'max', 'memoryview', 'min', 'next', 'object', 'oct', 'open', 'ord', 'pow',
print', 'property', 'quit', 'range', 'repr', 'reversed', 'round', 'set', 'setattr', 'slice', 'sorted', '
staticmethod', 'str', 'sum', 'super', 'tuple', 'type', 'vars', 'zip']
>>>
```

在本书中，笔者会依功能分类将常用的内建函数分别融入各章节主题中，如果读者想了解某一个内建函数的功能，可参考 4-1 节使用 help( ) 函数。

4-7　专题——温度转换 / 房贷问题 / 正五角形面积 / 利用经纬度计算距离

4-7-1　设计摄氏温度和华氏温度的转换

摄氏温度（Celsius，C）的由来是在标准大气压环境，纯水的凝固点是 0℃，沸点是 100℃，中间划分 100 等份，每个等份是摄氏 1 度。为了纪念瑞典科学家**安德斯·摄尔修斯**（Anders Celsius）

对摄氏温度定义的贡献，所以称为**摄氏温度**（Celsius）。

华氏温度（Fahrenheit，F）的由来是在标准大气压环境，水的凝固点是 32℃、水的沸点是 212℃，中间划分 180 等份，每个等份是华氏 1 度。为了纪念德国科学家**丹尼尔·加布里埃尔·华伦海特**（Daniel Gabriel Fahrenheit）对华氏温度定义的贡献，所以称为**华氏温度**（Fahrenheit）。

摄氏和华氏温度互转的公式如下：

$$摄氏温度 = (华氏温度 - 32) \times 5 / 9$$
$$华氏温度 = 摄氏温度 \times (9 / 5) + 32$$

程序实例 ch4_20.py：请输入华氏温度，这个程序会输出摄氏温度。

```python
1   # ch4_20.py
2   f = input("请输入华氏温度：")
3   c = ( int(f) - 32 ) * 5 / 9
4   print("华氏 %s 等于摄氏 %4.1f" % (f, c))
```

执行结果

```
==================== RESTART: D:\Python\ch4\ch4_20.py ====================
请输入华氏温度：104
华氏 104 等于摄氏 40.0
>>>
==================== RESTART: D:\Python\ch4\ch4_20.py ====================
请输入华氏温度：88
华氏 88 等于摄氏 31.1
```

4-7-2　房屋贷款问题

每个人在成长的过程中可能都会经历买房子，第一次住在属于自己的房子中是一个美好的经历，大多数人在这个过程中可能需要向银行贷款。这时会思考需要贷多少钱？贷款年限是多少？银行利率是多少？然后可以利用上述已知资料计算每个月还款金额是多少，同时我们会好奇整个贷款结束究竟还了多少贷款本金和利息。在做这个专题分析时，已知的条件是：

贷款金额：使用 loan 当变量

贷款年限：使用 year 当变量

年利率：使用 rate 当变量

然后需要利用上述条件计算下列结果。

每月还款金额：使用 monthlyPay 当变量

总共还款金额：使用 totalPay 当变量

处理这个贷款问题的数学公式如下：

$$每月还款金额 = \frac{贷款金额 \times 月利率}{1 - \dfrac{1}{(1 + 月利率)^{贷款年限 \times 12}}}$$

在银行的贷款术语习惯使用年利率，所以碰上这类问题需要将所输入的利率先除以 100，这是转成百分比，同时要除以 12 表示是月利率。可以用下列方式计算月利率，用 monthrate 当变量。

```
monthrate = rate / (12*100)                      # 第 5 行
```

为了不让求每月还款金额的数学式变得复杂，将分子（第 8 行）与分母（第 9 行）分开计算，第 10 行是计算每月还款金额，第 11 行是计算总共还款金额。

程序实例 ch4_21.py：请输入贷款金额、贷款年限和年利率，程序会输出每月还款金额和总共还款金额。

```
1   # ch4_21.py
2   loan = eval(input("请输入贷款金额："))
3   year = eval(input("请输入年限："))
4   rate = eval(input("请输入年利率："))
5   monthrate = rate / (12*100)              # 改成百分比以及月利率
6
7   # 计算每月还款金额
8   molecules = loan * monthrate
9   denominator = 1 - (1 / (1 + monthrate) ** (year * 12))
10  monthlyPay = molecules / denominator     # 每月还款金额
11  totalPay = monthlyPay * year * 12        # 总共还款金额
12
13  print("每月还款金额 %d" % int(monthlyPay))
14  print("总共还款金额 %d" % int(totalPay))
```

执行结果

```
==================== RESTART: D:\Python\ch4\ch4_21.py ====================
请输入贷款金额：6000000
请输入年限：20
请输入年利率：2.0
每月还款金额 30353
总共还款金额 7284720
```

4-7-3　正五角形面积

在几何学中正五角形边长假设是 s，其面积的计算公式如下：

$$\mathbf{area} = \frac{5 \times s^2}{4 \times \tan\left(\dfrac{\pi}{5}\right)}$$

上述计算正五角形面积需要使用数学中的 PI，虽然可以使用 3.14159 代替，不过笔者此处先引导读者学习使用 Python 的数学模块，有关模块的概念将在第 13 章说明，此节将先教导读者使用，可以使用 "import math" 导入此数学模块。

程序实例 ch4_22.py：请输入正五角形的边长 s，此程序会计算此正五角形的面积。

```
1   # ch4_22.py
2   import math
3
4   s = eval(input("请输入正五角形边长 ："))
5   area = (5 * s ** 2) / (4 * math.tan(math.pi / 5))
6   print("area = ", area)
```

执行结果

```
==================== RESTART: D:\Python\ch4\ch4_22.py ====================
请输入正五角形边长 ：5
area =  43.01193501472417
```

可以将上述概念扩充应用在正多边形面积计算，相关概念可以参考习题 13。

4-7-4 利用经纬度计算地球各城市间的距离

地球是圆的，我们可以使用经度和纬度来了解地球上每一个点的位置。有了两个地点的经纬度后，可以使用下列公式计算彼此的距离。

distance = r×acos(sin(x1)×sin(x2)+cos(x1)×cos(x2)×cos(y1-y2))

上述 r 是地球的半径约 6371 千米，由于 Python 的三角函数都是弧度（radians）单位，我们使用上述公式时，需使用 math.radian( ) 函数将角度转成弧度。上述公式西经和北纬是正值，东经和南纬是负值。

经度坐标介于 -180°～180°，纬度坐标是 -90°～和 90°，虽然我们习惯称经纬度，在用小括号表达时却是（纬度,经度），也就是第一个参数放纬度，第二个参数放经度。

最简单的获得经纬度的方式是打开 Google 地图，其实打开 Google 地图后就可以在网址列看到我们目前所在地点的经纬度，选择地点就可以在网址列看到所选地点的经纬度信息，可参考下方左图。

由上图可以知道中国台北车站的经纬度是（25.0452909, 121.5168704），以上概念可以应用于查询世界各地的经纬度，上方右图是中国香港红磡车站的经纬度（22.2838912, 114.173166），程序为了简化小数取 4 位。

程序实例 ch4_23.py：中国香港红磡车站的经纬度信息是（22.2839, 114.1731），中国台北车站的经纬度是（25.0452, 121.5168），请计算中国台北车站至中国香港红磡车站的距离。

```python
1  # ch4_23.py
2  import math
3
4  r = 6371                        # 地球半径
5  x1, y1 = 22.2838, 114.1731      # 中国香港红磡车站经纬度
6  x2, y2 = 25.0452, 121.5168      # 中国台北车站经纬度
7
8  d = 6371*math.acos(math.sin(math.radians(x1))*math.sin(math.radians(x2))+
9                     math.cos(math.radians(x1))*math.cos(math.radians(x2))*
10                    math.cos(math.radians(y1-y2)))
11
12 print("distance = ", d)
```

执行结果

```
=================== RESTART: D:\Python\ch4\ch4_23.py ===================
distance =  808.3115099471376
```

习题

1. 请重新设计第 2 章的习题 4，将输出方式改为下列方式。(4-2 节)

```
=============== RESTART: D:/Python/ex/ex4_1.py ===============
苹果可以吃 4 天
第 5 天产生苹果不足供应
不足 15 个
```

2. 扩充 ch4_10.py，最右边增加平均分数字段，这个字段的格式化方式是 %4.1f，相当于取到小数第 1 位。(4-2 节)

```
=============== RESTART: D:/Python/ex/ex4_2.py ===============
姓名      语文    英文    总分    平均
洪冰儒    98      90      188     94.0
洪雨星    96      95      191     95.5
洪冰雨    92      88      180     90.0
洪星宇    93      97      190     95.0
```

3. 设计前一个程序，输出到 out.txt，最后用记事本显示执行结果，下列是执行画面。(4-3 节)

```
=============== RESTART: D:/Python/ex/ex4_3.py ===============
>>>
```

下列是验证 out.txt 结果。

```
Name      Math      Eng.      Total     Ave.
Ivan H    98        90        188       94.0
Univ H    96        95        191       95.5
Ice Ra    92        88        180       90.0
Ira Hu    93        97        190       95.0
```

4. 写一个程序，要求用户输入 3 位数数字，最后舍去个位数字输出，例如，输入是 777 输出是 770，输入是 879 输出是 870。(4-4 节)

```
=============== RESTART: D:/Python/ex/ex4_4.py ===============
请输入3位数数字：777
执行结果: 770
>>>
=============== RESTART: D:/Python/ex/ex4_4.py ===============
请输入3位数数字：879
执行结果: 870
```

5. 请重新设计 ch4_20.py，改为输入摄氏温度，转成华氏温度输出，输出温度格式化到小数第 1 位。(4-4 节)

```
=============== RESTART: D:/Python/ex/ex4_5.py ===============
请输入摄氏温度：31
摄氏 31 等于华氏 87.8
```

6. 输入厘米，转成英寸输出，输出格式化到小数第 1 位。提示：1 英寸约是 2.54 厘米。(4-4 节)

```
=============== RESTART: D:\Python\ex\ex4_6.py ===============
请输入厘米：100
厘米 100 等于英寸 39.4
```

7. 输入英寸，转成厘米输出，输出格式化到小数第 1 位。提示：1 英寸约是 2.54 厘米。(4-4 节)

```
================== RESTART: D:\Python\ex\ex4_7.py ==================
请输入英寸：10
英寸 10 等于厘米 25.4
```

8. 请重新设计 ch2_5.py，将**年利率**和**存款年数**改为从屏幕输入，输出金额舍去小数相当于单位是元。(4-4 节)

```
================== RESTART: D:/Python/ex/ex4_8.py ==================
请输入年利率%为单位:1.5
请输入年数      :5
5 年后本金和是 53864
```

9. 请重新设计第 2 章的习题 5，将**火箭飞行速度**改为从屏幕输入，输出舍去小数。(4-4 节)

```
================== RESTART: D:/Python/ex/ex4_9.py ==================
请输入火箭速度每分钟千米数:400
地球到月球所需分钟总数 961
```

10. 请重新设计 ch3_24.py，将速度 speed 改为从屏幕输入**马赫数**，程序会将速度马赫数转为千米 / 小时，然后才开始运算。(4-4 节)

```
================== RESTART: D:/Python/ex/ex4_10.py ==================
请输入火箭速度马赫数:1
总共需要13天，1小时
>>>
================== RESTART: D:/Python/ex/ex4_10.py ==================
请输入火箭速度马赫数:3
总共需要4天，8小时
```

11. 请重新设计程序实例 ch3_26.py，计算两个点之间的距离，但是将点的坐标改为从屏幕输入，一行需可以输入 x 和 y 坐标，输出到小数第 2 位。(4-5 节)

```
================== RESTART: D:/Python/ex/ex4_11.py ==================
请输入第 1 个点的 x,y 坐标 : 1, 8
请输入第 2 个点的 x,y 坐标 : 3, 10
两点的距离是 : 2.83
```

12. 前一个习题的扩充，平面任意 3 个点可以产生三角形，请输入任意 3 个点的坐标，可以使用下列公式计算此三角形的面积。假设三角形各边长是 dist1、dist2、dist3。(4-5 节)

$$p = (dist1 + dist2 + dist3) / 2$$
$$area = \sqrt{p(p-dist1)(p-dist2)(p-dist3)}$$

```
================== RESTART: D:/Python/ex/ex4_12.py ==================
请输入第1个点的 x,y 坐标 : 1.5, 5.5
请输入第2个点的 x,y 坐标 : -2.1, 4
请输入第3个点的 x,y 坐标 : -8, -3.2
三角形面积是 : 8.54
```

13. 在 4-7-3 节介绍了正五角形的面积计算公式，可以将该公式扩充为正多边形面积计算，如下所示。(4-7 节)

$$area = \frac{n \times s^2}{4 \times \tan\left(\frac{\pi}{n}\right)}$$

```
==================== RESTART: D:/Python/ex/ex4_13.py ====================
请输入正多边形边数 : 4
请输入正多边形边长 : 4
area =  16.000000000000004
>>>
==================== RESTART: D:/Python/ex/ex4_13.py ====================
请输入正多边形边数 : 5
请输入正多边形边长 : 5
area =  43.01193501472417
>>>
==================== RESTART: D:/Python/ex/ex4_13.py ====================
请输入正多边形边数 : 6
请输入正多边形边长 : 6
area =  93.53074360871938
```

14. 请扩充 ch4_23.py，将程序改为输入两个地点的经纬度，本程序可以计算这两个地点的距离。(4-7 节)

```
==================== RESTART: D:/Python/ex/ex4_14.py ====================
请输入第一个地点的经纬度 : 22.0652, 114.3457
请输入第二个地点的经纬度 : 24.7667, 121.5966
distance =  798.3475207412483
```

15. 假设一架飞机起飞的速度是 v，飞机的加速度是 a，下列是飞机起飞时所需的跑道长度公式。(4-7 节)

$$distance = \frac{v^2}{2a}$$

请输入飞机时速（米 / 秒）和加速速（米 / 秒），然后列出所需跑道长度（米）。

```
==================== RESTART: D:/Python/ex/ex4_15.py ====================
请输入加速度 a 和速度 v : 3, 80
所需跑道长度 1066.7 米
```

16. 北京故宫博物院的经纬度信息大约是（39.9196, 116.3669），法国巴黎罗浮宫的经纬度大约是（48.8595, 2.3369），请计算这两个博物馆之间的距离。(4-7 节)

```
==================== RESTART: D:/Python/ex/ex4_16.py ====================
distance =  8214.08589098231
```

05

第 5 章

流程控制及 if 语句的使用

本章摘要

一个程序如果是按部就班从头到尾，中间没有转折，其实是无法完成太多工作的。程序设计过程中难免会需要转折，这个转折在程序设计中的术语是**流程控制**。本章将完整讲解有关 if 语句的流程控制。另外，与程序流程设计有关的**关系运算符**与**逻辑运算符**也将在本章做说明，因为这些是 if 语句流程控制的基础。

5-1　关系运算符

Python 语言所使用的关系运算如下。

关系运算符	说明	实例	说明
>	大于	a > b	检查是否 a 大于 b
>=	大于或等于	a >= b	检查是否 a 大于或等于 b
<	小于	a < b	检查是否 a 小于 b
<=	小于或等于	a <= b	检查是否 a 小于或等于 b
==	等于	a == b	检查是否 a 等于 b
!=	不等于	a != b	检查是否 a 不等于 b

上述运算如果是**真**会返回 True，如果是**伪**会返回 False。

实例 1：下列会返回 True。

```
>>> x = 10 > 8
>>> print(x)
True
>>> x = 10 >= 10
>>> print(x)
True
>>> x = 10 < 20
>>> print(x)
True
>>> x = 10 <= 10
>>> print(x)
True
>>> x = 10 == 10
>>> print(x)
True
>>> x = 10 != 20
>>> print(x)
True
>>>
```

实例 2：下列会返回 False。

```
>>> x = 10 > 20
>>> print(x)
False
>>> x = 10 >= 20
>>> print(x)
False
>>> x = 10 < 5
>>> print(x)
False
>>> x = 10 <= 5
>>> print(x)
False
>>> x = 10 == 5
>>> print(x)
False
>>> x = 10 != 10
>>> print(x)
False
>>>
```

5-2 逻辑运算符

Python 所使用的逻辑运算符有以下三个。

and：相当于逻辑符号 AND。

or：相当于逻辑符号 OR。

not：相当于逻辑符号 NOT。

下列是逻辑运算符 and 的图例说明。

and	True	False
True	True	False
False	False	False

实例 1：下列会返回 True。

```
>>> x = (10 > 8) and (20 > 10)
>>> print(x)
True
>>>
```

实例 2：下列会返回 False。

```
>>> x = (10 > 8) and (10 > 20)
>>> print(x)
False
>>> x = (10 < 8) and (10 < 20)
>>> print(x)
False
>>> x = (10 < 8) and (10 > 20)
>>> print(x)
False
>>>
```

下列是逻辑运算符 or 的图例说明。

or	True	False
True	True	True
False	True	False

实例 3：下列会返回 True。

```
>>> x = (10 > 8) or (20 > 10)
>>> print(x)
True
>>> x = (10 < 8) or (10 < 20)
>>> print(x)
True
>>> x = (10 > 8) or (10 > 20)
>>> print(x)
True
>>>
```

实例 4：下列会返回 False。

```
>>> x = (10 < 8) or (10 > 20)
>>> print(x)
False
>>>
```

下列是逻辑运算符 not 的图例说明。

not	True	False
	False	True

如果是 True 经过 not 运算会返回 False，如果是 False 经过 not 运算会返回 True。

实例 5：下列会返回 True。

```
>>> x = not(10 < 8)
>>> print(x)
True
>>>
```

实例 6：下列会返回 False。

```
>>> x = not(10 > 8)
>>> print(x)
False
>>>
```

5-3　if 语句

if 语句的基本语法如下：

```
if  （条件判断）：                    # 条件判断外的小括号可有可无
程序代码块
```

如果**条件判断**是 True，则**执行程序代码区块**，如果**条件判断**是 False，则**不执行程序代码区块**。如果程序代码区块只有一条指令，可将上述语法写成下列格式。

```
if  （条件判断）：程序代码区块
```

可以用下列流程图说明这个 if 语句。

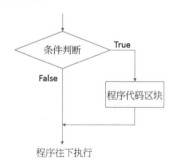

如果读者学习过其他程序语言，例如 Visual Basic、C、JavaScript 等，在条件表达式中是使用大括号 "{ }"，将 if 语句的程序代码区块括起来，如下所示（以 C 语言为实例）。

```
if (age < 20){
    printf("你年龄太小");
    printf("须年满 20 岁才可购买烟酒");
}
```

在 Python 内是使用**内缩方式**区隔 if 语句的程序代码区块，编辑程序时可以用 **Tab 键**内缩或是直接**内缩 4 个字符空间**，表示这是 if 语句的程序代码区块。相同内容，可以用下列方式处理。

```
If (age < 20)：                      # 程序代码区块 1
    print("你年龄太小")               # 程序代码区块 2
```

```
print("须年满20岁才可购买烟酒")          # 程序代码区块2
```

在 Python 中内缩程序代码是有意义的，相同的程序代码区块，必须有相同的内缩，否则会产生错误。

实例 1：正确的 if 语句程序代码。

```
>>> age = 18
>>> if (age < 20):
        print("你年龄太小")
        print("须年满20岁才可以购买烟酒")
```

插入点在此时请按Enter键

```
>>> age = 18
>>> if (age < 20):
        print("你年龄太小")
        print("须年满20岁才可以购买烟酒")

你年龄太小
须年满20岁才可以购买烟酒
>>>
```

实例 2：不正确的 if 语句程序代码，下列代码因为任意内缩造成错误。

任意内缩造成错误 ⟶

```
>>> age = 18
>>> if (age < 20):
        print("你年龄太小")
    print("须年满20岁才可以购买烟酒")

SyntaxError: unexpected indent
>>>
```

上述笔者讲解 if 语句是 True 时需内缩 4 个字符空间，这是 Python 预设的，读者可能会问可不可以内缩 5 个字符空间，答案是可以的，但是记得相同程序区块必须有相同的内缩空间。不过如果是使用 Python 的 IDLE 编辑环境，当输入 if 语句后，只要按 Enter 键，程序就会自动内缩 4 个字符空间。

程序实例 ch5_1.py：if 语句的基本应用。

```
1   # ch5_1.py
2   age = input("请输入年龄: ")
3   if (int(age) < 20):
4       print("你年龄太小")
5       print("须年满20岁才可以购买烟酒")
```

执行结果

```
==================== RESTART: D:\Python\ch5\ch5_1.py ====================
请输入年龄: 18
你年龄太小
须年满20岁才可以购买烟酒
>>>
==================== RESTART: D:\Python\ch5\ch5_1.py ====================
请输入年龄: 21
```

程序实例 ch5_2.py：输出绝对值的应用。

```
1   # ch5_2.py
2   print("输出绝对值")
3   num = input("请输入任意整数值: ")
4   x = int(num)
5   if (int(x) < 0):
6       x = abs(x)
7   print("绝对值是 %d" % int(x))
```

执行结果

```
==================== RESTART: D:\Python\ch5\ch5_2.py ====================
输出绝对值
请输入任意整数值: 98
绝对值是 98
>>>
==================== RESTART: D:\Python\ch5\ch5_2.py ====================
输出绝对值
请输入任意整数值: -30
绝对值是 30
```

对于上述 ch5_2.py 而言，由于 if 语句只有一条指令，所以可以将第 5 行和第 6 行改写成下列语句。

```
5   if (int(x) < 0): x = abs(x)
```

上述可以得到相同的结果，详请可参考本书代码文件中的 ch5_2_1.py。

5-4　if … else 语句

程序设计时更常用的功能是条件判断为 True 时执行某一个程序代码区块，当条件判断为 False 时执行另一段程序代码区块，此时可以使用 if … else 语句，它的语法格式如下：

```
if   （条件判断）：
程序代码区块一
else:
程序代码区块二
```

如果**条件判断**是 True，则**执行程序代码区块一**，如果**条件判断**是 False，则**执行程序代码区块二**。可以用下列流程图说明这个 if … else 语句。

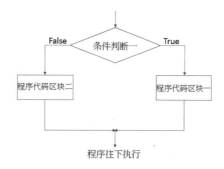

程序实例 ch5_3.py：重新设计 ch5_1.py，增加年龄满 20 岁时的输出。

```
1  # ch5_3.py
2  age = input("请输入年龄: ")
3  if (int(age) < 20):
4      print("你年龄太小")
5      print("须年满20岁才可以购买烟酒")
6  else:
7      print("欢迎购买烟酒")
```

```
==================== RESTART: D:\Python\ch5\ch5_3.py ====================
请输入年龄: 18
你年龄太小
须年满20岁才可以购买烟酒
>>>
==================== RESTART: D:\Python\ch5\ch5_3.py ====================
请输入年龄: 30
欢迎购买烟酒
```

程序实例 ch5_4.py：奇数偶数的判断。

```python
1  # ch5_4.py
2  print("奇数偶数判断")
3  num = input("请输入任意整值: ")
4  rem = int(num) % 2
5  if (rem == 0):
6      print("%d 是偶数" % int(num))
7  else:
8      print("%d 是奇数" % int(num))
```

```
==================== RESTART: D:\Python\ch5\ch5_4.py ====================
奇数偶数判断
请输入任意整值: 5
5 是奇数
>>>
==================== RESTART: D:\Python\ch5\ch5_4.py ====================
奇数偶数判断
请输入任意整值: 10
10 是偶数
```

Python 语言在执行网络爬虫存取数据时，常会不知道可以获得多少笔数据，例如可能是 0 ～ 100 笔，如果我们想要最多只取 10 笔数据（小于 10 笔也可以当作我们的数据），使用传统程序语言的语法，设计观念应该如下：

```
if items >= 10:
    items = 10
else:
    items = items
```

在 Python 中，我们可以用下列语法表达：

```
items = 10 if items >= 10 else items
```

程序实例 ch5_4_1.py：测试 if … else 语法。

```python
1  # ch5_4_1.py
2  items = 5
3  items = 10 if items >= 10 else items
4  print(items)
5  items = 15
6  items = 10 if items >= 10 else items
7  print(items)
```

执行结果

```
================= RESTART: D:/Python/ch5/ch5_4_1.py =================
5
10
```

5-5　if … elif … else 语句

这是一个多重判断，程序设计时需要多个条件做比较时就比较有用。例如，在美国成绩计分是采取 A、B、C、D、F 等，通常 90 ~ 100 分是 A，80 ~ 89 分是 B，70 ~ 79 分是 C，60 ~ 69 分是 D，低于 60 分是 F。使用 Python 可以用这个语句，很容易就可以完成这个工作。这个语句的基本语法如下。

if　（条件判断一）：

程序代码区块一

elif（条件判断二）：

程序代码区块二

…

else：

程序代码区块 n

如果**条件判断一**是 True 则**执行程序代码区块一**，然后离开条件判断。否则检查**条件判断二**，如果是 True 则**执行程序代码区块二**，然后离开条件判断。如果**条件判断**是 False 则持续进行检查，上述 elif 的条件判断可以不断扩充，如果所有条件判断是 False 则**执行程序代码 n 区块**。下列流程图是假设只有两个条件判断说明这个 if … elif … else 语句。

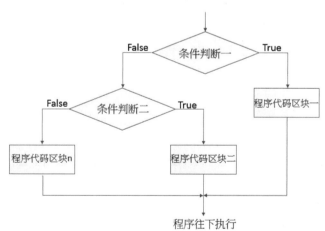

程序实例 ch5_5.py：请输入数字分数，程序将响应 A、B、C、D 或 F 等级。

```
1   # ch5_5.py
2   print("计算最终成绩")
3   score = input("请输入分数: ")
4   sc = int(score)
5   if (sc >= 90):
6       print(" A")
7   elif (sc >= 80):
8       print(" B")
9   elif (sc >= 70):
10      print(" C")
11  elif (sc >= 60):
12      print(" D")
13  else:
14      print(" F")
```

执行结果

```
==================== RESTART: D:\Python\ch5\ch5_5.py ====================
计算最终成绩
请输入分数: 90
 A
>>>
==================== RESTART: D:\Python\ch5\ch5_5.py ====================
计算最终成绩
请输入分数: 83
 B
>>>
==================== RESTART: D:\Python\ch5\ch5_5.py ====================
计算最终成绩
请输入分数: 79
 C
>>>
==================== RESTART: D:\Python\ch5\ch5_5.py ====================
计算最终成绩
请输入分数: 66
 D
>>>
==================== RESTART: D:\Python\ch5\ch5_5.py ====================
计算最终成绩
请输入分数: 55
 F
```

程序实例 ch5_6.py：有一地区的票价收费标准是 100 元。

（1）如果小于等于 6 岁或大于等于 80 岁，收费是打 2 折。

（2）如果是 7 ～ 12 岁或 60 ～ 79 岁，收费是打 5 折。

请输入年龄，程序会计算票价。

```
1   # ch5_6.py
2   print("计算票价")
3   age = input("请输入年龄: ")
4   age = int(age)
5   ticket = 100
6   if age >= 80 or age <= 6:
7       ticket = ticket * 0.2
8       print("票价是: %d" % ticket)
9   elif age >= 60 or age <= 12:
10      ticket = ticket * 0.5
11      print("票价是: %d" % ticket)
12  else:
13      print("票价是: %d" % ticket)
```

执行结果

```
==================== RESTART: D:\Python\ch5\ch5_6.py ====================
计算票价
请输入年龄: 81
票价是: 20
>>>
==================== RESTART: D:\Python\ch5\ch5_6.py ====================
计算票价
请输入年龄: 6
票价是: 20
>>>
==================== RESTART: D:\Python\ch5\ch5_6.py ====================
计算票价
请输入年龄: 77
票价是: 50
>>>
==================== RESTART: D:\Python\ch5\ch5_6.py ====================
计算票价
请输入年龄: 12
票价是: 50
>>>
==================== RESTART: D:\Python\ch5\ch5_6.py ====================
计算票价
请输入年龄: 13
票价是: 100
```

上述程序的第 6 行和第 9 行，如果读者对于运算符执行的优先级没有太大的把握，建议直接用小括号将条件判断括起来，可参考 ch5_6_1.py。

```
6   if (age >= 80) or (age <= 6):
7       ticket = ticket * 0.2
8       print("票价是: %d" % ticket)
9   elif (age >= 60) or (age <= 12):
```

程序实例 ch5_7.py：这个程序要求输入字符，然后告知所输入的字符是大写字母、小写字母、阿拉伯数字或特殊字符。

```
1   # ch5_7.py
2   print("判断输入字符类别")
3   ch = input("请输入字符: ")
4   if ord(ch) >= ord("A") and ord(ch) <= ord("Z"):
5       print("这是大写字符")
6   elif ord(ch) >= ord("a") and ord(ch) <= ord("z"):
7       print("这是小写字符")
8   elif ord(ch) >= ord("0") and ord(ch) <= ord("9"):
9       print("这是数字")
10  else:
11      print("这是特殊字符")
```

执行结果

```
==================== RESTART: D:\Python\ch5\ch5_7.py ====================
判断输入字符类别
请输入字符: K
这是大写字符
>>>
==================== RESTART: D:\Python\ch5\ch5_7.py ====================
判断输入字符类别
请输入字符: m
这是小写字符
>>>
==================== RESTART: D:\Python\ch5\ch5_7.py ====================
判断输入字符类别
请输入字符: 9
这是数字
```

5-6　嵌套的 if 语句

嵌套的 if 语句是指在 if 语句内又有其他的 if 语句，下列是一种情况的实例。

```
if (条件判断一):
    if (条件判断A):
        程序代码区块A
    else:
        程序代码区块B
else:
    程序代码区块二
```

这应是原先程序代码区块一，
结果出现另一个 if 条件判断

其实 Python 允许加上许多层，不过层次太多时，未来程序维护会变得比较困难。

程序实例 ch5_8.py：测试某一年是否闰年，闰年的条件是首先可以被 4 整除（相当于没有余数），这个条件成立时，还必须符合除以 100 时余数不为 0 或是除以 400 时余数为 0，当两个条件都符合才算闰年。

```
1   # ch5_8.py
2   print("判断输入年份是否闰年")
3   year = input("请输入年份: ")
4   rem4 = int(year) % 4
5   rem100 = int(year) % 100
6   rem400 = int(year) % 400
7   if rem4 == 0:
8       if rem100 != 0 or rem400 == 0:
9           print("%s 是闰年" % year)
10      else:
11          print("%s 不是闰年" % year)
12  else:
13      print("%s 不是闰年" % year)
```

执行结果

```
==================== RESTART: D:\Python\ch5\ch5_8.py ====================
判断输入年份是否闰年
请输入年份: 2018
2018 不是闰年
>>>
==================== RESTART: D:\Python\ch5\ch5_8.py ====================
判断输入年份是否闰年
请输入年份: 2020
2020 是闰年
>>>
==================== RESTART: D:\Python\ch5\ch5_8.py ====================
判断输入年份是否闰年
请输入年份: 2100
2100 不是闰年
```

5-7　尚未设置的变量值 None

有人在设计程序时，喜欢将所有变量一次先予以定义，在尚未用到此变量时先设置这个变量的值是 None，如果此时用 type( ) 函数了解它的类型时将显示 NoneType，如下所示。

```
>>> x = None
>>> print(x)
None
>>> type(x)
<class 'NoneType'>
>>>
```

通常在设计程序时，可使用下列方式测试。

程序设计 ch5_8_1.py：if 语句与 None 的应用。不过要注意的是，None 在布尔值运算时会被当作 False。

```
1  # ch5_8_1.py
2  flag = None
3  if flag == None:
4      print("尚未定义flag")
5
6  if flag:
7      print("有定义")
8  else:
9      print("尚未定义flag")
```

执行结果

```
==================== RESTART: D:\Python\ch5\ch5_8_1.py ====================
尚未定义flag
尚未定义flag
```

5-8 专题——BMI 程序 / 猜出生日期 / 十二生肖系统 / 线性方程式

5-8-1 设计人体体重健康判断程序

BMI（Body Mass Index）又称**身高体重指数**（**也称身体质量指数**），是由比利时的科学家**凯特勒**（Lambert Quetelet）最先提出，也是世界卫生组织认可的健康指数，它的计算方式如下：

$$BMI = 体重（kg）/ 身高（m）^2$$

如果 BMI 为 18.5 ～ 23.9，表示这是健康的 BMI 值。请输入自己的身高和体重，然后列出是否在健康的范围。中国官方针对 BMI 指数公布的更进一步资料如下。

分类	BMI
体重过轻	BMI < 18.5
正常	$18.5 \leqslant BMI$ and BMI < 24
超重	$24 \leqslant BMI$ and BMI < 28
肥胖	$BMI \geqslant 28$

程序实例 ch5_9.py：人体健康体重指数判断程序，这个程序会要求输入身高与体重，然后计算 BMI 指数，由这个 BMI 指数判断体重是否正常。

```
1  # ch5_9.py
2  height = input("请输入身高(厘米)：")
3  weight = input("请输入体重(千克)：")
4  bmi = int(weight) / ( (float(height) / 100) ** 2 )
5  if bmi >= 18.5 and bmi < 24:
6      print("体重正常")
7
8  else:
9      print("体重不正常")
```

```
==================== RESTART: D:\Python\ch5\ch5_9.py ====================
请输入身高(厘米)：170
请输入体重(千克)：60
体重正常
>>>
==================== RESTART: D:\Python\ch5\ch5_9.py ====================
请输入身高(厘米)：170
请输入体重(千克)：100
体重不正常
>>>
==================== RESTART: D:\Python\ch5\ch5_9.py ====================
请输入身高(厘米)：170
请输入体重(千克)：47
体重不正常
```

上述程序第 4 行 "float（height）/100"，主要是将身高单位由厘米改为米，上述专题程序可以扩充为输入身高体重后，程序可以列出相应 BMI 值及其所在区间，作为读者的习题。

5-8-2 猜出生日期

本节将先说明程序，随后再说明程序的工作原理。在讲解猜出生日期之前，先用更简单的猜 0 ～ 7 数字做说明。

程序实例 ch5_10.py：读者心中先预想一个 0 ～ 7 的数字，程序中会问读者 3 个问题，请读者真心回答，然后这个程序会猜出读者心中的数字。

```python
1  # ch5_10.py
2  ans = 0                            # 读者心中的数字
3  print("猜数字游戏,请心中想一个 0 ~ 7之间的数字, 然后回答问题")
4
5  truefalse = "输入y或Y代表有, 其他代表无 : "
6  # 检测二进制的第1位是否含1
7  q1 = "有没有看到心中的数字 : \n" + \
8       "1, 3, 5, 7 \n"
9  num = input(q1 + truefalse)
10 print(num)
11 if num == "y" or num == "Y":
12     ans += 1
13 # 检测二进制的第2位是否含1
14 truefalse = "输入y或Y代表有, 其他代表无 : "
15 q2 = "有没有看到心中的数字 : \n" + \
16     "2, 3, 6, 7 \n"
17 num = input(q2 + truefalse)
18 if num == "y" or num == "Y":
19     ans += 2
20 # 检测二进制的第3位是否含1
21 truefalse = "输入y或Y代表有, 其他代表无 : "
22 q3 = "有没有看到心中的数字 : \n" + \
23     "4, 5, 6, 7 \n"
24 num = input(q3 + truefalse)
25 if num == "y" or num == "Y":
26     ans += 4
27
28 print("读者心中所想的数字是 : ", ans)
```

执行结果

```
===================== RESTART: D:\Python\ch5\ch5_10.py =====================
猜数字游戏,请心中想一个 0 - 7之间的数字, 然后回答问题
有没有看到心中的数字 :
1, 3, 5, 7
输入y或Y代表有, 其他代表无 : n
n
有没有看到心中的数字 :
2, 3, 6, 7
输入y或Y代表有, 其他代表无 : y
有没有看到心中的数字 :
4, 5, 6, 7
输入y或Y代表有, 其他代表无 : y
读者心中所想的数字是 :  6
```

　　0 ～ 7 的数字基本上可用 3 个二进制表示,为 000 ～ 111。其实所问的 3 个问题,基本上只是了解特定位是否为 1。

第3组数据	这是十进制		第2组数据	这是十进制		第1组数据	这是十进制
100	4		010	2		001	1
101	5		011	3		011	3
110	6		110	6		101	5
111	7		111	7		111	7
检查第3个位是否含1			检查第2个位是否含1			检查第1个位是否含1	

　　了解了以上概念,我们可以再进一步扩充上述实例猜测一个人生日的日期,一个人生日的日期是 1 ～ 31 的数字。

程序实例 ch5_11.py:猜测一个人生日的日期,对于 1 ～ 31 的数字可以用 5 个二进制的位表示,所以可以询问 5 个问题,每个问题获得一个位是否为 1,经过 5 个问题即可获得一个人的生日日期,下列是 5 组数据信息。

第5组数据	这是十进制	第4组数据	这是十进制	第3组数据	这是十进制	第2组数据	这是十进制	第1组数据	这是十进制
10000	16	01000	8	00100	4	00010	2	00001	1
10001	17	01001	9	00101	5	00011	3	00011	3
10010	18	01010	10	00110	6	00110	6	00101	5
10011	19	01011	11	00111	7	00111	7	00111	7
10100	20	01100	12	01100	12	01010	10	01001	9
10101	21	01101	13	01101	13	01011	11	01011	11
10110	22	01110	14	01110	14	01110	14	01101	13
10111	23	01111	15	01111	15	01111	15	01111	15
11000	24	11000	24	10100	20	10011	19	10001	17
11001	25	11001	25	10101	21	10110	22	10011	19
11010	26	11010	26	10110	22	10111	23	10101	21
11011	27	11011	27	10111	23	11010	26	10111	23
11100	28	11100	28	11100	28	11011	27	11001	25
11101	29	11101	29	11101	29	11101	27	11011	27
11110	30	11110	30	11110	30	11110	30	11101	29
11111	31	11111	31	11111	31	11111	31	11111	31

```
1   # ch5_11.py
2   ans = 0                                # 读者心中的数字
3   print("猜生日日期游戏,请回答下列5个问题,这个程序即可列出你的生日")
4
5   truefalse = "输入y或Y代表有, 其他代表无 : "
6   # 检测二进制的第1位是否含1
7   q1 = "有没有看到自己的生日日期 : \n" + \
8        "1, 3, 5, 7, 9, 11, 13, 15, 17, 19, 21, 23, 25, 27, 29, 31 \n"
9   num = input(q1 + truefalse)
10  print(num)
11  if num == "y" or num == "Y":
12      ans += 1
13  # 检测二进制的第2位是否含1
14  truefalse = "输入y或Y代表有, 其他代表无 : "
15  q2 = "有没有看到自己的生日日期 : \n" + \
16       "2, 3, 6, 7, 10, 11, 14, 15, 18, 19, 22, 23, 26, 27, 30, 31 \n"
17  num = input(q2 + truefalse)
18  if num == "y" or num == "Y":
19      ans += 2
20  # 检测二进制的第3位是否含1
21  truefalse = "输入y或Y代表有, 其他代表无 : "
22  q3 = "有没有看到自己的生日日期 : \n" + \
23       "4, 5, 6, 7, 12, 13, 14, 15, 20, 21, 22, 23, 28, 29, 30, 31 \n"
24  num = input(q3 + truefalse)
25  if num == "y" or num == "Y":
26      ans += 4
27  # 检测二进制的第4位是否含1
28  truefalse = "输入y或Y代表有, 其他代表无 : "
29  q4 = "有没有看到自己的生日日期 : \n" + \
30       "8, 9, 10, 11, 12, 13, 14, 15, 24, 25, 26, 27, 28, 29, 30, 31 \n"
31  num = input(q4 + truefalse)
32  if num == "y" or num == "Y":
33      ans += 8
34  # 检测二进制的第5位是否含1
35  truefalse = "输入y或Y代表有, 其他代表无 : "
36  q5 = "有没有看到自己的生日日期 : \n" + \
37       "16, 17, 18, 19, 20, 21, 22, 23, 24, 25, 26, 27, 28, 29, 30, 31 \n"
38  num = input(q5 + truefalse)
39  if num == "y" or num == "Y":
40      ans += 16
41
42  print("读者的生日日期是 : ", ans)
```

执行结果

```
==================== RESTART: D:\Python\ch5\ch5_11.py ====================
猜生日日期游戏,请回答下列5个问题,这个程序即可列出你的生日
有没有看到自己的生日日期 :
1, 3, 5, 7, 9, 11, 13, 15, 17, 19, 21, 23, 25, 27, 29, 31
输入y或代表有, 其他代表无 : n
n
有没有看到自己的生日日期 :
2, 3, 6, 7, 10, 11, 14, 15, 18, 19, 22, 23, 26, 27, 30, 31
输入y或代表有, 其他代表无 : n
有没有看到自己的生日日期 :
4, 5, 6, 7, 12, 13, 14, 15, 20, 21, 22, 23, 28, 29, 30, 31
输入y或代表有, 其他代表无 : y
有没有看到自己的生日日期 :
8, 9, 10, 11, 12, 13, 14, 15, 24, 25, 26, 27, 28, 29, 30, 31
输入y或代表有, 其他代表无 : y
有没有看到自己的生日日期 :
16, 17, 18, 19, 20, 21, 22, 23, 24, 25, 26, 27, 28, 29, 30, 31
输入y或Y代表有, 其他代表无 : n
读者的生日日期是 : 12
```

5-8-3 十二生肖系统

在中国除了使用公元年份代号,也使用鼠、牛、虎、兔、龙、蛇、马、羊、猴、鸡、狗、猪当

作十二生肖，每 12 年是一个周期，1900 年是鼠年。

程序实例 ch5_12.py：请输入你出生的公元年 19××或 20××，本程序会输出相对应的生肖年。

```
 1  # ch5_12.py
 2  year = eval(input("请输入公元出生年 : "))
 3  year -= 1900
 4  zodiac = year % 12
 5  if zodiac == 0:
 6      print("你的生肖是 : 鼠")
 7  elif zodiac == 1:
 8      print("你的生肖是 : 牛")
 9  elif zodiac == 2:
10      print("你的生肖是 : 虎")
11  elif zodiac == 3:
12      print("你的生肖是 : 兔")
13  elif zodiac == 4:
14      print("你的生肖是 : 龙")
15  elif zodiac == 5:
16      print("你的生肖是 : 蛇")
17  elif zodiac == 6:
18      print("你的生肖是 : 马")
19  elif zodiac == 7:
20      print("你的生肖是 : 羊")
21  elif zodiac == 8:
22      print("你的生肖是 : 猴")
23  elif zodiac == 9:
24      print("你的生肖是 : 鸡")
25  elif zodiac == 10:
26      print("你的生肖是 : 狗")
27  else:
28      print("你的生肖是 : 猪")
```

执行结果

```
================== RESTART: D:\Python\ch5\ch5_12.py ==================
请输入公元出生年 : 1961
你的生肖是 : 牛
>>>
================== RESTART: D:\Python\ch5\ch5_12.py ==================
请输入公元出生年 : 1975
你的生肖是 : 兔
```

注 以上是用公元日历，十二生肖年是用农历年，所以年初或年尾会有一些差异。

5-8-4 求一元二次方程式的根

在中学数学中，可以看到下列一元二次方程式：

$$ax^2 + bx + c = 0$$

可以用下列方式获得根。

$$r1 = \frac{-b + \sqrt{b^2 - 4ac}}{2a} \qquad r2 = \frac{-b - \sqrt{b^2 - 4ac}}{2a}$$

上述方程式有 3 种状况，如果 $b^2 - 4ac$ 是正值，那么这个一元二次方程式有两个实数根。如果 $b^2 - 4ac$ 是 0，那么这个一元二次方程式有一个实数根。如果 $b^2 - 4ac$ 是负值，那么这个一元二次方程式没有实数根。

实数根的几何意义是与 x 轴交叉点的坐标。

程序实例 ch5_13.py：有一个一元二次方程式如下：

$$3x^2 + 5x + 1 = 0$$

求这个方程式的根。

```
1  # ch5_13.py
2  a = 3
3  b = 5
4  c = 1
5
6  r1 = (-b + (b**2-4*a*c)**0.5)/(2*a)
7  r2 = (-b - (b**2-4*a*c)**0.5)/(2*a)
8  print("r1 = %6.4f,    r2 = %6.4f" % (r1, r2))
```

执行结果

```
==================== RESTART: D:\Python\ch5\ch5_13.py ====================
r1 = -0.2324,    r2 = -1.4343
```

5-8-5　求解联立线性方程式

假设有一个联立线性方程式如下：

$$ax + by = e$$
$$cx + dy = f$$

可以用下列方式获得 x 和 y 值。

$$x = \frac{e \times d - b \times f}{a \times d - b \times c} \qquad y = \frac{a \times f - e \times c}{a \times d - b \times c}$$

在上述公式中，如果 $a \times d - b \times c$ 等于 0，则此联立线性方程式无解。

程序实例 ch5_14.py：计算下列联立线性方程式的值。

$$2x + 3y = 13$$
$$x - 2y = -4$$

```
1   # ch5_14.py
2   a = 2
3   b = 3
4   c = 1
5   d = -2
6   e = 13
7   f = -4
8
9   x = (e*d - b*f) / (a*d - b*c)
10  y = (a*f - e*c) / (a*d - b*c)
11  print("x = %6.4f,    y = %6.4f" % (x, y))
```

执行结果

```
==================== RESTART: D:/Python/ch5/ch5_14.py ====================
x = 2.0000,    y = 3.0000
```

习题

1. 请改为不使用 abs( ) 函数重新设计 ch5_2.py 程序。（5-3 节）

```
===================== RESTART: D:/Python/ex/ex5_1.py =====================
输出绝对值
请输入任意整数值: -99
绝对值是 99
>>>
===================== RESTART: D:/Python/ex/ex5_1.py =====================
输出绝对值
请输入任意整数值: 88
绝对值是 88
```

2. 请输入 3 个数字，本程序可以将数字由大到小输出。(5-3 节)

```
===================== RESTART: D:/Python/ex/ex5_2.py =====================
请输入3个整数值: 3, 6, 5
大到小分别是　6 5 3
>>>
===================== RESTART: D:/Python/ex/ex5_2.py =====================
请输入3个整数值: 2, 8, 10
大到小分别是　10 8 2
```

3. 有一个圆半径是 20，圆中心在坐标（0,0）位置，请输入任意点坐标，这个程序可以判断此点坐标是不是在圆内部。(5-4 节)

 可以计算点坐标距离圆中心的长度是否小于半径。

```
===================== RESTART: D:/Python/ex/ex5_3.py =====================
请输入点坐标 : 10, 10
点坐标(10,10)在圆内部
>>>
===================== RESTART: D:/Python/ex/ex5_3.py =====================
请输入点坐标 : 20, 20
点坐标(20,20)不在圆内部
```

4. 请设计一个程序，如果输入是负值则将它改成正值输出，如果输入是正值则将它改成负值输出。(5-4 节)

```
===================== RESTART: D:/Python/ex/ex5_4.py =====================
输入数字判断程序
请输入任意整数值: 5
-5
>>>
===================== RESTART: D:/Python/ex/ex5_4.py =====================
输入数字判断程序
请输入任意整数值: -9
9
>>>
===================== RESTART: D:/Python/ex/ex5_4.py =====================
输入数字判断程序
请输入任意整数值: 0
0
```

5. 用户可以先选择华氏温度与摄氏温度转换方式，然后输入一个温度，可以转换成另一种温度。(5-5 节)

```
===================== RESTART: D:/Python/ex/ex5_5.py =====================
温度转换选择
1:华氏温度转成摄氏温度
2:摄氏温度转华氏温度
= 1
请输入华氏温度:104
华氏 104 等于摄氏 40.0
>>>
===================== RESTART: D:/Python/ex/ex5_5.py =====================
温度转换选择
1:华氏温度转成摄氏温度
2:摄氏温度转华氏温度
= 2
请输入摄氏温度:31
摄氏 31 等于华氏 87.8
>>>
===================== RESTART: D:/Python/ex/ex5_5.py =====================
温度转换选择
1:华氏温度转成摄氏温度
2:摄氏温度转华氏温度
= 3
输入错误
```

6. 假设在麦当劳打工每周领一次薪资，工作基本时薪是 150 元，其他规则如下。

（1）小于 40 小时（周），每小时是基本时薪的 0.8 倍。

（2）等于 40 小时（周），每小时是基本时薪。

（3）大于 40 至 50（含）小时（周），每小时是基本时薪的 1.2 倍。

（4）大于 50 小时（周），每小时是基本时薪的 1.6 倍。

请输入工作时数，然后可以计算周薪。（5-5 节）

```
================ RESTART: D:/Python/ex/ex5_6.py ================
请输入本周工作时数：20
本周薪资：2400
>>>
================ RESTART: D:/Python/ex/ex5_6.py ================
请输入本周工作时数：40
本周薪资：6000
>>>
================ RESTART: D:/Python/ex/ex5_6.py ================
请输入本周工作时数：45
本周薪资：8100
>>>
================ RESTART: D:/Python/ex/ex5_6.py ================
请输入本周工作时数：60
本周薪资：14400
```

7. 假设今天是星期日，请输入天数 days，本程序可以响应 days 天后是星期几。（5-5 节）

```
================ RESTART: D:/Python/ex/ex5_7.py ================
今天是星期日
请输入天数：5
5 天后是星期五
>>>
================ RESTART: D:/Python/ex/ex5_7.py ================
今天是星期日
请输入天数：10
10 天后是星期三
```

8. 三角形边长的要求是两边长加起来大于第三边，请输入 3 个边长，如果这 3 个边长可以形成三角形则输出三角形的周长。如果这 3 个边长无法形成三角形，则输出这不是三角形的边长。（5-6 节）

```
================ RESTART: D:/Python/ex/ex5_8.py ================
请输入3边长：3, 3, 3
三角形周长是：9
>>>
================ RESTART: D:/Python/ex/ex5_8.py ================
请输入3边长：3, 3, 9
这不是三角形的边长
```

9. 扩充设计 ch5_9.py，列出中国 BMI 指数区分的结果表。（5-7 节）

```
================ RESTART: D:/Python/ex/ex5_9.py ================
请输入身高(厘米)：170
请输入体重(千克)：49
体重过轻
>>>
================ RESTART: D:/Python/ex/ex5_9.py ================
请输入身高(厘米)：170
请输入体重(千克)：62
正常
>>>
================ RESTART: D:/Python/ex/ex5_9.py ================
请输入身高(厘米)：170
请输入体重(千克)：80
超重
>>>
================ RESTART: D:/Python/ex/ex5_9.py ================
请输入身高(厘米)：170
请输入体重(千克)：90
肥胖
```

10. 请参考 ch5_13.py，但是修改为在屏幕上输入 a, b, c 三个数值，彼此用逗号隔开，然后计算此一元二次方程式的根，先列出有几个根。如果有实数根则列出根值，如果没有实数根则列出没有

实数根，然后程序结束。(5-7 节)

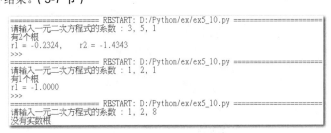

11. 请参考 ch5_14.py，但是修改为在屏幕上输入 a, b, c, d, e, f 六个数值，彼此用逗号隔开，这些数值分别是联立线性方程式的系数与方程式的值，然后计算此线性方程式的 x 和 y 值，如果此题无解则列出此题目没有解。(5-7 节)

```
==================== RESTART: D:/Python/ex/ex5_11.py ====================
请输入线性方程式的系数 : 2, 3, 1, -2, 13, -4
x = 2.0000,    y = 3.0000
>>>
==================== RESTART: D:/Python/ex/ex5_11.py ====================
请输入线性方程式的系数 : 1, 2, 2, 4, 4, 5
此线性方程式没有解
```

06

第 6 章

列表

本章摘要

列表（list）是 Python 中一种可以更改内容的数据类型，它是由一系列元素所组成的序列。如果现在要设计班上同学的成绩表，班上有 50 位同学，可能需要设计 50 个变量，这是一件麻烦的事。如果学校要设计所有学生的数据库，学生人数有 1000 人，需要 1000 个变量，这似乎是不可能的事。Python 的**列表**数据类型，可以只用一个变量，解决这方面的问题，存取时用**列表名称**加上**索引值**即可，这也是本章的主题。

相信阅读至此章节，读者已经对 Python 有一些基础知识了，本章将讲解简单的**面向对象**的概念，同时教导读者学习利用 Python 所提供的内建资源，一步一步带领读者迈向高手之路。

6-1　认识列表

其实在其他程序语言中，与列表相类似的功能称为**数组（array）**，例如 C 语言。不过，Python 的**列表**功能除了可以存储相同数据类型，例如**整数、浮点数、字符串**（我们将每一笔数据称为**元素**），也可以存储不同数据类型，例如，**列表**内同时含有**整数、浮点数和字符串**，甚至一个**列表**中也可以有其他**列表、元组**（tuple，第 8 章内容）或是**字典**（dict，第 9 章内容）等当作它的元素，因此，Python 的工作能力，比其他程序语言强大。

列表可以有不同元素，可以用索引取得列表元素内容

6-1-1　列表基本定义

定义列表的语法格式如下：

```
name_list = [ 元素 1, … , 元素 n,]# name_list 是假设的列表名称
```

列表中的每一个数据称为**元素**，这些元素放在中括号 [ ] 内，彼此用逗号 "," 隔开，上述**元素 n** 右边的 "," 可有可无，这是 Python 设计编译程序人员的贴心设计，因为当元素内容数据量太大时，可能会一行放置一个元素，如下所示：

```
sc = [['洪锦魁', 80, 95, 88, 0],
      ['洪冰儒', 98, 97, 96, 0],
      ]
```

有的设计师处理每个较长的元素时习惯一行放置一个元素，同时习惯在元素末端加上 "," 符号，处理最后一个元素 n 时有时也习惯加上此逗号，这个概念可以应用在 Python 的其他类似的数据结构上，例如，元组（第 8 章）、字典（第 9 章）、集合（第 10 章）。

如果要打印列表内容，可以用 print( ) 函数，将列表名称当作变量名称即可。

实例 1：NBA 球员 James 前 5 场比赛得分，分别是 23、19、22、31、18，可以用下列方式定义列表。

```
james = [23, 19, 22, 31, 18]
```

实例 2：为所销售的水果——苹果、香蕉、橘子建立列表，可以用下列方式定义列表。

```
fruits = ['apple', 'banana', 'orange']
```

在定义列表时，元素内容也可以使用中文。

实例 3：为所销售的水果——苹果、香蕉、橘子建立中文元素的列表，可以用下列方式定义列表。

```
fruits = ['苹果', '香蕉', '橘子']
```

实例 4：列表内可以有不同的数据类型，例如，在实例 1 的 James 列表最开始的位置增加一个元素，放它的全名。

```
James = ['Lebron James', 23, 19, 22, 31, 18]
```

程序实例 ch6_1.py：定义列表同时打印，最后使用 type( ) 列出列表数据类型。

```
 1  # ch6_1.py
 2  james = [23, 19, 22, 31, 18]                    # 定义james列表
 3  print("打印james列表", james)
 4  James = ['Lebron James',23, 19, 22, 31, 18]     # 定义James列表
 5  print("打印James列表", James)
 6  fruits = ['apple', 'banana', 'orange']          # 定义fruits列表
 7  print("打印fruits列表", fruits)
 8  cfruits = ['苹果', '香蕉', '橘子']               # 定义cfruits列表
 9  print("打印cfruits列表", cfruits)
10  ielts = [5.5, 6.0, 6.5]                         # 定义IELTS成绩列表
11  print("打印IELTS成绩", ielts)
12  # 列出列表数据类型
13  print("列表james数据类型是: ",type(james))
```

执行结果

```
===================== RESTART: D:\Python\ch6\ch6_1.py =====================
打印james列表 [23, 19, 22, 31, 18]
打印James列表 ['Lebron James', 23, 19, 22, 31, 18]
打印fruits列表 ['apple', 'banana', 'orange']
打印cfruits列表 ['苹果', '香蕉', '橘子']
打印IELTS成绩 [5.5, 6.0, 6.5]
列表james数据类型是:  <class 'list'>
```

6-1-2 读取列表元素

可以用列表名称与索引读取列表元素的内容，在 Python 中元素是从索引值 0 开始配置。所以如果是列表的第一个元素，索引值是 0，第二个元素索引值是 1，其他以此类推，如下所示。

```
name_list[i]                            # 读取索引 i 的列表元素
```

程序实例 ch6_2.py：读取列表元素的应用。

```
 1  # ch6_2.py
 2  james = [23, 19, 22, 31, 18]                # 定义james列表
 3  print("打印james第1场得分", james[0])
 4  print("打印james第2场得分", james[1])
 5  print("打印james第3场得分", james[2])
 6  print("打印james第4场得分", james[3])
 7  print("打印james第5场得分", james[4])
```

执行结果

```
==================== RESTART: D:\Python\ch6\ch6_2.py ====================
打印james第1场得分  23
打印james第2场得分  19
打印james第3场得分  22
打印james第4场得分  31
打印james第5场得分  18
```

上述程序经过第 2 行的定义后，列表索引值如下。

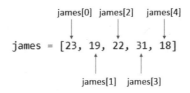

所以程序第 3 ～ 7 行，可以得到上述执行结果。其实也可以将 2-9 节等号多重指定的概念应用在列表。

程序实例 ch6_3.py：传统处理列表元素内容方式，与 Python 多重指定概念的应用。

```
1   # ch6_3.py
2   james = [23, 19, 22, 31, 18]                    # 定义james列表
3   # 传统设计方式
4   game1 = james[0]
5   game2 = james[1]
6   game3 = james[2]
7   game4 = james[3]
8   game5 = james[4]
9   print("打印james各场次得分", game1, game2, game3, game4, game5)
10  # Python高手好的设计方式
11  game1, game2, game3, game4, game5 = james
12  print("打印james各场次得分", game1, game2, game3, game4, game5)
```

执行结果

```
==================== RESTART: D:\Python\ch6\ch6_3.py ====================
打印james各场次得分  23 19 22 31 18
打印james各场次得分  23 19 22 31 18
```

上述程序第 11 行让整个 Python 设计简洁许多，这是 Python 高手常用的程序设计方式，在上述设计中第 11 行的多重指定变量的数量需与列表元素的个数相同，否则会有错误产生。其实懂得用这种方式设计，才算是真正了解 Python 语言的基本精神。

6-1-3　列表切片

在设计程序时，常会需要取得列表的**前几个元素**、**后几个元素**、**某区间元素**或是**依照一定规则排序的元素**，所取得的系列元素也可称为子列表，这个概念称为**列表切片**（list slices），此时可以用下列方法。

name_list[start:end]	# 读取从索引 start 到 (end-1) 的列表元素
name_list[:n]	# 取得列表前 n 名
name_list[:-n]	# 取得列表前面 , 不含最后 n 名

```
name_list[n:]                    # 取得列表索引 n 到最后
name_list[-n:]                   # 取得列表后 n 名
name[:]                          # 取得所有元素，将在 6-8-3 节介绍
```

下列是读取区间，但是用 step 设置每隔多少区间再读取。

```
name_list[start:end:step]        # 每隔 step，读取从索引 start 到 (end-1)
                                 # 的列表元素
```

实例：列表切片的应用。

```
>>> x = ['0','1','2','3','4','5','6','7','8','9']
>>> x[:3]
['0', '1', '2']
>>> x[:-3]
['0', '1', '2', '3', '4', '5', '6']
>>> x[3:]
['3', '4', '5', '6', '7', '8', '9']
>>> x[-3:]
['7', '8', '9']
```

程序实例 ch6_4.py：列出特定区间球员的得分子列表。

```
1  # ch6_4.py
2  james = [23, 19, 22, 31, 18]                    # 定义james列表
3  print("打印james第1-3场得分", james[0:3])
4  print("打印james第2-4场得分", james[1:4])
5  print("打印james第1,3,5场得分", james[0:6:2])
```

执行结果

```
==================== RESTART: D:\Python\ch6\ch6_4.py ====================
打印james第1-3场得分 [23, 19, 22]
打印james第2-4场得分 [19, 22, 31]
打印james第1,3,5场得分 [23, 22, 18]
```

程序实例 ch6_5.py：列出球队前 3 名队员，从索引 1 到最后队员与后 3 名队员子列表。

```
1  # ch6_5.py
2  warriors = ['Curry', 'Durant', 'Iquodala', 'Bell', 'Thompson']
3  first3 = warriors[:3]
4  print("前3名球员",first3)
5  n_to_last = warriors[1:]
6  print("球员索引1到最后",n_to_last)
7  last3 = warriors[-3:]
8  print("后3名球员",last3)
```

执行结果

```
==================== RESTART: D:\Python\ch6\ch6_5.py ====================
前3名球员 ['Curry', 'Durant', 'Iquodala']
球员索引1到最后 ['Durant', 'Iquodala', 'Bell', 'Thompson']
后3名球员 ['Iquodala', 'Bell', 'Thompson']
```

6-1-4　列表索引值是 -1

在列表使用中，如果索引值是 -1，代表是最后一个列表元素。

程序实例 ch6_6.py：列表索引值是 -1 的应用，由下列执行结果可以得到各列表的最后一个元素。

```
1  # ch6_6.py
2  warriors = ['Curry', 'Durant', 'Iquodala', 'Bell', 'Thompson']
3  print("最后一名球员",warriors[-1])
4  james = [23, 19, 22, 31, 18]
5  print("最后一场得分",james[-1])
6  mixs = [9, 20.5, 'DeepStone']
7  print("最后一个元素",mixs[-1])
```

执行结果

```
==================== RESTART: D:\Python\ch6\ch6_6.py ====================
最后一名球员 Thompson
最后一场得分 18
最后一个元素 DeepStone
```

其实在 Python 中索引 -1 代表最后 1 个元素，-2 代表最后第 2 个元素，其他负索引的概念可以此类推，可参考下列实例。

程序实例 ch6_7.py：使用负索引列出 warriors 列表内容。

```
1  # ch6_7.py
2  warriors = ['Curry', 'Durant', 'Iquodala', 'Bell', 'Thompson']
3  print(warriors[-1],warriors[-2],warriors[-3],warriors[-4],warriors[-5])
```

执行结果

```
==================== RESTART: D:/Python/ch6/ch6_7.py ====================
Thompson Bell Iquodala Durant Curry
```

6-1-5　列表最大值 max( )、最小值 min( )、总和 sum( )

Python 内建了一些执行统计运算的函数，如果列表内容全部是数值则可以使用 max( ) 函数获得列表的最大值，min( ) 函数可以获得列表的最小值，sum( ) 函数可以获得列表的总和。如果列表内容全部是字符或字符串，则可以使用 max( ) 函数获得列表的 Unicode 码值的最大值，min( ) 函数可以获得列表的 Unicode 码值最小值。sum( ) 则不可使用在列表元素为非数值的情况。

程序实例 ch6_8.py：计算 James 球员 5 场的最高得分、最少得分和 5 场的得分总计。

```
1  # ch6_8.py
2  james = [23, 19, 22, 31, 18]          # 定义James的5场比赛得分
3  print("最高得分 = ", max(james))
4  print("最低得分 = ", min(james))
5  print("得分总计 = ", sum(james))
```

执行结果

```
==================== RESTART: D:\Python\ch6\ch6_8.py ====================
最高得分 =  31
最低得分 =  18
得分总计 =  113
```

上述程序很快地获得了统计信息，读者可能会想，如果在列表内含有字符串，例如，程序实例 ch6_1.py 的 James 列表，这个列表索引 0 元素是字符串，如果这时仍然直接用 max（James）会有错误的。

```
>>> James = ['Lebron James', 23, 19, 22, 31, 18]
>>> x = max(James)
Traceback (most recent call last):
  File "<pyshell#83>", line 1, in <module>
    x = max(James)
TypeError: '>' not supported between instances of 'int' and 'str'
>>>
```

碰上这类字符串可以使用 6-1-3 节中的方式，用切片方式处理，如下所示。

程序实例 ch6_9.py：重新设计 ch6_8.py，但是使用含字符串元素的 James 列表。

```
1  # ch6_9.py
2  James = ['Lebron James', 23, 19, 22, 31, 18]  # 定义James的5场比赛得分
3  print("最高得分 = ", max(James[1:6]))
4  print("最低得分 = ", min(James[1:6]))
5  print("得分总计 = ", sum(James[1:6]))
```

执行结果

```
==================== RESTART: D:\Python\ch6\ch6_9.py ====================
最高得分 =  31
最低得分 =  18
得分总计 =  113
```

6-1-6 列表个数 len( )

设计程序时，可能会增加元素，也有可能会删除元素，时间久了即使是程序设计师也无法得知列表内剩余多少元素，此时可以借用本节的 len( ) 函数获得列表的元素个数。

程序实例 ch6_10.py：重新设计 ch6_8.py，获得场次数据。

```
1  # ch6_10.py
2  james = [23, 19, 22, 31, 18]             # 定义James的5场比赛得分
3  games = len(james)                        # 获得场次数据
4  print("经过 %d 场比赛最高得分 = " % games, max(james))
5  print("经过 %d 场比赛最低得分 = " % games, min(james))
6  print("经过 %d 场比赛得分总计 = " % games, sum(james))
```

执行结果

```
==================== RESTART: D:\Python\ch6\ch6_10.py ====================
经过 5 场比赛最高得分 =  31
经过 5 场比赛最低得分 =  18
经过 5 场比赛得分总计 =  113
>>>
```

6-1-7 更改列表元素的内容

可以使用列表名称和索引值更改列表元素的内容。

程序实例 ch6_11.py：修改 James 第 5 场比赛分数。

```
1  # ch6_11.py
2  james = [23, 19, 22, 31, 18]          # 定义James的5场比赛得分
3  print("旧的James比赛分数", james)
4  james[4] = 28
5  print("新的James比赛分数", james)
```

执行结果

```
=============== RESTART: D:\Python\ch6\ch6_11.py ===============
s比赛分数 [23, 19, 22, 31, 18]
s比赛分数 [23, 19, 22, 31, 28]
```

这个概念可以用于更改整数数据，也可以修改字符串数据。

程序实例 ch6_12.py：一家汽车经销商原本可以销售 Toyota、Nissan、Honda，现在 Nissan 销售权被回收，改成销售 Ford，可用下列方式设计销售品牌。

```
1  # ch6_12.py
2  cars = ['Toyota', 'Nissan', 'Honda']
3  print("旧汽车销售品牌", cars)
4  cars[1] = 'Ford'              # 更改第二个元素内容
5  print("新汽车销售品牌", cars)
```

执行结果

```
==================== RESTART: D:\Python\ch6\ch6_12.py ====================
旧汽车销售品牌 ['Toyota', 'Nissan', 'Honda']
新汽车销售品牌 ['Toyota', 'Ford', 'Honda']
```

6-1-8　列表的相加

Python 是允许列表相加的，相当于将列表结合。

程序实例 ch6_13.py：一家汽车经销商原本可以销售 Toyota、Nissan、Honda，现在并购一家销售 Audi、BMW 的经销商，可用下列方式设计销售品牌。

```
1  # ch6_13.py
2  cars1 = ['Toyota', 'Nissan', 'Honda']
3  print("旧汽车销售品牌", cars1)
4  cars2 = ['Audi', 'BMW']
5  cars1 += cars2
6  print("新汽车销售品牌", cars1)
```

执行结果

```
==================== RESTART: D:\Python\ch6\ch6_13.py ====================
旧汽车销售品牌 ['Toyota', 'Nissan', 'Honda']
新汽车销售品牌 ['Toyota', 'Nissan', 'Honda', 'Audi', 'BMW']
```

程序实例 ch6_14.py：整数列表相加的实例。

```
1  # ch6_14.py
2  num1 = [1, 3, 5]
3  num2 = [2, 4, 6]
4  num3 = num1 + num2            # 字符串为主的列表相加
5  print(num3)
```

执行结果

```
==================== RESTART: D:/Python/ch6/ch6_14.py ====================
[1, 3, 5, 2, 4, 6]
```

6-1-9 列表乘以一个数字

如果将列表乘以一个数字，这个数字相当于是列表元素重复次数。

程序实例 ch6_15.py：将列表乘以数字的应用。

```
1  # ch6_15.py
2  cars = ['toyota', 'nissan', 'honda']
3  nums = [1, 3, 5]
4  carslist = cars * 3          # 列表乘以数字
5  print(carslist)
6  numslist = nums * 5          # 列表乘以数字
7  print(numslist)
```

执行结果

```
==================== RESTART: D:/Python/ch6/ch6_15.py ====================
['toyota', 'nissan', 'honda', 'toyota', 'nissan', 'honda', 'toyota', 'nissan',
'honda']
[1, 3, 5, 1, 3, 5, 1, 3, 5, 1, 3, 5, 1, 3, 5]
```

注 Python 的列表**不支持**列表加上数字，例如，第 6 行改成如下所示：

```
numslist = nums + 5              # 列表加上数字将造成错误
```

6-1-10 列表元素的加法操作

既然可以读取列表内容，其实就可以使用相同的概念操作列表内的元素数据。

程序实例 ch6_16.py：建立 Lebron James 和 Kevin Love 在比赛中的得分列表，然后利用列表元素加法操作，列出两个人在第四场比赛的得分总和。

```
1  # ch6_16.py
2  James = ['Lebron James',23, 19, 22, 31, 18] # 定义James列表
3  Love = ['Kevin Love',20, 18, 30, 22, 15]    # 定义Love列表
4  game3 = James[4] + Love[4]
5  LKgame = James[0] + ' 和 ' + Love[0] + '第四场总得分 = '
6  print(LKgame, game3)
```

执行结果

```
==================== RESTART: D:\Python\ch6\ch6_16.py ====================
Lebron James 和 Kevin Love第四场总得分 =  53
```

需注意由第 2 行列表定义可知，James[0] 是指"Lebron James"，James[1] 是第 1 场得分 23，所以 James[4] 是第 4 场得分 31。第 3 行 Love 列表含义相同。上述第 5 行是整数和字符串相加，相当于产生新字符串。

6-1-11　删除列表元素

可以使用下列方式删除指定索引的列表元素。

```
del name_list[i]                          # 删除索引 i 的列表元素
```

下列是删除列表区间元素。

```
del name_list[start:end]                  # 删除从索引 start 到 (end-1 ) 的列表
                                            元素
```

下列是删除区间，但是用 step 设置每隔多少区间再删除。

```
del name_list[start:end:step]             # 每隔 step, 删除从索引 start 到 (end-
                                            1 ) 的列表元素
```

程序实例 ch6_17.py：如果 NBA 勇士队主将阵容有 5 名，其中一名队员 Bell 离队了，可用下列方式设计。

```
1  # ch6_17.py
2  warriors = ['Curry', 'Durant', 'Iquodala', 'Bell', 'Thompson']
3  print("2018年初NBA勇士队主将阵容", warriors)
4  del warriors[3]                # 不明原因离队
5  print("2018年末NBA勇士队主将阵容", warriors)
```

执行结果

```
=================== RESTART: D:\Python\ch6\ch6_17.py ===================
2018年初NBA勇士队主将阵容 ['Curry', 'Durant', 'Iquodala', 'Bell', 'Thompson']
2018年末NBA勇士队主将阵容 ['Curry', 'Durant', 'Iquodala', 'Thompson']
```

程序实例 ch6_18.py：删除列表元素的应用。

```
1   # ch6_18.py
2   nums1 = [1, 3, 5]
3   print("删除nums1列表索引1元素前   = ",nums1)
4   del nums1[1]
5   print("删除nums1列表索引1元素后   = ",nums1)
6   nums2 = [1, 2, 3, 4, 5, 6]
7   print("删除nums2列表索引[0:2]前   = ",nums2)
8   del nums2[0:2]
9   print("删除nums2列表索引[0:2]后   = ",nums2)
10  nums3 = [1, 2, 3, 4, 5, 6]
11  print("删除nums3列表索引[0:6:2]前 = ",nums3)
12  del nums3[0:6:2]
13  print("删除nums3列表索引[0:6:2]后 = ",nums3)
```

执行结果

```
=================== RESTART: D:\Python\ch6\ch6_18.py ===================
删除nums1列表索引1元素前   = [1, 3, 5]
删除nums1列表索引1元素后   = [1, 5]
删除nums2列表索引[0:2]前   = [1, 2, 3, 4, 5, 6]
删除nums2列表索引[0:2]后   = [3, 4, 5, 6]
删除nums3列表索引[0:6:2]前 = [1, 2, 3, 4, 5, 6]
删除nums3列表索引[0:6:2]后 = [2, 4, 6]
```

以这种方式删除列表元素最大的缺点是，删除元素后无法得知删除的是什么内容。有时在设计网站时，可能想将某个人从 VIP 客户降为一般客户，采用上述方式删除元素时，就无法再度取得所删除的元素数据，6-4-3 节会介绍另一种删除数据方式，删除后还可善加利用所删除的数据。又或者你设计一个游戏，敌人是放在列表内，采用上述方式删除所杀死的敌人时，就无法再度取得所删除的敌人元素数据，如果可以取得的话，可以在杀死敌人坐标位置放置庆祝动画等。

6-1-12　列表为空列表的判断

如果想建立一个列表，可是暂时不放置元素，可使用下列方式声明。

```
name_list = [ ]                    # 这是空的列表
```

程序实例 ch6_19.py：删除列表元素的应用，这个程序基本上会用 len( ) 函数判断列表内是否有元素数据，如果有则删除索引为 0 的元素，如果没有则列出列表内没有元素了。

```
1   # ch6_19.py
2   cars = ['Toyota', 'Nissan', 'Honda']
3   print("cars列表长度是 = %d" %  len(cars))
4   if len(cars) != 0:
5       del cars[0]
6       print("删除cars列表元素成功")
7       print("cars列表长度是 = %d" % len(cars))
8   else:
9       print("cars列表内没有元素数据")
10  nums = []
11  print("nums列表长度是 = %d" % len(nums))
12  if len(nums) != 0:
13      del nums[0]
14      print("删除nums列表元素成功")
15  else:
16      print("nums列表内没有元素数据")
```

执行结果

```
===================== RESTART: D:\Python\ch6\ch6_19.py =====================
cars列表长度是 = 3
删除cars列表元素成功
cars列表长度是 = 2
nums列表长度是 = 0
nums列表内没有元素数据
```

6-1-13　删除列表

Python 也允许删除整个列表，列表一经删除后就无法复原，同时也无法做任何操作了，下面是删除列表的方式。

```
del name_list                    # 删除列表 name_list
```

实例：建立列表、打印列表、删除列表，然后尝试再度打印列表结果出现错误消息，因为列表经删除后已经不存在了。

```
>>> x = [1,2,3]
>>> print(x)
[1, 2, 3]
>>> del x
>>> print(x)
Traceback (most recent call last):
  File "<pyshell#25>", line 1, in <module>
    print(x)
NameError: name 'x' is not defined
>>>
```

6-1-14　补充多重指定与列表

在多重指定中，如果等号左边的变量较少，可以用"* 变量"方式，将多余的右边内容用列表方式打包给含"*"的变量。

实例 1：将多的内容打包给 c。

```
>>> a, b, *c = 1, 2, 3, 4, 5
>>> print(a, b, c)
1 2 [3, 4, 5]
```

变量内容打包时，不一定要在最右边，可以在任意位置。

实例 2：将多的内容打包给 b。

```
>>> a, *b, c = 1, 2, 3, 4, 5
>>> print(a, b, c)
1 [2, 3, 4] 5
```

6-2　Python 简单的面向对象概念

在面向对象的程序设计里，所有数据都算是一个**对象**（Object），例如，**整数、浮点数、字符串**或是本章所提的**列表**都是一个对象。我们可以为所建立的对象设计一些**方法**（method），供这些对象使用，在这里所提的**方法**表面是**函数**，但是这些函数是放在类（第 12 章会介绍）内，我们称之为**方法**，它与函数调用方式不同。目前 Python 有为一些基本对象提供默认的**方法**，要使用这些**方法**可以在**对象**后先放**小数点**，再放**方法名称**，基本语法格式如下：

　　对象 . 方法 ( )

下面是字符串常用的方法。

lower ( )：将字符串转成小写字母。(6-2-1 节)

upper ( )：将字符串转成大写字母。(6-2-1 节)

title ( )：将字符串转成第一个字母大写，其他字母小写。(6-2-1 节)

rstrip ( )：删除字符串尾端多余的空白。(6-2-2 节)

lstrip ( )：删除字符串开始端多余的空白。(6-2-2 节)

strip ( )：删除字符串头尾两边多余的空白。(6-2-2 节)

center ( )：字符串在指定宽度居中对齐。(6-2-3 节)

rjust ( )：字符串在指定宽度靠右对齐。(6-2-3 节)

ljust ( )：字符串在指定宽度靠左对齐。(6-2-3 节)

下面将分成几节一步一步以实例进行说明。

6-2-1　更改字符串大小写 lower( )/upper( )/title( )

如果列表内的元素字符串数据是小写，例如，输出的车辆名称是 "benz"，可以使用 title( ) 让车辆名称的第一个字母大写，可能会更好。

程序实例 ch6_20.py：将 upper( ) 和 title( ) 应用于字符串。

```
1  # ch6_20.py
2  cars = ['bmw', 'benz', 'audi']
3  carF = "我开的第一部车是 " + cars[1].title( )
4  carN = "我现在开的车子是 " + cars[0].upper( )
5  print(carF)
6  print(carN)
```

执行结果

```
===================== RESTART: D:\Python\ch6\ch6_20.py =====================
我开的第一部车是 Benz
我现在开的车子是 BMW
```

上述第 3 行是将 benz 改为 Benz，第 4 行是将 bmw 改为 BMW。下列是使用 lower( ) 将字符串改为小写的实例。

```
>>> x = 'ABC'
>>> x.lower( )
'abc'
```

使用 title( ) 时需留意，如果字符串内含多个单词，所有的单词均是第一个字母大写。

```
>>> x = "i love python"
>>> x.title()
'I Love Python'
```

6-2-2　删除空格符 rstrip( )/lstrip( )/strip( )

删除字符串开始或结尾多余空格是很好用的方法（method），特别是系统要求读者输入数据时，一定会有人不小心多输入一些空格符，此时可以用这个方法删除多余的空格。

程序实例 ch6_21.py：删除开始端与结尾端多余空格的应用。

```
1  # ch6_21.py
2  strN = " DeepStone "
3  strL = strN.lstrip()        # 删除字符串左边多余空格
4  strR = strN.rstrip()        # 删除字符串右边多余空格
5  strB = strN.lstrip()        # 先删除字符串左边多余空格
6  strB = strB.rstrip()        # 再删除字符串右边多余空格
7  strO = strN.strip()         # 一次删除头尾端多余空格
8  print("/%s/" % strN)
9  print("/%s/" % strL)
10 print("/%s/" % strR)
11 print("/%s/" % strB)
12 print("/%s/" % strO)
```

执行结果

```
===================== RESTART: D:/Python/ch6/ch6_21.py =====================
/ DeepStone /
/DeepStone /
/ DeepStone/
/DeepStone/
/DeepStone/
```

删除前后空格符常常应用于读取屏幕输入，除了上述，下面将用实例说明整个影响。

程序实例 ch6_22.py：没有使用 strip( ) 与使用 strip( ) 方法处理读取字符串的观察。

```
1  # ch6_22.py
2  string = input("请输入名字 : ")
3  print("/%s/" % string)
4  string = input("请输入名字 : ")
5  print("/%s/" % string.strip())
```

执行结果　下列是第一个数据的输入，同时不使用 strip( ) 方法。

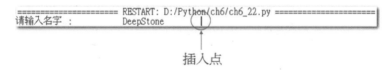

按 Enter 键后可以得到下列输出。

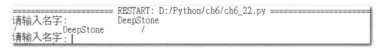

下列是第 2 个数据的输入，使用了 strip( ) 方法。

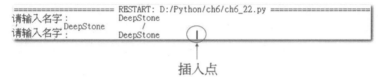

按 Enter 键后可以得到下列输出。

```
==================== RESTART: D:/Python/ch6/ch6_22.py ====================
请输入名字 :          DeepStone
/          DeepStone          /
请输入名字 :          DeepStone
/DeepStone/
```

6-2-3　格式化字符串位置 center( )/ljust( )/rjust( )

这几个函数用于格式化字符串，可以给出一定的字符串长度空间，然后可以看到字符串分别居中（center）、靠左（ljust）、靠右 rjust( ) 对齐。

程序实例 ch6_23.py：格式化字符串位置的应用。

```
1  # ch6_23.py
2  title = "Ming-Chi Institute of Technology"
3  print("/%s/" % title.center(50))
4  dt = "Department of ME"
5  print("/%s/" % dt.ljust(50))
6  site = "JK Hung"
7  print("/%s/" % site.rjust(50))
```

执行结果

```
==================== RESTART: D:\Python\ch6\ch6_23.py ====================
/        Ming-Chi Institute of Technology        /
/Department of ME                                /
/                                         JK Hung/
```

如果发生预留空间不足时，Python 也会配置足够的空间。

6-2-4　dir( )获得系统内部对象的方法

6-2 节列举了字符串常用的**方法**（method），dir( ) 函数可以列出对象有哪些内建的方法可以使用。

实例 1：列出字符串对象的方法，处理方式是可以先设置一个字符串变量，再将此字符串变量当作 dir( ) 的参数，最后列出此字符串变量的方法（method）。

```
>>> string = 'abc'
>>> dir(string)
['__add__', '__class__', '__contains__', '__delattr__', '__dir__', '__doc__',
'__eq__', '__format__', '__ge__', '__getattribute__', '__getitem__', '__getnew
args__', '__gt__', '__hash__', '__init__', '__init_subclass__', '__iter__', '_
_le__', '__len__', '__lt__', '__mod__', '__mul__', '__ne__', '__new__', '__red
uce__', '__reduce_ex__', '__repr__', '__rmod__', '__rmul__', '__setattr__', '_
_sizeof__', '__str__', '__subclasshook__', 'capitalize', 'casefold', 'center',
'count', 'encode', 'endswith', 'expandtabs', 'find', 'format', 'format_map',
'index', 'isalnum', 'isalpha', 'isascii', 'isdecimal', 'isdigit', 'isidentifie
r', 'islower', 'isnumeric', 'isprintable', 'isspace', 'istitle', 'isupper', 'j
oin', 'ljust', 'lower', 'lstrip', 'maketrans', 'partition', 'replace', 'rfind'
, 'rindex', 'rjust', 'rpartition', 'rsplit', 'rstrip', 'split', 'splitlines',
'startswith', 'strip', 'swapcase', 'title', 'translate', 'upper', 'zfill']
```

其实上述语句设置了 string='abc'，Python 内部已经建立了一个数据结构供变量 string 使用，同时设置了内容是字符串 'abc'，接着 Python 将数据结构调整为字符串数据结构，所以使用 dir(string) 时，会列出适用字符串使用的方法。

上述有圈起来的，在前几节已有介绍。看到上述密密麻麻的方法，读者不用紧张，也不用想要一次学会，需要时再学即可。如果想要了解上述特定方法，可以使用 4-1 节介绍的 help( ) 函数，可以用下列方式：

help(对象 . 方法名称)

实例 2：延续前一个实例，列出对象 string 内建的 islower 的使用说明，同时以 string 对象为例，测试使用结果。

```
>>> help(string.islower)
Help on built-in function islower:

islower(...) method of builtins.str instance
    S.islower() -> bool

    Return True if all cased characters in S are lowercase and there is
    at least one cased character in S, False otherwise.

>>> x = string.islower()
>>> print(x)
True
>>>
```

由上述说明可知，islower( ) 可以返回对象是否是小写，如果对象全部是小写或是至少有一个字符是小写将返回 True，否则返回 False。在上述实例中，由于 string 对象的内容是 "abc"，全部是小写，所以返回 True。

上述概念同样可以应用在查询整数对象的方法。

实例 3：列出整数对象的方法，同样可以先设置一个整数变量，再列出此整数变量的方法（method）。

```
>>> num = 5
>>> dir(num)
['__abs__', '__add__', '__and__', '__bool__', '__ceil__', '__class__', '__delattr__',
'__dir__', '__divmod__', '__doc__', '__eq__', '__float__', '__floor__', '__floordiv__
', '__format__', '__ge__', '__getattribute__', '__getnewargs__', '__gt__', '__hash__
', '__index__', '__init__', '__init_subclass__', '__int__', '__invert__', '__le__', '_
_lshift__', '__lt__', '__mod__', '__mul__', '__ne__', '__neg__', '__new__', '__or__', '_
_pos__', '__pow__', '__radd__', '__rand__', '__rdivmod__', '__reduce__', '__reduce_
ex__', '__repr__', '__rfloordiv__', '__rlshift__', '__rmod__', '__rmul__', '__ror__', '_
_round__', '__rpow__', '__rrshift__', '__rshift__', '__rsub__', '__rtruediv__', '__
rxor__', '__setattr__', '__sizeof__', '__str__', '__sub__', '__subclasshook__', '__tr
uediv__', '__trunc__', '__xor__', 'bit_length', 'conjugate', 'denominator', 'from_byt
es', 'imag', 'numerator', 'real', 'to_bytes']
>>>
```

上述 bit_length 是可以计算出要多少位以二进制方式存储此变量。

实例 4：列出需要多少位，存储整数变量 num。

```
>>> num = 5
>>> y = num.bit_length()
>>> y
3
>>> num = 31
>>> y = num.bit_length()
>>> y
5
```

6-3　获得列表的方法

本节重点是列表，可以使用下列方式获得可以使用哪些列表的方法。

实例 1：列出内建列表（list）内含字符串（string）元素的方法。

```
>>> string = ["bmw", "benz", "audi"]
>>> dir(string)
['__add__', '__class__', '__contains__', '__delattr__', '__delitem__', '__dir__', '__
doc__', '__eq__', '__format__', '__ge__', '__getattribute__', '__getitem__', '__gt__
', '__hash__', '__iadd__', '__imul__', '__init__', '__init_subclass__', '__iter__', '__
le__', '__len__', '__lt__', '__mul__', '__ne__', '__new__', '__reduce__', '__reduce_
ex__', '__repr__', '__reversed__', '__rmul__', '__setattr__', '__setitem__', '__sizeo
f__', '__str__', '__subclasshook__', 'append', 'clear', 'copy', 'count', 'extend', 'i
ndex', 'insert', 'pop', 'remove', 'reverse', 'sort']
>>>
```

上述实例的重点是先建立一个列表 string，然后由此列表利用 dir( ) 函数可以了解有哪些列表的方法可以使用。

实例 2：列出内建列表（list）内含整数（int）元素的方法。

```
>>> numlist = [1, 3, 5]
>>> dir(numlist)
['__add__', '__class__', '__contains__', '__delattr__', '__delitem__', '__dir__', '__
doc__', '__eq__', '__format__', '__ge__', '__getattribute__', '__getitem__', '__gt__
', '__hash__', '__iadd__', '__imul__', '__init__', '__init_subclass__', '__iter__', '__
le__', '__len__', '__lt__', '__mul__', '__ne__', '__new__', '__reduce__', '__reduce_
ex__', '__repr__', '__reversed__', '__rmul__', '__setattr__', '__setitem__', '__sizeo
f__', '__str__', '__subclasshook__', 'append', 'clear', 'copy', 'count', 'extend', 'i
ndex', 'insert', 'pop', 'remove', 'reverse', 'sort']
>>>
```

可以看到实例 1 与实例 2 内容完全相同，这表示下一节起讲解操作列表的方法，可以用于元素是字符串，也可以用于元素是整数。

6-4　增加与删除列表元素

6-4-1　在列表末端增加元素 append( )

程序设计时常常会发生需要增加列表元素的情况，如果目前元素个数是 3 个，想要增加第 4 个元素，读者可能会想可否使用下列传统方式，直接设置新增的值：

```
name_list[3] = value
```

实例：使用索引方式，为列表增加元素，但是发生索引值超过列表长度的错误。

```
>>> car = ['Honda', 'Toyota', 'Ford']
>>> print(car)
['Honda', 'Toyota', 'Ford']
>>> car[3] = 'Nissan'
Traceback (most recent call last):
  File "<pyshell#31>", line 1, in <module>
    car[3] = 'Nissan'
IndexError: list assignment index out of range
>>>
```

读者可能会想可以增加一个新列表，将要新增的元素放在新列表，然后再将原列表与新列表相加，就达到增加列表元素的目的了。这个方法理论上是可以，可是太麻烦了。Python 为列表内建了新增元素的方法 append( )，这个方法可以在列表末端直接增加元素。

```
name_list.append('新增元素')
```

程序实例 ch6_24.py：先建立一个空列表，然后分别使用 append( ) 增加 3 个元素内容。

```
1  # ch6_24.py
2  cars = []
3  print("目前列表内容 = ",cars)
4  cars.append('Honda')
5  print("目前列表内容 = ",cars)
6  cars.append('Toyota')
7  print("目前列表内容 = ",cars)
8  cars.append('Ford')
9  print("目前列表内容 = ",cars)
```

执行结果

```
==================== RESTART: D:\Python\ch6\ch6_24.py ====================
目前列表内容 =  []
目前列表内容 =  ['Honda']
目前列表内容 =  ['Honda', 'Toyota']
目前列表内容 =  ['Honda', 'Toyota', 'Ford']
```

6-4-2　插入列表元素 insert( )

append( ) 方法是固定在列表末端插入元素，insert( ) 方法则是可以在任意位置插入元素，它的使用格式如下：

```
insert(索引, 元素内容)              # 索引是插入位置, 元素内容是插入内容
```

程序实例 ch6_25.py：使用 insert( ) 插入列表元素的应用。

```
1  # ch6_25.py
2  cars = ['Honda','Toyota','Ford']
3  print("目前列表内容 = ",cars)
4  print("在索引1位置插入Nissan")
5  cars.insert(1,'Nissan')
6  print("新的列表内容 = ",cars)
7  print("在索引0位置插入BMW")
8  cars.insert(0,'BMW')
9  print("最新列表内容 = ",cars)
```

执行结果

```
==================== RESTART: D:\Python\ch6\ch6_25.py ====================
目前列表内容 =  ['Honda', 'Toyota', 'Ford']
在索引1位置插入Nissan
新的列表内容 =  ['Honda', 'Nissan', 'Toyota', 'Ford']
在索引0位置插入BMW
最新列表内容 =  ['BMW', 'Honda', 'Nissan', 'Toyota', 'Ford']
```

6-4-3　删除列表元素 pop( )

6-1-11 节介绍了使用 del 删除列表元素，同时指出这种方法最大的缺点是，资料删除了就无法取得相关信息。使用 pop( ) 方法删除元素最大的优点是，删除后将返回所删除的值。使用 pop( ) 时若是未指明所删除元素的位置，一律删除列表末端的元素。pop( ) 的使用方式如下。

```
value = name_list.pop( )          # 没有索引时删除列表末端元素
value = name_list.pop(i)          # 删除指定索引值 i 位置的列表元素
```

程序实例 ch6_26.py：使用 pop( ) 删除列表元素的应用，这个程序第 5 行未指明删除的索引值，所以删除了列表的最后一个元素。程序第 9 行则是指明删除索引为 1 位置的元素。

```
1  # ch6_26.py
2  cars = ['Honda','Toyota','Ford','BMW']
3  print("目前列表内容 = ",cars)
4  print("使用pop( )删除列表元素")
5  popped_car = cars.pop()          # 删除列表末端值
6  print("所删除的列表内容是 : ", popped_car)
7  print("新的列表内容 = ",cars)
8  print("使用pop(1)删除列表元素")
9  popped_car = cars.pop(1)          # 删除列表索引为1的值
10 print("所删除的列表内容是 : ", popped_car)
11 print("新的列表内容 = ",cars)
```

执行结果

```
==================== RESTART: D:\Python\ch6\ch6_26.py ====================
目前列表内容 =  ['Honda', 'Toyota', 'Ford', 'BMW']
使用pop( )删除列表元素
所删除的列表内容是 :  BMW
新的列表内容 =  ['Honda', 'Toyota', 'Ford']
使用pop(1)删除列表元素
所删除的列表内容是 :  Toyota
新的列表内容 =  ['Honda', 'Ford']
```

6-4-4　删除指定的元素 remove( )

在删除列表元素时，有时可能不知道元素在列表内的位置，此时可以使用 remove( ) 方法删除指定的元素，它的使用方式如下：

```
name_list.remove(想删除的元素内容)
```

如果列表内有相同的元素，则只删除第一个出现的元素，如果想要删除所有相同的元素，必须使用循环，第 7 章将会讲解循环的概念。

程序实例 ch6_27.py：删除列表中第一次出现的元素 bmw，这个列表有两个 bmw 字符串，最后只删除索引为 1 位置的 bmw 字符串。

```
1   # ch6_27.py
2   cars = ['Honda','bmw','Toyota','Ford','bmw']
3   print("目前列表内容 = ",cars)
4   print("使用remove( )删除列表元素")
5   expensive = 'bmw'
6   cars.remove(expensive)                     # 删除第一次出现的元素bmw
7   print("所删除的内容是: " + expensive.upper( ) + " 因为太贵了" )
8   print("新的列表内容",cars)
```

执行结果

```
==================== RESTART: D:\Python\ch6\ch6_27.py ====================
目前列表内容 =  ['Honda', 'bmw', 'Toyota', 'Ford', 'bmw']
使用remove( )删除列表元素
所删除的内容是: BMW 因为太贵了
新的列表内容 ['Honda', 'Toyota', 'Ford', 'bmw']
```

6-5 列表的排序

6-5-1 颠倒排序 reverse( )

reverse( ) 可以颠倒排序列表元素，它的使用方式如下：

```
name_list.reverse( )                          # 颠倒排序 name_list 列表元素
```

列表经颠倒排放后，就算永久性更改了，如果要复原，可以再执行一次 reverse( ) 方法。

其实在 6-1-3 节的切片应用中，也可以用 [::-1] 方式取得列表颠倒排序，这个方式会返回新的颠倒排序列表，原列表顺序未改变。

程序实例 ch6_28.py：使用两种方式执行颠倒排序列表元素。

```
1   # ch6_28.py
2   cars = ['Honda','bmw','Toyota','Ford','bmw']
3   print("目前列表内容 = ",cars)
4   # 直接打印cars[::-1]颠倒排序,不更改列表内容
5   print("打印使用[::-1]颠倒排序\n", cars[::-1])
6   # 更改列表内容
7   print("使用reverse()颠倒排序列表元素")
8   cars.reverse()                          # 颠倒排序列表
9   print("新的列表内容 = ",cars)
```

执行结果

```
===================== RESTART: D:\Python\ch6\ch6_28.py =====================
目前列表内容 =  ['Honda', 'bmw', 'Toyota', 'Ford', 'bmw']
打印使用[::-1]颠倒排序
 ['bmw', 'Ford', 'Toyota', 'bmw', 'Honda']
使用reverse()颠倒排序列表元素
新的列表内容 =  ['bmw', 'Ford', 'Toyota', 'bmw', 'Honda']
```

6-5-2　sort( )排序

sort( ) 方法可以对列表元素由小到大排序，这个方法对纯数值元素与纯英文字符串元素都有非常好的效果。要留意的是，经排序后原列表的元素顺序会被永久更改。它的使用格式如下：

```
name_list.sort( )                           # 由小到大排序 name_list 列表
```

如果是排序英文字符串，建议先将字符串英文字符全部改成小写或全部改成大写。

程序实例 ch6_29.py：数字与英文字符串元素排序的应用。

```
1   # ch6_29.py
2   cars = ['honda','bmw','toyota','ford']
3   print("目前列表内容 = ",cars)
4   print("使用sort( )由小排到大")
5   cars.sort( )
6   print("排序列表结果 = ",cars)
7   nums = [5, 3, 9, 2]
8   print("目前列表内容 = ",nums)
9   print("使用sort( )由小排到大")
10  nums.sort( )
11  print("排序列表结果 = ",nums)
```

执行结果

```
===================== RESTART: D:\Python\ch6\ch6_29.py =====================
目前列表内容 =  ['honda', 'bmw', 'toyota', 'ford']
使用sort()由小排到大
排序列表结果 =  ['bmw', 'ford', 'honda', 'toyota']
目前列表内容 =  [5, 3, 9, 2]
使用sort()由小排到大
排序列表结果 =  [2, 3, 5, 9]
```

上述内容是由小排到大，sort( ) 方法也允许由大排到小，只要在 sort( ) 内增加参数 "reverse=True" 即可。

程序实例 ch6_30.py：重新设计 ch6_29.py，将列表元素由大排到小。

```
1   # ch6_30.py
2   cars = ['honda','bmw','toyota','ford']
3   print("目前列表内容 = ",cars)
4   print("使用sort()由大排到小")
5   cars.sort(reverse=True)
6   print("排序列表结果 = ",cars)
7   nums = [5, 3, 9, 2]
8   print("目前列表内容 = ",nums)
9   print("使用sort()由大排到小")
10  nums.sort(reverse=True)
11  print("排序列表结果 = ",nums)
```

```
==================== RESTART: D:\Python\ch6\ch6_30.py ====================
目前列表内容 =  ['honda', 'bmw', 'toyota', 'ford']
使用sort( )由大排到小
排序列表结果 =  ['toyota', 'honda', 'ford', 'bmw']
目前列表内容 =  [5, 3, 9, 2]
使用sort( )由大排到小
排序列表结果 =  [9, 5, 3, 2]
```

6-5-3　sorted( )排序

6-5-2 节的 sort( ) 排序将造成列表元素顺序永久更改，如果不希望更改列表元素顺序，可以使用另一种排序 sorted( )，使用这个排序可以获得想要的排序结果。可以用新列表存储新的排序列表，同时原列表的顺序将不更改。它的使用格式如下：

```
new_list = sorted(name_list)                # 用新列表存储排序，原列表序列不更改
```

程序实例 ch6_31.py：sorted( ) 排序的应用，这个程序使用 car_sorted 新列表存储 car 列表的排序结果，同时使用 num_sorted 新列表存储 num 列表的排序结果。

```
1   # ch6_31.py
2   cars = ['honda','bmw','toyota','ford']
3   print("目前列表car内容 = ",cars)
4   print("使用sorted()由小排到大")
5   cars_sorted = sorted(cars)
6   print("排序列表结果 = ",cars_sorted)
7   print("原先列表car内容 = ",cars)
8   nums = [5, 3, 9, 2]
9   print("目前列表num内容 = ",nums)
10  print("使用sorted()由小排到大")
11  nums_sorted = sorted(nums)
12  print("排序列表结果 = ",nums_sorted)
13  print("原先列表num内容 = ",nums)
```

```
==================== RESTART: D:\Python\ch6\ch6_31.py ====================
目前列表car内容 =  ['honda', 'bmw', 'toyota', 'ford']
使用sorted( )由小排到大
排序列表结果 =  ['bmw', 'ford', 'honda', 'toyota']
原先列表car内容 =  ['honda', 'bmw', 'toyota', 'ford']
目前列表num内容 =  [5, 3, 9, 2]
使用sorted( )由小排到大
排序列表结果 =  [2, 3, 5, 9]
原先列表num内容 =  [5, 3, 9, 2]
```

如果想要从大排到小，可以在 sorted( ) 内增加参数 "reverse=True"，可参考下列实例第 5 和 11 行。

程序实例 ch6_32.py：重新设计 ch6_31.py，将列表由大排到小。

```
1   # ch6_32.py
2   cars = ['honda','bmw','toyota','ford']
3   print("目前列表car内容 = ",cars)
4   print("使用sorted()由大排到小")
5   cars_sorted = sorted(cars,reverse=True)
6   print("排序列表结果    = ",cars_sorted)
7   print("原先列表car内容 = ",cars)
8   nums = [5, 3, 9, 2]
9   print("目前列表num内容 = ",nums)
10  print("使用sorted()由大排到小")
11  nums_sorted = sorted(nums,reverse=True)
12  print("排序列表结果    = ",nums_sorted)
13  print("原先列表num内容 = ",nums)
```

执行结果

```
=============== RESTART: D:\Python\ch6\ch6_32.py ===============
目前列表car内容 =  ['honda', 'bmw', 'toyota', 'ford']
使用sorted()由大排到小
排序列表结果    =  ['toyota', 'honda', 'ford', 'bmw']
原先列表car内容 =  ['honda', 'bmw', 'toyota', 'ford']
目前列表num内容 =  [5, 3, 9, 2]
使用sorted()由大排到小
排序列表结果    =  [9, 5, 3, 2]
原先列表num内容 =  [5, 3, 9, 2]
```

6-6　进阶列表操作

6-6-1　index( )

这个方法可以返回特定元素内容第一次出现的索引值，它的使用格式如下：

索引值 = 列表名称 .index (查找值)

如果**查找值不存在**，列表会**出现错误**。

程序实例 ch6_33.py：返回查找索引值的应用。

```
1  # ch6_33.py
2  cars = ['toyota', 'nissan', 'honda']
3  search_str = 'nissan'
4  i = cars.index(search_str)
5  print("查找元素 %s 第一次出现位置索引是 %d" % (search_str, i))
6  nums = [7, 12, 30, 12, 30, 9, 8]
7  search_val = 30
8  j = nums.index(search_val)
9  print("查找元素 %s 第一次出现位置索引是 %d" % (search_val, j))
```

执行结果

```
=============== RESTART: D:\Python\ch6\ch6_33.py ===============
查找元素 nissan 第一次出现位置索引是 1
查找元素 30 第一次出现位置索引是 2
```

如果查找值不在列表中会出现错误，所以在使用前建议可以先使用 in 表达式（可参考 6-10 节），先判断查找值是否在列表内，如果是在列表内，再执行 index( ) 方法。

程序实例 ch6_34.py：使用 ch6_16.py 的列表 James，这个列表有 Lebron James 的一系列比赛得分，由此列表计算他在第几场得最高分，同时列出所得分数。

```
1  # ch6_34.py
2  James = ['Lebron James',23, 19, 22, 31, 18] # 定义James列表
3  games = len(James)                          # 求元素数量
4  score_Max = max(James[1:games])             # 最高得分
5  i = James.index(score_Max)                  # 场次
6  print(James[0], "在第 %d 场得最高分 %d" % (i, score_Max))
```

执行结果

```
=============== RESTART: D:\Python\ch6\ch6_34.py ===============
Lebron James 在第 4 场得最高分 31
```

这个实例有一点不完美，因为如果有两场或更多场次得到相同分数的最高分，本程序无法处理，第 7 章将以实例讲解如何修改。

6-6-2　count( )

这个方法可以返回特定元素内容出现的次数，如果查找值不在列表会返回 0，它的使用格式如下：

次数 = 列表名称 .count (查找值)

程序实例 ch6_35.py：返回查找值出现的次数的应用。

```
1   # ch6_35.py
2   cars = ['toyota', 'nissan', 'honda']
3   search_str = 'nissan'
4   num1 = cars.count(search_str)
5   print("所查找元素 %s 出现 %d 次" % (search_str, num1))
6   nums = [7, 12, 30, 12, 30, 9, 8]
7   search_val = 30
8   num2 = nums.count(search_val)
9   print("所查找元素 %s 出现 %d 次" % (search_val, num2))
```

执行结果

```
==================== RESTART: D:\Python\ch6\ch6_35.py ====================
所查找元素 nissan 出现 1 次
所查找元素 30 出现 2 次
```

如果查找值不在列表会返回 0。

```
>>> x = [1,2,3]
>>> x.count(4)
0
```

6-7　列表内含列表

列表内含列表的基本形式如下：

num = [1, 2, 3, 4, 5, [6, 7, 8]]

对上述而言，num 是一个列表，在这个列表内有另一个列表 [7, 8, 9]，因为内部列表的索引值是 5，所以可以用 num[5] 获得这个元素列表的内容。

```
>>> num = [1, 2, 3, 4, 5, [6, 7, 8]]
>>> num[5]
[6, 7, 8]
>>>
```

如果想要存取列表内的列表元素，可以使用下列格式：

num[索引 1][索引 2]

索引 1 是元素列表原先索引位置，索引 2 是元素列表内部的索引。

实例：列出列表内的列表元素值。

```
>>> num = [1, 2, 3, 4, 5, [6, 7, 8]]
>>> print(num[5][0])
6
>>> print(num[5][1])
7
>>> print(num[5][2])
8
>>>
```

列表内含列表的主要应用是，例如，可以用这个资料格式存储 NBA 球员 Lebron James 的数据如下所示：

```
James = [['Lebron James', 'SF','12/30/1984'], 23, 19, 22, 31, 18]
```

其中，第一个元素是列表，用于存储 Lebron James 的个人资料，其他则是存储每场得分数据。

程序实例 ch6_36.py：扩充 ch6_34.py，先列出 Lebron James 个人资料再计算哪一个场次得到最高分。程序第 2 行中 'SF' 全名是 Small Forward 即小前锋。

```
 1  # ch6_36.py
 2  James = [['Lebron James','SF','12/30/84'],23,19,22,31,18] # 定义James列表
 3  games = len(James)                                        # 求元素数量
 4  score_Max = max(James[1:games])                           # 最高得分
 5  i = James.index(score_Max)                                # 场次
 6  name = James[0][0]
 7  position = James[0][1]
 8  born = James[0][2]
 9  print("姓名      : ", name)
10  print("位置      : ", position)
11  print("出生日期 : ", born)
12  print("在第 %d 场得最高分 %d" % (i, score_Max))
```

执行结果

```
==================== RESTART: D:\Python\ch6\ch6_36.py ====================
姓名      : Lebron James
位置      : SF
出生日期 : 12/30/84
在第 4 场得最高分 31
```

程序实例 ch6_37.py：上述 ch6_36.py 的第 6 ～ 8 行是为了详细解说，真正了解 Python 精神的人，可以用下面一行取代这 3 行，用 Python 精神重新设计 ch6_36.py。

```
6  name, position, born = James[0]
```

执行结果　与 ch6_36.py 相同。

6-7-1　再谈 append( )

在 6-4-1 节提过了可以使用 append( ) 方法将元素插到列表的末端，其实也可以使用 append( ) 函数将某一列表插入到另一列表的末端，方法与插入元素方式相同，这时就会产生列表中有列表的效果。它的使用格式如下：

列表 A.append(列表 B)　　　　　　　　　　# 列表 B 将接在列表 A 末端

程序实例 ch6_38.py：使用 append( ) 将列表插入另一列表的末端。

```
1  # ch6_38.py
2  cars1 = ['toyota', 'nissan', 'honda']
3  cars2 = ['ford', 'audi']
4  print("原先cars1列表内容 = ", cars1)
5  print("原先cars2列表内容 = ", cars2)
6  cars1.append(cars2)
7  print("执行append()后列表cars1内容 = ", cars1))
8  print("执行append()后列表cars2内容 = ", cars2))
```

执行结果

```
=============== RESTART: D:\Python\ch6\ch6_38.py ===============
原先cars1列表内容 =  ['toyota', 'nissan', 'honda']
原先cars2列表内容 =  ['ford', 'audi']
执行append()后列表cars1内容 =  ['toyota', 'nissan', 'honda', ['ford', 'audi']]
执行append()后列表cars2内容 =  ['ford', 'audi']
```

6-7-2　extend( )

这也是两个列表连接的方法，与 append( ) 类似，不过这个方法只适用两个列表连接，不能用于一般元素。同时在连接后，extend( ) 会将列表分解成元素，一一插入列表。它的使用格式如下：

　　列表 A.extend (列表 B)　　　　　　# 列表 B 将分解成元素插入列表 A 末端

程序实例 ch6_39.py：使用 extend( ) 方法取代 ch6_38.py，并观察执行结果。

```
1  # ch6_39.py
2  cars1 = ['toyota', 'nissan', 'honda']
3  cars2 = ['ford', 'audi']
4  print("原先cars1列表内容 = ", cars1)
5  print("原先cars2列表内容 = ", cars2)
6  cars1.extend(cars2)
7  print("执行extend()后列表cars1内容 = ", cars1)
8  print("执行extend()后列表cars2内容 = ", cars2)
```

执行结果

```
=============== RESTART: D:\Python\ch6\ch6_39.py ===============
原先cars1列表内容 =  ['toyota', 'nissan', 'honda']
原先cars2列表内容 =  ['ford', 'audi']
执行extend()后列表cars1内容 =  ['toyota', 'nissan', 'honda', 'ford', 'audi']
执行extend()后列表cars2内容 =  ['ford', 'audi']
```

上述语句执行后，cars1 将是含有 5 个元素的列表，每个元素都是字符串。

6-7-3　再看二维列表

所谓的二维列表（two dimension list）可以想成是二维空间，前面已有说明，本节将更进一步解说，下面是一个考试成绩系统的表格。

姓名	语文	英文	数学	总分
洪锦魁	80	95	88	0
洪冰儒	98	97	96	0
洪雨星	90	91	92	0
洪冰雨	91	93	95	0
洪星宇	92	97	90	0

上述总分先放 0，笔者会讲解如何处理这个部分，假设列表名称是 sc，在 Python 中可以用下列方式记录成绩系统。

```
sc = [['洪锦魁', 80, 95, 88, 0],
['洪冰儒', 98, 97, 96, 0],
['洪雨星', 90, 91, 92, 0],
['洪冰雨', 91, 93, 95, 0],
['洪星宇', 92, 97, 90, 0],
]
```

上述最后一个列表元素 ['洪星宇', 92, 97, 90, 0] 右边的 "," 可有可无，这是 Python 设计人员贴心的设计，方便我们编辑这类应用，编译程序均可处理。

假设先不考虑表格的标题名称，设计程序时可以使用下列方式处理索引。

姓名	语文	英文	数学	总分
[0][0]	[0][1]	[0][2]	[0][3]	[0][4]
[1][0]	[1][1]	[1][2]	[1][3]	[1][4]
[2][0]	[2][1]	[2][2]	[2][3]	[2][4]
[3][0]	[3][1]	[3][2]	[3][3]	[3][4]
[4][0]	[4][1]	[4][2]	[4][3]	[4][4]

上述表格最常见的应用是，使用循环计算每个学生的总分，这将在第 7 章补充说明，在此将用现有的知识处理总分问题，为了简化只用两个学生姓名为实例说明。

程序实例 ch6_40.py：二维列表的成绩系统总分计算。

```python
1  # ch6_40.py
2  sc = [['洪锦魁', 80, 95, 88, 0],
3        ['洪冰儒', 98, 97, 96, 0],
4        ]
5  sc[0][4] = sum(sc[0][1:4])
6  sc[1][4] = sum(sc[1][1:4])
7  print(sc[0])
8  print(sc[1])
```

执行结果

```
==================== RESTART: D:\Python\ch6\ch6_40.py ====================
['洪锦魁', 80, 95, 88, 263]
['洪冰儒', 98, 97, 96, 291]
```

6-8　列表的赋值与切片复制

6-8-1　列表赋值

假设我喜欢的运动是篮球与棒球，可以用下列方式设置列表：

```
mysports = ['basketball', 'baseball']
```

如果我的朋友也喜欢这两种运动，读者可能会想用下列方式设置列表。

```
friendsports = mysports
```

程序实例 ch6_41.py：列出我和朋友所喜欢的运动。

```
1   # ch6_41.py
2   mysports = ['basketball', 'baseball']
3   friendsports = mysports
4   print("我喜欢的运动     = ", mysports)
5   print("我朋友喜欢的运动 = ", friendsports)
```

执行结果

```
==================== RESTART: D:\Python\ch6\ch6_41.py ====================
我喜欢的运动     =  ['basketball', 'baseball']
我朋友喜欢的运动 =  ['basketball', 'baseball']
```

初看上述执行结果好像没有任何问题，可是如果我想加入美式足球 football 当作喜欢的运动，我的朋友想加入传统足球 soccer 当作喜欢的运动，这时我喜欢的运动如下：

basketball、baseball、football

我朋友喜欢的运动如下：

basketball、baseball、soccer

程序实例 ch6_42.py：继续使用 ch6_41.py，加入美式足球 football 当作喜欢的运动，我的朋友想加入传统足球 soccer 当作喜欢的运动，同时列出执行结果。

```
1   # ch6_42.py
2   mysports = ['basketball', 'baseball']
3   friendsports = mysports
4   print("我喜欢的运动     = ", mysports)
5   print("我朋友喜欢的运动 = ", friendsports)
6   mysports.append('football')
7   friendsports.append('soccer')
8   print("我喜欢的最新运动     = ", mysports)
9   print("我朋友喜欢的最新运动 = ", friendsports)
```

执行结果

```
==================== RESTART: D:\Python\ch6\ch6_42.py ====================
我喜欢的运动         =  ['basketball', 'baseball']
我朋友喜欢的运动     =  ['basketball', 'baseball']
我喜欢的最新运动     =  ['basketball', 'baseball', 'football', 'soccer']
我朋友喜欢的最新运动 =  ['basketball', 'baseball', 'football', 'soccer']
```

这时获得的结果，我和我的朋友喜欢的运动都相同，football 和 soccer 都变成两人共同喜欢的运动。类似这种只要有一个列表更改元素会影响到另一个列表同步更改，就是**赋值**的特性，所以使用时要小心。

6-8-2 地址的概念

在 2-2-2 节介绍了变量地址的意义，也可以应用于 Python 的其他数据类型，对于列表而言，如果使用下列方式设置两个列表变量相等，相当于只是将变量地址复制给另一个变量。

```
friendsports = mysports
```

上述语句相当于将 mysports 变量地址复制给 friendsport。所以程序实例 ch6_42.py 在执行时，两个列表变量所指的地址相同，在新增运动项目时，都是将运动项目加在同一变量地址，可参考下列实例。

程序实例 ch6_43.py：重新设计 ch6_42.py，增加列出列表变量的地址。

```
1   # ch6_43.py
2   mysports = ['basketball', 'baseball']
3   friendsports = mysports
4   print("列出mysports地址     = ", id(mysports))
5   print("列出friendsports地址 = ", id(friendsports))
6   print("我喜欢的运动          = ", mysports)
7   print("我朋友喜欢的运动      = ", friendsports)
8   mysports.append('football')
9   friendsports.append('soccer')
10  print(" -- 新增运动项目后 -- ")
11  print("列出mysports地址     = ", id(mysports))
12  print("列出friendsports地址 = ", id(friendsports))
13  print("我喜欢的最新运动      = ", mysports)
14  print("我朋友喜欢的最新运动 = ", friendsports)
```

执行结果

```
================== RESTART: D:\Python\ch6\ch6_43.py ==================
列出mysports地址     =  18799272
列出friendsports地址 =  18799272
我喜欢的运动          =  ['basketball', 'baseball']
我朋友喜欢的运动      =  ['basketball', 'baseball']
 -- 新增运动项目后 --
列出mysports地址     =  18799272
列出friendsports地址 =  18799272
我喜欢的最新运动      =  ['basketball', 'baseball', 'football', 'soccer']
我朋友喜欢的最新运动 =  ['basketball', 'baseball', 'football', 'soccer']
```

由上述执行结果可以看到，使用程序第 3 行设置列表变量相等时，实际只是将列表地址复制给另一个列表变量。

6-8-3　列表的切片复制

切片复制（copy） 的概念是，执行复制后**产生新列表对象**，当一个列表改变后，不会影响另一个列表的内容，这是本节的重点。方法如下：

```
friendsports = mysports[ : ]          # 切片复制
```

程序实例 ch6_44.py：使用切片复制方式，重新设计 ch6_42.py。下面是与 ch6_42.py 之间唯一不同的程序代码。

```
3   friendsports = mysports[:]
```

执行结果

```
================== RESTART: D:\Python\ch6\ch6_44.py ==================
列出mysports地址     =  15915328
列出friendsports地址 =  15914888
我喜欢的运动          =  ['basketball', 'baseball']
我朋友喜欢的运动      =  ['basketball', 'baseball']
 -- 新增运动项目后 --
列出mysports地址     =  15915328
列出friendsports地址 =  15914888
我喜欢的最新运动      =  ['basketball', 'baseball', 'football']
我朋友喜欢的最新运动 =  ['basketball', 'baseball', 'soccer']
```

由上述执行结果可知，已经获得了两个列表彼此是不同的列表地址，同时也得到了想要的结果。

6-8-4 浅拷贝与深拷贝

在程序设计时，要复制另一个列表时，除了**赋值**（6-8-1）的概念，其实严格地说可以将**拷贝分成浅拷贝**（copy，有时也可以写成 shallow copy）与**深拷贝**（deepcopy）。

1. 赋值

假设 b=a，a 和 b 地址相同，指向对象彼此会联动，可以参考 6-8-1 节。

2. 浅拷贝

假设 b=a.copy()，a 和 b 是独立的对象，但是它们的子对象元素是指向同一对象，也就是对象的子对象会联动。

实例 1：浅拷贝的应用，a 增加元素后观察结果。

```
>>> a = [1, 2, 3, [4, 5, 6]]
>>> b = a.copy()  ◄──────────────── 浅拷贝
>>> id(a), id(b)  ◄──────────────── 地址不同
(15518056, 49414872)
>>> a, b
([1, 2, 3, [4, 5, 6]], [1, 2, 3, [4, 5, 6]])
>>> a.append(7)  ◄──────────────── A增加元素
>>> a, b
([1, 2, 3, [4, 5, 6], (7)], [1, 2, 3, [4, 5, 6]])
                           a有更改, b没有更改
```

实例 2：浅拷贝的应用，a 的子对象增加元素后观察结果。

```
>>> a = [1, 2, 3, [4, 5, 6]]
>>> b = a.copy()
>>> a[3].append(7)
>>> a, b
([1, 2, 3, [4, 5, 6, (7)]], [1, 2, 3, [4, 5, 6, (7)]])
```

从上述执行结果可以发现 a 子对象因为指向同一地址，所以同时增加 7。

3. 深拷贝

假设 b=deepcopy(a)，a 和 b 以及其子对象都是独立的对象，所以未来不受干扰，使用前需要"import copy"模块，这是引用外部模块，后面会讲更多相关的应用。

实例 3：深拷贝的应用，并观察执行结果。

```
>>> import copy
>>> a = [1, 2, 3, [4, 5, 6]]
>>> b = copy.deepcopy(a)
>>> id(a), id(b)
(10293936, 15518496)
>>> a[3].append(7)
>>> a.append(8)
>>> a, b
([1, 2, 3, [4, 5, 6, (7)], 8], [1, 2, 3, [4, 5, 6]])
```

由上述可以得到 b 完全不会受到 a 影响，深拷贝是得到完全独立的对象。

6-9　再谈字符串

3-4 节介绍了字符串（str）的概念，在 Python 的应用中可以将单一字符串当作一个序列，这个序列是由**字符**（character）所组成的，可想成**字符序列**。不过**字符串**与**列表**不同的是，字符串内的单一元素内容是不可更改的。

6-9-1　字符串的索引

可以使用**索引值**的方式取得**字符串**内容，索引方式与列表相同。

程序实例 ch6_45.py：使用正值与负值的索引列出字符串元素内容。

```
1  # ch6_45.py
2  string = "Python"
3  # 正值索引
4  print(" string[0] = ", string[0],
5       "\n string[1] = ", string[1],
6       "\n string[2] = ", string[2],
7       "\n string[3] = ", string[3],
8       "\n string[4] = ", string[4],
9       "\n string[5] = ", string[5])
10 # 负值索引
11 print(" string[-1] = ", string[-1],
12      "\n string[-2] = ", string[-2],
13      "\n string[-3] = ", string[-3],
14      "\n string[-4] = ", string[-4],
15      "\n string[-5] = ", string[-5],
16      "\n string[-6] = ", string[-6])
17 # 多重指定观念
18 s1, s2, s3, s4, s5, s6 = string
19 print("多重指定观念的输出测试 = ",s1,s2,s3,s4,s5,s6)
```

执行结果

```
==================== RESTART: D:\Python\ch6\ch6_45.py ====================
 string[0] =  P
 string[1] =  y
 string[2] =  t
 string[3] =  h
 string[4] =  o
 string[5] =  n
 string[-1] =  n
 string[-2] =  o
 string[-3] =  h
 string[-4] =  t
 string[-5] =  y
 string[-6] =  P
多重指定观念的输出测试 =  P y t h o n
```

6-9-2　字符串切片

6-1-3 节列表切片的概念可以应用于字符串，下面将直接以实例说明。

程序实例 ch6_46.py：字符串切片的应用。

```
1   # ch6_46.py
2   string = "Deep Learning"                    # 定义字符串
3   print("打印string第0-2元素       = ", string[0:3])
4   print("打印string第1-3元素       = ", string[1:4])
5   print("打印string第1,3,5元素     = ", string[1:6:2])
6   print("打印string第1到最后元素   = ", string[1:])
7   print("打印string前3元素         = ", string[0:3])
8   print("打印string后3元素         = ", string[-3:])
```

执行结果

```
==================== RESTART: D:\Python\ch6\ch6_46.py ====================
打印string第0-2元素        =  Dee
打印string第1-3元素        =  eep
打印string第1,3,5元素      =  epL
打印string第1到最后元素    =  eep Learning
打印string前3元素          =  Dee
打印string后3元素          =  ing
```

6-9-3 函数或方法

除了会变动内容的列表**函数或方法**不可应用于字符串外，其他则可以用于字符串。

函数	说明
len( )	计算字符串长度
max( )	最大值
min( )	最小值

程序实例 ch6_47.py：将函数 len( )、max( )、min( ) 应用于字符串。

```
1   # ch6_47.py
2   string = "Deep Learning"                    # 定义字符串
3   strlen = len(string)
4   print("字符串长度", strlen)
5   maxstr = max(string)
6   print("字符串最大的Unicode码值和字符", ord(maxstr), maxstr)
7   minstr = min(string)
8   print("字符串最小的Unicode码值和字符", ord(minstr), minstr)
```

执行结果

```
==================== RESTART: D:\Python\ch6\ch6_47.py ====================
字符串长度 13
字符串最大的Unicode码值和字符 114 r
字符串最小的Unicode码值和字符 32
```

6-9-4 将字符串转成列表

list( ) 函数可以将参数内的对象转成列表，下面是字符串转为列表的实例。

```
>>> x = list('Deep Stone')
>>> print(x)
['D', 'e', 'e', 'p', ' ', 'S', 't', 'o', 'n', 'e']
>>>
```

6-9-5　切片赋值的应用

字符串本身无法用切片方式更改内容，但是将字符串改为列表后，就可以使用切片更改列表内容了，下面是延续 6-9-4 节的实例。

```
>>> x[5:] = 'Mind'
>>> print(x)
['D', 'e', 'e', 'p', ' ', 'M', 'i', 'n', 'd']
>>>
```

6-9-6　使用 split( ) 分割字符串

这个方法可以将字符串以空格或其他符号作为分隔符，将字符串拆开，变成一个列表。

```
str1.split( )              # 以空格当作分隔符将字符串拆开成列表
str2.split(ch)             # 以 ch 字符当作分隔符将字符串拆开成列表
```

变成列表后可以使用 len( ) 获得此列表的元素个数，相当于可以计算字符串是由多少个英文字母组成，由于中文字之间没有空格，所以本节所述方法只**适用于纯英文文件**。如果我们将一篇文章或一本书读至一个字符串变量，可以使用这个方法获得这一篇文章或这一本书的字数。

程序实例 ch6_48.py：将两种不同类型的字符串转成列表，其中，str1 使用空格当作分隔符，str2 使用 "\" 当作分隔符（因为这是转义字符，所以使用 \\），同时这个程序会列出这两个列表的元素数量。

```
 1  # ch6_48.py
 2  str1 = "Silicon Stone Education"
 3  str2 = "D:\Python\ch6"
 4
 5  sList1 = str1.split()              # 字符串转成列表
 6  sList2 = str2.split("\\")          # 字符串转成列表
 7  print(str1, " 列表内容是 ", sList1)      # 打印列表
 8  print(str1, " 列表字数是 ", len(sList1))  # 打印字数
 9  print(str2, " 列表内容是 ", sList2)      # 打印列表
10  print(str2, " 列表字数是 ", len(sList2))  # 打印字数
```

执行结果

```
==================== RESTART: D:\Python\ch6\ch6_48.py ====================
Silicon Stone Education  列表内容是  ['Silicon', 'Stone', 'Education']
Silicon Stone Education  列表字数是  3
D:\Python\ch6  列表内容是  ['D:', 'Python', 'ch6']
D:\Python\ch6  列表字数是  3
```

6-9-7　列表元素的组合 join( )

在网络爬虫设计的程序应用中，可能会常常使用 join( ) 方法将所获得的路径与文件名组合，它的语法格式如下：

```
连接字符串 .join( 列表 )
```

基本上列表元素会用连接字符串组成一个字符串。

程序实例 ch6_49.py：将列表内容连接。

```
1  # ch6_49.py
2  path = ['D:','ch6','ch6_49.py']
3  connect = '\\'                          # 路径分隔字符
4  print(connect.join(path))
5  connect = '*'                           # 普通字符
6  print(connect.join(path))
```

执行结果

```
==================== RESTART: D:\Python\ch6\ch6_49.py ====================
D:\ch6\ch6_49.py
D:*ch6*ch6_49.py
```

6-9-8　字符串的其他方法

本节将讲解下列字符串方法，其中，startswith( ) 和 endswith( ) 如果是真则返回 True，如果是伪则返回 False。

startswith( )：可以列出字符串起始文字是否是特定子字符串。

endswith( )：可以列出字符串结束文字是否是特定子字符串。

replace(ch1,ch2)：将 ch1 字符串由另一字符串取代。

程序实例 ch6_50.py：列出字符串"CIA"是不是起始或结束字符串，以及出现次数。最后这个程序会将 Linda 字符串用 Lxx 字符串取代。

```
1  # ch6_50.py
2  msg = '''CIA Mark told CIA Linda that the secret USB had given to CIA Peter'''
3  print("字符串开头是CIA: ", msg.startswith("CIA"))
4  print("字符串结尾是CIA: ", msg.endswith("CIA"))
5  print("CIA出现的次数: ",msg.count("CIA"))
6  msg = msg.replace('Linda','Lxx')
7  print("新的msg内容：", msg)
```

执行结果

```
==================== RESTART: D:\Python\ch6\ch6_50.py ====================
字符串开头是CIA:  True
字符串结尾是CIA:  False
CIA出现的次数: 3
新的msg内容：  CIA Mark told CIA Lxx that the secret USB had given to CIA Peter
```

当有一本小说时，可以由此计算各个人物出现次数，也可由此判断哪些人是主角哪些人是配角。

6-10　in 和 not in 表达式

in 和 not in 主要是用于判断一个对象是否属于另一个对象，对象可以是字符串（string）、列表（list）、元组（tuple）（第 8 章介绍）、字典（dict）（第 9 章介绍）。它的语法格式如下：

```
boolean_value = obj1 in obj2          # 对象 obj1 在对象 obj2 内会返回 True
boolean_value = obj1 not in obj2      # 对象 obj1 不在对象 obj2 内会返回 True
```

程序实例 ch6_51.py：请输入字符，这个程序会判断字符是否在字符串内。

```
1  # ch6_51.py
2  password = 'deepstone'
3  ch = input("请输入字符 = ")
4  print("in表达式")
5  if ch in password:
6      print("输入字符在密码中")
7  else:
8      print("输入字符不在密码中")
9
10 print("not in表达式")
11 if ch not in password:
12     print("输入字符不在密码中")
13 else:
14     print("输入字符在密码中")
```

执行结果

```
==================== RESTART: D:\Python\ch6\ch6_51.py ====================
请输入字符 = d
in表达式
输入字符在密码中
not in表达式
输入字符在密码中
```

其实这个功能一般更常见是用在检测某个元素是否存在列表中，如果不存在，则将它加入列表内，可参考下列实例。

程序实例 ch6_52.py：这个程序基本上会要求输入一个水果名称，如果列表内目前没有这个水果，就将输入的水果加入列表内。

```
1  # ch6_52.py
2  fruits = ['apple', 'banana', 'watermelon']
3  fruit = input("请输入水果 = ")
4  if fruit in fruits:
5      print("这个水果已经有了")
6  else:
7      fruits.append(fruit)
8      print("谢谢提醒已经加入水果清单: ", fruits)
```

执行结果

```
==================== RESTART: D:\Python\ch6\ch6_52.py ====================
请输入水果 = orange
谢谢提醒已经加入水果清单:  ['apple', 'banana', 'watermelon', 'orange']
```

6-11　is 和 is not 表达式

可以用于比较两个对象是否相同，在此所谓相同并不只是内容相同，而是指对象变量指向相同的内存，对象可以是变量、字符串、列表、元组（第 8 章介绍）、字典（第 9 章介绍）。它的语法格式如下：

```
boolean_value = obj1 is obj2          # 对象 obj1 等于对象 obj2 内会返回 True
boolean_value = obj1 is not obj2      # 对象 obj1 不等于对象 obj2 内会返回 True
```

6-11-1　整数变量在内存地址的观察

在 2-2-2 节已经简单说明 id( ) 可以获得变量的地址，在 6-8-2 节已经讲解可以使用 id( ) 函数获得列表变量地址，其实这个函数也可以获得**整数**（或**浮点数**）**变量**在内存中的地址，当我们在 Python 程序中设立变量时，如果两个整数（或浮点数）变量内容相同，它们会使用相同的内存地址存储此变量。

程序实例 ch6_53.py：整数变量在内存地址的观察。这个程序比较特别的是，程序执行之初，变量 x 和 y 的值是 10，所以可以看到经过 id( ) 函数后，彼此有相同的内存位置。变量 z 和 r 由于值与 x 和 y 不相同，所以有不同的内存地址，经过第 9 行运算后，r 的值变为 10，最后得到 x、y 和 r 不仅值相同同时也指向相同的内存地址。

```
1   # ch6_53.py
2   x = 10
3   y = 10
4   z = 15
5   r = 20
6   print("x = %d, y = %d, z = %d, r = %d" % (x, y, z, r))
7   print("x地址 = %d, y地址 = %d, z地址 = %d, r地址 = %d"
8         % (id(x), id(y), id(z), id(r)))
9   r = x                          # r的值将变为10
10  print("x = %d, y = %d, z = %d, r = %d" % (x, y, z, r))
11  print("x地址 = %d, y地址 = %d, z地址 = %d, r地址 = %d"
12        % (id(x), id(y), id(z), id(r)))
```

执行结果

```
==================== RESTART: D:\Python\ch6\ch6_53.py ====================
x = 10, y = 10, z = 15, r = 20
x地址 = 1349175568, y地址 = 1349175568, z地址 = 1349175648, r地址 = 1349175728
x = 10, y = 10, z = 15, r = 10
x地址 = 1349175568, y地址 = 1349175568, z地址 = 1349175648, r地址 = 1349175568
```

当 r 变量值变为 10 时，它所指的内存地址与 x 和 y 变量相同了。

6-11-2　将 is 和 is not 表达式应用于整数变量

程序实例 ch6_54.py：is 和 is not 表达式应用于整数变量。

```
1   # ch6_54.py
2   x = 10
3   y = 10
4   z = 15
5   r = z - 5
6   boolean_value = x is y
7   print("x位址 = %d, y位址 = %d" % (id(x), id(y)))
8   print("x = %d, y = %d, " % (x, y), boolean_value)
9
10  boolean_value = x is z
11  print("x位址 = %d, z位址 = %d" % (id(x), id(z)))
12  print("x = %d, z = %d, " % (x, z), boolean_value)
13
14  boolean_value = x is r
15  print("x位址 = %d, r位址 = %d" % (id(x), id(r)))
16  print("x = %d, r = %d, " % (x, r), boolean_value)
17
18  boolean_value = x is not y
19  print("x位址 = %d, y位址 = %d" % (id(x), id(y)))
20  print("x = %d, y = %d, " % (x, y), boolean_value)
```

```
21
22  boolean_value = x is not z
23  print("x位址 = %d, z位址 = %d" % (id(x), id(z)))
24  print("x = %d, z = %d, " % (x, z), boolean_value)
25
26  boolean_value = x is not r
27  print("x位址 = %d, r位址 = %d" % (id(x), id(r)))
28  print("x = %d, r = %d, " % (x, r), boolean_value)
```

执行结果

```
==================== RESTART: D:/Python/ch6/ch6_54.py ====================
x位址 = 1668626832, y位址 = 1668626832
x = 10, y = 10,  True
x位址 = 1668626832, z位址 = 1668626912
x = 10, z = 15,  False
x位址 = 1668626832, r位址 = 1668626832
x = 10, r = 10,  True
x位址 = 1668626832, y位址 = 1668626832
x = 10, y = 10,  False
x位址 = 1668626832, z位址 = 1668626912
x = 10, z = 15,  True
x位址 = 1668626832, r位址 = 1668626832
x = 10, r = 10,  False
```

6-11-3　将 is 和 is not 表达式应用于列表变量

程序实例 ch6_55.py：这个范例所使用的 3 个列表内容均相同，但是 mysports 和 sports1 所指地址相同所以会被视为相同对象，sports2 则指向不同地址所以会被视为不同对象，在使用 is 指令测试时，不同地址的列表会被视为不同的列表。

```
1   # ch6_55.py
2   mysports = ['basketball', 'baseball']
3   sports1 = mysports              # 赋值
4   sports2 = mysports[:]           # 切片复制新列表
5   print("我喜欢的运动 = ", mysports, "地址是 = ", id(mysports))
6   print("运动 1      = ", sports1, "地址是 = ", id(sports1))
7   print("运动 2      = ", sports2, "地址是 = ", id(sports2))
8   boolean_value = mysports is sports1
9   print("我喜欢的运动 is 运动 1     = ", boolean_value)
10
11  boolean_value = mysports is sports2
12  print("我喜欢的运动 is 运动 2     = ", boolean_value)
13
14  boolean_value = mysports is not sports1
15  print("我喜欢的运动 is not 运动 1 = ", boolean_value)
16
17  boolean_value = mysports is not sports2
18  print("我喜欢的运动 is not 运动 2 = ", boolean_value)
```

执行结果

```
==================== RESTART: D:\Python\ch6\ch6_55.py ====================
我喜欢的运动 = ['basketball', 'baseball'] 地址是 = 43506304
运动 1     = ['basketball', 'baseball'] 地址是 = 43506304
运动 2     = ['basketball', 'baseball'] 地址是 = 43505664
我喜欢的运动 is 运动 1     = True
我喜欢的运动 is 运动 2     = False
我喜欢的运动 is not 运动 1 = False
我喜欢的运动 is not 运动 2 = True
```

6-11-4　将 is 应用于 None

在 5-7 节介绍了 None，None 是一个尚未定义的值，这是 NoneType 数据类型，在布尔值中会被视为 False，但是并不是空值，可以用下列实例做测试。

实例：测试 None 并不是空的。

```
>>> x = []
>>> if x is None:
        print("It is None")
else:
        print("It is not None")

It is not None
```

上述概念可以应用于 Python 其他数据结构上，如元组、字典、集合等。

6-12 enumerate 对象

enumerate( ) 方法可以将 iterable（迭代）类数值的**元素**用**索引值**与元素配对方式返回，返回的数据称为 **enumerate 对象**，特别是用这个方式可以为可迭代对象的每个元素增加索引值，这对未来的数据应用是有帮助的。其中，iterable 类数值可以是**列表、元组**（第 8 章说明）、**集合**（set）（第 10章说明）等。它的语法格式如下：

```
obj = enumerate(iterable[, start = 0])      # 若省略 start = 设置，默认索引
                                                值是 0
```

注：第 7 章介绍完循环的概念，会针对**可迭代对象**（iterable object）做更进一步说明。

未来我们可以使用 list( ) 将 enumerate 对象转成**列表**，使用 tuple( ) 将 enumerate 对象转成**元组**（第 8 章说明）。

程序实例 ch6_56.py：将列表数据转成 enumerate 对象，同时列出此对象类型。

```
1   # ch6_56.py
2   drinks = ["coffee", "tea", "wine"]
3   enumerate_drinks = enumerate(drinks)         # 数值初始是0
4   print(enumerate_drinks)                       # 返回enumerate对象所在内存
5   print("下列是输出enumerate对象类型")
6   print(type(enumerate_drinks))                 # 列出对象类型
```

执行结果

```
===================== RESTART: D:\Python\ch6\ch6_56.py =====================
<enumerate object at 0x02F0EB48>
下列是输出enumerate对象类型
<class 'enumerate'>
```

程序实例 ch6_57.py：将列表数据转成 enumerate 对象，再将 enumerate 对象转成列表的实例，start索引起始值分别为 0 和 10。

```
1   # ch6_57.py
2   drinks = ["coffee", "tea", "wine"]
3   enumerate_drinks = enumerate(drinks)                  # 数值初始是0
4   print("转成列表输出, 初始索引值是 0 = ", list(enumerate_drinks))
5
6   enumerate_drinks = enumerate(drinks, start = 10)      # 数值初始是10
7   print("转成列表输出, 初始索引值是10 = ", list(enumerate_drinks))
```

执行结果

```
==================== RESTART: D:\Python\ch6\ch6_57.py ====================
转成列表输出，初始索引值是 0 =  [(0, 'coffee'), (1, 'tea'), (2, 'wine')]
转成列表输出，初始索引值是10 =  [(10, 'coffee'), (11, 'tea'), (12, 'wine')]
```

上述程序第 4 行的 list( ) 函数可以将 enumerate 对象转成列表，从打印的结果可以看到每个列表对象元素已经增加索引值了。在第 7 章介绍完循环后，7-5 节还将继续使用循环解析 enumerate 对象。

6-13　专题——建立大型列表 / 用户账号管理系统 / 文件加密

6-13-1　制作大型的列表数据

有时我们想要制作更大型的列表数据结构，例如，列表的元素是列表，可以参考下列实例。

实例：列表的元素是列表。

```
>>> asia = ['Beijing', 'Hongkong', 'Tokyo']
>>> usa = ['Chicago', 'New York', 'Hawaii', 'Los Angeles']
>>> europe = ['Paris', 'London', 'Zurich']
>>> world = [asia, usa, europe]
>>> type(world)
<class 'list'>
>>> world
[['Beijing', 'Hongkong', 'Tokyo'], ['Chicago', 'New York', 'Hawaii', 'Los Angele
s'], ['Paris', 'London', 'Zurich']]
```

6-13-2　用户账号管理系统

一个公司或学校的计算机系统，一定有一个账号管理系统，要进入系统需要登录账号，如果你是这个单位设计账号管理系统的人，可以将账号存储在列表内。然后可以使用 in 功能判断用户输入账号是否正确。

程序实例 ch6_58.py：设计一个账号管理系统，这个程序分成两个部分，第一个部分是建立账号，读者的输入将会存在 accounts 列表中。第二个部分是要求输入账号，如果输入正确会输出"欢迎进入深石系统"，如果输入错误会输出"账号错误"。

```
1  # ch6_58.py
2  accounts = []                    # 建立空账号列表
3  account = input("请输入新账号 = ")
4  accounts.append(account)         # 将输入加入账号列表
5
6  print("深石公司系统")
7  ac = input("请输入账号 = ")
8  if ac in accounts:
9      print("欢迎进入深石系统")
10 else:
11     print("账号错误")
```

执行结果

```
==================== RESTART: D:\Python\ch6\ch6_58.py ====================
请输入新账号 = deep
深石公司系统
请输入账号 = deep
欢迎进入深石系统
>>>
==================== RESTART: D:\Python\ch6\ch6_58.py ====================
请输入新账号 = deep
深石公司系统
请输入账号 = kwei
账号错误
```

6-13-3　文件加密

这一节将简单介绍切片的奥妙，然后讲解文件加密的精神，未来当读者学会更多 Python 知识时，还会扩充至实际设计一个加密程序。

其实最简单的加密是将每个英文字母往前移，对应至不同字母，只要记住所对应的字母，就可以解密。例如，将每个英文字母往前移 3 个次序，实例是将 D 对应 A，E 对应 B，F 对应 C，原先的 A 对应 X，B 对应 Y，C 对应 Z。整个思路如下所示。

D	E	F	G	…	Y	Z	A	B	C
A	B	C	D	…	V	W	X	Y	Z

所以现在需要的就是设计 "DEF … ABC" 字母可以对应 "ABC … XYZ"，可以参考下列实例完成。或是让 "ABC … XYZ" 对应 "DEF … ABC" 也可以。

实例：建立 ABC … Z 字母的字符串，然后使用切片取得前 3 个英文字母与后 23 个英文字母，最后组合，可以得到新的字母排序。

```
>>> abc = 'ABCDEFGHIJKLMNOPQRSTUVWYZ'
>>> front3 = abc[:3]
>>> end23 = abc[3:]
>>> subText = end23 + front3
>>> print(subText)
DEFGHIJKLMNOPQRSTUVWYZABC
```

在第 9 章还会扩充此概念。

习题

1. 考试成绩分数分别是 87,99,69,52,78,98,80,92，请列出最高分、最低分、总分、平均分。（6-1 节）

```
==================== RESTART: D:/Python/ex/ex6_1.py ====================
最高分 =  99
最低分 =  52
总分   =  655
平均   =  81.88
```

2. 一家汽车经销商原本可以销售 Toyota、Nissan、Honda，现在 Nissan 销售权被回收，改成销售 Ford，可用下列方式设计销售品牌。（6-1 节）

```
==================== RESTART: D:/Python/ex/ex6_2.py ====================
旧汽车销售品牌 ['Toyota', 'Nissan', 'Honda']
新汽车销售品牌 ['Toyota', 'Ford', 'Honda']
```

3. 有 str1、str2、str3 字符串内容如下 : (6-2 节)

```
str1 = '  Python  '
str2 = 'is  '
str3 = '  easy'
```

请使用 strip( )、rstrip( )、lstrip( ) 处理成下列输出。

```
'Python is easy'
```

```
================ RESTART: D:/Python/ex/ex6_3.py ====================
Python is easy
```

4 . 请建立 5 个城市，然后分别执行下列工作。(6-4 节)

（1）列出这 5 个城市。

（2）请在最后位置增加 London。

（3）请在中央位置增加 Xian。

（4）请使用 remove( ) 方法删除 Tokyo。

```
================ RESTART: D:/Python/ex/ex6_4.py ====================
['Taipei', 'Beijing', 'Tokyo', 'Chicago', 'Nanjing']
['Taipei', 'Beijing', 'Tokyo', 'Chicago', 'Nanjing', 'London']
['Taipei', 'Beijing', 'Tokyo', 'Xian', 'Chicago', 'Nanjing', 'London']
['Taipei', 'Beijing', 'Xian', 'Chicago', 'Nanjing', 'London']
```

5. 请在屏幕输入 5 个考试成绩，然后执行下列工作。(6-5 节)

（1）列出分数列表。

（2）高分往低分排列。

（3）低分往高分排列。

（4）列出最高分。

（5）列出总分。

```
================ RESTART: D:/Python/ex/ex6_5.py ====================
请输入5个考试成绩 : 87, 90, 76, 85, 92
分数列表      : [87, 90, 76, 85, 92]
高分往低分排列 : [92, 90, 87, 85, 76]
高分往低分排列 : [76, 85, 87, 90, 92]
最高分       : 92
总分        : 430
```

6. 请参考 6-7-3 节内容的数据与 ch6_40.py，将学生增加为 5 人，同时增加平均分字段，平均分数取到小数点第 1 位。(6-7 节)

```
================ RESTART: D:/Python/ex/ex6_6.py ====================
['洪锦魁', 80, 95, 88, 263, 87.7]
['洪冰儒', 98, 97, 96, 291, 97.0]
['洪雨星', 91, 93, 95, 279, 93.0]
['洪冰雨', 92, 94, 90, 276, 92.0]
['洪星宇', 92, 97, 90, 279, 93.0]
```

7. 有一个字符串如下 : (6-9 节)

FBI Mark told CIA Linda that the secret USB had given to FBI Peter

（1）请列出 FBI 出现的次数。

（2）请将 FBI 字符串用 XX 取代。

```
================ RESTART: D:/Python/ex/ex6_7.py ====================
FBI出现的次数: 2
新的msg内容 :  XX Mark told CIA Linda that the secret USB had given to XX Peter
```

8. 输入一个字符串，这个程序可以判断这是否是网址字符串。(6-9 节)

提示：网址字符串是以 "http://" 或 "https://" 字符串开头。

```
==================== RESTART: D:/Python/ex/ex6_8.py ====================
请输入网址 : http://www.siliconstone.com
网址格式正确
>>>
==================== RESTART: D:/Python/ex/ex6_8.py ====================
请输入网址 : ILoveDeepMind
网址格式错误
```

9. 有一首法国儿歌，也是我们小时候唱的《两只老虎》，歌曲内容如下。(6-9 节)

Are you sleeping, are you sleeping, Brother John, Brother John?
Morning bells are ringing, morning bells are ringing.
Ding ding dong, Ding ding dong.

请在建立上述字符串时省略标点符号，最后列出此字符串。然后将字符串转为列表，同时列出列表，首先列出**歌曲的字数**，然后在屏幕上输入字符串，程序可以列出这个**字符串出现次数**。

```
==================== RESTART: D:/Python/ex/ex6_9.py ====================
歌曲字符串内容
Are you sleeping are you sleeping Brother John Brother John
Morning bells are ringing morning bells are ringing
Ding ding dong Ding ding dong
歌曲列表内容
['are', 'you', 'sleeping', 'are', 'you', 'sleeping', 'brother', 'john', 'brother
', 'john', 'morning', 'bells', 'are', 'ringing', 'morning', 'bells', 'are', 'rin
ging', 'ding', 'ding', 'dong', 'ding', 'ding', 'dong']
歌曲的字数 : 24
请输入字符串 : ding
ding 出现的 4 次
```

10. 本书 1-11 节有 Python 之禅的内容，请将该内容当作字符串，然后将该内容以行为单位当作列表元素，先列出 Python 之禅的内容，然后列出列表内容。

```
==================== RESTART: D:/Python/ex/ex6_10.py ====================
下列是Python之禅内容
The Zen of Python, by Tim Peters

Beautiful is better than ugly.
Explicit is better than implicit.
Simple is better than complex.
Complex is better than complicated.
Flat is better than nested.
Sparse is better than dense.
Readability counts.
Special cases aren't special enough to break the rules.
Although practicality beats purity.
Errors should never pass silently.
Unless explicitly silenced.
In the face of ambiguity, refuse the temptation to guess.
There should be one-- and preferably only one --obvious way to do it.
Although that way may not be obvious at first unless you're Dutch.
Now is better than never.
Although never is often better than *right* now.
If the implementation is hard to explain, it's a bad idea.
If the implementation is easy to explain, it may be a good idea.
Namespaces are one honking great idea -- let's do more of those!
以换行符将Python 之禅的行数变成列表元素
['The Zen of Python, by Tim Peters', '', 'Beautiful is better than ugly.', 'Expl
icit is better than implicit.', 'Simple is better than complex.', 'Complex is be
tter than complicated.', 'Flat is better than nested.', 'Sparse is better than d
ense.', 'Readability counts.', "Special cases aren't special enough to break the
 rules.", 'Although practicality beats purity.', 'Errors should never pass silen
tly.', 'Unless explicitly silenced.', 'In the face of ambiguity, refuse the temp
tation to guess.', 'There should be one-- and preferably only one --obvious way
to do it.', "Although that way may not be obvious at first unless you're Dutch.
', 'Now is better than never.', 'Although never is often better than *right* now.
', "If the implementation is hard to explain, it's a bad idea.", 'If the impleme
ntation is easy to explain, it may be a good idea.', 'Namespaces are one honking
 great idea -- let's do more of those!"]
```

11. 请建立一个晚会宴客名单，有 3 个数据 "Mary、Josh、Tracy"。请做一个选单，每次执行都会列出目前邀请名单，同时有选单，如果选择 1，可以增加一位邀请名单；如果选择 2，可以删除一位邀请名单。以目前所学命令，执行程序一次只能调整一次，如果删除名单时输入错误，则列出**名单输入错误**。（6-10 节）

```
==================== RESTART: D:/Python/ex/ex6_11.py ====================
目前宴会名单 ['Mary', 'Josh', 'Tracy']
1:增加名单
2:删除名单
 = 1
请输入名字 : Kevin
新的宴会名单 : ['Mary', 'Josh', 'Tracy', 'Kevin']
>>>
==================== RESTART: D:/Python/ex/ex6_11.py ====================
目前宴会名单 ['Mary', 'Josh', 'Tracy']
1:增加名单
2:删除名单
 = 2
请输入名字 : Mary
新的宴会名单 : ['Josh', 'Tracy']
>>>
==================== RESTART: D:/Python/ex/ex6_11.py ====================
目前宴会名单 ['Mary', 'Josh', 'Tracy']
1:增加名单
2:删除名单
 = 2
请输入名字 : Tom
名单输入错误
```

12. 请修改 6-13-2 节的加密实例，字符串 abc 改为 "abc … z"，修改方式如下。（6-13 节）

f	g	h	i	…	a	b	c	d	e
a	b	c	d	…	v	w	x	y	z

最后打印出 abc 与 subText。

```
==================== RESTART: D:/Python/ex/ex6_13.py ====================
abcdefghijklmnopqrstuvwxyz
fghijklmnopqrstuvwxyzabcde
```

07

第 7 章

循环设计

本章摘要

假设笔者要求读者设计一个从 1 加到 10 的程序，然后打印结果，读者可能用下列方式设计这个程序。

程序实例 ch7_1.py：从 1 加到 10，同时打印结果。

```
1  # ch7_1.py
2  sum = 1+2+3+4+5+6+7+8+9+10
3  print("总和 = ", sum)
```

执行结果

```
==================== RESTART: D:\Python\ch7\ch7_1.py ====================
总和 =  55
```

如果笔者要求读者从 1 加到 100 或 1000，此时，若是仍用上述方法设计程序，就显得很不经济。

另一种状况，如果一个数据库列表内含 1000 个客户的名字，现在要举办晚宴，所以要打印客户姓名，如果用下列方式设计，将是很不实际的行为。

程序实例 ch7_2.py：一个不完整且不切实际的程序。

```
1  # ch7_2.py -- 不完整的程序
2  vipNames = ['James','Linda','Peter', ... , 'Kevin']
3  print("客户1 = ", vipNames[0])
4  print("客户2 = ", vipNames[1])
5  print("客户3 = ", vipNames[2])
6  ...
7  ...
8  print("客户999 = ", vipNames[999])
```

你的程序可能要写超过 1000 行。当然，碰上这类问题时，是不可能用上述方法处理的，Python 语言提供了解决这类问题的方式，即**循环**，这也是本章的主题。

7-1　基本 for 循环

for 循环可以让程序将整个**对象**内的元素**遍历**（也称**迭代**），在遍历期间，同时可以记录或输出每次遍历的状态（或称**轨迹**）。例如，第 2 章的计算银行复利问题，在该章节由于尚未介绍循环的概念，无法记录每一年的本金和，有了本章的概念就可以轻松记录每一年的本金和变化。for 循环基本语法格式如下：

```
for var in 可迭代对象 :          # 可迭代对象英文是 iterable object
    程序代码区块
```

可迭代对象（iterable object）可以是**列表、元组、字典**与**集合**或 range( )，在信息科学中**迭代**（iteration）可以解释为**重复执行语句**。上述语法可以解释为将可迭代对象的元素当作 var，重复执行，直到每个元素都被执行一次，整个循环才会停止。

设计上述程序代码区块时，必须要留意缩排的问题，可以参考 if 语句格式。由于目前笔者只介绍**列表**，所以读者可以想象这个**可迭代对象**（iterable）是**列表**，第 8 章会讲解**元组**，第 9 章会讲解**字典**，第 10 章会讲解**集合**。另外，上述 for 循环的**可迭代对象**也常是 range( ) 函数产生的**可迭代对**

象，将在 7-2 节说明。

7-1-1　for 循环基本操作

例如，如果一个 NBA 球队有 5 位球员，分别是 Curry、Jordan、James、Durant、Obama，现在想列出这 5 位球员，那么就很适合使用 for 循环执行这个工作。

程序实例 ch7_3.py：列出球员名称。

```
1  # ch7_3.py
2  players = ['Curry', 'Jordan', 'James', 'Durant', 'Obama']
3  for player in players:
4      print(player)
```

执行结果

```
===================== RESTART: D:/Python/ch7/ch7_3.py =====================
Curry
Jordan
James
Durant
Obama
```

上述程序执行的过程是，当第一次执行下列语句时：

```
for player in players:
```

player 的内容是 'Curry'，然后执行 print(player)，所以会打印 'Curry'，也可以将此过程称为**第一次迭代**。由于列表 players 内还有其他元素尚未执行，所以会执行**第二次迭代**，当执行**第二次迭代**到下列语句时：

```
for player in players:
```

player 的内容是 'Jordan'，然后执行 print(player)，所以会打印 'Jordan'。由于列表 players 内还有其他元素尚未执行，所以会执行**第三次迭代**，……，当执行**第五次迭代**到下列语句时：

```
for player in players:
```

player 的内容是 'Obama'，然后执行 print(player)，所以会打印 'Obama'。第六次要执行 for 循环时，由于列表 players 内所有元素已经执行，所以这个循环就算执行结束了。下面是循环的流程示意图。

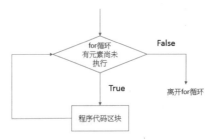

7-1-2　程序代码区块只有一行

使用 for 循环时，如果程序代码区块只有一行，它的语法格式如下：

```
for var in 可迭代对象：程序代码区块
```

程序实例 ch7_4.py：重新设计 ch7_3.py。

```
1  # ch7_4.py
2  players = ['Curry', 'Jordan', 'James', 'Durant', 'Obama']
3  for player in players: print(player)
```

执行结果　与 ch7_3.py 相同。

7-1-3　程序代码区块有多行

如果 for 循环的程序代码区块有多行语句时，要留意这些语句同时需要做缩排处理。它的语法格式如下：

```
for var in 可迭代对象：
程序代码
程序代码
…
```

程序实例 ch7_5.py：这个程序在设计时，首先将列表的元素英文名字全部改成小写，然后 for 循环的程序代码区块是有两行，这两行（第 4 和 5 行）都需内缩处理，player.title( ) 的 title( ) 方法可以处理第一个字母以大写显示。

```
1  # ch7_5.py
2  players = ['curry', 'jordan', 'james', 'durant', 'obama']
3  for player in players:
4      print(player.title( ) + ", it was a great game.")
5      print("我迫不及待想看下一场比赛，" + player.title( ))
```

执行结果

```
==================== RESTART: D:\Python\ch7\ch7_5.py ====================
Curry, it was a great game.
我迫不及待想看下一场比赛，Curry
Jordan, it was a great game.
我迫不及待想看下一场比赛，Jordan
James, it was a great game.
我迫不及待想看下一场比赛，James
Durant, it was a great game.
我迫不及待想看下一场比赛，Durant
Obama, it was a great game.
我迫不及待想看下一场比赛，Obama
```

7-1-4　将 for 循环应用于列表区间元素

Python 也允许将 for 循环应用于 6-1-2 节和 6-1-3 节所截取的区间列表元素上。

程序实例 ch7_6.py：列出列表前 3 位和后 3 位的球员名称。

```
1  # ch7_6.py
2  players = ['Curry', 'Jordan', 'James', 'Durant', 'Obama']
3  print("打印前3位球员")
4  for player in players[:3]:
5      print(player)
6  print("打印后3位球员")
7  for player in players[-3:]:
8      print(player)
```

执行结果

```
==================== RESTART: D:\Python\ch7\ch7_6.py ====================
打印前3位球员
Curry
Jordan
James
打印后3位球员
James
Durant
Obama
```

这个概念其实很有用，例如，如果你设计一个学习网站，想要每天列出前 3 名学生的基本数据同时表扬，可以将每个人的学习成果放在列表内，同时用**降序**排序方式处理，最后可用本节概念列出前 3 名学生的资料。

注　**升序**是指由小到大排列，**降序**是指由大到小排列。

7-1-5　将 for 循环应用于数据类别的判断

程序实例 ch7_7.py：有一个 files 列表内含一系列文件名，请将 ".py" 的 Python 程序文件另外建立到 py 列表，然后打印。

```
1   # ch7_7.py
2   files = ['da1.c','da2.py','da3.py','da4.java']
3   py = []
4   for file in files:
5       if file.endswith('.py'):      # 以.py为扩展名
6           py.append(file)           # 加入列表
7   print(py)
```

执行结果

```
==================== RESTART: D:/Python/ch7/ch7_7.py ====================
['da2.py', 'da3.py']
```

程序实例 ch7_8.py：有一个列表 names，元素内容是姓名，请将姓洪的成员建立在 lastname 列表内，然后打印。

```
1   # ch7_8.py
2   names = ['洪锦魁','洪冰儒','东霞','大成']
3   lastname = []
4   for name in names:
5       if name.startswith('洪'):     # 是否姓氏洪开头
6           lastname.append(name)      # 加入列表
7   print(lastname)
```

执行结果

```
==================== RESTART: D:\Python\ch7\ch7_8.py ====================
['洪锦魁', '洪冰儒']
```

7-1-6　删除列表内重复的元素

程序实例 ch7_9.py：删除列表 fruits2 内和 fruits1 内已有的元素，我们可以使用 for 循环完成此工作。

```
1  # ch7_9.py
2  fruits1 = ['苹果', '香蕉', '西瓜', '水蜜桃', '百香果']
3  fruits2 = ['香蕉', '番石榴', '西瓜']
4  print("目前fruits2列表 : ", fruits2)
5  for fruit in fruits2[:]:
6      if fruit in fruits1:
7          fruits2.remove(fruit)
8          print("删除 %s " % fruit)
9  print("最后fruits2列表 : ", fruits2)
```

执行结果

```
================= RESTART: D:\Python\ch7\ch7_9.py =================
目前fruits2列表 :  ['香蕉', '番石榴', '西瓜']
删除 香蕉
删除 西瓜
最后fruits2列表 :  ['番石榴']
>>>
```

7-1-7　活用 for 循环

在 6-2-4 节实例 1 中列出了字符串的相关方法，其实也可以使用 for 循环一一列出它们。

实例：列出字符串的方法，下面只列出部分方法。

```
>>> string = 'abc'
>>> for i in dir(string):
        print(i)


__add__
__class__
__contains__
```

7-2　range( ) 函数

Python 可以使用 range( ) 函数产生一个**等差数列**，我们又称这个**等差数列**为**可迭代对象**（iterable object），也可以称为 range 对象。由于 range( ) 是产生等差数列，可以直接使用，将此等差数列当作循环的计数器。

在 7-1 节使用"for var in **可迭代对象**"当作循环，这时会使用**可迭代对象元素**当作循环指针，如果是要迭代对象内的元素，这是好方法。但是如果只是要执行普通的循环迭代，由于可迭代对象占用一些内存空间，所以这类循环需要用较多系统资源。这时应该直接使用 range( ) 对象，这类迭代只有迭代时的计数指针需要内存，所以可以省略内存空间。range( ) 的用法与列表的切片（slice）类似。

```
range(start, stop, step)
```

上述语句中 stop 是唯一必需的值，等差数列是产生 stop 的前一个值。例如，如果省略 start，所产生等差数列范围为 0 ～ stop-1。step 的预设是 1，所以预设等差数列是递增 1。如果将 step 设为 2，等差数列是递增 2。如果将 step 设为 -1，则产生递减的等差数列。

由 range( ) 产生的可迭代等差级数对象的数据类型是 range，可参考下列实例。

```
>>> x = range(3)
>>> type(x)
<class 'range'>
```

下列是打印 range( ) 对象内容。

```
>>> for x in range(3):
        print(x)


0
1
2
>>> for x in range(0,3):
        print(x)


0
1
2
```

上述执行循环迭代时，即使是执行 3 圈，但是系统不用一次预留 3 个整数空间存储循环计数指标，而是每次循环用 1 个整数空间存储循环计数指针，所以可以节省系统资源。下列是 range( ) 含 step 参数的应用，第 1 个是建立 1 ～ 10 的奇数序列，第 2 个是建立每次递减 2 的序列。

```
>>> for x in range(1,10,2):
        print(x)


1
3
5
7
9
>>> for x in range(3,-3,-2):
        print(x)


3
1
-1
```

7-2-1 只有一个参数的 range( ) 函数的应用

当 range(n) 函数搭配一个参数时：

```
range(n)              # 它将产生 0, 1, … , n-1 的可迭代对象内容
```

下列是测试 range( ) 方法。

程序实例 ch7_10.py：输入数字，本程序会将此数字当作打印星号的数量。

```
1  # ch7_10.py
2  n = int(input("请输入星号数量 : ")) # 定义星号的数量
3  for number in range(n):              # for循环
4      print("*",end="")                # 打印星号
```

执行结果

```
===================== RESTART: D:\Python\ch7\ch7_10.py =====================
请输入星号数量 : 3
***
>>>
===================== RESTART: D:\Python\ch7\ch7_10.py =====================
请输入星号数量 : 10
**********
```

7-2-2　扩充专题银行存款复利的轨迹

在 2-12 节有设计了银行复利的计算，当时由于 Python 所学语法有限所以无法看出每年本金和的变化，本节将以实例解说。

程序实例 ch7_11.py：参考 ch2_5.py 的利率与本金，以及年份，本程序会列出每年的本金和的轨迹。

```
1  # ch7_11.py
2  money = 50000
3  rate = 0.015
4  n = 5
5  for i in range(n):
6      money *= (1 + rate)
7      print("第 %d 年本金和 : %d" % ((i+1),int(money)))
```

执行结果

```
===================== RESTART: D:/Python/ch7/ch7_11.py =====================
第 1 年本金和 : 50749
第 2 年本金和 : 51511
第 3 年本金和 : 52283
第 4 年本金和 : 53068
第 5 年本金和 : 53864
```

7-2-3　有两个参数的 range( ) 函数

当 range( ) 函数搭配两个参数时，它的语法格式如下：

range(start, end) # start 是起始值 ,end-1 是终止值

上述语句可以产生 start 起始值到 end-1 终止值之间每次递增 1 的序列，start 或 end 可以是负整数，如果**终止值小于起始值**则是产生**空序列**或称**空 range 对象**，可参考下列程序实例。

```
>>> for x in range(10,2):
        print(x)


>>>
```

下列是使用负值当作起始值。

```
>>> for x in range(-1,2):
        print(x)


-1
0
1
```

程序实例 ch7_12.py：输入正整数值 n，这个程序会计算从 1 加到 n 的和。

```
1  # ch7_12.py
2  n = int(input("请输入n值 : "))
3  sum = 0
4  for num in range(1,n+1):
5      sum += num
6  print("总和 = ", sum)
```

执行结果

```
==================== RESTART: D:\Python\ch7\ch7_12.py ====================
请输入n值 : 10
总和 =  55
```

7-2-4 有 3 个参数的 range( ) 函数

当 range( ) 函数搭配 3 个参数时，它的语法格式如下：

```
range(start, end, step)        # start 是起始值 ,end 是终止值 ,step 是间隔值
```

然后会从起始值开始产生等差级数，每次间隔 step 时产生新数值元素，到 end-1 为止，下面是产生 2 ~ 10 的偶数。

```
>>> for x in range(2,11,2):
        print(x)


2
4
6
8
10
```

此外，step 值也可以是负值，此时起始值必须大于终止值。

```
>>> for x in range(10,0,-2):
        print(x)


10
8
6
4
2
```

7-2-5 活用 range( )

程序设计时也可以直接应用 range( )，让程序精简。

程序实例 ch7_13.py：输入一个正整数 n，这个程序会列出从 1 加到 n 的总和。

```
1  # ch7_13.py
2  n = int(input("请输入整数:"))
3  total = sum(range(n + 1))
4  print("从1到%d的总和是 = " % n, total)
```

执行结果

```
==================== RESTART: D:\Python\ch7\ch7_13.py ====================
请输入整数:10
从1到10的总和是 =  55
```

上述程序使用了可迭代对象的内建函数 sum 执行总和的计算，它的工作原理并不是一次预留存储 1, 2, …, 10 的内存空间，然后执行运算，而是只有一个内存空间，每次将迭代的指标放在此空间，然后执行 sum( ) 运算，这样可以增加工作效率和节省系统内存空间。

程序实例 ch7_14.py：建立一个整数平方的列表，为了避免数值太大，若是输入大于 10，此大于 10 的数值将被设为 10。

```
1   # ch7_14.py
2   squares = []                    # 建立空列表
3   n = int(input("请输入整数:"))
4   if n > 10 : n = 10             # 最大值是10
5   for num in range(1, n+1):
6       value = num * num          # 元素平方
7       squares.append(value)      # 加入列表
8   print(squares)
```

执行结果

```
==================== RESTART: D:\Python\ch7\ch7_14.py ====================
请输入整数:12
[1, 4, 9, 16, 25, 36, 49, 64, 81, 100]
>>>
==================== RESTART: D:\Python\ch7\ch7_14.py ====================
请输入整数:10
[1, 4, 9, 16, 25, 36, 49, 64, 81, 100]
>>>
==================== RESTART: D:\Python\ch7\ch7_14.py ====================
请输入整数:5
[1, 4, 9, 16, 25]
```

对于上述程序而言，也可以使用 ** 代替**乘方**运算，同时第 6 和 7 行使用更精简的设计方式。

程序实例 ch7_15.py：用更精简方式设计 ch7_14.py。

```
1   # ch7_15.py
2   squares = []                    # 建立空列表
3   n = int(input("请输入整数:"))
4   if n > 10 : n = 10             # 最大值是10
5   for num in range(1, n+1):
6       squares.append(num ** 2)   # 加入列表
7   print(squares)
```

执行结果 与 ch7_14.py 相同。

7-2-6 删除列表内所有元素

程序实例 ch7_15_1.py：删除列表内所有元素。Python 没有提供删除整个列表元素的方法，不过可以使用 for 循环完成此工作。

```
1  # ch7_15_1.py
2  fruits = ['苹果', '香蕉', '西瓜', '水蜜桃', '百香果']
3  print("目前fruits列表 : ", fruits)
4
5  for fruit in fruits[:]:
6      fruits.remove(fruit)
7      print("删除 %s " % fruit)
8      print("目前fruits列表 : ", fruits)
```

执行结果

```
================== RESTART: D:\Python\ch7\ch7_15_1.py ==================
目前fruits列表 :  ['苹果', '香蕉', '西瓜', '水蜜桃', '百香果']
删除 苹果
目前fruits列表 :  ['香蕉', '西瓜', '水蜜桃', '百香果']
删除 香蕉
目前fruits列表 :  ['西瓜', '水蜜桃', '百香果']
删除 西瓜
目前fruits列表 :  ['水蜜桃', '百香果']
删除 水蜜桃
目前fruits列表 :  ['百香果']
删除 百香果
目前fruits列表 :  []
```

7-2-7　列表生成的应用

生成式（generator）是一种使用迭代方式产生 Python 数据的方式，例如，可以产生列表、字典、集合等。这是结合**循环**与**条件表达式**的精简程序代码的方法，如果读者会用此概念设计程序，表示读者的 Python 功力已跳脱初学阶段，如果读者有其他程序语言经验，表示你已经逐渐跳脱其他程序语言的枷锁，蜕变成真正的 Python 程序设计师。

程序实例 ch7_15_2.py：建立 0 ~ 5 的列表，读者最初可能会用下列方法。

```
1  # ch7_15_2.py
2  xlst = []
3  xlst.append(0)
4  xlst.append(1)
5  xlst.append(2)
6  xlst.append(3)
7  xlst.append(4)
8  xlst.append(5)
9  print(xlst)
```

执行结果

```
================== RESTART: D:/Python/ch7/ch7_15_2.py ==================
[0, 1, 2, 3, 4, 5]
```

如果要让程序设计更有效率，可以使用一个 for 循环和 range( ) 方法。

程序实例 ch7_15_3.py：使用一个 for 循环和 range( ) 方法重新设计上述程序。

```
1  # ch7_15_3.py
2  xlst = []
3  for n in range(6):
4      xlst.append(n)
5  print(xlst)
```

与 ch7_15_2.py 相同。

或是直接使用 list( ) 将 range(n) 当作参数。

程序实例 ch7_15_4.py：直接使用 list( ) 将 range(n) 当作参数，重新设计上述程序。

```
1  # ch7_15_4.py
2  xlst = list(range(6))
3  print(xlst)
```

执行结果　与 ch7_15_3.py 相同。

上述方法均可以完成工作，但是如果要成为真正的 Python 工程师，建议使用列表生成式（list generator）。在说明实例前先看列表生成式的语法：

新列表 = [表达式　for　项目　in　可迭代对象]

上述语法是，将每个可迭代对象套入**表达式**，每次产生一个列表元素。如果将列表生成式应用在上述实例中，整个内容如下：

xlst = [n for n in range(6)]

上述语句中第 1 个 n 是产生列表的值，也可以想成循环结果的值，第 2 个 n 是 for 循环的一部分，用于迭代 range(6) 的内容。

程序实例 ch7_15_5.py：用列表生成式产生列表。

```
1  # ch7_15_5.py
2  xlst = [ n for n in range(6)]
3  print(xlst)
```

执行结果　与 ch7_15_3.py 相同。

读者需记住，第 1 个 n 是产生列表的值，其实这部分也可以是一个表达式，

如果将上述语句应用于改良 ch7_15.py，可以将该程序第 5、6 行转成列表生成语法，此时内容可以修改如下：

square = [num ** 2 for num in range(1, n+1)]

此外，用这种方式设计时，可以省略第 2 行建立空列表。

程序实例 ch7_16.py：重新设计 ch7_15.py，进阶列表生成的应用。

```
1  # ch7_16.py
2  n = int(input("请输入整数:"))
3  if n > 10 : n = 10              # 最大值是10
4  squares = [num ** 2 for num in range(1, n+1)]
5  print(squares)
```

执行结果　与 ch7_15.py 相同。

程序实例 ch7_17.py：有一个摄氏温度列表 celsius，这个程序会利用此列表生成华氏温度列表 fahrenheit。

```
1  # ch7_17.py
2  celsius = [21, 25, 29]
3  fahrenheit = [(x * 9 / 5 + 32) for x in celsius]
4  print(fahrenheit)
```

执行结果

```
==================== RESTART: D:\Python\ch7\ch7_17.py ====================
[69.8, 77.0, 84.2]
```

程序实例 ch7_18.py：毕达哥拉斯直角三角形定义，即我们中学数学所学的勾股定理，基本概念是直角三角形两边长的平方和等于斜边的平方，如下。

$$a^2 + b^2 = c^2 \qquad\qquad \text{# c 是斜边长}$$

这个定理可以用（a, b, c）方式表达，最著名的实例是（3,4,5）。小括号是元组的表达方式，我们尚未介绍，所以本节使用 [a,b,c] 列表表示。这个程序会生成 0 ～ 19 中符合定义的 a、b、c 列表值。

```
1  # ch7_18.py
2  x = [[a, b, c] for a in range(1,20) for b in range(a,20) for c in range(b,20)
3         if a ** 2 + b ** 2 == c **2]
4  print(x)
```

执行结果

```
==================== RESTART: D:\Python\ch7\ch7_18.py ====================
[[3, 4, 5], [5, 12, 13], [6, 8, 10], [8, 15, 17], [9, 12, 15]]
```

程序实例 ch7_19.py：在数学的使用中可能会碰上下列数学定义。

A * B = { (a, b) }：a 属于 A 元素，b 属于 B 元素

可以用下列程序生成这类列表。

```
1  # ch7_19.py
2  colors = ["Red","Green","Blue"]
3  shapes = ["Circle","Square","Line"]
4  result = [[color,shape] for color in colors for shape in shapes]
5  print(result)
```

执行结果

```
==================== RESTART: D:\Python\ch7\ch7_19.py ====================
[['Red', 'Circle'], ['Red', 'Square'], ['Red', 'Line'], ['Green', 'Circle'], ['G
reen', 'Square'], ['Green', 'Line'], ['Blue', 'Circle'], ['Blue', 'Square'], ['B
lue', 'Line']]
```

7-2-8　打印含列表元素的列表

本节概念称为 list unpacking，这个程序会从每个列表中找出 color 和 shape 的列表元素值。

程序实例 ch7_20.py：简化上一个程序，然后列出列表内每个元素的列表值。

```
1  # ch7_20.py
2  colors = ["Red", "Green", "Blue"]
3  shapes = ["Circle", "Square"]
4  result = [[color, shape] for color in colors for shape in shapes]
5  for color, shape in result:
6      print(color, shape)
```

执行结果

```
==================== RESTART: D:/Python/ch7/ch7_20.py ====================
Red Circle
Red Square
Green Circle
Green Square
Blue Circle
Blue Square
```

7-2-9　含有条件式的列表生成

语法如下：

新列表 = [**表达式**　for　项目　in　可迭代对象　if　条件式]

下列是用传统方式建立 1, 3, … , 9 的列表。

```
>>> for num in range(1,10):
        if num % 2 == 1:
            oddlist.append(num)


>>> oddlist
[1, 3, 5, 7, 9]
```

下列是使用 Python 精神设计含有条件式的列表生成程序。

```
>>> oddlist = [num for num in range(1,10) if num % 2 == 1]
>>> oddlist
[1, 3, 5, 7, 9]
```

7-2-10　列出 ASCII 码值或 Unicode 码值的字符

学习程序语言重要是活用，在 3-5-1 节介绍了 ASCII 码，下面是列出码值为 32 ～ 127 的 ASCII 字符。

```
>>> for x in range(32,128):
        print(chr(x),end='')
```

```
 !"#$%&'()*+,-./0123456789:;<=>?@ABCDEFGHIJKLMNOPQRSTUVWXYZ[\]^_`abcdefghijklmno
pqrstuvwxyz{|}~
```

在 3-5-2 节介绍了 Unicode，下面是产生 Unicode 字符 0x6d2a ～ 0x6e29。

```
>>> for x in range(0x6d2a, 0x6e2a):
        print(chr(x),end='')
```

洪洫洬洭洮洯洰洱洲洳洴洵洶洷洸洹洺活洼活洿浀流浂浃浄浅浆浇浈浉浊测浌浍济浏浐浑
浒浓浔浕浖浗浘浙浚浛浜浝浞浟浠浡浢浣浤浥浦浧浨浩浪浫浬浭浮浯浰浱浲浳浴浶海浸浹浺
浻浼浽浾浿涀涁涂涃涄涅涆涇消涉涊涋涌涍涎涏涐涑涒涓涔涕涖涗涘涙涚涛涜涝涞涟涠涡涢
涣涤涥润涧涨涩涪涫涬涭涮涯涰涱液涳涴涵涶涷涸涹涺涻涼涽涾涿淀淁淂淃淄淅淆淇淈淉淊
淋淌淍淎淏淐淑淒淓淔淕淖淗淘淙淚淛淜淝淞淟淠淡淢淣淤淥淦淧淨淩淪淫淬淭淮淯淰深淲
淳混淴淵淶混淸淹淺添淼清渃渄清渆渇済渉渊渋渌渍渎渏渐渑渒渓渔渕渖渗渘渙渚减渜渝渞
渟渠渡渢渣渤渥渦渧温

7-3 进阶的 for 循环应用

7-3-1 嵌套 for 循环

一个循环内有另一个循环，称为**嵌套循环**。如果外层循环要执行 n 次，内层循环要执行 m 次，则整个循环执行的次数是 n×m 次。设计这类循环时要特别注意下列事项。

（1）外层循环的索引值变量与内层循环的索引值变量不要相同，以免混淆。

（2）程序代码的内缩一定要小心。

下面是嵌套循环的基本语法。

```
for var1 in 可迭代对象:          # 外层 for 循环
...
    for var2 in 可迭代对象:      # 内层 for 循环
        ....
```

程序实例 ch7_21.py：打印 9×9 的乘法表。

```
1   # ch7_21.py
2   for i in range(1, 10):
3       for j in range(1, 10):
4           result = i * j
5           print("%d*%d=%-3d" % (i, j, result), end=" ")
6       print()           # 换行输出
```

执行结果

```
==================== RESTART: D:/Python/ch7/ch7_21.py ====================
1*1=1    1*2=2    1*3=3    1*4=4    1*5=5    1*6=6    1*7=7    1*8=8    1*9=9
2*1=2    2*2=4    2*3=6    2*4=8    2*5=10   2*6=12   2*7=14   2*8=16   2*9=18
3*1=3    3*2=6    3*3=9    3*4=12   3*5=15   3*6=18   3*7=21   3*8=24   3*9=27
4*1=4    4*2=8    4*3=12   4*4=16   4*5=20   4*6=24   4*7=28   4*8=32   4*9=36
5*1=5    5*2=10   5*3=15   5*4=20   5*5=25   5*6=30   5*7=35   5*8=40   5*9=45
6*1=6    6*2=12   6*3=18   6*4=24   6*5=30   6*6=36   6*7=42   6*8=48   6*9=54
7*1=7    7*2=14   7*3=21   7*4=28   7*5=35   7*6=42   7*7=49   7*8=56   7*9=63
8*1=8    8*2=16   8*3=24   8*4=32   8*5=40   8*6=48   8*7=56   8*8=64   8*9=72
9*1=9    9*2=18   9*3=27   9*4=36   9*5=45   9*6=54   9*7=63   9*8=72   9*9=81
```

上述程序第 5 行中 "%-3d" 主要是供 result 使用，表示每一个输出预留 3 格，同时靠左输出。同一行中的 end=" " 则是设置输出完空一格，下次输出不换行输出。当内层循环执行完一次，则执行第 6 行，这是外层循环语句，主要是设置下次换行输出，相当于下次再执行内层循环时换行输出。

程序实例 ch7_22.py：绘制直角三角形。

```
1   # ch7_22.py
2   for i in range(1, 10):
3       for j in range(1, 10):
4           if j <= i:
5               print("aa", end="")
6       print()                    # 换行输出
```

执行结果

```
==================== RESTART: D:/Python/ch7/ch7_22.py ====================
aa
aaaa
aaaaaa
aaaaaaaa
aaaaaaaaaa
aaaaaaaaaaaa
aaaaaaaaaaaaaa
aaaaaaaaaaaaaaaa
aaaaaaaaaaaaaaaaaa
```

7-3-2　强制离开 for 循环——break 指令

在设计 for 循环时，如果期待某些条件发生时可以离开循环，可以在循环内执行 break 指令，即可立即离开循环，这个指令通常是和 if 语句配合使用。下面是常用的语法格式。

```
for var in 可迭代物件 :
    程序代码区块 1
    if 条件表达式 :              # 判断条件表达式
        程序代码区块 2
    break                        # 如果条件表达式是 True 则离开 for 循环
    程序代码区块 3
```

下面是流程图，其中在 for 循环内的 if 条件判断，也许前方有程序代码区块 1、if 条件内有程序代码区块 2 或是后方有程序代码区块 3，只要 if 条件判断是 True，则执行 if 条件内的程序代码区块 2 后，可立即离开循环。

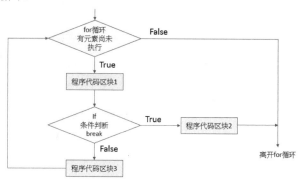

例如，你设计一个比赛，可以将参加比赛者的成绩列在列表内，如果想列出前 20 名参加决赛，可以设置 for 循环当选取 20 名后，即离开循环，此时就可以使用 break。

程序实例 ch7_23.py：输出一系列数字元素，当数字为 5 时，循环将终止执行。

```python
1  # ch7_23.py
2  print("测试1")
3  for digit in range(1, 11):
4      if digit == 5:
5          break
6      print(digit, end=', ')
7  print()
8  print("测试2")
9  for digit in range(0, 11, 2):
10     if digit == 5:
11         break
12     print(digit, end=', ')
```

执行结果

```
==================== RESTART: D:\Python\ch7\ch7_23.py ====================
测试1
1, 2, 3, 4,
测试2
0, 2, 4, 6, 8, 10,
```

上述语句在第一个列表的测试中（第 3 ～ 6 行），当碰到列表元素是 5 时，循环将终止，所以只有列出 "1, 2, 3, 4," 元素。在第二个列表的测试中（第 9 ～ 12 行），当碰到列表元素是 5 时，循环将终止，可是这个列表元素中没有 5，所以整个循环可以正常执行到结束。

程序实例 ch7_24.py：列出球员名称，列出多少个球员则是由屏幕输入，这个程序同时设置，如果屏幕输入的人数大于列表的球员数时，自动将所输入的人数降为列表的球员数。

```python
1   # ch7_24.py
2   players = ['Curry', 'Jordan', 'James', 'Durant', 'Obama', 'Kevin', 'Lin']
3   n = int(input("请输入人数 = "))
4   if n > len(players) : n = len(players)      # 列出人数不大于列表元素数
5   index = 0                                   # 索引
6   for player in players:
7       if index == n:
8           break
9       print(player, end=" ")
10      index += 1                              # 索引加1
```

执行结果

```
==================== RESTART: D:\Python\ch7\ch7_24.py ====================
请输入人数 = 5
Curry Jordan James Durant Obama
>>>
==================== RESTART: D:\Python\ch7\ch7_24.py ====================
请输入人数 = 9
Curry Jordan James Durant Obama Kevin Lin
```

程序实例 ch7_25.py：一个列表 scores 内含有 10 个分数元素，请列出最高分的前 5 个。

```python
1   # ch7_25.py
2   scores = [94, 82, 60, 91, 88, 79, 61, 93, 99, 77]
3   scores.sort(reverse = True)                 # 从大到小排列
4   count = 0
5   for sc in scores:
6       count += 1
7       print(sc, end=" ")
8       if count == 5:                          # 取前5名成绩
9           break                               # 离开for循环
```

执行结果

```
==================== RESTART: D:/Python/ch7/ch7_25.py ====================
99 94 93 91 88
```

7-3-3 for 循环暂时停止不往下执行——continue 指令

在设计 for 循环时，如果期待某些条件发生时可以不往下执行循环内容，此时可以用 continue 指令，这个指令通常和 if 语句配合使用。下面是常用的语法格式。

```
for var in 可迭代物件 :
    程序代码区块 1
    if 条件表达式 :              # 如果条件表达式是 True 则不执行程序代码区块 3
        程序代码区块 2
continue
    程序代码区块 3
```

下面是流程图，相当于如果发生 if 条件判断是 True 时，则不执行程序代码区块 3 内容。

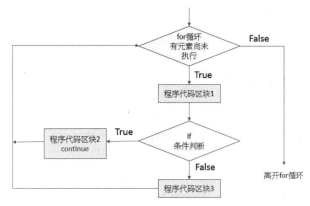

程序实例 ch7_26.py：有一个列表 scores 记录 James 的比赛得分，设计一个程序可以列出 James 有多少场次得分大于或等于 30 分。

```
1  # ch7_26.py
2  scores = [33, 22, 41, 25, 39, 43, 27, 38, 40]
3  games = 0
4  for score in scores:
5      if score < 30:              # 小于30则不往下执行
6          continue
7      games += 1                  # 场次加1
8  print("有%d场得分超过30分" % games)
```

执行结果

```
==================== RESTART: D:\Python\ch7\ch7_26.py ====================
有6场得分超过30分
```

程序实例 ch7_27.py：有一个列表 players，这个列表的元素也是列表，包含球员名字和身高数据，列出所有身高是 200（含）厘米以上的球员数据。

```
1  # ch7_27.py
2  players = [['James', 202],
3            ['Curry', 193],
4            ['Durant', 205],
5            ['Jordan', 199],
6            ['David', 211]]
7  for player in players:
8      if player[1] < 200:
9          continue
10     print(player)
```

执行结果

```
==================== RESTART: D:/Python/ch7/ch7_27.py ====================
['James', 202]
['Durant', 205]
['David', 211]
```

对于上述 for 循环而言，每次执行第 7 行时，player 的内容是 players 的一个元素，而这个元素是一个列表，例如，第一次执行时 player 内容如下：

```
['James', 202]
```

执行第 8 行时，player[1] 的值是 202。由于 if 判断的结果是 False，所以会执行第 10 行的 print(player) 指令，其他可以此类推。

7-3-4　for … else 循环

在设计 for 循环时，如果期待所有的 if 语句条件是 False 时，在最后一次循环后，可以执行特定程序区块指令，可使用这个语句，这个指令通常是和 if 和 break 语句配合使用的。下面是常用的语法格式。

for var in 可迭代对象：
　　if 条件表达式：　　　　　　　　　# 如果条件表达式是 True 则离开 for 循环
　　　　　程序代码区块 1
break
　　else：
　　程序代码区块 2　　　　　　　　　# 最后一次循环条件表达式是 False 则执行

下面是流程图，如果最后一次循环 if 条件表达式仍是 False 时，才会执行程序代码区块 2。

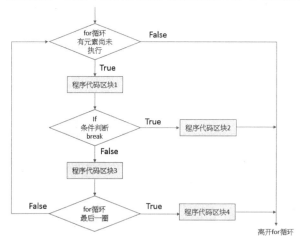

其实这个语法很适合传统数学中测试某一个数字 n 是否是**质数**（Prime Number），质数的条件是：

（1）2 是质数。

（2）n 不可被 2 ～ n-1 的数字整除。

程序实例 ch7_28.py：质数测试的程序，如果所输入的数字是质数则列出是质数，否则列出不是质数。

```
1  # ch7_28.py
2  num = int(input("请输入大于1的整数做质数测试 = "))
3  if num == 2:                         # 2是质数所以直接输出
4      print("%d是质数" % num)
5  else:
6      for n in range(2, num):          # 用2 .. num-1当除数测试
7          if num % n == 0:             # 如果整除则不是质数
8              print("%d不是质数" % num)
9              break                    # 离开循环
10
11      else:                           # 否则是质数
12          print("%d是质数" % num)
```

执行结果

```
================= RESTART: D:\Python\ch7\ch7_28.py =================
请输入大于1的整数做质数测试 = 2
2是质数
>>>
================= RESTART: D:\Python\ch7\ch7_28.py =================
请输入大于1的整数做质数测试 = 3
3是质数
>>>
================= RESTART: D:\Python\ch7\ch7_28.py =================
请输入大于1的整数做质数测试 = 12
12不是质数
```

7-4　while 循环

while 循环会一直执行直到条件运算为 False 时才会离开，所以设计 while 循环时一定要设计一个条件可以离开循环，相当于让循环结束。设计程序时，如果忘了设计条件可以离开循环，将造成无限循环状态，此时可以按 Ctrl+C 组合键，中断程序的执行离开无限循环的陷阱。

一般 while 循环使用的**语意**是**条件控制循环**，在符合特定条件下执行。for 循环则是一种**计数循环**，会重复执行特定次数。

while 条件运算：

　　程序区块

下面是 while 循环语法流程图。

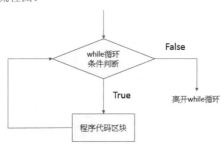

7-4-1 基本 while 循环

程序实例 ch7_29.py：这个程序会输出你所输入的内容，当输入 q 时，程序才会执行结束。

```
1  # ch7_29.py
2  msg1 = '人机对话专栏,告诉我心事吧,我会重复你告诉我的心事!'
3  msg2 = '输入 q 可以结束对话'
4  msg = msg1 + '\n' + msg2 + '\n' + '= '
5  input_msg = ''                  # 默认为空字符串
6  while input_msg != 'q':
7      input_msg = input(msg)
8      print(input_msg)
```

执行结果

```
==================== RESTART: D:\Python\ch7\ch7_29.py ====================
人机对话专栏,告诉我心事吧,我会重复你告诉我的心事!
输入 q 可以结束对话
= DeepMind
DeepMind
人机对话专栏,告诉我心事吧,我会重复你告诉我的心事!
输入 q 可以结束对话
= q
q
```

上述程序最大的缺点是，当输入 q 时，程序也将输出 q，然后才结束 while 循环，可以使用下列第 8 行增加 if 条件判断的方式改良。

程序实例 ch7_30.py：改良程序 ch7_29.py，当输入 q 时，不再输出 q。

```
1  # ch7_30.py
2  msg1 = '人机对话专栏,告诉我心事吧,我会重复你告诉我的心事!'
3  msg2 = '输入 q 可以结束对话'
4  msg = msg1 + '\n' + msg2 + '\n' + '= '
5  input_msg = ''                  # 默认为空字符串
6  while input_msg != 'q':
7      input_msg = input(msg)
8      if input_msg != 'q':        # 如果输入不是q才输出信息
9          print(input_msg)
```

执行结果

```
==================== RESTART: D:\Python\ch7\ch7_30.py ====================
人机对话专栏,告诉我心事吧,我会重复你告诉我的心事!
输入 q 可以结束对话
= DeepMind
DeepMind
人机对话专栏,告诉我心事吧,我会重复你告诉我的心事!
输入 q 可以结束对话
= q
```

上述程序尽管可以完成工作，但是当我们在设计大型程序时，如果可以有更明确的标记，记录程序是否继续执行将更佳，下面将用一个布尔变量值 active 当作标记，如果是 True 则 while 循环继续，否则 while 循环结束。

程序实例 ch7_31.py：改良 ch7_30.py 程序的可读性，使用标记 active 记录是否循环继续。

```
1   # ch7_31.py
2   msg1 = '人机对话专栏,告诉我心事吧,我会重复你告诉我的心事!'
3   msg2 = '输入 q 可以结束对话'
4   msg = msg1 + '\n' + msg2 + '\n' + '= '
5   active = True
6   while active:                   # 循环进行直到active是False
7       input_msg = input(msg)
8       if input_msg != 'q':        # 如果输入不是q才输出信息
9           print(input_msg)
10      else:
11          active = False          # 输入是q所以将active设为False
```

执行结果 与 ch7_30.py 相同。

程序实例 ch7_32.py：猜数字游戏，程序第 2 行用变量 answer 存储要猜的数字，程序执行时用变量 guess 存储所猜的数字。

```
1  # ch7_32.py
2  answer = 30                    # 正确数字
3  guess = 0                      # 设置所猜数字的初始值
4  while guess != answer:
5      guess = int(input("请猜1-100间的数字 = "))
6      if guess > answer:
7          print("请猜小一点")
8      elif guess < answer:
9          print("请猜大一点")
10     else:
11         print("恭喜答对了")
```

执行结果

```
================== RESTART: D:\Python\ch7\ch7_32.py ==================
请猜1-100间的数字 = 50
请猜小一点
请猜1-100间的数字 = 25
请猜大一点
请猜1-100间的数字 = 30
恭喜答对了
```

7-4-2 认识哨兵值

在程序设计时，可以在 while 循环中设置一个输入数值当作循环执行结束的值，这个值称为**哨兵值**（Sentinel Value）。

程序实例 ch7_33.py：计算输入值的总和，哨兵值是 0，如果输入 0 则程序结束。

```
1  # ch7_33.py
2  n = int(input("请输入一个值 : "))
3  sum = 0
4  while n != 0:
5      sum += n
6      n = int(input("请输入一个值 : "))
7  print("输入总和 = ", sum)
```

执行结果

```
================== RESTART: D:\Python\ch7\ch7_33.py ==================
请输入一个值 : 5
请输入一个值 : 6
请输入一个值 : 7
请输入一个值 : 0
输入总和 =  18
```

7-4-3 预测学费

程序实例 ch7_34.py：假设今年大学学费是 5 万元，未来每年以 5% 速度向上涨价，计算多少年后学费会达到或超过 6 万元，学费不会少于 1 元，计算时忽略小数。

```
1  # ch7_34.py
2  tuition = 50000
3  year = 0
4  while tuition < 60000:
5      tuition = int(tuition * 1.05)
6      year += 1
7  print("经过 %d 年后学费会达到或超过60000元 " % year)
```

执行结果

```
==================== RESTART: D:\Python\ch7\ch7_34.py ====================
经过 4 年后学费会达到或超过60000元
```

7-4-4 嵌套 while 循环

while 循环也允许嵌套循环，此时的语法格式如下。

```
while 条件运算：                              # 外层 while 循环
    ...
    while 条件运算：                          # 内层 while 循环
        ...
```

下面是我们已经知道的 while 循环会执行几次的应用。

程序实例 ch7_35.py：使用 while 循环重新设计 ch7_21.py，打印 9×9 乘法表。

```
1  # ch7_35.py
2  i = 1                      # 设置i初始值
3  while i <= 9:              # 当i大于9跳出外层循环
4      j = 1                  # 设置j初始值
5      while j <= 9:          # 当j大于9跳出内层循环
6          result = i * j
7          print("%d*%d=%-3d" % (i, j, result), end=" ")
8          j += 1            # 内层循环加1
9      print()              # 换行输出
10     i += 1                # 外层循环加1
```

执行结果   与 ch7_19.py 相同。

7-4-5 强制离开 while 循环——break 指令

7-3-2 节所介绍的 break 指令，也可以应用于 while 循环。在设计 while 循环时，如果期待某些条件发生时可以离开循环，可以在循环内执行 break 指令，即可立即离开循环，这个指令通常是和 if 语句配合使用。下面是常用的语法格式。

```
while 条件表达式 A：
    程序代码区块 1
    if 条件表达式 B：                        # 判断条件表达式 A
        程序代码区块 2
    break                                  # 如果条件表达式 A 是 True 则离开 while 循环
    程序代码区块 3
```

程序实例 ch7_36.py：这个程序会先建立 while 无限循环，如果输入 q，则可跳出这个 while 无限循环。程序内容主要是要求输入水果名称，然后输出此水果。

```
1  # ch7_36.py
2  msg1 = '人机对话专栏,请告诉我妳喜欢吃的水果!'
3  msg2 = '输入 q 可以结束对话'
4  msg = msg1 + '\n' + msg2 + '\n' + '= '
5  while True:                        # 这是while无限循环
6      input_msg = input(msg)
7      if input_msg == 'q':          # 输入q可用break跳出循环
8          break
9      else:
10         print("我也喜欢吃 %s " % input_msg.title( ))
```

执行结果

```
==================== RESTART: D:\Python\ch7\ch7_36.py ====================
人机对话专栏,请告诉我妳喜欢吃的水果!
输入 q 可以结束对话
= apple
我也喜欢吃 Apple
人机对话专栏,请告诉我妳喜欢吃的水果!
输入 q 可以结束对话
= orange
我也喜欢吃 Orange
人机对话专栏,请告诉我妳喜欢吃的水果!
输入 q 可以结束对话
= q
```

程序实例 ch7_37.py：使用 while 循环重新设计 ch7_24.py。

```
1  # ch7_37.py
2  players = ['Curry', 'Jordan', 'James', 'Durant', 'Obama', 'Kevin', 'Lin']
3  n = int(input("请输入人数 = "))
4  if n > len(players) : n = len(players)   # 列出人数不大于列表元素数
5  index = 0                                # 索引index
6  while index < len(players):              # index是否在列表长度范围
7      if index == n:                       # 是否达到想列出的人数
8          break
9      print(players[index], end=" ")
10     index += 1                           # 索引index加1
```

执行结果　与 ch7_24.py 相同。

上述程序第 6 行的 "index < len(players)" 相当于语法格式中的条件表达式 A，控制循环是否终止。程序第 7 行的 "index == n" 相当于语法格式中的条件表达式 B，可以控制是否中途离开 while 循环。

7-4-6　while 循环暂时停止——continue 指令

在设计 while 循环时，如果期待某些条件发生时可以不往下执行循环内容，此时可以用 continue 指令，这个指令通常是和 if 语句配合使用。下面是常用的语法格式。

```
while  条件运算 A:
     程序代码区块 1
     if  条件表达式 B:       # 如果条件表达式是 True 则不执行程序代码区块 3
          程序代码区块 2
```

```
        continue
            程序代码区块 3
```

程序实例 ch7_38.py：列出 1 ～ 10 的偶数。

```
1   # ch7_38.py
2   index = 0
3   while index <= 10:
4       index += 1
5       if ( index % 2 != 0 ):   # 测试是否奇数
6           continue              # 不往下执行
7       print(index)             # 输出偶数
```

执行结果

```
==================== RESTART: D:/Python/ch7/ch7_38.py ====================
2
4
6
8
10
```

7-4-7　while 循环条件表达式与可迭代对象

while 循环的条件表达式也可与可迭代对象配合使用，此时它的语法格式 1 如下。

while var in 可迭代对象：　　　　　# 如果 var in 可迭代对象是 True 则继续
程序区块

语法格式 2 如下。

while 可迭代：　　　　　　　　　# 迭代对象是空的才结束
程序区块

程序实例 ch7_39.py：删除列表内的 apple 字符串元素，程序第 5 行表示只要在 fruits 列表内可以找到变量 fruit 内容是 apple，就会返回 True，循环将继续。

```
1   # ch7_39.py
2   fruits = ['apple', 'orange', 'apple', 'banana', 'apple']
3   fruit = 'apple'
4   print("删除前的fruits", fruits)
5   while fruit in fruits:        # 只要列表内有apple循环就继续
6       fruits.remove(fruit)
7   print("删除后的fruits", fruits)
```

执行结果

```
==================== RESTART: D:\Python\ch7\ch7_39.py ====================
删除前的fruits ['apple', 'orange', 'apple', 'banana', 'apple']
删除后的fruits ['orange', 'banana']
```

程序实例 ch7_40.py：有一个列表 buyers，此列表内含购买者和消费金额，如果购买金额超过或达到 1000 元，则归类为 VIP 买家 vipbuyers 列表，否则是 Gold 买家 goldbuyers 列表。

```
1   # ch7_40.py
2   buyers = [['James', 1030],              # 建立买家购买记录
3            ['Curry', 893],
4            ['Durant', 2050],
5            ['Jordan', 990],
6            ['David', 2110]]
7   goldbuyers = []                         # Gold买家列表
8   vipbuyers =[]                           # VIP买家列表
9   while buyers:                           # 执行买家分类循环分类完成循环才会结束
10      index_buyer = buyers.pop()
11      if index_buyer[1] >= 1000:          # 用1000元执行买家分类条件
12          vipbuyers.append(index_buyer)   # 加入VIP买家列表
13      else:
14          goldbuyers.append(index_buyer)  # 加入Gold买家列表
15  print("VIP 买家资料", vipbuyers)
16  print("Gold买家资料", goldbuyers)
```

执行结果

```
==================== RESTART: D:\Python\ch7\ch7_40.py ====================
VIP 买家资料 [['David', 2110], ['Durant', 2050], ['James', 1030]]
Gold买家资料 [['Jordan', 990], ['Curry', 893]]
```

上述程序第 9 行只要列表不是空列表，while 循环就会一直执行。

7-4-8　无限循环与 pass

pass 指令是什么事也不做，如果想要建立一个无限循环可以使用下列写法。

```
while  True:
    pass
```

也可以将 True 改为阿拉伯数字 1，如下所示。

```
while  1:
pass
```

不过不建议这么做，这会让程序进入无限循环。这个指令有时候会用于设计一个循环或函数（将在第 11-10 节解说）尚未完成时，先放 pass，未来再用完整程序代码取代。

程序实例 ch7_41.py：pass 应用于循环的实例，这个程序的循环尚未设计完成，所以先用 pass 处理。

```
1   # ch7_41.py
2   schools = ['明志科大', '台湾科大', '台北科大']
3   for school in schools:
4       pass
```

执行结果　没有任何数据输出。

7-5　enumerate 对象使用 for 循环解析

延续 6-12 节的 enumerate 对象可知，这个对象是由**索引值**与**元素值**配对出现。我们使用 for 循环迭代一般对象（例如列表）时，无法得知每个对象元素的索引，但是可以利用 enumerate( ) 方法建

立 enumerate 对象，建立原对象的索引信息。

　　然后可以使用 for 循环将每一个对象的**索引值**与**元素值**解析出来。

程序实例 ch7_42.py：继续设计 ch6_57.py，将 enumerate 对象的索引值与元素值解析出来。

```
1   # ch7_42.py
2   drinks = ["coffee", "tea", "wine"]
3   # 解析enumerate对象
4   for drink in enumerate(drinks):              # 数值初始是0
5       print(drink)
6   for count, drink in enumerate(drinks):
7       print(count, drink)
8   print("****************")
9   # 解析enumerate对象
10  for drink in enumerate(drinks, 10):          # 数值初始是10
11      print(drink)
12  for count, drink in enumerate(drinks, 10):
13      print(count, drink)
```

执行结果

```
===================== RESTART: D:/Python/ch7/ch7_42.py =====================
(0, 'coffee')
(1, 'tea')
(2, 'wine')
0 coffee
1 tea
2 wine
****************
(10, 'coffee')
(11, 'tea')
(12, 'wine')
10 coffee
11 tea
12 wine
```

上述程序第 6 行的思路如下。

　　由于 enumerate(drinks) 产生的 enumerate 对象是配对存在的，可以用两个变量遍历这个对象，只要仍有元素尚未被遍历循环就会继续。为了让读者了解 enumerate 对象的奥妙，笔者先用传统方式设计下列程序。

程序实例 ch7_43.py：以下是某位 NBA 球员的前 10 场的得分数据，可参考程序第 2 行，请用传统方式列出哪些场次得分超过 20 分（含）。注意：场次从第 1 场开始。

```
1   # ch7_43.py
2   scores = [21,29,18,33,12,17,26,28,15,19]
3   # 不使用enumerate对象
4   index = 1
5   for score in scores:
6       if score >= 20:
7           print("场次 %d : 得分 %d " % (index, score))
8       index += 1
```

执行结果

```
==================== RESTART: D:\Python\ch7\ch7_43.py ====================
场次 1 : 得分 21
场次 2 : 得分 29
场次 4 : 得分 33
场次 7 : 得分 26
场次 8 : 得分 28
```

　　请留意上述程序，我们必须建立索引变量与设置此索引的初值，可参考第 4 行，然后每次迭代时必须在第 8 行为索引增加 1。如果读者懂得 enumerate( ) 的意义，可以用下列程序轻松有效率地处理上述问题。

程序实例 ch7_44.py：使用 enumerate( ) 重新设计 ch7_43.py。

```
1   # ch7_44.py
2   scores = [21,29,18,33,12,17,26,28,15,19]
3   # 解析enumerate物件
4   for count, score in enumerate(scores, 1):     # 数值初始是 1
5       if score >= 20:
6           print("场次 %d : 得分 %d " % (count, score))
```

执行结果　与 ch7_43.py 相同。

　　其实一个人是不是 Python 高手，可以用上述问题测试，使用 ch7_44.py 方式设计才算是真正懂 Python 的高手。

7-6 专题——购物车设计 / 成绩系统 / 圆周率

7-6-1　设计购物车系统

程序实例 ch7_45.py：简单购物车的设计，这个程序执行时会列出所有商品，读者可以选择商品，如果所输入商品在商品列表则加入购物车，如果输入 Q 或 q 则购物结束，输出所购买商品。

```
1   # ch7_45.py
2   store = 'DeepStone购物中心'
3   products = ['电视','冰箱','洗衣机','电扇','冷气机']
4   cart = []                       # 购物车
5   print(store)
6   print(products,"\n")
7   while True:                     # 这是while无限循环
8       msg = input("请输入购买商品(q=quit) : ")
9       if msg == 'q' or msg=='Q':
10          break
11      else:
12          if msg in products:
13              cart.append(msg)
14
15  print("今天购买商品", cart)
```

执行结果

```
==================== RESTART: D:\Python\ch7\ch7_45.py ====================
DeepStone购物中心
['电视', '冰箱', '洗衣机', '电扇', '冷气机']

请输入购买商品(q=quit)：冰箱
请输入购买商品(q=quit)：q
今天购买商品 ['冰箱']
```

7-6-2 建立真实的成绩系统

在 6-7-3 节介绍了成绩系统的计算，如下所示。

姓名	语文	英文	数学	总分
洪锦魁	80	95	88	0
洪冰儒	98	97	96	0
洪雨星	91	93	95	0
洪冰雨	92	94	90	0
洪星宇	92	97	80	0

其实更真实的成绩系统应该如下所示。

座号	姓名	语文	英文	数学	总分	平均	名次
1	洪锦魁	80	95	88	0	0	0
2	洪冰儒	98	97	96	0	0	0
3	洪雨星	91	93	95	0	0	0
4	洪冰雨	92	94	90	0	0	0
5	洪星宇	92	97	80	0	0	0

在上述成绩系统表格中，使用各科考试成绩然后必须填入每个人的总分、平均、名次。要处理上述成绩系统，关键是学会二维列表的排序，如果想针对列表内第 n 个元素值排序，可使用如下方法。

二维列表 .sort(key=lambda x:x[n])

上述函数方法参数有 lambda 关键词，读者可以不理会直接参考输入，即可获得排序结果，未来介绍函数时，在 11-9 节会介绍此关键词。

程序实例 ch7_46.py：设计真实的成绩系统排序。

```python
1  # ch7_46.py
2  sc = [[1, '洪锦魁', 80, 95, 88, 0, 0, 0],
3        [2, '洪冰儒', 98, 97, 96, 0, 0, 0],
4        [3, '洪雨星', 91, 93, 95, 0, 0, 0],
5        [4, '洪冰雨', 92, 94, 90, 0, 0, 0],
6        [5, '洪星宇', 92, 97, 80, 0, 0, 0],
7        ]
8  # 计算总分与平均
9  print("填入总分与平均")
10 for i in range(len(sc)):
11     sc[i][5] = sum(sc[i][2:5])              # 填入总分
12     sc[i][6] = round((sc[i][5] / 3), 1)     # 填入平均
13     print(sc[i])
14 sc.sort(key=lambda x:x[5],reverse=True)     # 依据总分高往低排序
15 # 以下填入名次
16 print("填入名次")
17 for i in range(len(sc)):                    # 填入名次
18     sc[i][7] = i + 1
19     print(sc[i])
20 # 以下依座号排序
21 sc.sort(key=lambda x:x[0])                  # 依据座号排序
22 print("最后成绩单")
23 for i in range(len(sc)):
24     print(sc[i])
```

执行结果

```
========================= RESTART: D:\Python\ch7\ch7_46.py =========================
填入总分与平均
[1, '洪锦魁', 80, 95, 88, 263, 87.7, 0]
[2, '洪冰儒', 98, 97, 96, 291, 97.0, 0]
[3, '洪雨星', 91, 93, 95, 279, 93.0, 0]
[4, '洪冰雨', 92, 94, 90, 276, 92.0, 0]
[5, '洪星宇', 92, 97, 80, 269, 89.7, 0]
填入名次
[2, '洪冰儒', 98, 97, 96, 291, 97.0, 1]
[3, '洪雨星', 91, 93, 95, 279, 93.0, 2]
[4, '洪冰雨', 92, 94, 90, 276, 92.0, 3]
[5, '洪星宇', 92, 97, 80, 269, 89.7, 4]
[1, '洪锦魁', 80, 95, 88, 263, 87.7, 5]
最后成绩单
[1, '洪锦魁', 80, 95, 88, 263, 87.7, 5]
[2, '洪冰儒', 98, 97, 96, 291, 97.0, 1]
[3, '洪雨星', 91, 93, 95, 279, 93.0, 2]
[4, '洪冰雨', 92, 94, 90, 276, 92.0, 3]
[5, '洪星宇', 92, 97, 80, 269, 89.7, 4]
```

我们成功地建立了成绩系统，但是上述成绩系统还不是完美，如果两个人的成绩相同，座号属于后面的人名次将往下掉一名。

程序实例 ch7_47.py：修改成绩报告，如下所示。

座号	姓名	语文	英文	数学	总分	平均	名次
1	洪锦魁	80	95	88	0	0	0
2	洪冰儒	98	97	96	0	0	0
3	洪雨星	91	93	95	0	0	0
4	洪冰雨	92	94	90	0	0	0
5	洪星宇	92	97	90	0	0	0

请注意洪星宇的数学成绩是 90 分，下列是程序实例 ch7_47.py 的执行结果。

```
========================= RESTART: D:\Python\ch7\ch7_47.py =========================
填入总分与平均
[1, '洪锦魁', 80, 95, 88, 263, 87.7, 0]
[2, '洪冰儒', 98, 97, 96, 291, 97.0, 0]
[3, '洪雨星', 91, 93, 95, 279, 93.0, 0]
[4, '洪冰雨', 92, 94, 90, 276, 92.0, 0]
[5, '洪星宇', 92, 97, 90, 279, 93.0, 0]
填入名次
[2, '洪冰儒', 98, 97, 96, 291, 97.0, 1]
[3, '洪雨星', 91, 93, 95, 279, 93.0, 2]
[5, '洪星宇', 92, 97, 90, 279, 93.0, 3]
[4, '洪冰雨', 92, 94, 90, 276, 92.0, 4]
[1, '洪锦魁', 80, 95, 88, 263, 87.7, 5]
最后成绩单
[1, '洪锦魁', 80, 95, 88, 263, 87.7, 5]
[2, '洪冰儒', 98, 97, 96, 291, 97.0, 1]
[3, '洪雨星', 91, 93, 95, 279, 93.0, 2]
[4, '洪冰雨', 92, 94, 90, 276, 92.0, 4]
[5, '洪星宇', 92, 97, 90, 279, 93.0, 3]
```

很明显洪星宇与洪雨星总分相同，但是洪星宇的座号比较靠后造成名次是第 3 名，相同成绩的洪雨星是第 2 名。要解决这类问题有两个方法，一是在填入名次时检查分数是否和前一个分数相同，如果相同则采用前一个序列的名次；另一个方法是在填入名次后增加一个循环，检查是否有成绩总分相同，相当于每个总分与前一个总分做比较，如果与前一个总分相同，必须将名次调整为与前一个元素名次相同，这将是读者的习题。

7-6-3　计算圆周率

在第 2 章的习题 7 中介绍了计算圆周率的知识，笔者使用了**莱布尼茨**公式，当时也说明了此级数收敛速度很慢，本节将用循环处理这类问题。可以用下列公式说明莱布尼茨公式。

$$pi = 4\left(1 - \frac{1}{3} + \frac{1}{5} + \frac{1}{7} + \cdots + \frac{(-1)^{i+1}}{2i-1}\right)$$

程序实例 ch7_48.py：使用莱布尼茨公式计算圆周率，这个程序会计算到 100 万次，同时每 10 万次列出一次圆周率的计算结果。

```python
1  # ch7_48.py
2  x = 1000001
3  pi = 0
4  for i in range(1,x+1):
5      pi += 4*((-1)**(i+1) / (2*i-1))
6      if i != 1 and i % 100000 == 0:        # 隔100000执行一次
7          print("当 i = %7d 时 PI = %20.19f" % (i, pi))
```

执行结果

```
==================== RESTART: D:\Python\ch7\ch7_48.py ====================
当 i =  100000 时 PI = 3.1415826535897197758
当 i =  200000 时 PI = 3.1415876535897617750
当 i =  300000 时 PI = 3.1415893202564642017
当 i =  400000 时 PI = 3.1415901535897439167
当 i =  500000 时 PI = 3.1415906535896920282
当 i =  600000 时 PI = 3.1415909869230147500
当 i =  700000 时 PI = 3.1415912250182609355
当 i =  800000 时 PI = 3.1415914035897172241
当 i =  900000 时 PI = 3.1415915424786509114
当 i = 1000000 时 PI = 3.1415916535897743245
```

从上述结果可以得到当循环到 40 万次后，此圆周率才进入我们熟知的 3.14159xx。

习题

1.有一列表内部的元素是一系列图文件，如下所示。(7-1 节)

da1.jpg、da2.png、da3.gif、da4.gif、da5.jpg、da6.jpg、da7.gif

请将 ".jpg"".png"".gif" 分别放置在 jpg、png、gif 列表，然后打印这些列表。

```
==================== RESTART: D:/Python/ex/ex7_1.py ====================
jpg文件列表 ['da1.jpg', 'da5.jpg', 'da6.jpg']
png文件列表 ['da2.png']
gif文件列表 ['da3.gif', 'da4.gif', 'da7.gif']
```

2. 有一个列表 players，这个列表的元素也是列表，包含球员名字和身高数据，['James', 202]、['Curry', 193]、['Durant', 205]、['Joradn', 199]、['David', 211]，列出所有身高是 200（含）厘米以上的球员数据。(7-1 节)

```
==================== RESTART: D:/Python/ex/ex7_2.py ====================
['James', 202]
['Durant', 205]
['David', 211]
```

3.扩充程序 ch7_11.py，请将本金、年利率与存款年数从屏幕输入。(7-2 节)

```
=============== RESTART: D:/Python/ex/ex7_3.py ===============
请输入存款本金 : 50000
请输入年利率   : 0.015
请输入多少年   : 5
第 1 年本金和 : 50749
第 2 年本金和 : 51511
第 3 年本金和 : 52283
第 4 年本金和 : 53068
第 5 年本金和 : 53864
```

4. 假设你今年体重是 50 千克，每年可以增加 1.2 千克，请列出未来 5 年的体重变化。(7-2 节)

```
=============== RESTART: D:/Python/ex/ex7_4.py ===============
第 1 年体重 : 51.2
第 2 年体重 : 52.4
第 3 年体重 : 53.6
第 4 年体重 : 54.8
第 5 年体重 : 56.0
```

5. 请使用 for 循环执行下列工作，输入 n 和 m 整数值，m 值一定大于 n 值，请列出 n 加到 m 的结果。例如，假设输入 n 值是 1，m 值是 100，则程序必须列出 1 加到 100 的结果是 5050。(7-2 节)

```
=============== RESTART: D:/Python/ex/ex7_5.py ===============
请输入n值 : 1
请输入m值 : 10
结果 =  55
>>>
=============== RESTART: D:/Python/ex/ex7_5.py ===============
请输入n值 : 10
请输入m值 : 15
结果 =  75
```

6. 有一个华氏温度列表 fahrenheit 内容是 [32, 77, 104]，这个程序会利用此列表产生摄氏温度列表 celsius。(7-2 节)

```
=============== RESTART: D:/Python/ex/ex7_6.py ===============
[0.0, 25.0, 40.0]
```

7. 参考 7-2-7 节产生 2,4,6, …，20 的列表。(7-2 节)

```
=============== RESTART: D:/Python/ex/ex7_7.py ===============
[2, 4, 6, 8, 10, 12, 14, 16, 18, 20]
```

8. 编写数字 1 ~ 5 中两个数字的各种组合。(7-2 节)

```
=============== RESTART: D:/Python/ex/ex7_8.py ===============
[[1, 1], [1, 2], [1, 3], [1, 4], [1, 5], [2, 1], [2, 2], [2, 3], [2, 4], [2, 5],
[3, 1], [3, 2], [3, 3], [3, 4], [3, 5], [4, 1], [4, 2], [4, 3], [4, 4], [4, 5],
[5, 1], [5, 2], [5, 3], [5, 4], [5, 5]]
```

9. 计算数学常数 e 值，它的全名是 Euler's number，又称**欧拉**数，主要是为了纪念瑞士数学家欧拉，这是一个无限不循环小数，可以使用下列级数计算 e 值。

$$e = 1 + \frac{1}{1!} + \frac{1}{2!} + \frac{1}{3!} + \cdots + + \frac{1}{i!}$$

这个程序会计算到 i=100，同时每隔 10，列出一次计算结果。(7-2 节)

```
=============== RESTART: D:\Python\ex\ex7_9.py ===============
当i是  10 时 e = 2.7182818011463845131459038384491577744448
当i是  20 时 e = 2.7182818284590455348848081484902650117870
当i是  30 时 e = 2.7182818284590455348848081484902650117870
当i是  40 时 e = 2.7182818284590455348848081484902650117870
当i是  50 时 e = 2.7182818284590455348848081484902650117870
当i是  60 时 e = 2.7182818284590455348848081484902650117870
当i是  70 时 e = 2.7182818284590455348848081484902650117870
当i是  80 时 e = 2.7182818284590455348848081484902650117870
当i是  90 时 e = 2.7182818284590455348848081484902650117870
当i是 100 时 e = 2.7182818284590455348848081484902650117870
```

10. 请重新设计 ch7_22.py，输出更改为 "1,2,…，9"，但是要得到下列结果。(7-2 节)

```
================= RESTART: D:/Python/ex/ex7_10.py =================
123456789
12345678
1234567
123456
12345
1234
123
12
1
```

11. 请重新设计 ch7_22.py，输出更改为 "1,2,…，9"，但是要得到下列结果。(7-2 节)

```
================= RESTART: D:/Python/ex/ex7_11.py =================
        1
       21
      321
     4321
    54321
   654321
  7654321
 87654321
987654321
```

12. 列出 9×9 乘法表，其中标题输出需使用 center( ) 方法。(7-3 节)

```
================= RESTART: D:/Python/ex/ex7_12.py =================
         9 * 9 Multiplication Table
    1   2   3   4   5   6   7   8   9
==================================================
1 |  1   2   3   4   5   6   7   8   9
2 |  2   4   6   8  10  12  14  16  18
3 |  3   6   9  12  15  18  21  24  27
4 |  4   8  12  16  20  24  28  32  36
5 |  5  10  15  20  25  30  35  40  45
6 |  6  12  18  24  30  36  42  48  54
7 |  7  14  21  28  35  42  49  56  63
8 |  8  16  24  32  40  48  56  64  72
9 |  9  18  27  36  45  54  63  72  81
```

13. 计算前 20 个质数，然后放在列表中同时打印此列表。(7-4 节)

```
================= RESTART: D:/Python/ex/ex7_13.py =================
[2, 3, 5, 7, 11, 13, 17, 19, 23, 29, 31, 37, 41, 43, 47, 53, 59, 61, 67, 71]
```

14. 扩充 ch7_32.py，增加列出所猜次数。(7-4 节)

```
================= RESTART: D:\Python\ex\ex7_14.py =================
请猜1-100间的数字 = 50
请猜小一点
请猜1-100间的数字 = 20
请猜大一点
请猜1-100间的数字 = 30
恭喜答对了
共猜 3 次
```

15. 扩充设计 ch7_40.py，有一个列表 buyers，此列表内含购买者和消费金额，若是购买金额达到 10000 元或以上，归类为 infinitebuyers 列表；如果购买金额超过或达到 1000 元，则归类为 VIP 买家 vipbuyers 列表；否则是 Gold 买家 goldbuyers 列表。此程序的原始列表数据如下。(7-4 节)

```
buyers = [['James', 1030],
['Curry', 893],
['Durant', 2050],
['Jordan', 990],
['David', 2110],
          ['Kevin', 15000],
```

```
        ['Mary', 10050],
        ['Tom', 8800],
    ]
```

```
================= RESTART: D:\Python\ex\ex7_15.py ==================
Infinite 买家资料 [['Mary', 10050], ['Kevin', 15000]]
VIP 买家资料 [['Tom', 8800], ['David', 2110], ['Durant', 2050], ['James', 1030]]
Gold买家资料 [['Jordan', 990], ['Curry', 893]]
```

16. 请输入两个数，这个程序会求这两个数值的**最大公约数**（Greatest Common Divisor，GCD）。所谓的公约数是指可以被两个数字整除的数字，最大公约数是指可以被两个数字整除的最大值。例如，16 和 40 的公约数有 1、2、4、8，其中 8 就是最大公约数。（7-4 节）

```
================= RESTART: D:\Python\ex\ex7_16.py ==================
请输入数值 1：16
请输入数值 2：40
16 和 40 的最大公约数是：8
>>>
================= RESTART: D:\Python\ex\ex7_16.py ==================
请输入数值 1：99
请输入数值 2：33
99 和 33 的最大公约数是：33
```

17. 有一个水果列表如下：（7-5 节）

```
    fruits = ['李子', '香蕉', '苹果', '西瓜', '桃子']
```
请用含编号方式列出这些水果。

```
================= RESTART: D:\Python\ex\ex7_17.py ==================
1：李子
2：香蕉
3：苹果
4：西瓜
5：桃子
```

18. 请修正 7-6 节的成绩系统，当总分相同时名次应该相同，这个作业需列出原始成绩单与最后成绩单。（7-6 节）

```
================= RESTART: D:\Python\ex\ex7_18.py ==================
原始成绩单
[1, '洪锦魁', 80, 95, 88, 0, 0, 0]
[2, '洪冰儒', 98, 97, 96, 0, 0, 0]
[3, '洪雨星', 91, 93, 95, 0, 0, 0]
[4, '洪水雨', 92, 94, 90, 0, 0, 0]
[5, '洪星宇', 92, 97, 90, 0, 0, 0]
最后成绩单
[1, '洪锦魁', 80, 95, 88, 263, 87.7, 5]
[2, '洪冰儒', 98, 97, 96, 291, 97.0, 1]
[3, '洪雨星', 91, 93, 95, 279, 93.0, 2]
[4, '洪水雨', 92, 94, 90, 276, 92.0, 4]
[5, '洪星宇', 92, 97, 90, 279, 93.0, 2]
```

08

第 8 章

元组

本章摘要

在大型的商业或游戏网站设计中，列表（list）是非常重要的数据类型，因为记录各种等级客户、游戏角色等，都需要使用列表，**列表数据可以随时变动更新**。Python 提供另一种数据类型，称**元组**（tuple），这种数据类型结构与列表完全相同，与列表最大的差异是，它的**元素值与元素个数不可改动**，有时又可称为**不可改变的列表**，这也是本章的主题。

8-1 元组的定义

列表在定义时是将元素放在中括号内，元组的定义则是将元素放在**小括号 "( )"** 内，下列是元组的语法格式。

```
name_tuple = （元素 1, 元素 2, … , 元素 n, ）    # name_tuple 是假设的元组名称
```

元组中的每一个数据称为**元素**，元素可以是**整数**、**字符串**或**列表**等，这些元素放在小括号 ( ) 内，彼此用逗号 "," 隔开，最右边的元素 n 后的 "," 可有可无。如果要打印元组内容，可以使用 print( ) 函数，将**元组名称**当作**变量名称**即可。

如果元组内的元素只有一个，在定义时需在元素右边加上逗号（","）。

```
name_tuple = （元素 1, ）                           # 只有一个元素的元组
```

程序实例 ch8_1.py：定义与打印元组，最后使用 type( ) 列出元组数据类型。

```
1  # ch8_1.py
2  numbers1 = (1, 2, 3, 4, 5)      # 定义元组元素是整数
3  fruits = ('apple', 'orange')    # 定义元组元素是字符串
4  mixed = ('James', 50)           # 定义元组元素是不同类型数据
5  val_tuple = (10,)               # 只有一个元素的元组
6  print(numbers1)
7  print(fruits)
8  print(mixed)
9  print(val_tuple)
10 # 列出元组数据类型
11 print("元组mixed数据类型是: ",type(mixed))
```

执行结果

```
===================== RESTART: D:\Python\ch8\ch8_1.py =====================
(1, 2, 3, 4, 5)
('apple', 'orange')
('James', 50)
(10,)
元组mixed数据类型是:  <class 'tuple'>
```

另外一个简便建立有多个元素的元组的方法是用等号，右边有一系列元素，元素彼此用逗号隔开。

实例：简便建立元组的方法。

```
>>> x = 5, 6
>>> type(x)
<class 'tuple'>
>>> x
(5, 6)
```

8-2 读取元组元素

定义元组时是使用小括号 " ( ) "，如果想要读取元组内容和列表可以用**中括号** " [ ] "。在 Python 中元组元素是从索引值 0 开始的，所以如果是元组的第一个元素，索引值是 0，第二个元素索引值是 1，其他以此类推，如下所示。

```
name_tuple[i]                                    # 读取索引 i 的元组元素
```

程序实例 ch8_2.py：读取元组元素，一次指定多个变量值。

```
1  # ch8_2.py
2  numbers1 = (1, 2, 3, 4, 5)      # 定义元组元素是整数
3  fruits = ('apple', 'orange')    # 定义元组元素是字符串
4  val_tuple = (10,)               # 只有一个元素的元组
5  print(numbers1[0])              # 以中括号索引值读取元素内容
6  print(numbers1[4])
7  print(fruits[0],fruits[1])
8  print(val_tuple[0])
9  x, y = ('apple', 'orange')      # 有趣的应用也可以用x,y=fruits
10 print(x,y)
```

执行结果

```
==================== RESTART: D:\Python\ch8\ch8_2.py ====================
1
5
apple orange
10
apple orange
```

8-3 遍历所有元组元素

在 Python 中可以使用 for 循环遍历所有元组元素，用法与列表相同。

程序实例 ch8_3.py：假设元组是由字符串和数值组成，这个程序会列出元组的所有元素内容。

```
1  # ch8_3.py
2  keys = ('magic', 'xaab', 9099)      # 定义元组元素是字符串与数字
3  for key in keys:
4      print(key)
```

执行结果

```
==================== RESTART: D:\Python\ch8\ch8_3.py ====================
magic
xaab
9099
```

8-4 修改元组内容产生错误的实例

本章前言已经说明元组元素内容是不可更改的，下列是尝试更改元组元素内容的错误实例。

程序实例 ch8_4.py：修改元组内容产生错误的实例。

```
1  # ch8_4.py
2  fruits = ('apple', 'orange')      # 定义元组元素是字符串
3  print(fruits[0])                  # 打印元组fruits[0]
4  fruits[0] = 'watermelon'          # 将元素内容改为watermelon
5  print(fruits[0])                  # 打印元组fruits[0]
```

执行结果 下列是列出错误的画面。

```
==================== RESTART: D:\Python\ch8\ch8_4.py ====================
apple
Traceback (most recent call last):
  File "D:\Python\ch8\ch8_4.py", line 4, in <module>
    fruits[0] = 'watermelon'           # 将元素内容改为watermelon
TypeError: 'tuple' object does not support item assignment
```

上述出现错误消息，指出**第 4 行错误**，TypeError 指出 tuple 对象不支持赋值，相当于不可更改它的元素值。

8-5 使用全新定义方式修改元组元素

如果想修改元组元素，可以使用重新定义元组的方式处理。

程序实例 ch8_5.py：用重新定义方式修改元组元素内容。

```
1   # ch8_5.py
2   fruits = ('apple', 'orange')       # 定义元组元素是水果
3   print("原始fruits元组元素")
4   for fruit in fruits:
5       print(fruit)
6
7   fruits = ('watermelon', 'grape')   # 定义新的元组元素
8   print("\n新的fruits元组元素")
9   for fruit in fruits:
10      print(fruit)
```

执行结果

```
==================== RESTART: D:\Python\ch8\ch8_5.py ====================
原始fruits元组元素
apple
orange

新的fruits元组元素
watermelon
grape
```

8-6 元组切片

元组切片的概念与 6-1-3 节列表切片概念相同，下面将直接用程序实例说明。

程序实例 ch8_6.py：元组切片的应用。

```
1   # ch8_6.py
2   fruits = ('apple', 'orange', 'banana', 'watermelon', 'grape')
3   print(fruits[1:3])
4   print(fruits[:2])
5   print(fruits[1:])
6   print(fruits[-2:])
7   print(fruits[0:5:2])
```

执行结果

```
==================== RESTART: D:/Python/ch8/ch8_6.py ====================
('orange', 'banana')
('apple', 'orange')
('orange', 'banana', 'watermelon', 'grape')
('watermelon', 'grape')
('apple', 'banana', 'grape')
```

8-7 方法与函数

　　应用在列表上的**方法**或**函数**如果不会更改**元组**内容，则可以将它应用在**元组**上，例如：len( )。如果会更改元组内容，则不可以将它应用在元组上，例如：append( )、insert( ) 或 pop( )。

程序实例 ch8_7.py：列出元组元素长度（个数）。

```
1   # ch8_7.py
2   keys = ('magic', 'xaab', 9099)        # 定义元组元素是字符串与数字
3   print("keys元组长度是 %d " % len(keys))
```

执行结果

```
==================== RESTART: D:\Python\ch8\ch8_7.py ====================
keys元组长度是 3
```

程序实例 ch8_8.py：误用会减少元组元素的方法 pop( )，产生错误的实例。

```
1   # ch8_8.py
2   keys = ('magic', 'xaab', 9099)        # 定义元组元素是字符串与数字
3   key = keys.pop()                      # 错误
```

执行结果

```
==================== RESTART: D:\Python\ch8\ch8_8.py ====================
Traceback (most recent call last):
  File "D:\Python\ch8\ch8_8.py", line 3, in <module>
    key = keys.pop()             # 错误
AttributeError: 'tuple' object has no attribute 'pop'
```

　　上述指出第 3 行错误是不支持 pop( )，这是因为 pop( ) 将造成元组元素减少。

程序实例 ch8_9.py：误用会增加元组元素的方法 append( )，产生错误的实例。

```
1   # ch8_9.py
2   keys = ('magic', 'xaab', 9099)        # 定义元组元素是字符串与数字
3   keys.append('secret')                 # 错误
```

执行结果

```
==================== RESTART: D:\Python\ch8\ch8_9.py ====================
Traceback (most recent call last):
  File "D:\Python\ch8\ch8_9.py", line 3, in <module>
    keys.append('secret')                    # 错误
AttributeError: 'tuple' object has no attribute 'append'
```

8-8　列表与元组数据互换

程序设计过程中，也许会有需要将列表与元组数据类型互换，可以使用下列指令。

list（元组）：将元组数据类型改为列表。

tuple（列表）：将列表数据类型改为元组。

程序实例 ch8_10.py：重新设计 ch8_9.py，将元组改为列表的测试。

```
1  # ch8_10.py
2  keys = ('magic', 'xaab', 9099)          # 定义元组元素是字符串与数字
3  list_keys = list(keys)                   # 将元组改为列表
4  list_keys.append('secret')               # 增加元素
5  print("打印元组", keys)
6  print("打印列表", list_keys)
```

执行结果

```
==================== RESTART: D:\Python\ch8\ch8_10.py ====================
打印元组 ('magic', 'xaab', 9099)
打印列表 ['magic', 'xaab', 9099, 'secret']
```

上述第 4 行由于 list_keys 已经是列表，所以可以使用 append( ) 方法。

程序实例 ch8_11.py：将列表改为元组的测试。

```
1  # ch8_11.py
2  keys = ['magic', 'xaab', 9099]          # 定义列表元素是字符串与数字
3  tuple_keys = tuple(keys)                 # 将列表改为元组
4  print("打印列表", keys)
5  print("打印元组", tuple_keys)
6  tuple_keys.append('secret')             # 增加元素 --- 错误
```

执行结果

```
==================== RESTART: D:\Python\ch8\ch8_11.py ====================
打印列表 ['magic', 'xaab', 9099]
打印元组 ('magic', 'xaab', 9099)
Traceback (most recent call last):
  File "D:\Python\ch8\ch8_11.py", line 6, in <module>
    tuple_keys.append('secret')             # 增加元素 --- 错误
AttributeError: 'tuple' object has no attribute 'append'
```

上述前 5 行程序是正确的，所以可以看到有分别打印列表和元组元素，程序第 6 行的错误是因为 tuple_keys 是元组，不支持使用 append( ) 增加元素。

8-9 其他常用的元组方法

方法	说明
max(tuple）	获得元组内容最大值
min(tuple）	获得元组内容最小值

程序实例 ch8_12.py：元组内建方法 max( )、min( ) 的应用。

```
1  # ch8_12.py
2  tup = (1, 3, 5, 7, 9)
3  print("tup最大值是", max(tup))
4  print("tup最小值是", min(tup))
```

执行结果

```
==================== RESTART: D:/Python/ch8/ch8_12.py ====================
tup最大值是 9
tup最小值是 1
```

8-10 enumerate 对象在元组中的使用

在 6-12 与 7-5 节中都已有说明 enumerate( ) 的用法，有一点当时没有提到，当我们将 enumerate( ) 方法产生的 enumerate 对象转成列表时，其实此列表的配对元素是元组，在此直接以实例解说。

程序实例 ch8_13.py：测试 enumerate 对象转成列表后，原先的元素变成元组数据类型。

```
1  # ch8_13.py
2  drinks = ["coffee", "tea", "wine"]
3  enumerate_drinks = enumerate(drinks)                # 数值初始是0
4  lst = list(enumerate_drinks)
5  print("转成列表输出，初始索引值是 0 = ", lst)
6  print(type(lst[0]))
```

执行结果

```
==================== RESTART: D:\Python\ch8\ch8_13.py ====================
转成列表输出，初始索引值是 0 =  [(0, 'coffee'), (1, 'tea'), (2, 'wine')]
<class 'tuple'>
```

程序实例 8_14.py：将元组转成 enumerate 对象，再转回元组对象。

```
1  # ch8_14.py
2  drinks = ("coffee", "tea", "wine")
3  enumerate_drinks = enumerate(drinks)                # 数值初始是0
4  print("转成元组输出，初始值是 0 = ", tuple(enumerate_drinks))
5
6  enumerate_drinks = enumerate(drinks, start = 10)    # 数值初始是10
7  print("转成元组输出，初始值是10 = ", tuple(enumerate_drinks))
```

执行结果

```
==================== RESTART: D:\Python\ch8\ch8_14.py ====================
转成元组输出, 初始值是 0 = ((0, 'coffee'), (1, 'tea'), (2, 'wine'))
转成元组输出, 初始值是10 = ((10, 'coffee'), (11, 'tea'), (12, 'wine'))
```

程序实例 ch8_15.py：将元组转成 enumerate 对象，再解析这个 enumerate 对象。

```
1   # ch8_15.py
2   drinks = ("coffee", "tea", "wine")
3   # 解析enumerate对象
4   for drink in enumerate(drinks):              # 数值初始是0
5       print(drink)
6   for count, drink in enumerate(drinks):
7       print(count, drink)
8   print("****************")
9   # 解析enumerate对象
10  for drink in enumerate(drinks, 10):          # 数值初始是10
11      print(drink)
12  for count, drink in enumerate(drinks, 10):
13      print(count, drink)
```

执行结果

```
==================== RESTART: D:/Python/ch8/ch8_15.py ====================
(0, 'coffee')
(1, 'tea')
(2, 'wine')
0 coffee
1 tea
2 wine
****************
(10, 'coffee')
(11, 'tea')
(12, 'wine')
10 coffee
11 tea
12 wine
```

8-11 使用 zip( ) 打包多个对象

　　这是一个内建函数，参数内容主要是两个或更多个**可迭代（iterable）的对象，**如果存在多个对象（例如：列表或元组），可以用 zip( ) 将多个对象打包成 zip 对象，然后未来视需要将此 zip 对象使用 list( ) 转成列表或使用 tuple( ) 转成元组。不过读者要知道，这时对象的元素将是元组。

程序实例 ch8_16.py：zip( ) 的应用。

```
1   # ch8_16.py
2   fields = ['Name', 'Age', 'Hometown']
3   info = ['Peter', '30', 'Chicago']
4   zipData = zip(fields, info)          # 执行zip
5   print(type(zipData))                 # 打印zip数据类型
6   player = list(zipData)               # 将zip数据转成列表
7   print(player)                        # 打印列表
```

执行结果

```
===================== RESTART: D:/Python/ch8/ch8_16.py =====================
<class 'zip'>
[('Name', 'Peter'), ('Age', '30'), ('Hometown', 'Chicago')]
```

如果放在 zip( ) 函数中的**列表**参数长度不相等，由于多出的元素无法匹配，转成列表对象后 zip **对象**元素数量将是较短的数量。

程序实例 ch8_17.py：重新设计 ch8_16.py，fields 列表元素数量个数是 3 个，info 列表数量元素个数只有两个，最后 zip 对象元素数量是两个。

```
1   # ch8_17.py
2   fields = ['Name', 'Age', 'Hometown']
3   info = ['Peter', '30']
4   zipData = zip(fields, info)       # 执行zip
5   print(type(zipData))              # 打印zip数据类型
6   player = list(zipData)            # 将zip数据转成列表
7   print(player)                     # 打印列表
```

执行结果

```
===================== RESTART: D:/Python/ch8/ch8_17.py =====================
<class 'zip'>
[('Name', 'Peter'), ('Age', '30')]
```

如果在 zip( ) 函数内增加 "*" 符号，相当于可以 unzip( ) 列表。

程序实例 ch8_18.py：扩充设计 ch8_16.py，恢复 zip 前的列表。

```
1   # ch8_18.py
2   fields = ['Name', 'Age', 'Hometown']
3   info = ['Peter', '30', 'Chicago']
4   zipData = zip(fields, info)       # 执行zip
5   print(type(zipData))              # 打印zip数据类型
6   player = list(zipData)            # 将zip数据转成列表
7   print(player)                     # 打印列表
8
9   f, i = zip(*player)               # 执行unzip
10  print("fields = ", f)
11  print("info   = ", i)
```

执行结果

```
===================== RESTART: D:/Python/ch8/ch8_18.py =====================
<class 'zip'>
[('Name', 'Peter'), ('Age', '30'), ('Hometown', 'Chicago')]
fields =  ('Name', 'Age', 'Hometown')
info   =  ('Peter', '30', 'Chicago')
```

上述实例中 zip( ) 函数内的参数是列表，其实参数也可以是元组或是混合不同的数据类型，甚至是 3 个或更多个数据。下列是将 zip( ) 应用在 3 个元组的实例。

```
>>> x1 = (1,2,3)
>>> x2 = (4,5,6)
>>> x3 = (7,8,9)
>>> a = zip(x1,x2,x3)
>>> tuple(a)
((1, 4, 7), (2, 5, 8), (3, 6, 9))
```

8-12　生成式

在 7-2-7 节有说明列表生成式，当时的语法是在左右两边用中括号"["和"]"，读者可能会想是否可以用小括号"（"和"）"，就可以产生**元组生成式**（tuple generator），此时语法如下：

```
num = (n for n in range(6))
```

其实上述并不是产生元组生成式，而是产生**生成式**（generator）对象，这是一个可迭代对象，可以用迭代方式取出内容，也可以用 list( ) 将此生成式变为列表，或是用 tuple( ) 将此生成式变为元组，但是只能使用一次，因为这个生成式对象不会记住所拥有的内容，如果想要第 2 次使用，将得到空列表。

实例 1：建立生成式，同时用迭代输出。

```
>>> x = (n for n in range(3))
>>> type(x)
<class 'generator'>
>>> for n in x:
        print(n)


0
1
2
```

实例 2：建立生成式，同时转成列表，第二次转成元组，结果元组内容是空的。

```
>>> x = (n for n in range(3))
>>> xlst = list(x)
>>> print(xlst)
[0, 1, 2]
>>> xtup = tuple(x)
>>> print(xtup)
()
```

实例 3：建立生成式，同时转成元组，第二次转成列表，结果列表内容是空的。

```
>>> x = (n for n in range(3))
>>> xtup = tuple(x)
>>> print(xtup)
(0, 1, 2)
>>> xlst = list(x)
>>> print(xlst)
[]
```

8-13　制作大型的元组数据

有时想要制作更大型的元组数据结构，例如：元组的元素是列表，可以参考下列实例。

实例：元组的元素是列表。

```
>>> asia = ['Beijing', 'Hongkong', 'Tokyo']
>>> usa = ['Chicago', 'New York', 'Hawaii', 'Los Angeles']
>>> europe = ['Paris', 'London', 'Zurich']
>>> world = asia, usa, europe
>>> type(world)
<class 'tuple'>
>>> world
(['Beijing', 'Hongkong', 'Tokyo'], ['Chicago', 'New York', 'Hawaii', 'Los Angeles'], ['Paris', 'London', 'Zurich'])
```

8-14　元组的功能

读者也许好奇，元组的数据结构与列表相同，但是元组有不可更改元素内容的限制，为何 Python 要有类似但功能却受限的数据结构存在？原因是元组有下列优点。

1. 可以更安全地保护数据

程序设计中可能会碰上有些数据是永远不会改变的事实，将它存储在元组内，可以安全地被保护。例如，处理图像时对象的**长**、**宽**或**每一像素的色彩数据**，很多都是以元组为数据类型。

2. 增加程序执行速度

元组的结构比列表简单，占用较少的系统资源，程序执行时速度比较快。

当了解了上述元组的优点后，其实未来在设计程序时，如果确定数据可以不更改，就尽量使用元组数据类型吧！

8-15　专题——认识元组 / 统计应用

8-15-1　认识元组

元组由于具有安全、内容不会被更改、数据结构单纯、执行速度快等优点，被大量应用在系统程序设计中，程序设计师喜欢将设计程序所保留的数据以元组形式存储。

在 2-9 节和 3-7-1 节有介绍 divmod( ) 函数，这个函数的返回值是商和余数，当时笔者用下列公式表达了这个函数的用法。

```
商 , 余数 = divmod( 被除数 , 除数 )            # 函数方法
```

更严格地说，divmod( ) 的返回值是元组，所以可以使用元组方式取得**商**和**余数**。

程序实例 ch8_19.py：使用元组重新设计 ch3_24.py，计算地球到月球的时间。

```
1  # ch8_19.py
2  dist = 384400                    # 地球到月球距离
3  speed = 1225                     # 马赫速度每小时1225千米
4  total_hours = dist // speed      # 计算小时数
5  data = divmod(total_hours, 24)   # 商和余数
6  print("divmod返回的数据类型是 : ", type(data))
7  print("总共需要 %d 天" % data[0])
8  print("%d 小时" % data[1])
```

执行结果

```
==================== RESTART: D:\Python\ch8\ch8_19.py ====================
divmod返回的数据类型是 :  <class 'tuple'>
总共需要 13 天
1 小时
```

从上述第 6 行的执行结果可以看到返回值 data 的数据类型是元组 tuple。若是再看 divmod( ) 函数公式，可以得到第一个参数"商"相当于索引为 0 的元素，第二个参数"余数"相当于索引为 1 的元素。

8-15-2　基础统计应用

假设有一组数据，此数据中有 n 个数据，可以使用下列公式计算它的**平均值**（Mean）、**变异数**（Variance）、**标准偏差**（Standard Deviation，SD，数学符号为 sigma）。

$$平均值：mean = \frac{\sum_{i=1}^{n} x_i}{n} = \frac{x_1 + x_2 + \cdots + x_n}{n}$$

$$变异数：variance = \frac{\sum_{i=1}^{n} (x_i - mean)^2}{n-1}$$

$$标准偏差：standard deviation = \sqrt{\frac{\sum_{i=1}^{n} (x_i - mean)}{n-1}}$$

由于统计数据将不会更改，所以可以用元组存储处理。如果未来可能调整此数据，则建议使用列表存储处理。下列实例为用元组存储数据。

程序实例 ch8_20.py：计算 5,6,8,9 的平均值、变异数和标准偏差。

```python
1   # ch8_20.py
2   # 计算平均值
3   vals = (5,6,8,9)
4   mean = sum(vals) / len(vals)
5   print("平均值 : ", mean)
6
7   # 计算变异数
8   var = 0
9   for v in vals:
10      var += ((v - mean)**2)
11  var = var / (len(vals)-1)
12  print("变异数 : ", var)
13
14  # 计算标准偏差
15  dev = 0
16  for v in vals:
17      dev += ((v - mean)**2)
18  dev = (dev / (len(vals)-1))**0.5
19  print("标准偏差 : ", dev)
```

执行结果

```
==================== RESTART: D:\Python\ch8\ch8_20.py ====================
平均值 :  7.0
变异数 :  3.3333333333333335
标准偏差 :  1.8257418583505538
```

习题

1. 你组织了一个 Python 的读书小组，这个小组成员有 5 个人，John、Peter、Curry、Mike、Kevin，请将这 5 个人的姓名存储在元组内，请使用 for 循环打印这 5 个人的姓名。（8-3 节）

```
==================== RESTART: D:\Python\ex\ex8_1.py ====================
读书会成员
John
Peter
Curry
Mike
Kevin
```

2. 请参考第 1 题，尝试修改 John 为 Johnnason，然后列出所得到的错误消息。(8-4 节)

```
==================== RESTART: D:\Python\ex\ex8_2.py ====================
读书会成员
John
Peter
Curry
Mike
Kevin
Traceback (most recent call last):
  File "D:\Python\ex\ex8_2.py", line 6, in <module>
    bookclub[0] = 'Johnnason'
TypeError: 'tuple' object does not support item assignment
```

3. 请使用重新设置方式，将 5 个小组成员改为 8 人，新增加的 3 人是 Mary、Tom、Carlo，然后打印这 8 个人的姓名。(8-5 节)

```
==================== RESTART: D:\Python\ex\ex8_3.py ====================
原先的读书会成员
John
Peter
Curry
Mike
Kevin
新的读书会成员
John
Peter
Curry
Mike
Kevin
Mary
Tom
Carlo
```

4. 有一个元组的元素有重复 tp = (1,2,3,4,5,2,3,1,4)，请建立一个新元组 newtp，此新元组存储相同但没有重复的元素。提示：需用列表处理，最后转成元组。(8-8 节)

```
==================== RESTART: D:\Python\ex\ex8_4.py ====================
新的元组内容：  (1, 2, 3, 4, 5)
```

5. season 元组内容是（'Spring', 'Summer', 'Fall', 'Winter'），chinese 元组内容是（' 春季 '，' 夏季 '，' 秋季 '，' 冬季 '），请使用 zip( ) 将这两个元组打包，然后转成列表打印出来。(8-11 节)

```
==================== RESTART: D:/Python/ex/ex8_5.py ====================
[('Spring', '春季'), ('Summer', '夏季'), ('Fall', '秋季'), ('Winter', '冬季')]
```

6. 气象局使用元组记录了北京市过去一周的最高温和最低温度：(8-15 节)

最高温度：30, 28, 29, 31, 33, 35, 32

最低温度：20, 21, 19, 22, 23, 24, 20

请列出过去一周的最高温、最低温和平均温度。

```
==================== RESTART: D:\Python\ex\ex8_6.py ====================
过去一周的最高温度 35
过去一周的最低温度 28
过去一周的平均温度
25.0  24.5  24.0  26.5  28.0  29.5  26.0
```

7. 有一个超商统计一周来入场人数分别是 1100、652、946、821、955、1024、1155。请计算平均值、变异数和标准偏差。(8-15 节)

```
==================== RESTART: D:\Python\ex\ex8_7.py ====================
平均值 ：  950.4285714285714
变异数 ：  29247.619047619042
标准偏差 ：  171.01935284528193
```

09

第 9 章

字典

本章摘要

列表与元组是依序排列的可称为**序列**数据结构，只要知道元素的特定位置，即可使用**索引**取得元素内容。这一章的重点是介绍**字典**（dict），它并不是依序排列的数据结构，通常可称为**非序列**数据结构，所以无法使用类似列表的索引 [0, 1, …, n] 取得元素内容。

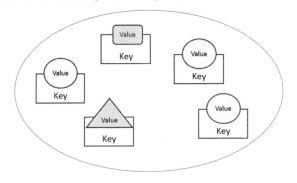

9-1-1 定义字典

字典是一个非序列的数据结构，但是它的元素是用"**键：值**"方式**配对存储**，在操作时是用**键**（key）取得**值**（value）的内容，其实在真实的应用中可以将字典数据结构当作正式的字典使用，查询键时，就可以列出相对应的值的内容。本章将穿插各种字典的实例应用。定义字典时，是将"**键：值**"放在**大括号"{ }"**内，字典的语法格式如下：

name_dict = { 键1:值1, … , 键n:值n, }　　# name_dict 是字典变量名称

字典的**键**（key）一般常用的是**字符串**或**数字**，在一个字典中不可有重复的**键**（key）出现。字典的**值**（value）可以是任何 Python 的数据对象，所以可以是数值、字符串、列表、字典等。最右边的"**键n：值n**"后的"**,**"可有可无。

程序实例 ch9_1.py：以水果行和面店为例定义一个字典，同时列出字典。下列字典是设置一斤水果的价格、一碗面的价格，最后使用 type( ) 列出字典数据类型。

```
1  # ch9_1.py
2  fruits = {'西瓜':15, '香蕉':20, '水蜜桃':25}
3  noodles = {'牛肉面':100, '肉丝面':80, '阳春面':60}
4  print(fruits)
5  print(noodles)
6  # 列出字典数据类型
7  print("字典fruits数据类型是: ",type(fruits))
```

执行结果

```
================== RESTART: D:\Python\ch9\ch9_1.py ==================
{'西瓜': 15, '香蕉': 20, '水蜜桃': 25}
{'牛肉面': 100, '肉丝面': 80, '阳春面': 60}
字典fruits数据类型是:  <class 'dict'>
```

在使用 Python 设计打斗游戏时，玩家通常扮演英雄的角色，敌军可以用字典方式存储，例如，可以用不同颜色的标记设置敌军的小兵，每一个敌军的小兵给予一个分数，这样可以由打死敌军数量再统计游戏得分，可以用下列方式定义字典内容。

程序实例 ch9_2.py：定义 soldier0 字典，tag 和 score 是键，red 和 3 是值。

```
1   # ch9_2.py
2   soldier0 = {'tag':'red', 'score':3}
3   print(soldier0)
```

执行结果

```
==================== RESTART: D:\Python\ch9\ch9_2.py ====================
{'tag': 'red', 'score': 3}
```

上述是定义红色（red）小兵，分数是 3 分，玩家打死红色小兵得 3 分。

9-1-2　列出字典元素的值

字典的元素是"**键 : 值**"配对设置，如果想要取得元素的值，可以将**键**当作索引方式处理，因此字典内的元素不可有重复的**键**，可参考下列实例 ch9_3.py 的第 4 行，例如，下列可返回 fruits 字典水蜜桃**键**的值。

```
fruits[' 水蜜桃 ']                          # 用字典变量 [' 键 '] 取得值
```

程序实例 ch9_3.py：分别列出 ch9_1.py，水果店一斤水蜜桃的价格和面店一碗牛肉面的价格。

```
1   # ch9_3.py
2   fruits = {'西瓜':15, '香蕉':20, '水蜜桃':25}
3   noodles = {'牛肉面':100, '肉丝面':80, '阳春面':60}
4   print("水蜜桃一斤 = ", fruits['水蜜桃'], "元")
5   print("牛肉面一碗 = ", noodles['牛肉面'], "元")
```

执行结果

```
==================== RESTART: D:\Python\ch9\ch9_3.py ====================
水蜜桃一斤 =  25 元
牛肉面一碗 =  100 元
```

程序实例 ch9_4.py：分别列出 ch9_2.py 小兵字典的 tag 和 score 键的值。

```
1   # ch9_4.py
2   soldier0 = {'tag':'red', 'score':3}
3   print("你刚打死标记 %s 小兵" % soldier0['tag'])
4   print("可以得到 ", soldier0['score'], " 分")
```

执行结果

```
==================== RESTART: D:\Python\ch9\ch9_4.py ====================
你刚打死标记 red 小兵
可以得到  3  分
```

有趣地活用"**键 : 值**"，如果有一字典如下：

```
fruits = {0:'西瓜', 1:'香蕉', 2:'水蜜桃'}
```

上述字典**键**是**整数**时，也可以使用下列方式取得值。

```
fruit[0]                          # 取得键是 0 的值
```

程序实例 ch9_4_1.py：列出特定键的值。

```
1   # ch9_4_1.py
2   fruits = {0:'西瓜', 1:'香蕉', 2:'水蜜桃'}
3   print(fruits[0], fruits[1], fruits[2])
```

执行结果

```
==================== RESTART: D:\Python\ch9\ch9_4_1.py ====================
西瓜 香蕉 水蜜桃
```

9-1-3 增加字典元素

可使用下列语法格式增加字典元素：

```
name_dict[键] = 值          # name_dict 是字典变量
```

程序实例 ch9_5.py：为 fruits 字典增加橘子一斤 18 元。

```
1   # ch9_5.py
2   fruits = {'西瓜':15, '香蕉':20, '水蜜桃':25}
3   fruits['橘子'] = 18
4   print(fruits)
5   print("橘子一斤 = ", fruits['橘子'], "元")
```

执行结果

```
==================== RESTART: D:\Python\ch9\ch9_5.py ====================
{'西瓜': 15, '香蕉': 20, '水蜜桃': 25, '橘子': 18}
橘子一斤 =  18 元
```

在设计打斗游戏时，可以使用屏幕坐标标记小兵的位置，下列实例是用 xpos/ypos 标记小兵的 x 坐标 /y 坐标。

程序实例 ch9_6.py：为 soldier0 字典增加 x,y 轴坐标（xpos,ypos）和移动速度（speed）元素，同时列出结果做验证。

```
1   # ch9_6.py
2   soldier0 = {'tag':'red', 'score':3}
3   soldier0['xpos'] = 100
4   soldier0['ypos'] = 30
5   soldier0['speed'] = 'slow'
6   print("小兵的 x 坐标  = ", soldier0['xpos'])
7   print("小兵的 y 坐标  = ", soldier0['ypos'])
8   print("小兵的移动速度 = ", soldier0['speed'])
```

执行结果

```
==================== RESTART: D:\Python\ch9\ch9_6.py ====================
小兵的 x 坐标  =  100
小兵的 y 坐标  =  30
小兵的移动速度 =  slow
```

9-1-4　更改字典元素内容

市面上的水果价格是浮动的，如果发生价格异动可以使用本节的方法更改。

程序实例 ch9_7.py：将 fruits 字典中的一斤香蕉改成 12 元。

```
1  # ch9_7.py
2  fruits = {'西瓜':15, '香蕉':20, '水蜜桃':25}
3  print("旧价格香蕉一斤 = ", fruits['香蕉'], "元")
4  fruits['香蕉'] = 12
5  print("新价格香蕉一斤 = ", fruits['香蕉'], "元")
```

执行结果

```
==================== RESTART: D:\Python\ch9\ch9_7.py ====================
旧价格香蕉一斤 =  20 元
新价格香蕉一斤 =  12 元
```

在设计打斗游戏时，需要时时移动小兵的位置，此时可以使用本节方法时时更改小兵位置。

程序实例 ch9_8.py：依照 soldier 字典 speed 键的值更改小兵位置。

```
1  # ch9_8.py
2  soldier0 = {'tag':'red', 'score':3, 'xpos':100,
3              'ypos':30, 'speed':'slow' }
4  print("小兵的 x,y 旧坐标  = ", soldier0['xpos'], ",", soldier0['ypos'] )
5  if soldier0['speed'] == 'slow':          # 慢
6      x_move = 1
7  elif soldier0['speed'] == 'medium':      # 中
8      x_move = 3
9  else:
10     x_move = 5                           # 快
11 soldier0['xpos'] += x_move
12 print("小兵的 x,y 新坐标 = ", soldier0['xpos'], ",", soldier0['ypos'] )
```

执行结果

```
==================== RESTART: D:\Python\ch9\ch9_8.py ====================
小兵的 x,y 旧坐标  =  100 , 30
小兵的 x,y 新坐标  =  101 , 30
```

上述程序将小兵移动速度分成 3 个等级，slow 是每次 xpos 移动 1 单位（5 和 6 行），medium 是每次 xpos 移动 3 单位（7 和 8 行），另一等级则是每次 xpos 移动 5 单位（9 和 10 行）。第 11 行是执行小兵移动，为了简化条件 y 轴暂不移动。所以可以得到上述小兵 x 轴位置由 100 移到 101。

9-1-5　删除字典特定元素

如果想要删除字典的特定元素，它的语法格式如下：

```
del name_dict[键]                    # 可删除特定键的元素
```

程序实例 ch9_9.py：删除 fruits 字典中的西瓜元素。

```
1  # ch9_9.py
2  fruits = {'西瓜':15, '香蕉':20, '水蜜桃':25}
3  print("旧fruits字典内容:", fruits)
4  del fruits['西瓜']
5  print("新fruits字典内容:", fruits)
```

执行结果

```
==================== RESTART: D:\Python\ch9\ch9_9.py ====================
旧fruits字典内容: {'西瓜': 15, '香蕉': 20, '水蜜桃': 25}
新fruits字典内容: {'香蕉': 20, '水蜜桃': 25}
```

9-1-6 字典的 pop( ) 方法

Python 字典的 pop( ) 方法也可以删除字典内特定的元素，同时返回所删除的元素，它的语法格式如下：

```
ret_value = dictObj.pop(key[, default])    # dictObj 是要删除元素的字典
```

上述 key 是要查找删除元素的**键**，找到时就将该元素从字典内删除，同时将删除键的**值**返回。当找不到 key 时则返回 default 设置的内容，如果没有设置则导致 KeyError，程序异常终止，在第 15 章将讲解如何处理程序异常终止。

程序实例 ch9_9_1.py：删除字典元素同时可以返回所删除字典元素的应用。

```
1  # ch9_9_1.py
2  fruits = {'西瓜':15, '香蕉':20, '水蜜桃':25}
3  print("旧fruits字典内容:", fruits)
4  objKey = '西瓜'
5  value = fruits.pop(objKey)
6  print("新fruits字典内容:", fruits)
7  print("删除内容:", objKey + ":" + str(value))
```

执行结果

```
==================== RESTART: D:\Python\ch9\ch9_9_1.py ====================
旧fruits字典内容: {'西瓜': 15, '香蕉': 20, '水蜜桃': 25}
新fruits字典内容: {'香蕉': 20, '水蜜桃': 25}
删除内容: 西瓜:15
```

实例 1：所删除的元素不存在，导致 "KeyError"，程序异常终止。

```
>>> num = {1:'a',2:'b'}
>>> value = num.pop(3)
Traceback (most recent call last):
  File "<pyshell#229>", line 1, in <module>
    value = num.pop(3)
KeyError: 3
```

实例 2：所删除的元素不存在，打印 "does not exist" 字符串。

```
>>> num = {1:'a',2:'b'}
>>> value = num.pop(3, 'does no exist')
>>> value
'does no exist'
```

9-1-7 字典的 popitem( ) 方法

Python 字典的 popitem( ) 方法可以随机删除字典内的元素，同时返回所删除的元素，所返回的是元组（key, value），它的语法格式如下：

```
valueTup = dictObj.popitem()          # 可随机删除字典的元素
```
如果字典是空的，会有错误异常产生。

程序实例 ch9_9_2.py：列出所随机删除的字典元素内容。

```
1  # ch9_9_2.py
2  fruits = {'西瓜':15, '香蕉':20, '水蜜桃':25}
3  print("旧fruits字典内容:", fruits)
4  valueTup = fruits.popitem()
5  print("新fruits字典内容:", fruits)
6  print("删除内容:", valueTup)
```

执行结果

```
==================== RESTART: D:\Python\ch9\ch9_9_2.py ====================
旧fruits字典内容: {'西瓜': 15, '香蕉': 20, '水蜜桃': 25}
新fruits字典内容: {'西瓜': 15, '香蕉': 20}
删除内容: ('水蜜桃', 25)
```

9-1-8　删除字典所有元素

Python 提供了 clear( ) 方法将字典的所有元素删除，此时字典仍然存在，不过将变成空的字典。

程序实例 ch9_10.py：使用 clear( ) 方法删除 fruits 字典的所有元素。

```
1  # ch9_10.py
2  fruits = {'西瓜':15, '香蕉':20, '水蜜桃':25}
3  print("旧fruits字典内容:", fruits)
4  fruits.clear()
5  print("新fruits字典内容:", fruits)
```

执行结果

```
==================== RESTART: D:\Python\ch9\ch9_10.py ====================
旧fruits字典内容: {'西瓜': 15, '香蕉': 20, '水蜜桃': 25}
新fruits字典内容: {}
```

9-1-9　删除字典

Python 提供了 del 指令将整个字典删除，字典一经删除就不再存在。它的语法格式如下：

```
del name_dict                          # 删除字典 name_dict
```

程序实例 ch9_11.py：删除字典的测试，这个程序前 4 行是没有任何问题的，第 5 行尝试打印已经被删除的字典，所以产生错误，错误原因是没有定义 fruits 字典。

```
1  # ch9_11.py
2  fruits = {'西瓜':15, '香蕉':20, '水蜜桃':25}
3  print("旧fruits字典内容:", fruits)
4  del fruits
5  print("新fruits字典内容:", fruits)          # 错误!
```

执行结果

```
==================== RESTART: D:\Python\ch9\ch9_11.py ====================
旧fruits字典内容: {'西瓜': 15, '香蕉': 20, '水蜜桃': 25}
Traceback (most recent call last):
  File "D:\Python\ch9\ch9_11.py", line 5, in <module>
    print("新fruits字典内容:", fruits)        # 错误!
NameError: name 'fruits' is not defined
```

9-1-10　建立一个空字典

在程序设计时，也允许先建立一个空字典，建立空字典的语法如下：

name_dict = { }　　　　　　　　　　　　# name_dict 是字典名称

上述字典建立完成后，可以用 9-1-3 节增加字典元素的方式为空字典建立元素。

程序实例 ch9_12.py：建立一个小兵的空字典，然后为小兵建立元素。

```
1  # ch9_12
2  soldier0 = {}              # 建立空字典
3  print("空小兵字典", soldier0)
4  soldier0['tag'] = 'red'
5  soldier0['score'] = 3
6  print("新小兵字典", soldier0)
```

执行结果

```
==================== RESTART: D:\Python\ch9\ch9_12.py ====================
空小兵字典 {}
新小兵字典 {'tag': 'red', 'score': 3}
```

9-1-11　字典的复制

在大型程序开发过程中，为了要保护原字典内容，所以常会需要将字典复制，此时可以使用此方法。

new_dict = name_dict.copy( )　　　　　　# name_dict 会被复制至 new_dict

上述所复制的字典是独立存在新地址的字典。

程序实例 ch9_13.py：复制字典，同时列出新字典所在地址，如此可以验证新字典与旧字典是不同的字典。

```
1  # ch9_13.py
2  fruits = {'西瓜':15, '香蕉':20, '水蜜桃':25, '苹果':18}
3  cfruits = fruits.copy()
4  print("地址 = ", id(fruits), " fruits元素 = ", fruits)
5  print("地址 = ", id(cfruits), " fruits元素 = ", cfruits)
```

执行结果

```
==================== RESTART: D:\Python\ch9\ch9_13.py ====================
地址 =  47571712   fruits元素 =  {'西瓜': 15, '香蕉': 20, '水蜜桃': 25, '苹果': 18}
地址 =  52212240   fruits元素 =  {'西瓜': 15, '香蕉': 20, '水蜜桃': 25, '苹果': 18}
```

请留意上述说明的是浅拷贝，笔者在 6-8-4 节介绍的**浅拷贝**（copy 或称 shallow copy）与**深拷贝**（deep copy）的概念一样可以应用于字典。如果字典内容包含子对象时，建议使用深拷贝，这样可以更加保护原对象内容。

实例 1：浅拷贝在更改字典子对象内容时，造成原字典子对象内容被修改。

```
>>> a = {'a':[1, 2, 3]}
>>> b = a.copy()
>>> a, b
({'a': [1, 2, 3]}, {'a': [1, 2, 3]})
>>> b['a'].append(4)
>>> a, b
({'a': [1, 2, 3, 4]}, {'a': [1, 2, 3, 4]})
```

上述程序的重点是碰上修改子对象时，原对象内容也被更改了。此外，上述字典内键的值是列表，更多相关知识在 9-4 节会说明。

所以如果要更安全地保护原字典，建议使用深拷贝，

实例 2：深拷贝在更改字典子对象内容时，原字典子对象内容可以不改变。

```
>>> import copy
>>> a = {'a':[1, 2, 3]}
>>> b = copy.deepcopy(a)
>>> a, b
({'a': [1, 2, 3]}, {'a': [1, 2, 3]})
>>> b['a'].append(4)
>>> a, b
({'a': [1, 2, 3]}, {'a': [1, 2, 3, 4]})
```

9-1-12　取得字典元素数量

在列表或元组中使用的方法 len( ) 也可以应用于**字典**，它的语法如下：

　　　　length = len(name_dict)　# 将传会 name_dict 字典的元素数量给 length

程序实例 ch9_14.py：列出空字典和一般字典的元素数量，本程序第 4 行由于是建立空字典，所以第 7 行打印元素数量是 0。

```
1  # ch9_14.py
2  fruits = {'西瓜':15, '香蕉':20, '水蜜桃':25, '苹果':18}
3  noodles = {'牛肉面':100, '肉丝面':80, '阳春面':60}
4  empty_dict = {}
5  print("fruits字典元素数量     = ", len(fruits))
6  print("noodles字典元素数量    = ", len(noodles))
7  print("empty_dict字典元素数量 = ", len(empty_dict))
```

执行结果

```
==================== RESTART: D:\Python\ch9\ch9_14.py ====================
fruits字典元素数量     =  4
noodles字典元素数量    =  3
empty_dict字典元素数量 =  0
```

9-1-13　验证元素是否存在

可以用下列语法验证元素是否存在。

　　键 in name_dict　　　　　# 可验证键元素是否存在

程序实例 ch9_15.py：这个程序会要求输入"键 : 值"，然后判断此元素是否在 fruits 字典中，如果不在此字典，则将此"键 : 值"加入字典。

```
1  # ch9_15.py
2  fruits = {'西瓜':15, '香蕉':20, '水蜜桃':25}
3  key = input("请输入键(key) = ")
4  value = input("请输入值(value) = ")
5  if key in fruits:
6      print("%s已经在字典了" % key)
7  else:
8      fruits[key] = value
9      print("新的fruits字典内容 = ", fruits)
```

执行结果

```
==================== RESTART: D:\Python\ch9\ch9_15.py ====================
请输入键(key) = 西瓜
请输入值(value) = 15
西瓜已经在字典了
>>>
==================== RESTART: D:\Python\ch9\ch9_15.py ====================
请输入键(key) = 苹果
请输入值(value) = 18
新的fruits字典内容 =  {'西瓜': 15, '香蕉': 20, '水蜜桃': 25, '苹果': '18'}
```

9-1-14　设计字典的可读性技巧

设计大型程序时，字典的元素内容很可能是由长字符串所组成的，碰上这类情况建议从新的一行开始安置每一个元素，如此可以大大增加字典内容的可读性。例如，有一个 players 字典，元素是由"键（球员名字）: 值（球队名称）"所组成。如果使用传统方式设计，将让整个字典定义变得很复杂，如下所示：

```
players = {'Stephen Curry':'Golden State Warriors','Kevin Durant':'Golden State Warriors'.
'Lebron James':'Cleveland Cavaliers', 'Paul Gasol':'San Antonio Spurs'}
```

碰上这类字典，建议一行定义一个元素，如下所示。

```
players = {'Stephen Curry':'Golden State Warriors',
           'Kevin Durant':'Golden State Warriors',
           'Lebron James':'Cleveland Cavaliers',
           'Paul Gasol':'San Antonio Spurs'}
```

程序实例 ch9_16.py：字典元素是长字符串的应用。

```
1  # ch9_16.py
2  players = {'Stephen Curry':'Golden State Warriors',
3             'Kevin Durant':'Golden State Warriors',
4             'Lebron James':'Cleveland Cavaliers',
5             'Paul Gasol':'San Antonio Spurs',
6             }
7  print("Stephen Curry是 %s 的球员" % players['Stephen Curry'])
8  print("Kevin Durant是 %s 的球员" % players['Kevin Durant'])
9  print("Paul Gasol是 %s 的球员" % players['Paul Gasol'])
```

执行结果

```
==================== RESTART: D:\Python\ch9\ch9_16.py ====================
Stephen Curry是 Golden State Warriors 的球员
Kevin Durant是 Golden State Warriors 的球员
Paul Gasol是 San Antonio Spurs 的球员
```

9-1-15　合并字典 update( )

如果想要将两个字典合并，可以使用 update( ) 方法。

程序实例 ch9_16_1.py：字典合并的应用，经销商 A（dealerA）销售 Nissan、Toyota 和 Lexus 这 3 个品牌的车子，经销商 B（dealerB）销售 BMW、Benz 这两个品牌的车子，设计程序当经销商 A 并购了经销商 B 后，列出经销商 A 所销售的车子。

```
1  # ch9_16_1.py
2  dealerA = {1:'Nissan', 2:'Toyota', 3:'Lexus'}
3  dealerB = {11:'BMW', 12:'Benz'}
4  dealerA.update(dealerB)
5  print(dealerA)
```

执行结果

```
============== RESTART: D:/Python/ch9/ch9_16_1.py ==============
san', 2: 'Toyota', 3: 'Lexus', 11: 'BMW', 12: 'Benz'}
```

在合并字典时，特别需要注意的是，如果发生键（key）相同则第 2 个字典的值可以取代原先字典的值，所以设计字典合并时要特别注意。

程序实例 ch9_16_2.py：重新设计 ch9_16_1.py，经销商 A 和经销商 B 所销售的汽车品牌发生键相同，造成经销商 A 并购经销商 B 时，原先经销商 A 销售的汽车品牌被覆盖，这个程序中原先经销商 A 销售的 Lexus 品牌将被覆盖。

```
1  # ch9_16_2.py
2  dealerA = {1:'Nissan', 2:'Toyota', 3:'Lexus'}
3  dealerB = {3:'BMW', 4:'Benz'}
4  dealerA.update(dealerB)
5  print(dealerA)
```

执行结果

```
==================== RESTART: D:\Python\ch9\ch9_16_2.py ====================
{1: 'Nissan', 2: 'Toyota', 3: 'BMW', 4: 'Benz'}
```

9-1-16　dict( )

在数据处理中可能会碰上双值序列的数据，如下所示：

[['日本', '东京'], ['泰国', '曼谷'], ['英国', '伦敦']]

上述是普通的**键** / 值序列，可以使用 dict( ) 将此序列转成字典，其中，双值序列的**第一个是键**，第二个是值。

程序实例 ch9_16_3.py：将双值序列的列表转成字典。

```
1  # ch9_16_3.py
2  nation = [['日本','东京'],['泰国','曼谷'],['英国','伦敦']]
3  nationDict = dict(nation)
4  print(nationDict)
```

执行结果

```
==================== RESTART: D:\Python\ch9\ch9_16_3.py ====================
{'日本': '东京', '泰国': '曼谷', '英国': '伦敦'}
```

如果上述元素是元组，例如（' 日本 ',' 东京 '）也可以完成相同的工作。

实例 1：将将双值序列的列表转成字典，其中元素是元组。

```
>>> x = [('a','b'), ('c','d')]
>>> y = dict(x)
>>> y
{'a': 'b', 'c': 'd'}
```

实例 2：下列是双值序列是元组的其他实例。

```
>>> x = ('ab', 'cd', 'ed')
>>> y = dict(x)
>>> y
{'a': 'b', 'c': 'd', 'e': 'd'}
```

9-1-17　再谈 zip( )

在 8-11 节已经说明 zip( ) 的用法，其实也可以使用 zip( ) 快速建立字典。

实例 1：zip( ) 应用 1。

```
>>> mydict = dict(zip('abcde', range(5)))
>>> print(mydict)
{'a': 0, 'b': 1, 'c': 2, 'd': 3, 'e': 4}
```

实例 2：zip( ) 应用 2。

```
>>> mydict = dict(zip(['a', 'b', 'c'], range(3)))
>>> print(mydict)
{'a': 0, 'b': 1, 'c': 2}
```

9-1-18　人工智能——语意分析

人工智能应用于海量的信息处理、分析，称为**语意分析**，例如，分析发掘网友每天在微信或脸书发表文章的潜在主题。这个分析过程其实是将每篇文章做分析，分析方式是将文章内容切割成字典模式，以字典方式存储。例如，有一篇文章"韩冰喜欢吃香蕉，也喜欢吃菠萝"，可以处理成下列字典：

{" 韩冰 ":1, " 喜欢 ":2, " 吃 ":2, " 香蕉 ":1, " 也 ":1, " 菠萝 ":1}

从上述字典已经可以筛选文章的基本主题了，至于更进一步的分析读者可以参考有关人工智能语意分析的书籍。

9-2　遍历字典

大型程序设计中，字典用久了会产生相当数量的元素，也许是几千笔或几十万笔或更多。本节将说明如何遍历字典的**键、值、键：值**对。

9-2-1　遍历字典的键：值

Python 有提供方法 items( )，可以让我们取得字典**"键：值"**配对的元素，若是以 ch9_16.py 的 players 字典为实例，可以使用 for 循环加上 items( ) 方法，如下所示。

上述只要尚未完成遍历字典，for 循环将持续进行，如此就可以完成遍历字典，同时返回所有的**"键：值"**。

程序实例 ch9_17.py：列出 players 字典的所有元素，相当于所有球员数据。

```
1  # ch9_17.py
2  players = {'Stephen Curry':'Golden State Warriors',
3            'Kevin Durant':'Golden State Warriors',
4            'Lebron James':'Cleveland Cavaliers',
5            'Paul Gasol':'San Antonio Spurs'}
6  for name, team in players.items():
7      print("\n姓名: ", name)
8      print("队名: ", team)
```

执行结果

```
==================== RESTART: D:\Python\ch9\ch9_17.py ====================
姓名:  Stephen Curry
队名:  Golden State Warriors

姓名:  Kevin Durant
队名:  Golden State Warriors

姓名:  Lebron James
队名:  Cleveland Cavaliers

姓名:  Paul Gasol
队名:  San Antonio Spurs
```

上述实例的执行结果中虽然元素出现顺序与程序第 2 行到第 5 行的顺序相同，不过读者需了解在 Python 的直译器中并不保证未来一定会保持相同顺序，因为字典是一个**无序**的数据结构，Python 只会保持**"键：值"**而不会关注元素的排列顺序。

读者需留意 items( ) 方法所返回的其实是一个元组，我们只是使用 name, team 分别取得所返回的元组内容，可参考下列实例。

```
>>> d = {1:'a', 2:'b'}
>>> for x in d.items():
        print(type(x))
        print(x)


<class 'tuple'>
(1, 'a')
<class 'tuple'>
(2, 'b')
```

9-2-2　遍历字典的键

有时候我们不想要取得字典的**值**（value），只想要**键**（keys），Python 有提供方法 keys( )，让我们取得字典的**键**的内容，若是以 ch9_16.py 的 players 字典为实例，可以使用 for 循环加上 keys( ) 方法，如下所示：

```
for name in players.keys( ):
    print("姓名: ", name)
```

上述 for 循环会依次将 players 字典的**键**返回。

程序实例 ch9_18.py：列出 players 字典所有的键（keys），此例是所有球员名字。

```
1  # ch9_18.py
2  players = {'Stephen Curry':'Golden State Warriors',
3            'Kevin Durant':'Golden State Warriors',
4            'Lebron James':'Cleveland Cavaliers',
5            'Paul Gasol':'San Antonio Spurs'}
6  for name in players.keys( ):
7      print("姓名: ", name)
```

执行结果

```
==================== RESTART: D:\Python\ch9\ch9_18.py ====================
姓名:   Stephen Curry
姓名:   Kevin Durant
姓名:   Lebron James
姓名:   Paul Gasol
```

其实上述实例第 6 行也可以省略 keys( ) 方法，而获得一样的结果，未来读者设计程序时是否使用 keys( )，可自行决定，细节可参考 ch9_19.py 的第 6 行。

程序实例 ch9_19.py：重新设计 ch9_18.py，此程序省略了 keys( ) 方法，但增加了一些输出问候语句。

```
1  # ch9_19.py
2  players = {'Stephen Curry':'Golden State Warriors',
3            'Kevin Durant':'Golden State Warriors',
4            'Lebron James':'Cleveland Cavaliers',
5            'Paul Gasol':'San Antonio Spurs'}
6  for name in players:
7      print(name)
8      print("Hi! %s 我喜欢看你在 %s 的表现" % (name, players[name]))
```

执行结果

```
==================== RESTART: D:\Python\ch9\ch9_19.py ====================
Stephen Curry
Hi! Stephen Curry 我喜欢看你在 Golden State Warriors 的表现
Kevin Durant
Hi! Kevin Durant 我喜欢看你在 Golden State Warriors 的表现
Lebron James
Hi! Lebron James 我喜欢看你在 Cleveland Cavaliers 的表现
Paul Gasol
Hi! Paul Gasol 我喜欢看你在 San Antonio Spurs 的表现
```

9-2-3　依键排序与遍历字典

Python 的字典功能并不会处理排序，如果想要遍历字典同时列出排序结果，可以使用方法 sorted( )。

程序实例 ch9_20.py：重新设计程序实例 ch9_19.py，但是名字将以排序方式列出结果，这个程序的重点是第 6 行。

```
1  # ch9_20.py
2  players = {'Stephen Curry':'Golden State Warriors',
3            'Kevin Durant':'Golden State Warriors',
4            'Lebron James':'Cleveland Cavaliers',
5            'Paul Gasol':'San Antonio Spurs'}
6  for name in sorted(players.keys( )):
7      print(name)
8      print("Hi! %s 我喜欢看你在 %s 的表现" % (name, players[name]))
```

执行结果

```
==================== RESTART: D:\Python\ch9\ch9_20.py ====================
Kevin Durant
Hi! Kevin Durant 我喜欢看你在 Golden State Warriors 的表现
Lebron James
Hi! Lebron James 我喜欢看你在 Cleveland Cavaliers 的表现
Paul Gasol
Hi! Paul Gasol 我喜欢看你在 San Antonio Spurs 的表现
Stephen Curry
Hi! Stephen Curry 我喜欢看你在 Golden State Warriors 的表现
```

9-2-4　遍历字典的值

Python 有提供方法 values( )，可以取得字典**值**的列表，若是以 ch9_16.py 的 players 字典为实例，可以使用 for 循环加上 values( ) 方法，如下所示。

程序实例 ch9_21.py：列出 players 字典的值列表。

```
1  # ch9_21.py
2  players = {'Stephen Curry':'Golden State Warriors',
3            'Kevin Durant':'Golden State Warriors',
4            'Lebron James':'Cleveland Cavaliers',
5            'Paul Gasol':'San Antonio Spurs'}
6  for team in players.values( ):
7      print(team)
```

执行结果

```
==================== RESTART: D:\Python\ch9\ch9_21.py ====================
Golden State Warriors
Golden State Warriors
Cleveland Cavaliers
San Antonio Spurs
```

上述 Golden State Warriors 重复出现，在字典的应用中**键**不可以有重复，**值**可以重复，如果希望所列出的值不要重复，可以使用集合（set）的概念使用 set( ) 函数，例如，将第 7 行改为下列所示即可，这个实例放在本书代码文件 ch9_21_1.py 中，读者可自行参考。这是第 10 章的主题，更多细节将在第 10 章解说。

```
6   for team in set(players.values()):
```

下列是执行结果，可以发现 Golden State Warriors 不重复了。

```
==================== RESTART: D:\Python\ch9\ch9_21_1.py ====================
Cleveland Cavaliers
San Antonio Spurs
Golden State Warriors
```

9-2-5 依值排序与遍历字典的值

如果有一个 oldDict 字典想要依字典的值（value）排序，可以使用下列函数方法，这时会返回新的排序结果列表：

```
newList = sorted(oldDict.items( ), key=lambda item:item[1] )
```

此列表 newList 的元素是**元组**，元组内有两个元素分别是原先字典的**键和值**。

程序实例 ch9_21_2.py：将 noodles 字典依键的值排序，此例是依面的售价由小到大排序，转成列表，同时打印。

```
1   # ch9_21_2.py
2   noodles = {'牛肉面':100, '肉丝面':80, '阳春面':60,
3               '打卤面':90, '麻酱面':70}
4   print(noodles)
5   noodlesList = sorted(noodles.items(), key=lambda item:item[1])
6   print(noodlesLst)
```

执行结果

```
==================== RESTART: D:\Python\ch9\ch9_21_2.py ====================
{'牛肉面': 100, '肉丝面': 80, '阳春面': 60, '打卤面': 90, '麻酱面': 70}
[('阳春面', 60), ('麻酱面', 70), ('肉丝面', 80), ('打卤面', 90), ('牛肉面', 100)]
```

从上述执行结果可以看到 noodlesList 是一个列表，列表元素是元组，每个元组有两个元素，列表内容已经依面的售价由低到高排列。如果想要继续扩充列出最便宜的面或是最贵的面，可以使用下列函数。

```
max(noodles.values())        # 最贵的面
min(noodles.values())        # 最便宜的面
```

9-3 建立字典列表

读者可以思考一下程序实例 ch9_2.py，我们建立了小兵 soldier0 字典，在真实的游戏设计中为了让玩家展现雄风，玩家将面对数十、数百或更多个小兵所组成的敌军，为了管理这些小兵，可以将每个小兵当作一个字典，字典内则有小兵的各种信息，然后将这些小兵字典放入**列表**（list）内。

程序实例 ch9_22.py：建立 3 个小兵字典，然后将小兵组成列表。

```
1  # ch9_22.py
2  soldier0 = {'tag':'red', 'score':3, 'speed':'slow'}          # 建立小兵
3  soldier1 = {'tag':'blue', 'score':5, 'speed':'medium'}
4  soldier2 = {'tag':'green', 'score':10, 'speed':'fast'}
5  armys = [soldier0, soldier1, soldier2]                        # 小兵组成列表
6  for army in armys:                                            # 打印小兵
7      print(army)
```

执行结果

```
==================== RESTART: D:\Python\ch9\ch9_22.py ====================
{'tag': 'red', 'score': 3, 'speed': 'slow'}
{'tag': 'blue', 'score': 5, 'speed': 'medium'}
{'tag': 'green', 'score': 10, 'speed': 'fast'}
```

程序设计中如果每个小兵都要个别设计这样太没效率了，可以使用 7-2 节的 range( ) 函数处理这类问题。

程序实例 ch9_23.py：使用 range( ) 建立 50 个小兵，tag 是 red、score 是 3、speed 是 slow。

```
1  # ch9_23.py
2  armys = []                          # 建立小兵空列表
3  # 建立50个小兵
4  for soldier_number in range(50):
5      soldier = {'tag':'red', 'score':3, 'speed':'slow'}
6      armys.append(soldier)
7  # 打印前3个小兵
8  for soldier in armys[:3]:
9      print(soldier)
10 # 打印小兵数量
11 print("小兵数量 = ", len(armys))
```

执行结果

```
==================== RESTART: D:\Python\ch9\ch9_23.py ====================
{'tag': 'red', 'score': 3, 'speed': 'slow'}
{'tag': 'red', 'score': 3, 'speed': 'slow'}
{'tag': 'red', 'score': 3, 'speed': 'slow'}
小兵数量 =  50
```

读者可能会想上述小兵各种特征都相同，用处可能不大，其实对 Python 而言，虽然 50 个特征相同的小兵放在列表内，其实每个小兵都是独立的，可用索引方式存取。通常可以在游戏过程中使用 if 语句和 for 循环处理。

程序实例 ch9_24.py：重新设计 ch9_23.py 建立 50 个小兵，但是将编号第 36 ～ 38 名的小兵改成 tag 是 blue、score 是 5、speed 是 medium。

```
1  # ch9_24.py
2  armys = []                          # 建立小兵空列表
3  # 建立50个小兵
4  for soldier_number in range(50):
5      soldier = {'tag':'red', 'score':3, 'speed':'slow'}
6      armys.append(soldier)
7  # 打印前3个小兵
8  print("前3名小兵资料")
9  for soldier in armys[:3]:
10     print(soldier)
11 # 更改编号36～38的小兵
12 for soldier in armys[35:38]:
13     if soldier['tag'] == 'red':
14         soldier['tag'] = 'blue'
15         soldier['score'] = 5
16         soldier['speed'] = 'medium'
17 # 打印编号35～40的小兵
18 print("打印编号35～40小兵数据")
19 for soldier in armys[34:40]:
20     print(soldier)
```

执行结果

```
===================== RESTART: D:\Python\ch9\ch9_24.py =====================
前3名小兵资料
{'tag': 'red', 'score': 3, 'speed': 'slow'}
{'tag': 'red', 'score': 3, 'speed': 'slow'}
{'tag': 'red', 'score': 3, 'speed': 'slow'}
打印编号35～40小兵数据
{'tag': 'red', 'score': 3, 'speed': 'slow'}
{'tag': 'blue', 'score': 5, 'speed': 'medium'}
{'tag': 'blue', 'score': 5, 'speed': 'medium'}
{'tag': 'blue', 'score': 5, 'speed': 'medium'}
{'tag': 'red', 'score': 3, 'speed': 'slow'}
{'tag': 'red', 'score': 3, 'speed': 'slow'}
```

当然读者可以使用相同方式扩充上述实例，这个将当作习题给读者练习。

9-4 字典内键的值是列表

在 Python 的应用中也允许将列表放在字典内，这时**列表**将是字典某**键**的值。如果想要遍历这类数据结构，需要使用嵌套循环和字典的方法 items( )，**外层循环**是取得字典的**键**，**内层循环**则是将含列表的**值**拆解。下面是定义 sports 字典的实例。

```
3    sports = {'Curry':['篮球', '美式足球'],
4              'Durant':['棒球'],
5              'James':['美式足球', '棒球', '篮球']}
```

上述 sports 字典内含 3 个"**键：值**"配对元素，其中，**值**的部分都是列表。程序设计时外层循环配合 items( ) 方法，设计如下。

```
7    for name, favorite_sport in sports.items():
8            print("%s 喜欢的运动是: " % name)
```

上述设计后，**键**内容会传给 name 变量，**值**内容会传给 favorite_sport 变量，所以第 8 行将可打印**键**内容。内层循环主要是将 favorite_sport 列表内容拆解，它的设计如下。

```
10           for sport in favorite_sport:
11               print("    ", sport)
```

上述列表内容会随循环传给 sport 变量，所以第 11 行可以列出结果。

程序实例 ch9_25.py：字典内含列表元素的应用，本程序会先定义内含字符串的字典，然后再拆解打印。

```
1   # ch9_25.py
2   # 建立内含字符串的字典
3   sports = {'Curry':['篮球', '美式足球'],
4             'Durant':['棒球'],
5             'James':['美式足球', '棒球', '篮球']}
6   # 打印key名字 + 字符串'喜欢的运动'
7   for name, favorite_sport in sports.items():
8           print("%s 喜欢的运动是: " % name)
9   # 打印value,这是列表
10          for sport in favorite_sport:
11              print("    ", sport)
```

执行结果

```
==================== RESTART: D:\Python\ch9\ch9_25.py ====================
Curry  喜欢的运动是:
        篮球
        美式足球
Durant  喜欢的运动是:
        棒球
James  喜欢的运动是:
        美式足球
        棒球
        篮球
```

9-5　字典内键的值是字典

在 Python 的应用中也允许将**字典**放在**字典**内，这时**字典**将是字典某**键**的**值**。假设微信（wechat_account）账号是用字典存储，**键**有两个**值**是由**另外的字典**组成，这个内部字典另有 3 个键，分别是 last_name、first_name 和 city，下列是设计实例。

```
 3   wechat_account = {'cshung':{
 4                             'last_name':'洪',
 5                             'first_name':'锦魁',
 6                             'city':'台北'},
 7                     'kevin':{
 8                             'last_name':'郑',
 9                             'first_name':'义盟',
10                             'city':'北京'}}
```

至于打印方式同样需使用 items( ) 函数，可参考下列实例。

程序实例 ch9_26.py：列出字典内含字典的内容。

```
 1  # ch9_26.py
 2  # 建立内含字典的字典
 3  wechat_account = {'cshung':{
 4                             'last_name':'洪',
 5                             'first_name':'锦魁',
 6                             'city':'台北'},
 7                     'kevin':{
 8                             'last_name':'郑',
 9                             'first_name':'义盟',
10                             'city':'北京'}}
11  # 打印内含字典的字典
12  for account, account_info in wechat_account.items( ):
13      print("使用者账号 = ", account)                    # 打印键(key)
14      name = account_info['last_name'] + " " + account_info['first_name']
15      print("姓名      = ", name)                        # 打印值(value)
16      print("城市      = ", account_info['city'])        # 打印值(value)
```

执行结果

```
==================== RESTART: D:\Python\ch9\ch9_26.py ====================
使用者账号 =  cshung
姓名      =  洪 锦魁
城市      =  台北
使用者账号 =  kevin
姓名      =  郑 义盟
城市      =  北京
```

9-6　while 循环在字典中的应用

这一节的内容主要是将 while 循环应用在字典上。

程序实例 ch9_27.py：这是一个市场梦幻旅游地点调查的实例，此程序会要求输入名字以及梦幻旅游地点，然后存入 survey_dict 字典，其中，键是 name，值是 travel_location。输入完后程序会询问是否有人要输入，y 表示有，n 表示没有则程序结束，程序结束前会输出市场调查结果。

```
1  # ch9_27.py
2  survey_dict = {}                        # 建立市场调查空字典
3  market_survey = True                    # 设置循环布尔值
4
5  # 读取参加市场调查者姓名和梦幻旅游景点
6  while market_survey:
7      name = input("\n请输入姓名  : ")
8      travel_location = input("梦幻旅游景点: ")
9
10 # 将输入存入survey_dict字典
11     survey_dict[name] = travel_location
12
13 # 可由此决定是否离开市场调查
14     repeat = input("是否有人要参加市场调查?(y/n) ")
15     if repeat != 'y':                    # 不是输入y,则离开while循环
16         market_survey = False
17
18 # 市场调查结束
19 print("\n\n以下是市场调查的结果")
20 for user, location in survey_dict.items( ):
21     print(user, "梦幻旅游景点: ", location)
```

执行结果

```
===================== RESTART: D:\Python\ch9\ch9_27.py =====================

请输入姓名  : Peter
梦幻旅游景点: Beijing
是否有人要参加市场调查?(y/n) y

请输入姓名  : Kevin
梦幻旅游景点: Hong Kong
是否有人要参加市场调查?(y/n) n


以下是市场调查的结果
Peter 梦幻旅游景点:  Beijing
Kevin 梦幻旅游景点:  Hong Kong
```

有时候设计一个较长的程序时，若是适度空行则整个程序的可读性会比较好，上述程序中分别在第 9、12 和 17 行空一行的目的就是如此。

9-7　字典常用的函数和方法

9-7-1　len( )

可以列出字典元素的个数。

程序实例 ch9_28py：列出字典以及字典内的字典元素的个数。

```
1  # ch9_28.py
2  # 建立内含字典的字典
3  wechat_account = {'cshung':{
4                              'last_name':'洪',
5                              'first_name':'锦魁',
6                              'city':'台北'},
7                    'kevin':{
8                              'last_name':'郑',
9                              'first_name':'义盟',
10                             'city':'北京'}}
11 # 打印字典元素个数
12 print("wechat_account字典元素个数        ", len(wechat_account))
13 print("wechat_account['cshung']元素个数 ", len(wechat_account['cshung']))
14 print("wechat_account['kevin']元素个数  ", len(wechat_account['kevin']))
```

执行结果

```
==================== RESTART: D:\Python\ch9\ch9_28.py ====================
wechat_account字典元素个数        2
wechat_account['cshung']元素个数   3
wechat_account['kevin']元素个数    3
```

9-7-2　fromkeys( )

这是建立字典的一个方法，它的语法格式如下：

```
name_dict = dict.fromkeys(seq[, value])              # 使用 seq 序列建立字典
```

上述语句会使用 seq 序列建立字典，序列内容将是字典的**键**，如果没有设置 value 则用 none 当字典键的**值**。

程序实例 ch9_29.py：分别使用列表和元组建立字典。

```
1  # ch9_29.py
2  # 将列表转成字典
3  seq1 = ['name', 'city']          # 定义列表
4  list_dict1 = dict.fromkeys(seq1)
5  print("字典1 ", list_dict1)
6  list_dict2 = dict.fromkeys(seq1, 'Chicago')
7  print("字典2 ", list_dict2)
8  # 将元组转成字典
9  seq2 = ('name', 'city')          # 定义元组
10 tup_dict1 = dict.fromkeys(seq2)
11 print("字典3 ", tup_dict1)
12 tup_dict2 = dict.fromkeys(seq2, 'New York')
13 print("字典4 ", tup_dict2)
```

执行结果

```
==================== RESTART: D:\Python\ch9\ch9_29.py ====================
字典1 {'name': None, 'city': None}
字典2 {'name': 'Chicago', 'city': 'Chicago'}
字典3 {'name': None, 'city': None}
字典4 {'name': 'New York', 'city': 'New York'}
```

9-7-3　get( )

查找字典的键，如果键存在则返回该键的值，如果不存在则返回默认值。

```
ret_value = dict.get(key[, default=none])    # dict 是要查找的字典
```

key 是要查找的键，如果找不到 key 则返回 default 的值（如果没设 default 值就返回 none）。

程序实例 ch9_30.py：get( ) 方法的应用。

```
1  # ch9_30.py
2  fruits = {'Apple':20, 'Orange':25}
3  ret_value1 = fruits.get('Orange')
4  print("Value = ", ret_value1)
5  ret_value2 = fruits.get('Grape')
6  print("Value = ", ret_value2)
7  ret_value3 = fruits.get('Grape', 10)
8  print("Value = ", ret_value3)
```

执行结果

```
==================== RESTART: D:\Python\ch9\ch9_30.py ====================
Value =  25
Value =  None
Value =  10
```

9-7-4　setdefault( )

这个方法基本上与 get( ) 相同，不同之处在于 get( ) 方法不会改变字典内容。使用 setdefault( ) 方法时若所查找的**键**不存在，会将“**键 : 值**”加入字典，如果有设置默认值则将**键 : 默认值**加入字典，如果没有设置默认值则将**键 :none** 加入字典。

```
ret_value = dict.setdefault(key[, default=none])    # dict 是要查找的字典
```

程序实例 ch9_30_1.py：setdefault( ) 方法，键在字典内的应用。

```
1  # ch9_30_1.py
2  # key在字典内
3  fruits = {'Apple':20, 'Orange':25}
4  ret_value = fruits.setdefault('Orange')
5  print("Value = ", ret_value)
6  print("fruits字典", fruits)
7  ret_value = fruits.setdefault('Orange',100)
8  print("Value = ", ret_value)
9  print("fruits字典", fruits)
```

执行结果

```
==================== RESTART: D:\Python\ch9\ch9_30_1.py ====================
Value =  25
fruits字典 {'Apple': 20, 'Orange': 25}
Value =  25
fruits字典 {'Apple': 20, 'Orange': 25}
```

程序实例 ch9_30_2.py：setdefault( ) 方法，键不在字典内的应用。

```
1   # ch9_30_2.py
2   person = {'name':'John'}
3   print("原先字典内容", person)
4
5   # 'age'键不存在
6   age = person.setdefault('age')
7   print("增加age键 ", person)
8   print("age = ", age)
9
10  # 'sex'键不存在
11  sex = person.setdefault('sex', 'Male')
12  print("增加sex键 ", person)
13  print("sex = ", sex)
```

执行结果

```
==================== RESTART: D:\Python\ch9\ch9_30_2.py ====================
原先字典内容 {'name': 'John'}
增加age键  {'name': 'John', 'age': None}
age =  None
增加sex键  {'name': 'John', 'age': None, 'sex': 'Male'}
sex =  Male
```

9-8 制作大型的字典数据

有时想要制作更大型的字典数据结构，例如，字典的键是地球的洲名，键的值是该洲几个城市名称，可以参考下列实例。

实例 1：字典的元素的值是列表。

```
>>> asia = ['Beijing', 'Hongkong', 'Tokyo']
>>> usa = ['Chicago', 'New York', 'Hawaii', 'Los Angeles']
>>> europe = ['Paris', 'London', 'Zurich']
>>> world = {'Asia':asia, 'Usa':usa, 'Europe':europe}
>>> type(world)
<class 'dict'>
>>> world
{'Asia': ['Beijing', 'Hongkong', 'Tokyo'], 'Usa': ['Chicago', 'New York', 'Hawai
i', 'Los Angeles'], 'Europe': ['Paris', 'London', 'Zurich']}
```

在设计大型程序时，必须记住字典的键是不可变的，所以不可以将列表、字典或是第 10 章将介绍的集合当作字典的键，不过可以将元组当作字典的键。例如，在 4-7-4 节可以知道地球上每个位置是用（纬度, 经度）当作标记，所以可以使用经纬度当作字典的键。

实例 2：使用经纬度当作字典的键，值是地点名称。

```
>>> loc = {
        (25.0542, 121.5168):'台北车站',
        (22.2838, 114.1731):'红磡车站'
        }
>>> type(loc)
<class 'dict'>
>>> loc
{(25.0542, 121.5168): '台北车站', (22.2838, 114.1731): '红磡车站'}
```

9-9 专题——文件分析 / 字典生成式 / 英汉字典 / 文件加密

9-9-1 传统方式分析文章的文字与字数

程序实例 ch9_31.py：这个项目主要是设计一个程序，可以记录一段英文文字，或是一篇文章所有单字以及每个单字的出现次数，这个程序会用单字当作字典的键（key），用值（value）当作该单字出现的次数。

```python
1  # ch9_31.py
2  song = """Are you sleeping, are you sleeping, Brother John, Brother John?
3  Morning bells are ringing, morning bells are ringing.
4  Ding ding dong, Ding ding dong."""
5  mydict = {}                          # 空字典未来存储单字计数结果
6  print("原始歌曲")
7  print(song)
8
9  # 以下是将歌曲大写字母全部改成小写
10 songLower = song.lower()             # 歌曲改为小写
11 print("小写歌曲")
12 print(songLower)
13
14 # 将歌曲的标点符号用空字符取代
15 for ch in songLower:
16     if ch in ".,?":
17         songLower = songLower.replace(ch,'')
18 print("不再有标点符号的歌曲")
19 print(songLower)
20
21 # 将歌曲字符串转成列表
22 songList = songLower.split()
23 print("以下是歌曲列表")
24 print(songList)                      # 打印歌曲列表
25
26 # 将歌曲列表处理成字典
27 for wd in songList:
28     if wd in mydict:                 # 检查此字是否已在字典内
29         mydict[wd] += 1              # 累计出现次数
30     else:
31         mydict[wd] = 1               # 第一次出现的字建立此键与值
32
33 print("以下是最后执行结果")
34 print(mydict)                        # 打印字典
```

执行结果

```
=================== RESTART: D:/Python\ch9\ch9_31.py ===================
原始歌曲
Are you sleeping, are you sleeping, Brother John, Brother John?
Morning bells are ringing, morning bells are ringing.
Ding ding dong, Ding ding dong.
小写歌曲
are you sleeping, are you sleeping, brother john, brother john?
morning bells are ringing, morning bells are ringing.
ding ding dong, ding ding dong.
不再有标点符号的歌曲
are you sleeping are you sleeping brother john brother john
morning bells are ringing morning bells are ringing
ding ding dong ding ding dong
以下是歌曲列表
['are', 'you', 'sleeping', 'are', 'you', 'sleeping', 'brother', 'john', 'brother',
'john', 'morning', 'bells', 'are', 'ringing', 'morning', 'bells', 'are', 'ringing',
'ding', 'ding', 'dong', 'ding', 'ding', 'dong']
以下是最后执行结果
{'are': 4, 'you': 2, 'sleeping': 2, 'brother': 2, 'john': 2, 'morning': 2, 'bells'
: 2, 'ringing': 2, 'ding': 4, 'dong': 2}
```

上述程序其实注释非常清楚，整个程序依据下列方式处理。

（1）将歌曲全部改成小写字母同时打印，可参考 10 ～ 12 行。

（2）将歌曲的标点符号 ",.?" 全部改为空白同时打印，可参考 15 ～ 19 行。

（3）将歌曲字符串转成列表同时打印列表，可参考 22 ～ 24 行。

（4）将歌曲列表处理成字典同时计算每个单字出现次数，可参考 27 ～ 31 行。

（5）最后打印字典。

9-9-2　字典生成式

在 7-2-5 节和 7-2-7 节有介绍列表生成的概念，其实可以将该概念应用在字典生成式，此时语法如下：

新字典 = { 键表达式 : 值表达式 　for　 表达式　 in 可迭代对象 }

程序实例 ch9_32.py：使用字典生成式记录单词 deepstone 中每个字母出现的次数。

```
1  # ch9_32.py
2  word = 'deepstone'
3  alphabetCount = {alphabet:word.count(alphabet) for alphabet in word}
4  print(alphabetCount)
```

执行结果

```
==================== RESTART: D:\Python\ch9\ch9_32.py ====================
{'d': 1, 'e': 3, 'p': 1, 's': 1, 't': 1, 'o': 1, 'n': 1}
```

很不可思议，只需一行程序代码（第 3 行）就将一个单词每个字母的出现次数列出来，这就是 Python 奥妙的地方。上述程序的执行原理是将每个字母出现的次数当作是的值，其实这是真正懂 Python 的程序设计师会使用的方式。当然如果硬要挑上述程序的缺点，就在于对字母 e 而言，在 for 循环中会被执行 3 次，第 10 章会介绍集合（set），将改良这个程序，让读者迈向 Python 高手之路。

当你了解了上述 ch9_32.py 后，若是再看 ch9_31.py 可以发现，第 27 ～ 31 行是将列表改为字典同时计算每个字母的出现次数，该程序花了 5 行处理这个功能，其实可以使用 1 行就取代原先需要 5 行的程序。

程序实例 ch9_33.py：使用列表生成方式重新设计 ch9_31.py，这个程序的重点是第 27 行取代了原先的第 27 ～ 31 行。

```
27  mydict = {wd:songList.count(wd) for wd in songList}
```

另外，可以省略第 5 行设置空字典。

```
5  #mydict = {}                     # 省略,空字典未來存儲單字計數結果
```

执行结果　与 ch9_31.py 相同。

9-9-3　设计季节的英汉字典

其实对读者而言这是一个简单的应用，这个程序在执行时会要求输入季节的英文，如果所输入的单词在字典内则输出此单词的中文，如果所输入的单词不在字典则输出查无此单词。

程序实例 ch9_34.py：季节英汉字典的设计。

```
1   # ch9_34.py
2   season = {'Spring':'春季',
3              'Summer':'夏季',
4              'Fall':'秋季',
5              'Winter':'冬季'}
6
7   wd = input("请输入要查询的单词 : ")
8   if wd in season:
9       print(wd, " 中文字义是 : ", season[wd])
10  else:
11      print("查无此单词")
```

执行结果

```
==================== RESTART: D:\Python\ch9\ch9_34.py ====================
请输入要查询的单词 : Spring
Spring   中文字义是 :  春季
>>>
==================== RESTART: D:\Python\ch9\ch9_34.py ====================
请输入要查询的单词 : Table
查无此单词
```

9-9-4 文件加密

延续 6-13-2 节的内容，在 Python 数据结构中，要执行加密可以使用字典的功能，即将原始字符当作键（key），加密结果当作值（value），这样就可以达到加密的目的。若是要让字母往前移 3 个字符，相当于要建立下列字典。

```
encrypt = {'a':'x', 'b':'y', 'c':'z', 'd':'a', … , 'z':'w'}
```

程序实例 ch9_35.py：设计一个加密程序，使用 "python" 做测试。

```
1   # ch9_35.py
2   abc = 'abcdefghijklmnopqrstuvwxyz'
3   encry_dict = {}
4   front3 = abc[:3]
5   end23 = abc[3:]
6   subText = end23 + front3
7   encry_dict = dict(zip(subText, abc))    # 建立字典
8   print("打印编码字典\n", encry_dict)       # 打印字典
9
10  msgTest = 'python'                       # 测试字符串
11  cipher = []
12  for i in msgTest:                        # 执行每个字符加密
13      v = encry_dict[i]                    # 加密
14      cipher.append(v)                     # 加密结果
15  ciphertext = ''.join(cipher)             # 将列表转成字符串
16
17  print("原始字符串 ", msgTest)
18  print("加密字符串 ", ciphertext)
```

执行结果

```
==================== RESTART: D:\Python\ch9\ch9_35.py ====================
打印编码字典
 {'d': 'a', 'e': 'b', 'f': 'c', 'g': 'd', 'h': 'e', 'i': 'f', 'j': 'g', 'k': 'h',
'l': 'i', 'm': 'j', 'n': 'k', 'o': 'l', 'p': 'm', 'q': 'n', 'r': 'o', 's': 'p', 't'
: 'q', 'u': 'r', 'v': 's', 'w': 't', 'x': 'u', 'y': 'v', 'z': 'w', 'a': 'x', 'b':
'y', 'c': 'z'}
原始字符串  python
加密字符串  mvqelk
```

在第 12 章会扩充上述程序成可以处理加密整段文件，同时也将讲解文件解密。

习题

1. 请建立星期信息的英汉字典，相当于输入英文的星期信息可以列出星期的中文，如果输入的不是星期的英文则列出输入错误。这个程序的另一个特点是，不论输入大小写均可以处理。(9-1 节)

```
===================== RESTART: D:\Python\ex\ex9_1.py =====================
请输入星期几的英文 : Sunday
星期天
>>>
===================== RESTART: D:\Python\ex\ex9_1.py =====================
请输入星期几的英文 : SUNDAY
星期天
>>>
===================== RESTART: D:\Python\ex\ex9_1.py =====================
请输入星期几的英文 : sunday
星期天
>>>
===================== RESTART: D:\Python\ex\ex9_1.py =====================
请输入星期几的英文 : march
输入错误
```

2. 请建立信息的汉英字典，相当于输入中文的月份（例如：一月）信息可以列出英文的月份，如果输入不是月份的中文则列出输入错误。(9-1 节)

```
===================== RESTART: D:\Python\ex\ex9_2.py =====================
请输入月份(例如:一月) : 六月
June
>>>
===================== RESTART: D:\Python\ex\ex9_2.py =====================
请输入月份(例如:一月) : 月
输入错误
```

3. 有一个 fruits 字典内含 5 种水果的每斤售价，Watermelon:15、Banana:20、Pineapple:25、Orange:12、Apple:18，请先打印此 fruits 字典，再依水果名排序打印。(9-2 节)

```
===================== RESTART: D:\Python\ex\ex9_3.py =====================
{'Watermelon': 15, 'Banana': 20, 'Pineapple': 25, 'Orange': 12, 'Apple': 18}
Apple : 18
Banana : 20
Orange : 12
Pineapple : 25
Watermelon : 15
```

4. 重新设计 ch9_21_1.py，请先打印此 noodles 字典，请设计程序时不使用列表，直接依 noodles 售价排序打印。(9-2 节)

```
===================== RESTART: D:\Python\ex\ex9_4.py =====================
{'牛肉面': 100, '肉丝面': 80, '阳春面': 60, '大卤面': 90, '麻酱面': 70}
阳春面 : 60
麻酱面 : 70
肉丝面 : 80
大卤面 : 90
牛肉面 : 100
```

5. 请使用 max( ) 和 min( ) 方法设计 ch9_21_1.py，打印完 noodles 字典后，直接打印最贵和最便宜的面。(9-2 节)

```
===================== RESTART: D:\Python\ex\ex9_5.py =====================
{'牛肉面': 100, '肉丝面': 80, '阳春面': 60, '大卤面': 90, '麻酱面': 70}
最贵的是   牛肉面 金额是 100
最便宜的是 阳春面 金额是 60
```

6. 重新设计 ch9_24.py，将最后 3 名小兵改成 tag 是 green、score 是 10、speed 是 fast。(9-3 节)

```
======================= RESTART: D:\Python\ex\ex9_6.py =======================
前3名小兵资料
{'tag': 'red', 'score': 3, 'speed': 'slow'}
{'tag': 'red', 'score': 3, 'speed': 'slow'}
{'tag': 'red', 'score': 3, 'speed': 'slow'}
打印编号35到40小兵数据
{'tag': 'red', 'score': 3, 'speed': 'slow'}
{'tag': 'blue', 'score': 5, 'speed': 'medium'}
{'tag': 'blue', 'score': 5, 'speed': 'medium'}
{'tag': 'blue', 'score': 5, 'speed': 'medium'}
{'tag': 'red', 'score': 3, 'speed': 'slow'}
打印编号47到49小兵数据
{'tag': 'green', 'score': 10, 'speed': 'fast'}
{'tag': 'green', 'score': 10, 'speed': 'fast'}
{'tag': 'green', 'score': 10, 'speed': 'fast'}
```

7. 请参考 ch9_26.py，设计 5 个旅游地点当作**键，值**则是由字典组成的，内部包含 5 个 " **键 : 值** "，请自行发挥创意，然后打印出来。(9-5 节)

```
======================= RESTART: D:\Python\ex\ex9_7.py =======================
旅游地点 = 张家界
省份     = 湖南省
景点     = 天门山, 大峡谷
旅游地点 = 九寨沟
省份     = 四川省
景点     = 熊猫海, 箭竹海
旅游地点 = 黄山
省份     = 安徽省
景点     = 天都峰, 蓬莱三岛
旅游地点 = 武夷山
省份     = 福建省
景点     = 天游峰, 桃源洞
旅游地点 = 敦煌
省份     = 甘肃省
景点     = 石窟, 月牙泉
```

8. 请扩充设计专题 ch9_32.py，该程序所输出的部分可以不用再输出，本程序会使用所建立的字典，打印出现最多的单词，同时打印出现次数，可能会有多个单词出现一样次数是最多次，必须同时列出来。(9-9 节)

```
======================= RESTART: D:/Python/ex/ex9_8.py =======================
字串 are 出现最多次共出现 4 次
字串 ding 出现最多次共出现 4 次
```

9. 在 Python Shell 环境若是输入 import this，可以看到美国著名软件工程师 Tim Peters 所写的 Python 设计原则 20 则，其实只有 19 则，我们也称之为 Python 之禅（The Zen of Python），如下所示。(9-9 节)

```
>>> import this
The Zen of Python, by Tim Peters

Beautiful is better than ugly.
Explicit is better than implicit.
Simple is better than complex.
Complex is better than complicated.
Flat is better than nested.
Sparse is better than dense.
Readability counts.
Special cases aren't special enough to break the rules.
Although practicality beats purity.
Errors should never pass silently.
Unless explicitly silenced.
In the face of ambiguity, refuse the temptation to guess.
There should be one-- and preferably only one --obvious way to do it.
Although that way may not be obvious at first unless you're Dutch.
Now is better than never.
Although never is often better than *right* now.
If the implementation is hard to explain, it's a bad idea.
If the implementation is easy to explain, it may be a good idea.
Namespaces are one honking great idea -- let's do more of those!
```

请设计程序用排序方式列出上述所有单词，以及单词所出现的次数。

```
==================== RESTART: D:/Python/ex/ex9_9.py ====================
a : 2
although : 3
ambiguity : 1
and : 1
are : 1
aren't : 1
at : 1
bad : 1
be : 3
beats : 1
beautiful : 1
better : 8
break : 1
by : 1
cases : 1

                                    ......

special : 2
temptation : 1
than : 8
that : 1
the : 6
there : 1
those : 1
tim : 1
to : 5
ugly : 1
unless : 2
way : 2
you're : 1
zen : 1
```

10. 请扩充 ch9_35.py，处理成可以加密英文大小写，基本思想是让 abc 字符串是 'abcdefghijklmnopqrstuvwxyz ABCDEFGHIJKLMNOPQRSTUVWXYZ'。另外，让 z 和 A 之间空一格，这是让空格也执行加密。这时 a 将加密为 X、b 将加密为 Y、c 将加密为 Z。(9-9 节)

```
==================== RESTART: D:\Python\ex\ex9_10.py ====================
打印编码字典
{'d': 'a', 'e': 'b', 'f': 'c', 'g': 'd', 'h': 'e', 'i': 'f', 'j': 'g', 'k': 'h'
, 'l': 'i', 'm': 'j', 'n': 'k', 'o': 'l', 'p': 'm', 'q': 'n', 'r': 'o', 's': 'p'
, 't': 'q', 'u': 'r', 'v': 's', 'w': 't', 'x': 'u', 'y': 'v', 'z': 'w', ' ': 'x'
, 'A': 'y', 'B': 'z', 'C': ' ', 'D': 'A', 'E': 'B', 'F': 'C', 'G': 'D', 'H': 'E'
, 'I': 'F', 'J': 'G', 'K': 'H', 'L': 'I', 'M': 'J', 'N': 'K', 'O': 'L', 'P': 'M'
, 'Q': 'N', 'R': 'O', 'S': 'P', 'T': 'Q', 'U': 'R', 'V': 'S', 'W': 'T', 'X': 'U'
, 'Y': 'V', 'Z': 'W', 'a': 'X', 'b': 'Y', 'c': 'Z'}
原始字符串  I like python
加密字符串  Fxifhbxmvqelk
```

10

第 1 0 章

集合

本章摘要

集合的基本概念是无序且每个元素是**唯一**的，其实也可以将集合看成是字典的键，每个键都是唯一的，集合元素的内容是不可变的（immutable）。常见的元素有**整数**（integer）、**浮点数**（float）、**字符串**（string）、**元组**（tuple）等。至于可变（mutable）内容**列表**（list）、**字典**（dict）、**集合**（set）等不可以是集合元素。但是集合本身是**可变的**（mutable），可以**增加**或**删除**集合的元素。

10-1　建立集合

Python 可以使用大括号"{ }"或 set( ) 函数建立集合，下面将分别说明。

10-1-1　使用大括号建立集合

Python 允许我们直接使用大括号"{ }"设置集合，例如，如果集合名称是 langs，内容是 'Python' 'C' 'Java'。可以使用下列方式设置集合。

程序实例 ch10_1.py：基本集合的建立。

```
1  # ch10_1.py
2  langs = {'Python', 'C', 'Java'}
3  print("打印集合 = ", langs)
4  print("打印类别 = ", type(langs))
```

执行结果

```
==================== RESTART: D:\Python\ch10\ch10_1.py ====================
打印集合 = {'Java', 'C', 'Python'}
打印类别 = <class 'set'>
```

集合的特点是元素是唯一的，所以如果设置集合时有重复元素情形，多的部分将被舍去。

程序实例 ch10_2.py：基本集合的建立，建立时部分元素重复，观察执行结果。

```
1  # ch10_2.py
2  langs = {'Python', 'C', 'Java', 'Python', 'C'}
3  print(langs)
```

执行结果

```
==================== RESTART: D:\Python\ch10\ch10_2.py ====================
{'Python', 'C', 'Java'}
```

上述 'Python' 和 'C' 在设置时都出现两次，但是列出时有重复的元素将只保留一份。集合内容可以是由不同数据类型组成，可参考下列实例。

程序实例 ch10_3.py：使用整数和不同数据类型所建的集合。

```
1  # ch10_3.py
2  # 集合由整数所组成
3  integer_set = {1, 2, 3, 4, 5}
4  print(integer_set)
5  # 集合由不同数据类型所组成
6  mixed_set = {1, 'Python', (2, 5, 10)}
7  print(mixed_set)
8  # 集合的元素是不可变的所以程序第6行所设置的元组元素改成
9  # 第10行列表的写法将会产生错误
10 # mixed_set = { 1, 'Python', [2, 5, 10]}
```

执行结果

```
=================== RESTART: D:\Python\ch10\ch10_3.py ===================
{1, 2, 3, 4, 5}
{1, (2, 5, 10), 'Python'}
```

读者可以将第 10 行的 "#" 删除，可以发现程序会有错误产生，原因是 [2, 5, 10] 是列表，这是可变的元素，所以不可以当作集合元素。

读者可能会思考，**字典**是用大括号定义，**集合**也是用大括号定义，可否直接使用**空**的大括号定义**空集合**？可参考下列实例。

程序实例 ch10_4.py：建立空集合并观察执行结果，发现错误的实例。

```python
1  # ch10_4.py
2  x = {}                        # 这是建立空字典非空集合
3  print("打印      = ", x)
4  print("打印类别 = ", type(x))
```

执行结果

```
=================== RESTART: D:\Python\ch10\ch10_4.py ===================
打印      =  {}
打印类别 =  <class 'dict'>
```

结果发现使用空的大括号 { } 定义，获得的是空字典，10-1-2 节将会讲解定义空集合的方法。

10-1-2　使用 set( ) 函数定义集合

除了用 10-1-1 节的方式建立集合，也可以使用内建的 set( ) 函数建立集合。set( ) 函数参数的内容可以是**字符串**、**列表**、**元组**、**字典**等。这时原先的**字符串**、**列表**、**元组**的元素将被转成集合元素，字典则是键（key）会被转成集合元素。首先回到建立空集合的主题，如果想建立空集合需使用 set( ) 函数。

程序实例 ch10_5.py：重新设计 ch10_4.py，使用 set( ) 函数建立空集合。

```python
1  # ch10_5.py
2  empty_dict = {}                        # 这是建立空字典
3  print("打印类别 = ", type(empty_dict))
4  empty_set = set()                      # 这是建立空集合
5  print("打印类别 = ", type(empty_set))
```

执行结果

```
=================== RESTART: D:\Python\ch10\ch10_5.py ===================
打印类别 =  <class 'dict'>
打印类别 =  <class 'set'>
```

程序实例 ch10_6.py：使用字符串（string）建立与打印集合，同时列出集合的数据类型。

```python
1  # ch10_6.py
2  x = set('DeepStone mean Deep Learning')
3  print(x)
4  print(type(x))
```

执行结果

```
==================== RESTART: D:\Python\ch10\ch10_6.py ====================
{'m', 'g', 'D', 't', 'r', 'a', 'o', 'p', 'e', ' ', 'i', 'L', 'S', 'n'}
<class 'set'>
```

由于集合元素具有唯一的特性，所以程序第 2 行原先的字符串有许多字母（例如 e）重复，经过 set( ) 处理后，所有英文字母将没有重复。

程序实例 ch10_7.py：使用列表建立与打印集合。

```
1  # ch10_7.py
2  # 表达方式1
3  fruits = ['apple', 'orange', 'apple', 'banana', 'orange']
4  x = set(fruits)
5  print(x)
6  # 表达方式2
7  y = set(['apple', 'orange', 'apple', 'banana', 'orange'])
8  print(y)
```

执行结果

```
==================== RESTART: D:\Python\ch10\ch10_7.py ====================
{'banana', 'apple', 'orange'}
{'banana', 'apple', 'orange'}
```

读者需留意两种不同的 set( ) 函数的使用方式，同时原先列表的内容已经变为集合元素内容了。

程序实例 ch10_8.py：使用元组建立与打印集合。

```
1  # ch10_8.py
2  cities = set(('Beijing', 'Tokyo', 'Beijing', 'Taipei', 'Tokyo'))
3  print(cities)
```

执行结果

```
==================== RESTART: D:\Python\ch10\ch10_8.py ====================
{'Taipei', 'Beijing', 'Tokyo'}
```

程序实例 ch10_8_1.py：使用字典建立集合时，字典的键会被当作集合的元素，这个程序会打印集合。

```
1  # ch10_8_1.py
2  asia = {'China':'Beijing', 'Japan':'Tokyo', 'Thailand':'Bangkok'}
3  asiaSet = set(asia)
4  print(asiaSet)
```

执行结果

```
==================== RESTART: D:/Python/ch10/ch10_8_1.py ====================
{'China', 'Japan', 'Thailand'}
```

10-1-3　大数据与集合的应用

笔者的朋友在某知名企业工作，收集了海量数据使用列表保存，这里面有些数据是重复出现的，他曾经询问笔者应如何将重复的数据删除，笔者告知如果使用 C 语言可能需花几小时解决，但是如果了解 Python 的集合，只要花约 1 分钟就解决了。其实只要将列表数据使用 set( ) 函数转为集合数据，再使用 list( ) 函数将集合数据转为列表数据就可以了。

程序实例 ch10_9.py：将列表内重复的数据删除。

```
1  # ch10_9.py
2  fruits1 = ['apple', 'orange', 'apple', 'banana', 'orange']
3  x = set(fruits1)                # 将列表转成集合
4  fruits2 = list(x)               # 将集合转成列表
5  print("原先列表数据fruits1 = ", fruits1)
6  print("新的列表数据fruits2 = ", fruits2)
```

执行结果

```
================== RESTART: D:\Python\ch10\ch10_9.py ==================
原先列表数据fruits1 =  ['apple', 'orange', 'apple', 'banana', 'orange']
新的列表数据fruits2 =  ['orange', 'apple', 'banana']
```

10-2 集合的操作

Python 符号	说明
&	交集
|	联集
-	差集
^	对称差集
==	等于
!=	不等于
in	是成员
not in	不是成员

10-2-1 交集

有 A 和 B 两个集合，如果想获得相同的元素，则可以使用**交集**。例如，你举办了数学（**可想成 A 集合**）与物理（**可想成 B 集合**）两个夏令营，如果想统计有哪些人同时参加这两个夏令营，可以使用此功能。

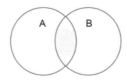

在 Python 语言中的**交集符号**是 "**&**"，另外，也可以使用 intersection( ) 方法完成这个工作。

程序实例 ch10_10.py：有数学与物理两个夏令营，这个程序会列出同时参加这两个夏令营的成员。

```
1  # ch10_10.py
2  math = {'Kevin', 'Peter', 'Eric'}          # 设置参加数学夏令营成员
3  physics = {'Peter', 'Nelson', 'Tom'}       # 设置参加物理夏令营成员
4  both = math & physics
5  print("同时参加数学与物理夏令营的成员 ",both)
```

执行结果

```
==================== RESTART: D:\Python\ch10\ch10_10.py ====================
同时参加数学与物理夏令营的成员  {'Peter'}
```

程序实例 ch10_11.py：使用 intersection( ) 方法完成交集的应用。

```
1  # ch10_11.py
2  A = {1, 2, 3, 4, 5}         # 定义集合A
3  B = {3, 4, 5, 6, 7}         # 定义集合B
4  # 将intersection()应用在A集合
5  AB = A.intersection(B)      # A和B的交集
6  print("A和B的交集是 ", AB)
7  # 将intersection()应用在B集合
8  BA = B.intersection(A)      # B和A的交集
9  print("B和A的交集是 ", BA)
```

执行结果

```
==================== RESTART: D:\Python\ch10\ch10_11.py ====================
A和B的交集是  {3, 4, 5}
B和A的交集是  {3, 4, 5}
```

10-2-2　联集

有 A 和 B 两个集合，如果想获得所有的元素，则可以使用**联集**。例如，你举办了数学（**可想成 A 集合**）与物理（**可想成 B 集合**）两个夏令营，如果想统计参加这两个夏令营的全部成员，可以使用此功能。

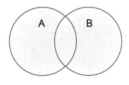

在 Python 语言中的**联集符号**是 “|”，另外，也可以使用 union( ) 方法完成这个工作。

程序实例 ch10_12.py：有数学与物理两个夏令营，这个程序会列出参加这两个夏令营的所有成员。

```
1  # ch10_12.py
2  math = {'Kevin', 'Peter', 'Eric'}          # 设置参加数学夏令营成员
3  physics = {'Peter', 'Nelson', 'Tom'}       # 设置参加物理夏令营成员
4  allmember = math | physics
5  print("同时参加数学与物理夏令营的成员 ",allmember)
```

执行结果

```
==================== RESTART: D:\Python\ch10\ch10_12.py ====================
同时参加数学与物理夏令营的成员  {'Nelson', 'Eric', 'Kevin', 'Tom', 'Peter'}
```

程序实例 ch10_13.py：使用 union( ) 方法完成联集的应用。

```
1  # ch10_13.py
2  A = {1, 2, 3, 4, 5}          # 定义集合A
3  B = {3, 4, 5, 6, 7}          # 定义集合B
4  # 将union()应用在A集合
5  AorB = A.union(B)            # A和B的联集
6  print("A和B的联集是 ", AorB)
7  # 将union()应用在B集合
8  BorA = B.union(A)            # B和A的联集
9  print("B和A的联集是 ", BorA)
```

执行结果

```
=============== RESTART: D:\Python\ch10\ch10_13.py ===============
A和B的联集是   {1, 2, 3, 4, 5, 6, 7}
B和A的联集是   {1, 2, 3, 4, 5, 6, 7}
```

10-2-3 差集

有 A 和 B 两个集合，如果想获得属于 A 集合，同时不属于 B 集合的元素，则可以使用**差集（A-B）**。如果想获得属于 B 集合，同时不属于 A 集合的元素，则可以使用**差集（B-A）**。例如，你举办了数学（**可想成 A 集合**）与物理（**可想成 B 集合**）两个夏令营，如果想了解参加数学夏令营但是没有参加物理夏令营的成员，可以使用此功能。

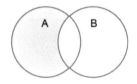

如果想统计参加物理夏令营但是没有参加数学夏令营的成员，也可以使用此功能。

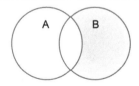

在 Python 语言中的**差集符号**是 "-"，另外，也可以使用 difference( ) 方法完成这个工作。

程序实例 ch10_14.py：有数学与物理两个夏令营，这个程序会列出参加数学夏令营但是没有参加物理夏令营的所有成员。另外，也会列出参加物理夏令营但是没有参加数学夏令营的所有成员。

```
1  # ch10_14.py
2  math = {'Kevin', 'Peter', 'Eric'}        # 设置参加数学夏令营成员
3  physics = {'Peter', 'Nelson', 'Tom'}     # 设置参加物理夏令营成员
4  math_only = math - physics
5  print("参加数学夏令营同时没有参加物理夏令营的成员 ",math_only)
6  physics_only = physics - math
7  print("参加数学夏令营同时没有参加物理夏令营的成员 ",physics_only)
```

执行结果

```
=============== RESTART: D:\Python\ch10\ch10_14.py ===============
参加数学夏令营同时没有参加物理夏令营的成员   {'Eric', 'Kevin'}
参加数学夏令营同时没有参加物理夏令营的成员   {'Tom', 'Nelson'}
```

程序实例 ch10_15.py：使用 difference( ) 方法完成 A-B 差集与 B-A 差集的应用。

```
1  # ch10_15.py
2  A = {1, 2, 3, 4, 5}              # 定义集合A
3  B = {3, 4, 5, 6, 7}              # 定义集合B
4  # 将difference()应用在A集合
5  A_B = A.difference(B)            # A-B的差集
6  print("A-B的差集是 ", A_B)
7  # 将difference()应用在B集合
8  B_A = B.difference(A)            # B-A的差集
9  print("B-A的差集是 ", B_A)
```

执行结果

```
==================== RESTART: D:\Python\ch10\ch10_15.py ====================
A-B的差集是  {1, 2}
B-A的差集是  {6, 7}
```

10-2-4　对称差集

有 A 和 B 两个集合，如果想获得属于 A 或是 B 集合，但是排除同时属于 A 和 B 的元素，可使用对称差集。例如，你举办了数学（**可想成 A 集合**）与物理（**可想成 B 集合**）两个夏令营，如果想统计参加数学夏令营或是参加物理夏令营的成员，但是排除同时参加这两个夏令营的成员，则可以使用此功能。更简单的解释是只参加一个夏令营的成员。

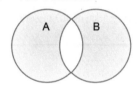

在 Python 语言中的**对称差集符号**是 "^"，另外，也可以使用 symmetric_difference( ) 方法完成这个工作。

程序实例 ch10_16.py：有数学与物理两个夏令营，这个程序会列出参加数学夏令营或是参加物理夏令营，但是排除同时参加两个夏令营的所有成员。

```
1  # ch10_16.py
2  math = {'Kevin', 'Peter', 'Eric'}        # 设置参加数学夏令营成员
3  physics = {'Peter', 'Nelson', 'Tom'}     # 设置参加物理夏令营成员
4  math_sydi_physics = math ^ physics
5  print("没有同时参加数学和物理夏令营的成员 ",math_sydi_physics)
```

执行结果

```
==================== RESTART: D:\Python\ch10\ch10_16.py ====================
没有同时参加数学和物理夏令营的成员  {'Nelson', 'Kevin', 'Eric', 'Tom'}
```

程序实例 ch10_17.py：使用 symmetric_difference( ) 方法完成 A 和 B 与 B 和 A 对称差集的应用。

```
1  # ch10_17.py
2  A = {1, 2, 3, 4, 5}                       # 定义集合A
3  B = {3, 4, 5, 6, 7}                       # 定义集合B
4  # 将symmetric_difference()应用在A集合
5  A_sydi_B = A.symmetric_difference(B)      # A和B的对称差集
6  print("A和B的对称差集是 ", A_sydi_B)
7  # 将symmetric_difference()应用在B集合
8  B_sydi_A = B.symmetric_difference(A)      # B和A的对称差集
9  print("B和A的对称差集是 ", B_sydi_A)
```

执行结果

```
=============== RESTART: D:\Python\ch10\ch10_17.py ===============
A和B的对称差集是  {1, 2, 6, 7}
B和A的对称差集是  {1, 2, 6, 7}
```

10-2-5　等于

等于的 Python 符号是"=="，可以获得两个集合是否相等，如果相等返回 True，否则返回 False。

程序实例 ch10_18.py：测试两个集合是否相等。

```
1  # ch10_18.py
2  A = {1, 2, 3, 4, 5}              # 定义集合A
3  B = {3, 4, 5, 6, 7}              # 定义集合B
4  C = {1, 2, 3, 4, 5}              # 定义集合C
5  # 列出A与B集合是否相等
6  print("A与B集合相等", A == B)
7  # 列出A与C集合是否相等
8  print("A与C集合相等", A == C)
```

执行结果

```
=============== RESTART: D:\Python\ch10\ch10_18.py ===============
A与B集合相等 False
A与C集合相等 True
```

10-2-6　不等于

不等于的 Python 符号是"!="，可以获得两个集合是否不相等，如果不相等返回 True，否则返回 False。

程序实例 ch10_19.py：测试两个集合是否不相等。

```
1  # ch10_19.py
2  A = {1, 2, 3, 4, 5}              # 定义集合A
3  B = {3, 4, 5, 6, 7}              # 定义集合B
4  C = {1, 2, 3, 4, 5}              # 定义集合C
5  # 列出A与B集合是否相等
6  print("A与B集合不相等", A != B)
7  # 列出A与C集合是否不相等
8  print("A与C集合不相等", A != C)
```

执行结果

```
=============== RESTART: D:\Python\ch10\ch10_19.py ===============
A与B集合不相等 True
A与C集合不相等 False
```

10-2-7　是成员 in

Python 的关键词 in 可以测试元素是否是集合的元素成员。

程序实例 ch10_20.py：关键词 in 的应用。

```
1  # ch10_20.py
2  # 方法1
3  fruits = set("orange")
4  print("字符a是属于fruits集合?", 'a' in fruits)
5  print("字符d是属于fruits集合?", 'd' in fruits)
6  # 方法2
7  cars = {"Nissan", "Toyota", "Ford"}
8  boolean = "Ford" in cars
9  print("Ford in cars", boolean)
10 boolean = "Audi" in cars
11 print("Audi in cars", boolean)
```

执行结果

```
==================== RESTART: D:\Python\ch10\ch10_20.py ====================
字符a是属于fruits集合? True
字符d是属于fruits集合? False
Ford in cars True
Audi in cars False
```

程序实例 ch10_21.py：使用循环列出所有参加数学夏令营的学生。

```
1  # ch10_21.py
2  math = {'Kevin', 'Peter', 'Eric'}        # 设置参加数学夏令营成员
3  print("打印参加数学夏令营的成员")
4  for name in math:
5      print(name)
```

执行结果

```
==================== RESTART: D:\Python\ch10\ch10_21.py ====================
打印参加数学夏令营的成员
Eric
Peter
Kevin
```

10-2-8　不是成员 not in

Python 的关键词 not in 可以测试元素是否不是集合的元素成员。

程序实例 ch10_22.py：关键词 not in 的应用。

```
1  # ch10_22.py
2  # 方法1
3  fruits = set("orange")
4  print("字符a是不属于fruits集合?", 'a' not in fruits)
5  print("字符d是不属于fruits集合?", 'd' not in fruits)
6  # 方法2
7  cars = {"Nissan", "Toyota", "Ford"}
8  boolean = "Ford" not in cars
9  print("Ford not in cars", boolean)
10 boolean = "Audi" not in cars
11 print("Audi not in cars", boolean)
```

执行结果

```
==================== RESTART: D:\Python\ch10\ch10_22.py ====================
字符a是不属于fruits集合? False
字符d是不属于fruits集合? True
Ford not in cars False
Audi not in cars True
```

10-3 适用集合的方法

方法	说明
add( )	加一个元素到集合
clear( )	删除集合所有元素
copy( )	复制集合
difference_update( )	删除集合内与另一集合重复的元素
discard( )	如果是集合成员则删除
intersection_update( )	可以使用交集更新集合内容
isdisjoint( )	如果两个集合没有交集返回 True
issubset( )	如果另一个集合包含这个集合返回 True
isupperset( )	如果这个集合包含另一个集合返回 True
pop( )	返回所删除的元素，如果是空集合返回 False
remove( )	删除指定元素，如果此元素不存在，程序将返回 KeyError
symmetric_difference_update( )	使用对称差集更新集合内容
update( )	使用联集更新集合内容

10-3-1 add( )

add( ) 可以增加一个元素，它的语法格式如下：

集合 A.add(新增元素)

上述语句会将 add( ) 参数的新增元素加到调用此方法的集合 A 内。

程序实例 ch10_22_1.py：在集合内新增元素的应用。

```
1  # ch10_22_1.py
2  cities = { 'Taipei', 'Beijing', 'Tokyo'}
3  # 增加一般元素
4  cities.add('Chicago')
5  print('cities集合内容 ', cities)
6  # 增加已有元素并观察执行结果
7  cities.add('Beijing')
8  print('cities集合内容 ', cities)
9  # 增加元组元素并观察执行结果
10 tup = (1, 2, 3)
11 cities.add(tup)
12 print('cities集合内容 ', cities)
```

执行结果

```
================= RESTART: D:\Python\ch10\ch10_22_1.py ==================
cities集合内容  {'Beijing', 'Chicago', 'Tokyo', 'Taipei'}
cities集合内容  {'Beijing', 'Chicago', 'Tokyo', 'Taipei'}
cities集合内容  {(1, 2, 3), 'Chicago', 'Beijing', 'Tokyo', 'Taipei'}
```

上述第 7 行，由于集合中已经有 'Beijing' 字符串，将不改变集合 cities 的内容。另外，集合是无序的，可能获得不同的排列结果。

10-3-2　copy( )

集合复制 copy( ) 这个方法不需要参数，相同的概念可以参考 6-8 节，语法格式如下：

新集合名称　=　旧集合名称 .copy ( )

程序实例 ch10_23.py：赋值与浅拷贝的比较。

```
 1  # ch10_23.py
 2  # 赋值
 3  numset = {1, 2, 3}
 4  deep_numset = numset
 5  deep_numset.add(10)
 6  print("赋值    - 观察numset          ", numset)
 7  print("赋值    - 观察deep_numset     ", deep_numset)
 8
 9  # 浅拷贝shallow copy
10  shallow_numset = numset.copy()
11  shallow_numset.add(100)
12  print("浅拷贝 - 观察numset          ", numset)
13  print("浅拷贝 - 观察shallow_numset", shallow_numset)
```

执行结果

```
=================== RESTART: D:\Python\ch10\ch10_23.py ===================
赋值    - 观察numset          {10, 1, 2, 3}
赋值    - 观察deep_numset     {10, 1, 2, 3}
浅拷贝 - 观察numset          {10, 1, 2, 3}
浅拷贝 - 观察shallow_numset {1, 2, 3, 100, 10}
```

10-3-3　remove( )

remove( ) 可以删除集合中的指定元素，如果指定删除的元素不存在，将有 KeyError 产生。它的语法格式如下：

集合 A.remove (要删除的元素)

上述语句会将集合 A 内 remove( ) 参数指定的元素删除。

程序实例 ch10_24.py：使用 remove( ) 删除集合元素成功的应用。

```
1  # ch10_24.py
2  countries = {'Japan', 'China', 'France'}
3  print("删除前的countries集合 ", countries)
4  countries.remove('Japan')
5  print("删除后的countries集合 ", countries)
```

执行结果

```
=================== RESTART: D:\Python\ch10\ch10_24.py ===================
删除前的countries集合  {'China', 'Japan', 'France'}
删除后的countries集合  {'China', 'France'}
```

程序实例 ch10_25.py：使用 remove( ) 删除集合元素失败的应用。

```
1   # ch10_25.py
2   animals = {'dog', 'cat', 'bird'}
3   print("删除前的animals集合 ", animals)
4   animals.remove('fish')          # 删除不存在的元素产生错误
5   print("删除后的animals集合 ", animals)
```

执行结果

```
==================== RESTART: D:\Python\ch10\ch10_25.py ====================
删除前的animals集合  {'bird', 'dog', 'cat'}
Traceback (most recent call last):
  File "D:\Python\ch10\ch10_25.py", line 4, in <module>
    animals.remove('fish')          # 删除不存在的元素产生错误
KeyError: 'fish'
```

上述程序中由于 fish 不存在于 animals 集合中，所以会产生错误。如果要避免这类错误，可以使用 discard( ) 方法。

10-3-4 discard( )

discard( ) 可以删除集合中的元素，如果元素不存在也不会有错误产生。

```
ret_value = 集合 A.discard( 要删除的元素 )
```

上述语句会将集合 A 内 discard( ) 参数指定的元素删除。不论删除结果为何，这个方法会返回 None，这个 None 在一些程序语言中其实称为 NULL，11-3 节会介绍更多函数返回值与返回 None 的知识。

程序实例 ch10_26.py：使用 discard( ) 删除集合元素的应用。

```
1   # ch10_26.py
2   animals = {'dog', 'cat', 'bird'}
3   print("删除前的animals集合     ", animals)
4   # 要删除元素有在集合内
5   animals.discard('cat')
6   print("删除后的animals集合     ", animals)
7   # 要删除元素没有在集合内
8   animals.discard('pig')
9   print("删除后的animals集合     ", animals)
10  # 打印返回值
11  print("删除数据存在的返回值     ", animals.discard('dog'))
12  print("删除数据不存在的返回值 ", animals.discard('pig'))
```

执行结果

```
==================== RESTART: D:\Python\ch10\ch10_26.py ====================
删除前的animals集合     {'cat', 'dog', 'bird'}
删除后的animals集合     {'dog', 'bird'}
删除后的animals集合     {'dog', 'bird'}
删除数据存在的返回值     None
删除数据不存在的返回值  None
```

10-3-5 pop( )

pop( ) 是用随机方式删除集合元素，所删除的元素将被返回，如果集合是空集合则程序会产生 TypeError 错误。

```
ret_element = 集合 A.pop( )
```

上述语句会随机删除集合 A 内的元素，所删除的元素将被返回 ret_element。

程序实例 ch10_27.py：使用 pop( ) 删除集合元素的应用。

```
1  # ch10_27.py
2  animals = {'dog', 'cat', 'bird'}
3  print("删除前的animals集合 ", animals)
4  ret_element = animals.pop()
5  print("删除后的animals集合 ", animals)
6  print("所删除的元素是        ", ret_element)
```

执行结果

```
==================== RESTART: D:\Python\ch10\ch10_27.py ====================
删除前的animals集合  {'cat', 'dog', 'bird'}
删除后的animals集合  {'dog', 'bird'}
所删除的元素是       cat
```

10-3-6　clear( )

clear( ) 可以删除集合内的所有元素，返回值是 None。

程序实例 ch10_28.py：使用 clear( ) 删除集合所有元素的应用，这个程序会列出删除所有集合元素前后的集合内容，同时也列出删除空集合的结果。

```
1  # ch10_28.py
2  states = {'Mississippi', 'Idoho', 'Florida'}
3  print("删除前的states集合      ", states)
4  states.clear()
5  print("删除前的states集合      ", states)
6
7  # 测试删除空集合
8  empty_set = set()
9  print("删除前的empty_set集合 ", empty_set)
10 states.clear()
11 print("删除前的empty_set集合 ", empty_set)
```

执行结果

```
==================== RESTART: D:\Python\ch10\ch10_28.py ====================
删除前的states集合      {'Mississippi', 'Idoho', 'Florida'}
删除前的states集合      set()
删除前的empty_set集合  set()
删除前的empty_set集合  set()
```

10-3-7　isdisjoint( )

如果两个集合没有共同的元素会返回 True，否则返回 False。

```
ret_boolean = 集合 A.isdisjoint( 集合 B)
```

程序实例 ch10_29.py：测试 isdisjoint( )，下列是集合 A，B 和 C 的集合示意图。

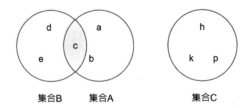

集合B   集合A   集合C

```
1  # ch10_29.py
2  A = {'a', 'b', 'c'}
3  B = {'c', 'd', 'e'}
4  C = {'h', 'k', 'p'}
5  # 测试A和B集合
6  boolean = A.isdisjoint(B)        # 有共同的元素'c'
7  print("有共同的元素返回值是    ", boolean)
8
9  # 测试A和C集合
10 boolean = A.isdisjoint(C)        # 没有共同的元素
11 print("没有共同的元素返回值是 ", boolean)
```

执行结果

```
==================== RESTART: D:\Python\ch10\ch10_29.py ====================
有共同的元素返回值是    False
没有共同的元素返回值是  True
```

10-3-8 issubset( )

这个方法可以测试一个函数是否是另一个函数的子集合，例如，A 集合所有元素均可在 B 集合内发现，则 A 集合是 B 集合的子集合。如果**是**则返回 True，否则返回 False。

程序实例 ch10_30.py：测试 issubset( )，下列是 A，B 和 C 的集合示意图。

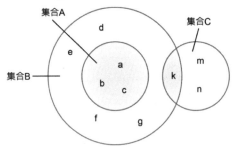

```
1  # ch10_30.py
2  A = {'a', 'b', 'c'}
3  B = {'a', 'b', 'c', 'd', 'e', 'f', 'g', 'k'}
4  C = {'k', 'm', 'n'}
5  # 测试A和B集合
6  boolean = A.issubset(B)          # 所有A的元素都是B的元素
7  print("A集合是B集合的子集合返回值是 ", boolean)
8
9  # 测试C和B集合
10 boolean = C.issubset(B)          # 有共同的元素k
11 print("C集合是B集合的子集合返回值是 ", boolean)
```

执行结果

```
==================== RESTART: D:\Python\ch10\ch10_30.py ====================
A集合是B集合的子集合返回值是　True
C集合是B集合的子集合返回值是　False
```

10-3-9　issuperset( )

这个方法可以测试一个集合是否是另一个集合的父集合，例如，B 集合所有元素均可在 A 集合内发现，则 A 集合是 B 集合的父集合。如果**是**则返回 True，否则返回 False。

程序实例 ch10_31.py：测试 issuperset( )，下列是 A，B 和 C 的集合示意图。

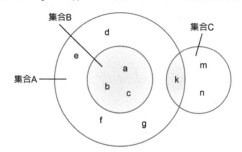

```
1  # ch10_31.py
2  A = {'a', 'b', 'c', 'd', 'e', 'f', 'g', 'k'}
3  B = {'a', 'b', 'c'}
4  C = {'k', 'm', 'n'}
5  # 测试A和B集合
6  boolean = A.issuperset(B)          # 测试
7  print("A集合是B集合的父集合返回值是 ", boolean)
8
9  # 测试A和C集合
10 boolean = A.issuperset(C)          # 测试
11 print("A集合是C集合的父集合返回值是 ", boolean)
```

执行结果

```
==================== RESTART: D:\Python\ch10\ch10_31.py ====================
A集合是B集合的父集合返回值是　True
A集合是C集合的父集合返回值是　False
```

10-3-10　intersection_update( )

这个方法将返回集合的交集，它的语法格式如下：

```
ret_value = A.intersection_update(*B)
```

上述语句中 *B 代表可以有一到多个集合，如果只有一个集合，例如是 B，则执行后 A 将是 A 与 B 的交集。如果 *B 代表（B, C），则执行后 A 将是 A、B 与 C 的交集。

上述语句返回值是 None，此值将设置给 ret_value，接下来几节的方法都会返回 None，将不再叙述。

程序实例 ch10_32.py：intersection_update( ) 的应用。

```
 1  # ch10_32.py
 2  A = {'a', 'b', 'c', 'd'}
 3  B = {'a', 'k', 'c'}
 4  C = {'c', 'f', 'w'}
 5  # A将是A和B的交集
 6  ret_value = A.intersection_update(B)
 7  print(ret_value)
 8  print("A集合 = ", A)
 9  print("B集合 = ", B)
10
11  # A 将是A，B和C的交集
12  ret_value = A.intersection_update(B, C)
13  print(ret_value)
14  print("A集合 = ", A)
15  print("B集合 = ", B)
16  print("C集合 = ", C)
```

执行结果

```
==================== RESTART: D:\Python\ch10\ch10_32.py ====================
None
A集合 = {'c', 'a'}
B集合 = {'k', 'c', 'a'}
None
A集合 = {'c'}
B集合 = {'k', 'c', 'a'}
C集合 = {'w', 'f', 'c'}
```

10-3-11 update( )

可以将一个集合的元素加到调用此方法的集合内，它的语法格式如下：

集合 A.update (集合 B)

上述语句是将集合 B 的元素加到集合 A 内。

程序实例 ch10_33.py：update( ) 的应用。

```
 1  # ch10_33.py
 2  cars1 = {'Audi', 'Ford', 'Toyota'}
 3  cars2 = {'Nissan', 'Toyota'}
 4  print("执行update()前列出cars1和cars2内容")
 5  print("cars1 = ", cars1)
 6  print("cars2 = ", cars2)
 7  cars1.update(cars2)
 8  print("执行update()后列出cars1和cars2内容")
 9  print("cars1 = ", cars1)
10  print("cars2 = ", cars2)
```

执行结果

```
==================== RESTART: D:\Python\ch10\ch10_33.py ====================
执行update()前列出cars1和cars2内容
cars1 = {'Toyota', 'Audi', 'Ford'}
cars2 = {'Toyota', 'Nissan'}
执行update()后列出cars1和cars2内容
cars1 = {'Nissan', 'Toyota', 'Audi', 'Ford'}
cars2 = {'Toyota', 'Nissan'}
```

10-3-12　difference_update( )

可以删除集合内与另一集合重复的元素，它的语法格式如下：

集合A.difference_update(集合B)

上述语句是将集合A内与集合B重复的元素删除，结果存在A集合中。

程序实例 ch10_34.py：difference_update( ) 的应用。执行这个程序后，在集合A内与集合B重复的元素 Toyota 将被删除。

```
 1  # ch10_34.py
 2  cars1 = {'Audi', 'Ford', 'Toyota'}
 3  cars2 = {'Nissan', 'Toyota'}
 4  print("执行difference_update()前列出cars1和cars2内容")
 5  print("cars1 = ", cars1)
 6  print("cars2 = ", cars2)
 7  cars1.difference_update(cars2)
 8  print("执行difference_update()后列出cars1和cars2内容")
 9  print("cars1 = ", cars1)
10  print("cars2 = ", cars2)
```

执行结果

```
==================== RESTART: D:\Python\ch10\ch10_34.py ====================
执行difference_update()前列出cars1和cars2内容
cars1 =  {'Toyota', 'Audi', 'Ford'}
cars2 =  {'Toyota', 'Nissan'}
执行difference_update()后列出cars1和cars2内容
cars1 =  {'Audi', 'Ford'}
cars2 =  {'Toyota', 'Nissan'}
```

10-3-13　symmetric_difference_update( )

与 10-2-4 节的对称差集一样，只更改了调用此方法的集合。

集合A.symmetric_difference_update(集合B)

程序实例 ch10_35.py：symmetric_difference_update( ) 的基本应用。

```
 1  # ch10_35.py
 2  cars1 = {'Audi', 'Ford', 'Toyota'}
 3  cars2 = {'Nissan', 'Toyota'}
 4  print("执行symmetric_difference_update()前列出cars1和cars2内容")
 5  print("cars1 = ", cars1)
 6  print("cars2 = ", cars2)
 7  cars1.symmetric_difference_update(cars2)
 8  print("执行symmetric_difference_update()后列出cars1和cars2内容")
 9  print("cars1 = ", cars1)
10  print("cars2 = ", cars2)
```

执行结果

```
==================== RESTART: D:\Python\ch10\ch10_35.py ====================
执行symmetric_difference_update()前列出cars1和cars2内容
cars1 =  {'Ford', 'Audi', 'Toyota'}
cars2 =  {'Nissan', 'Toyota'}
执行symmetric_difference_update()后列出cars1和cars2内容
cars1 =  {'Ford', 'Nissan', 'Audi'}
cars2 =  {'Nissan', 'Toyota'}
```

10-4 适用于集合的基本函数操作

函数名称	说明
enumerate( )	返回连续整数配对的 enumerate 对象
len( )	元素数量
max( )	最大值
min( )	最小值
sorted( )	返回已经排序的列表，集合本身则不改变
sum( )	总和

上述概念与列表或元组相同，本节将不再用实例讲解。

10-5 冻结集合 frozenset

set 是可变集合，frozenset 是不可变集合，也可直译为**冻结集合**，这是一个新的类（class），只要设置元素后，这个冻结集合就不能再更改了。如果将元组想成**不可变列表**（immutable list），冻结集合就是**不可变集合**（immutable set）。

冻结集合的不可变特性的优点是可以用它作为字典的键（key），也可以作为其他集合的元素。冻结集合的建立方式是使用 frozenset( ) 函数。冻结集合建立完成后，不可使用 add( ) 或 remove( ) 更改冻结集合的内容。但是可以执行 intersection( )、union( )、difference( )、symmetric_difference( )、copy( )、issubset( )、issuperset( )、isdisjoint( ) 等方法。

程序实例 ch10_36.py：建立与操作冻结集合。

```
1  # ch10_36.py
2  X = frozenset([1, 3, 5])
3  Y = frozenset([5, 7, 9])
4  print(X)
5  print(Y)
6  print("交集  = ", X & Y)
7  print("联集  = ", X | Y)
8  A = X & Y
9  print("交集A = ", A)
10 A = X.intersection(Y)
11 print("交集A = ", A)
```

执行结果

```
==================== RESTART: D:\Python\ch10\ch10_36.py ====================
frozenset({1, 3, 5})
frozenset({9, 5, 7})
交集  =  frozenset({5})
联集  =  frozenset({1, 3, 5, 7, 9})
交集A =  frozenset({5})
交集A =  frozenset({5})
```

10-6 专题——夏令营程序 / 程序效率 / 集合生成式 / 鸡尾酒实例

10-6-1 夏令营程序设计

程序实例 ch10_37.py：有一个班级有 10 个人，其中有 3 个人参加了数学夏令营，另外有 3 个人参加了物理夏令营，这个程序会列出同时参加数学和物理夏令营的人，同时也会列出有哪些人没有参加暑期夏令营。

```
1  # ch10_37.py
2  # students是学生名单集合
3  students = {'Peter', 'Norton', 'Kevin', 'Mary', 'John',
4             'Ford', 'Nelson', 'Damon', 'Ivan', 'Tom'
5             }
6
7  Math = {'Peter', 'Kevin', 'Damon'}          # 数学夏令营参加人员
8  Physics = {'Nelson', 'Damon', 'Tom' }       # 物理夏令营参加人员
9
10 MandP = Math | Physics
11 print("有 %d 人参加数学和物理夏令营名单    : " % len(MandP), MandP )
12 unAttend = students - MandP
13 print("没有参加任何夏令营有 %d 人名单是 : " % len(unAttend), unAttend)
```

执行结果

```
==================== RESTART: D:\Python\ch10\ch10_37.py ====================
有 5 人参加数学和物理夏令营名单  : {'Damon', 'Tom', 'Kevin', 'Nelson', 'Peter'}
没有参加任何夏令营有 5 人名单是 : {'Ivan', 'John', 'Ford', 'Mary', 'Norton'}
```

10-6-2 集合生成式

在先前的章节中已经看过列表和字典的生成式了，其实集合也有生成式，语法如下：

新集合 = { 表达式　for　表达式　in　可迭代项目 }

程序实例 ch10_38.py：产生 1,3, …, 99 的集合。

```
1  # ch10_38.py
2  A = {n for n in range(1,100,2)}
3  print(type(A))
4  print(A)
```

执行结果

```
==================== RESTART: D:/Python/ch10/ch10_38.py ====================
<class 'set'>
{1, 3, 5, 7, 9, 11, 13, 15, 17, 19, 21, 23, 25, 27, 29, 31, 33, 35, 37, 39, 41,
43, 45, 47, 49, 51, 53, 55, 57, 59, 61, 63, 65, 67, 69, 71, 73, 75, 77, 79, 81,
83, 85, 87, 89, 91, 93, 95, 97, 99}
```

在集合的生成式中，也可以增加 if 测试句（可以有多个）。

程序实例 ch10_39.py：产生 11,33, …, 99 的集合。

```
1  # ch10_39.py
2  A = {n for n in range(1,100,2) if n % 11 == 0}
3  print(type(A))
4  print(A)
```

执行结果

```
==================== RESTART: D:/Python/ch10/ch10_39.py ====================
<class 'set'>
{33, 99, 11, 77, 55}
```

集合生成式可以让程序设计变得很简洁，例如，过去要建立一系列有规则的序列，先要使用列表生成式，然后将列表改为集合，现在可以直接用集合生成式完成此工作。

10-6-3　提高程序效率

在 ch9_32.py 程序第 3 行的 for 循环如下：

```
for alphabet in word
```

word 的内容是'deepstone'，在上述循环中将造成字母 e 处理 3 次，其实只要将集合应用于 word，由于集合不会有重复的元素，所以只要处理一次即可，此时可以将上述循环改为：

```
for alphabet in set(word)
```

经上述处理后字母 e 将只执行一次，所以可以提高程序效率。

程序实例 ch10_40.py：使用集合重新设计 ch9_32.py。

```
1  # ch10_40.py
2  word = 'deepstone'
3  alphabetCount = {alphabet:word.count(alphabet) for alphabet in set(word)}
4  print(alphabetCount)
```

执行结果

```
==================== RESTART: D:/Python/ch10/ch10_40.py ====================
{'d': 1, 'o': 1, 'e': 3, 't': 1, 's': 1, 'n': 1, 'p': 1}
```

10-6-4　鸡尾酒的实例

鸡尾酒是酒精饮料，由基酒和一些饮料调制而成，下列是一些常见的鸡尾酒饮料以及它们的配方。

（1）**蓝色夏威夷佬**（Blue Hawaiian）：兰姆酒（Rum）、甜酒（Sweet Wine）、椰奶（Coconut Cream）、菠萝汁（Pineapple Juice）、柠檬汁（Lemon Juice）。

（2）**姜味莫西多**（Ginger Mojito）：兰姆酒（Rum）、姜（Ginger）、薄荷叶（Mint Leaves）、莱姆汁（Lime Juice）、姜汁汽水（Ginger Soda）。

（3）**纽约客**（New Yorker）：威士忌（Whiskey）、红酒（Red Wine）、柠檬汁（Lemon Juice）、糖水（Sugar Syrup）。

（4）**血腥玛莉**（Bloody Mary）：伏特加（Vodka）、柠檬汁（Lemon Juice）、西红柿汁（Tomato Juice）、酸辣酱（Tabasco）、少量盐（Little Salt）。

程序实例 ch10_41.py：为上述鸡尾酒建立一个字典，字典的键（key）是字符串，也就是鸡尾酒的名称，字典的值是集合，内容是各种鸡尾酒的材料配方。这个程序会列出含有伏特加的酒，含有柠檬汁的酒，含有兰姆酒但没有姜的酒。

```python
1   # ch10_41.py
2   cocktail = {
3       'Blue Hawaiian':{'Rum','Sweet Wine','Cream','Pineapple Juice','Lemon Juice'},
4       'Ginger Mojito':{'Rum','Ginger','Mint Leaves','Lime Juice','Ginger Soda'},
5       'New Yorker':{'Whiskey','Red Wine','Lemon Juice','Sugar Syrup'},
6       'Bloody Mary':{'Vodka','Lemon Juice','Tomato Juice','Tabasco','little Sale'}
7       }
8   # 列出含有Vodka的酒
9   print("含有Vodka的酒 : ")
10  for name, formulas in cocktail.items():
11      if 'Vodka' in formulas:
12          print(name)
13  # 列出含有Lemon Juice的酒
14  print("含有Lemon Juice的酒 : ")
15  for name, formulas in cocktail.items():
16      if 'Lemon Juice' in formulas:
17          print(name)
18  # 列出含有Rum但是没有姜的酒
19  print("含有Rum但是没有姜的酒 : ")
20  for name, formulas in cocktail.items():
21      if 'Rum' in formulas and not ('Ginger' in formulas):
22          print(name)
23  # 列出含有Lemon Juice但是没有Cream或是Tabasco的酒
24  print("含有Lemon Juice但是没有Cream或是Tabasco的酒 : ")
25  for name, formulas in cocktail.items():
26      if 'Lemon Juice' in formulas and not formulas & {'Cream', 'Tabasco'}:
27          print(name)
```

执行结果

```
==================== RESTART: D:\Python\ch10\ch10_41.py ====================
含有Vodka的酒 :
Bloody Mary
含有Lemon Juice的酒 :
Blue Hawaiian
New Yorker
Bloody Mary
含有Rum但是没有姜的酒 :
Blue Hawaiian
含有Lemon Juice但是没有Cream或是Tabasco的酒 :
New Yorker
```

上述程序用 in 测试指定的鸡尾酒材料配方是否在所返回字典值（value）的 formulas 集合内，另外，程序第 26 行则是将 formulas 与集合元素 'Cream' 和 'Tabasco' 做交集（&），如果 formulas 内没有这些配方结果会是 False，经过 not 就会是 True，则可以打印 name。

习题

1. 有一段英文如下：(10-1 节)

Silicon Stone Education is an unbiased organization, concentrated on bridging the gap between academic and the working world in order to benefit society as a whole. We have carefully crafted our online certification system and test content databases. The content for each topic is created by experts and is all carefully designed with a comprehensive knowledge to greatly benefit all candidates who participate.

请将上述文章处理成没有标点符号和没有重复字符串的字符串列表。

```
===================== RESTART: D:\Python\ex\ex10_1.py =====================
最后列表 = ['a', 'academic', 'all', 'an', 'and', 'as', 'benefit', 'between', 'b
ridging', 'by', 'candidates', 'carefully', 'certification', 'comprehensive', 'co
ncentrated', 'content', 'crafted', 'created', 'databases', 'designed', 'each',
'education', 'experts', 'for', 'gap', 'greatly', 'have', 'in', 'is', 'knowledge',
'on', 'online', 'order', 'organization', 'our', 'participate', 'silicon', 'soci
ety', 'stone', 'system', 'test', 'the', 'to', 'topic', 'unbiased', 'we', 'who',
'whole', 'with', 'working', 'world']
```

2. 请建立两个列表:(10-2 节)

A:1, 3, 5, …, 99

B:0, 5, 10, …, 100

将上述列表转成集合，然后求交集，联集，A-B 差集和 B-A 差集。

```
===================== RESTART: D:\Python\ex\ex10_2.py =====================
联集 : {0, 1, 3, 5, 7, 9, 10, 11, 13, 15, 17, 19, 20, 21, 23, 25, 27, 29, 30, 3
1, 33, 35, 37, 39, 40, 41, 43, 45, 47, 49, 50, 51, 53, 55, 57, 59, 60, 61, 63, 6
5, 67, 69, 70, 71, 73, 75, 77, 79, 80, 81, 83, 85, 87, 89, 90, 91, 93, 95, 97, 9
9, 100}
交集 : {65, 35, 5, 75, 45, 15, 85, 55, 25, 95}
A-B差集 : {1, 3, 7, 9, 11, 13, 17, 19, 21, 23, 27, 29, 31, 33, 37, 39, 41, 43,
47, 49, 51, 53, 57, 59, 61, 63, 67, 69, 71, 73, 77, 79, 81, 83, 87, 89, 91, 93,
97, 99}
B-A差集 : {0, 100, 70, 40, 10, 80, 50, 20, 90, 60, 30}
```

3. 有 3 个夏令营集合分别如下:(10-2 节)

Math:Peter, Norton, Kevin, Mary, John, Ford, Nelson, Damon, Ivan, Tom

Computer:Curry, James, Mary, Turisa, Tracy, Judy, Lee, Jarmul, Damon, Ivan

Physics:Eric, Lee, Kevin, Mary, Christy, Josh, Nelson, Kazil, Linda, Tom

请分别列出下列资料。

（1）同时参加 3 个夏令营的名单。

（2）同时参加 Math 和 Computer 夏令营的名单。

（3）同时参加 Math 和 Physics 夏令营的名单。

（4）同时参加 Computer 和 Pyhsics 夏令营的名单。

```
===================== RESTART: D:\Python\ex\ex10_3.py =====================
同时参加3个夏令营名单 : {'Mary'}
同时参加Math和Computer夏令营名单 : {'Damon', 'Ivan', 'Mary'}
同时参加Math和Physics夏令营名单 : {'Mary', 'Nelson', 'Kevin', 'Tom'}
同时参加Computer和Physics夏令营名单 : {'Lee', 'Mary'}
```

4. 请建立两个列表:(10-2 节)

A:1, 3, 5, …, 99

B:1 至 100 的质数

然后求交集，联集，A－B，B－A，AB 对称差集，BA 对称差集。

```
===================== RESTART: D:\Python\ex\ex10_4.py =====================
联集 : {1, 2, 3, 5, 7, 9, 11, 13, 15, 17, 19, 21, 23, 25, 27, 29, 31, 33, 35, 3
7, 39, 41, 43, 45, 47, 49, 51, 53, 55, 57, 59, 61, 63, 65, 67, 69, 71, 73, 75, 7
7, 79, 81, 83, 85, 87, 89, 91, 93, 95, 97, 99}
交集 : {3, 5, 7, 11, 13, 17, 19, 23, 29, 31, 37, 41, 43, 47, 53, 59, 61, 67, 71
, 73, 79, 83, 89, 97}
A-B差集 : {1, 9, 15, 21, 25, 27, 33, 35, 39, 45, 49, 51, 55, 57, 63, 65, 69, 75
, 77, 81, 85, 87, 91, 93, 95, 99}
B-A差集 : {2}
AB对称差集 : {1, 2, 9, 15, 21, 25, 27, 33, 35, 39, 45, 49, 51, 55, 57, 63, 65,
69, 75, 77, 81, 85, 87, 91, 93, 95, 99}
```

5. 重新设计 ex9_9.py，差别在于将歌曲列表处理成字典时需要使用集合让程序更有效率，另外，打印列表时需要依照字的出现次数由少到多排列，次数相同排列次序可以不必理会。(10-6 节)

```
================= RESTART: D:/Python/ex/ex10_5.py =================
dense : 1
python : 1
silenced : 1
at : 1
peters : 1

          .....

implementation : 2
special : 2
of : 3
although : 3
one : 3
idea : 3
be : 3
never : 3
to : 5
the : 6
better : 8
than : 8
is : 10
```

6. 重新设计 ex10_2.py，改为不建立列表直接建立集合 A 和 B 的方式。(10-3 节)

```
================= RESTART: D:/Python\ex\ex10_6.py =================
联集 : {0, 1, 3, 5, 7, 9, 10, 11, 13, 15, 17, 19, 20, 21, 23, 25, 27, 29, 30, 3
1, 33, 35, 37, 39, 40, 41, 43, 45, 47, 49, 50, 51, 53, 55, 57, 59, 60, 61, 63, 6
5, 67, 69, 70, 71, 73, 75, 77, 79, 80, 81, 83, 85, 87, 89, 90, 91, 93, 95, 97, 9
9, 100}
交集 : {65, 35, 5, 75, 45, 15, 85, 55, 25, 95}
A-B差集 : {1, 3, 7, 9, 11, 13, 17, 19, 21, 23, 27, 29, 31, 33, 37, 39, 41, 43,
47, 49, 51, 53, 57, 59, 61, 63, 67, 69, 71, 73, 77, 79, 81, 83, 87, 89, 91, 93,
97, 99}
B-A差集 : {0, 100, 70, 40, 10, 80, 50, 20, 90, 60, 30}
```

若是将这个习题与 ex10_2.py 相比较，读者可以发现程序简化了很多。

7. 请参考程序实例 ch10_27.py，增加下列鸡尾酒。(10-6 节)

（1）马颈（Horse's Neck）：白兰地（Brandy）、姜汁汽水（Ginger Soda）。

（2）四海一家（Cosmopolitan）：伏特加（Vodka）、甜酒（Sweet Wine）、莱姆汁（Lime Juice）、蔓越莓汁（Cranberry Juice）。

（3）性感沙滩（Sex on the Beach）：伏特加（Vodka）、水蜜桃香甜酒（Peach Liqueur）、柳橙汁（Orange Juice）、蔓越莓汁（Cranberry Juice）。

请执行下列输出。

（1）列出含有 Vodka 的酒。

（2）列出含有 Sweet Wine 的酒。

（3）列出含有 Vodka 和 Cranberry Juice 的酒。

（4）列出含有 Vodka 但是没有 Cranberry Juice 的酒。

```
================= RESTART: D:\Python\ex\ex10_7.py =================
含有Vodka的酒 :
Bloody Mary
Cosmopolitan
Sex on the Beach
含有Sweet Wine的酒 :
Blue Hawaiian
Cosmopolitan
含有Vodka和Cranberry Juice的酒 :
Cosmopolitan
Sex on the Beach
含有Vodka但是没有Cranberry Juice的酒 :
Bloody Mary
```

11

第 11 章

函数设计

本章摘要

函数（function）其实就是一系列指令语句，它的目的有以下两个。

（1）当我们在设计一个大型程序时，若是能将这个程序依功能将其分割成较小的功能，然后依这些较小的功能要求编写函数程序，如此，不仅使程序简单化，同时最后程序排错也变得容易。另外，编写大型程序时应该是团队合作，每一个人负责一个小功能，以缩短程序开发的时间。

（2）在一个程序中，也许会发生某些指令被重复书写在许多不同的地方，若是能将这些重复的指令编写成一个函数，需要用时再加以调用，如此，不仅减少了编辑程序的时间，同时更可使程序精简、清晰、明了。

下面是调用函数的基本流程图。

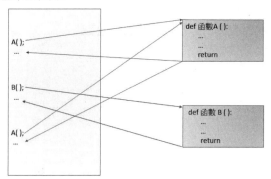

当一个程序在调用函数时，Python 会自动跳到被调用的函数上执行工作，执行完后，会回到原先程序的执行位置，然后继续执行下一条指令。

11–1　Python 函数基本概念

通过前面的学习相信读者已经熟悉如何使用 Python 内建的函数了，例如，len( )、add( )、remove( ) 等。有了这些函数，可以随时调用，让程序设计变得很简捷，本章主题是如何设计这类函数。

11–1–1　函数的定义

函数的语法格式如下：

```
def    函数名称 ( 参数值 1[, 参数值 2，… ]):
 """ 函数注释 (docstring)  """
     程序代码区块                          # 需要内缩
     return [ 返回值 1, 返回值 2，… ]       # 中括号可有可无
```

1. 函数名称

名称必须是唯一的，程序未来可以调用，它的命名规则与一般变量相同。

2. 参数值

可有可无，视函数设计需要，可以接收调用函数传来的变量，各参数值之间用逗号 "," 隔开。

3. 函数注释

可有可无，不过如果是参与大型程序设计，当负责一个小程序时，建议给所设计的函数加上注释，除了自己需要也方便他人阅读。注释主要是注明此函数的功能。由于可能是有多行注释所以可以用 3 个双引号（或单引号）括起来。许多英文 Python 资料将此称为 docstring（document string）。

11-6 节将说明如何引用此函数注释。

4. return [返回值 1, 返回值 2, …]

不论是 return 或接续右边的返回值都是可有可无的，如果有返回多个数据，彼此需以逗号"，"隔开。

11-1-2　没有传入参数也没有返回值的函数

程序实例 ch11_1.py：第一次设计 Python 函数。

```
1   # ch11_1.py
2   def greeting( ):
3       """我的第一个Python函数设计"""
4       print("Python欢迎你")
5       print("祝福学习顺利")
6       print("谢谢")
7
8   # 以下的程序代码也可称主程序
9   greeting( )
10  greeting( )
11  greeting( )
12  greeting( )
13  greeting( )
```

执行结果

```
================== RESTART: D:\Python\ch11\ch11_1.py ==================
Python欢迎你
祝福学习顺利
谢谢
Python欢迎你
祝福学习顺利
谢谢
Python欢迎你
祝福学习顺利
谢谢
Python欢迎你
祝福学习顺利
谢谢
Python欢迎你
祝福学习顺利
谢谢
```

在程序设计中，有时候也可以将第 8 行以后的程序代码称为**主程序**。读者可以想想看，如果没有函数功能我们的程序设计将如下所示。

程序实例 ch11_2.py：重新设计 ch11_1.py，但是不使用函数设计。

```
1   # ch11_2.py
2   print("Python欢迎你")
3   print("祝福学习顺利")
4   print("谢谢")
5   print("Python欢迎你")
6   print("祝福学习顺利")
7   print("谢谢")
8   print("Python欢迎你")
9   print("祝福学习顺利")
10  print("谢谢")
11  print("Python欢迎你")
12  print("祝福学习顺利")
13  print("谢谢")
14  print("Python欢迎你")
15  print("祝福学习顺利")
16  print("谢谢")
```

执行结果 与 ch11_1.py 相同。

　　上述程序虽然也可以完成工作，但是可以发现重复的语句太多了，不是一个好的设计。同时如果要将"Python 欢迎你"改成"Python 欢迎你们"，必须修改 5 次相同的语句。经以上讲解读者应该可以了解函数对程序设计的好处了。

11-1-3　在 Python Shell 中执行函数

　　当程序执行完 ch11_1.py 时，在 Python Shell 窗口中可以看到执行结果，此时也可以在 Python 提示消息（Python prompt）中直接输入 ch11_1.py 程序所建的函数启动与执行。下面是在 Python 提示消息中输入 greeting( ) 函数的实例。

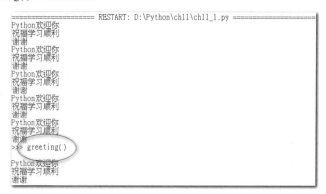

11-2　函数的参数设计

　　11-1 节的程序实例没有传递任何参数，在真实的函数设计与应用中大多是需要传递一些参数的。例如，在前面章节当调用 Python 内建函数时，例如 len( )、print( ) 等，都需要输入参数，接下来将讲解这方面的应用与设计。

11-2-1　传递一个参数

程序实例 ch11_3.py：函数内有参数的应用。

```
1  # ch11_3.py
2  def greeting(name):
3      """Python函数需传递名字name"""
4      print("Hi,", name, "Good Morning!")
5  greeting('Nelson')
```

执行结果

```
==================== RESTART: D:\Python\ch11\ch11_3.py ====================
Hi, Nelson Good Morning!
```

上述语句执行时，第 5 行调用函数 greeting( ) 时，所放的参数是 Nelson，这个字符串将传给函数括号内的 name 参数，所以程序第 4 行会将 Nelson 字符串通过 name 参数打印出来。

在 Python 应用中，有时候也常会将第 4 行写成如下所示，可参考 ch11_3_1.py，执行结果是相同的。

```
4     print("Hi, " + name + " Good Morning!")
```

特别留意由于我们可以在 Python Shell 环境调用函数，所以在设计与使用者（user）交流的程序时，也可以先省略第 5 行的调用，让调用留到 Python 提示消息（prompt）环境。

程序实例 ch11_4.py：程序设计时不做调用，在 Python 提示消息环境再调用。

```
1  # ch11_4.py
2  def greeting(name):
3      """Python函数需传递名字name"""
4      print("Hi, " + name + " Good Morning!")
```

执行结果

```
==================== RESTART: D:\Python\ch11\ch11_4.py ====================
>>> greeting('Nelson')
Hi, Nelson Good Morning!
>>> greeting('Tina')
Hi, Tina Good Morning!
```

上述程序最大的特色是 greeting('Nelson') 与 greeting('Tina')，都是从 Python 提示消息环境做输入。

11-2-2　多个参数传递

当所设计的函数需要传递多个参数时，调用此函数时就需要特别留意传递参数的位置需要正确，最后才可以获得正确的结果。最常见的传递参数是**数值**或**字符串**数据，在进阶的程序应用中有时也会需要传递**列表、元组、字典**或**函数**。

程序实例 ch11_5.py：设计减法的函数 subtract( )，第一个参数会减去第二个参数，然后列出执行结果。

```
1  # ch11_5.py
2  def subtract(x1, x2):
3      """ 减法设计 """
4      result = x1 - x2
5      print(result)                # 输出减法结果
6  print("本程序会执行 a - b 的运算")
7  a = int(input("a = "))
8  b = int(input("b = "))
9  print("a - b = ", end="")        # 输出a-b字符串,接下来输出不换行
10 subtract(a, b)
```

执行结果

```
==================== RESTART: D:\Python\ch11\ch11_5.py ====================
本程序会执行 a - b 的运算
a = 10
b = 5
a - b = 5
```

上述函数的功能是减法运算，所以需要传递两个参数，然后执行第一个数值减去第二个数值。调用这类函数时，就必须留意参数的位置，否则会有错误消息产生。对于上述程序而言，变量 a 和 b 都是从屏幕输入，执行第 9 行调用 subtract( ) 函数时，a 将传给 x1，b 将传给 x2。

程序实例 ch11_6.py：这也是一个需传递两个参数的实例，第一个是兴趣（interest），第二个是主题（subject）。

```
1  # ch11_6.py
2  def interest(interest_type, subject):
3      """ 显示兴趣和主题 """
4      print("我的兴趣是 " + interest_type )
5      print("在 " + interest_type + " 中，最喜欢的是 " + subject)
6      print( )
7
8  interest('旅游', '敦煌')
9  interest('程序设计', 'Python')
```

执行结果

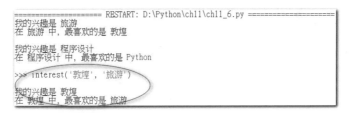

上述程序第 8 行在调用 interest( ) 时，'旅游' 会传给 interest_type，'敦煌' 会传给 subject。第 9 行在调用 interest( ) 时，'程序设计' 会传给 interest_type，'Python' 会传给 subject。对于上述实例，相信读者应该了解调用需要传递多个参数的函数时，所传递参数的位置很重要，否则会有不可预期的错误，如下所示。

```
==================== RESTART: D:\Python\ch11\ch11_6.py ====================
我的兴趣是 旅游
在 旅游 中，最喜欢的是 敦煌

我的兴趣是 程序设计
在 程序设计 中，最喜欢的是 Python

>>> interest('敦煌', '旅游')

我的兴趣是 敦煌
在 敦煌 中，最喜欢的是 旅游
```

11-2-3　关键词参数：参数名称 = 值

关键词参数（keyword arguments）是指调用函数时，参数是用**参数名称 = 值**的配对方式呈现的。Python 也允许在调用需传递多个参数的函数时，直接将**参数名称 = 值**用配对方式传送，这个时候参数的位置就不重要了。

程序实例 ch11_7.py：这个程序基本上是重新设计 ch11_6.py，但是在传递参数时，其中一个参数直接用参数名称 = 值配对方式传送。

```
1  # ch11_7.py
2  def interest(interest_type, subject):
3      """ 显示兴趣和主题 """
4      print("我的兴趣是 " + interest_type )
5      print("在 " + interest_type + " 中，最喜欢的是 " + subject)
6      print( )
7
8  interest(interest_type = '旅游', subject = '敦煌')   # 位置正确
9  interest(subject = '敦煌', interest_type = '旅游')   # 位置更改
```

执行结果

```
==================== RESTART: D:\Python\ch11\ch11_6.py ====================
我的兴趣是 旅游
在 旅游 中，最喜欢的是 敦煌

我的兴趣是 程序设计
在 程序设计 中，最喜欢的是 Python
>>> interest('敦煌', '旅游')

我的兴趣是 敦煌
在 敦煌 中，最喜欢的是 旅游
```

读者可以留意程序第 8 行和第 9 行的 "interest_type = ' 旅游 '"，当调用函数用配对方式传送参数时，即使参数位置不同，程序执行结果也会相同，因为在调用时已经明确指出所传递的值是要给哪一个参数了。

11-2-4 参数默认值的处理

在设计函数时也可以给参数设置**默认值**，如果调用这个函数没有给参数值时，函数的默认值将派上用场。**需特别留意**：函数设计时含有默认值的参数，**必须放置在参数列的最右边**，请参考下列程序第 2 行，如果将 "subject = ' 敦煌 '" 与 "interest_type" 位置对调，程序会有错误产生。

程序实例 ch11_8.py：重新设计 ch11_7.py，这个程序会将 subject 的默认值设为 "敦煌"。程序将用不同方式调用，读者可以从中体会程序参数默认值的意义。

```
1  # ch11_8.py
2  def interest(interest_type, subject = '敦煌'):
3      """ 显示兴趣和主题 """
4      print("我的兴趣是 " + interest_type )
5      print("在 " + interest_type + " 中，最喜欢的是 " + subject)
6      print( )
7
8  interest('旅游')                                    # 传递一个参数
9  interest(interest_type = '旅游')                     # 传递一个参数
10 interest('旅游', '张家界')                           # 传递二个参数
11 interest(interest_type = '旅游', subject = '张家界')   # 传递二个参数
12 interest(subject = '张家界', interest_type = '旅游')   # 传递二个参数
13 interest('阅读', '旅游类')                           # 传递二个参数,不同的主题
```

执行结果

```
==================== RESTART: D:\Python\ch11\ch11_8.py ====================
我的兴趣是 旅游
在 旅游 中，最喜欢的是 敦煌

我的兴趣是 旅游
在 旅游 中，最喜欢的是 敦煌

我的兴趣是 旅游
在 旅游 中，最喜欢的是 张家界

我的兴趣是 旅游
在 旅游 中，最喜欢的是 张家界

我的兴趣是 旅游
在 旅游 中，最喜欢的是 张家界

我的兴趣是 阅读
在 阅读 中，最喜欢的是 旅游类
```

上述程序第 8 行和 9 行只传递一个参数，所以 subject 就会使用默认值 "敦煌"，第 10 行、11 行和 12 行传送了两个参数，其中，第 11 和 12 行用**参数名称 = 值**的配对方式调用传送，可以获得相

同的结果。第 13 行主要说明使用不同类的参数同样可以获得正确的结果。

11-3　函数返回值

在前面的章节实例中有执行调用许多内建的函数，有时会返回一些有意义的数据，例如，len( ) 返回元素数量；有些没有返回值，此时 Python 会自动返回 None，例如 clear( )。为何会如此？本节会完整解说函数返回值的知识。

11-3-1　返回 None

前两节所设计的函数全部没有"return [返回值]"，Python 在直译时会自动返回处理成"return None"，相当于返回 None。在一些程序语言，例如，C 语言中，这个 None 就是 NULL。None 在 Python 中独立成为一个数据类型 NoneType，下面是实例。

程序实例 ch11_9.py：重新设计 ch11_3.py，这个程序并没有做返回值设计，不过笔者将列出 Python 返回 greeting( ) 函数的数据是否是 None，同时列出返回值的数据类型。

```
1  # ch11_9.py
2  def greeting(name):
3      """Python函数需传递名字name"""
4      print("Hi, ", name, " Good Morning!")
5  ret_value = greeting('Nelson')
6  print("greeting( )返回值 = ", ret_value)
7  print(ret_value, " 的 type  = ", type(ret_value))
```

执行结果

```
==================== RESTART: D:\Python\ch11\ch11_9.py ====================
Hi,  Nelson  Good Morning!
greeting( )返回值 =  None
None 的 type  =  <class 'NoneType'>
```

上述函数 greeting( ) 没有 return，Python 将自动处理成 return None。其实即使函数设计时有 return 但是没有返回值，Python 也将自动处理成 return None，可参考下列实例第 5 行。

程序实例 ch11_10.py：重新设计 ch11_9.py，函数末端增加 return。

```
1  # ch11_10.py
2  def greeting(name):
3      """Python函数需传递名字name"""
4      print("Hi, ", name, " Good Morning!")
5      return                      # Python 将自动返回None
6  ret_value = greeting('Nelson')
7  print("greeting( )返回值 = ", ret_value)
8  print(ret_value, " 的 type  = ", type(ret_value))
```

执行结果 与 ch11_9.py 相同。

None 在 Python 中是一个特殊的值，如果将它当作布尔值使用，可将它视为 False，可以参考下列实例。

程序实例 ch11_10_1.py：None 应用于布尔值是 False 的实例。

```
1  # ch11_10_1.py
2  val = None
3  if val:
4      print("I love Java")
5  else:
6      print("I love Python")
```

执行结果

```
==================== RESTART: D:/Python/ch11/ch11_10_1.py ====================
I love Python
```

上述语句由于 val 是 None，可以将其视为 False，所以可以执行第 6 行，输出字符串 "I love Python"。其实虽然 None 被视为 False，可是 False 并不是 None。其实空列表、空元组、空字典、空集合虽然是 False，可是它们也不是 None。

上述程序是因教学需要中规中矩的写法，读者容易学习，也可以简化用一行程序代码取代上述 3 ～ 6 行。

程序实例 ch11_10_2.py：高手处理 if … else 的叙述方式。

```
1  # ch11_10_2.py
2  val = None
3  print("I love Java" if val else "I love Python")
```

执行结果 与 ch11_10_1.py 相同。

程序实例 ch11_10_3.py：认识空列表、空元组、空字典、空集合、布尔值 True 与 False 和 None 之间的区别。

```
1  # ch11_10_3.py
2  def is_None(string, x):
3      if x is None:
4          print("%s = None" % string)
5      elif x:
6          print("%s = True" % string)
7      else:
8          print("%s = False" % string)
9
10 is_None("空列表", [])          # 空列表
11 is_None("空元组", ())          # 空元组
12 is_None("空字典", {})          # 空字典
13 is_None("空集合", set())       # 空集合
14 is_None("None   ", None)
15 is_None("True   ", True)
16 is_None("False ", False)
```

执行结果

```
==================== RESTART: D:\Python\ch11\ch11_10_3.py ====================
空列表 = False
空元组 = False
空字典 = False
空集合 = False
None   = None
True   = True
False = False
```

11-3-2　简单返回数值数据

参数具有返回值的功能，将可以大大增加程序的可读性，返回的基本方式可参考下列程序第 5 行。

```
return result                # result 就是返回的值
```

程序实例 ch11_11.py：利用函数的返回值，重新设计 ch11_5.py 减法的运算。

```
1  # ch11_11.py
2  def subtract(x1, x2):
3      """ 减法设计 """
4      result = x1 - x2
5      return result                # 返回减法结果
6  print("本程序会执行 a - b 的运算")
7  a = int(input("a = "))
8  b = int(input("b = "))
9  print("a - b = ", subtract(a, b))  # 输出a-b字符串和结果
```

执行结果

```
==================== RESTART: D:\Python\ch11\ch11_11.py ====================
本程序会执行 a - b 的运算
a = 10
b = 5
a - b =  5
```

一个程序常常是由许多函数所组成的，下列是程序含两个函数的应用。

程序实例 ch11_12.py：设计加法和减法器。

```
1  # ch11_12.py
2  def subtract(x1, x2):
3      """ 减法设计 """
4      return x1 - x2                # 返回减法结果
5  def addition(x1, x2):
6      """ 加法设计 """
7      return x1 + x2                # 返回加法结果
8
9  # 使用者输入
10 print("请输入运算")
11 print("1:加法")
12 print("2:减法")
13 op = int(input("输入1/2: "))
14 a = int(input("a = "))
15 b = int(input("b = "))
16
17 # 程序运算
18 if op == 1:
19     print("a + b = ", addition(a, b))   # 输出a-b字符串和结果
20 elif op == 2:
21     print("a - b = ", subtract(a, b))   # 输出a-b字符串和结果
22 else:
23     print("运算方法输入错误")
```

执行结果

```
==================== RESTART: D:\Python\ch11\ch11_12.py ====================
请输入运算
1:加法
2:减法
输入1/2: 1
a = 5
b = 3
a + b =  8
>>>
==================== RESTART: D:\Python\ch11\ch11_12.py ====================
请输入运算
1:加法
2:减法
输入1/2: 2
a = 5
b = 3
a - b =  2
```

11-3-3 返回多个数据的应用

使用 return 返回函数数据时，也允许返回多个数据，各个数据间只要以逗号隔开即可，读者可参考下列实例第 8 行。

程序实例 ch11_13.py：请输入两个数据，此函数将返回加法、减法、乘法、除法的执行结果。

```
1  # ch11_13.py
2  def mutifunction(x1, x2):
3      """ 加，减，乘，除四则运算 """
4      addresult = x1 + x2
5      subresult = x1 - x2
6      mulresult = x1 * x2
7      divresult = x1 / x2
8      return addresult, subresult, mulresult, divresult
9
10  x1 = x2 = 10
11  add, sub, mul, div = mutifunction(x1, x2)
12  print("加法结果 = ", add)
13  print("减法结果 = ", sub)
14  print("乘法结果 = ", mul)
15  print("除法结果 = ", div)
```

执行结果

```
==================== RESTART: D:\Python\ch11\ch11_13.py ====================
加法结果 =  20
减法结果 =  0
乘法结果 =  100
除法结果 =  1.0
```

11-3-4 简单返回字符串数据

返回字符串的方法与 11-3-2 节返回数值的方法相同，

程序实例 ch11_14.py：一般中文姓名是 3 个字，笔者将中文姓名拆解为第一个字是姓 lastname，第二个字是中间名 middlename，第三个字是名 firstname。这个程序内有一个函数 guest_info( )，参数意义分别是名 firstname、中间名 middlename 和姓 lastname，以及性别 gender，同时加上问候语返回。

```
1  # ch11_14.py
2  def guest_info(firstname, middlename, lastname, gender):
3      """ 整合客户名字数据 """
4      if gender == "M":
5          welcome = lastname + middlename + firstname + '先生欢迎你'
6      else:
7          welcome = lastname + middlename + firstname + '小姐欢迎妳'
8      return welcome
9
10  info1 = guest_info('宇', '星', '洪', 'M')
11  info2 = guest_info('雨', '冰', '洪', 'F')
12  print(info1)
13  print(info2)
```

执行结果

```
==================== RESTART: D:\Python\ch11\ch11_14.py ====================
洪星宇先生欢迎你
洪冰雨小姐欢迎妳
```

如果是处理外国人的名字，则需在 lastname、middlename 和 firstname 之间加上空格，同时外国人名字处理的顺序是 firstname middlename lastname，这将是读者的习题。

11-3-5 再谈参数默认值

虽然大多数中国人的名字是由 3 个字所组成，但是偶尔也会遇上两个字的状况。其实外国人的名字中，有些人也是只有两个字，因为没有中间名 middlename。如果要让 ch11_14.py 更完美，可以在函数设计时将 middlename 默认为空字符串，这样就可以处理没有中间名的问题。参考 ch11_8.py 可知，设计时必须将默认为空字符串的参数放到函数参数列的最右边。

程序实例 ch11_15.py：重新设计 ch11_14.py，这个程序会将 middlename 默认为空字符串，这样就可以处理没有中间名 middlename 的问题，请留意函数设计时需将此参数放在最右边，可以参考第 2 行。

```
1  # ch11_15.py
2  def guest_info(firstname, lastname, gender, middlename = ''):
3      """ 整合客户名字数据 """
4      if gender == "M":
5          welcome = lastname + middlename + firstname + '先生欢迎你'
6      else:
7          welcome = lastname + middlename + firstname + '小姐欢迎妳'
8      return welcome
9
10 info1 = guest_info('涛', '刘', 'M')
11 info2 = guest_info('雨', '洪', 'F', '冰')
12 print(info1)
13 print(info2)
```

执行结果

```
==================== RESTART: D:\Python\ch11\ch11_15.py ====================
刘涛先生欢迎你
洪冰雨小姐欢迎妳
```

上述第 10 行调用 guest_info( ) 函数时只有 3 个参数，middlename 就会使用默认的空字符串。第 11 行调用 guest_info( ) 函数时有 4 个参数，middlename 就会使用调用函数时所设置的字符串 '冰'。

11-3-6 函数返回字典数据

函数除了可以返回数值或字符串数据外，也可以返回比较复杂的数据，例如，字典或列表等。

程序实例 ch11_16.py：这个程序会调用 build_vip 函数，在调用时会传入 VIP_ID 编号和 Name 姓名数据，函数将返回所建立的字典数据。

```
1  # ch11_16.py
2  def build_vip(id, name):
3      """ 建立VIP信息 """
4      vip_dict = {'VIP_ID':id, 'Name':name}
5      return vip_dict
6
7  member = build_vip('101', 'Nelson')
8  print(member)
```

```
==================== RESTART: D:\Python\ch11\ch11_16.py ====================
{'VIP_ID': '101', 'Name': 'Nelson'}
```

上述字典数据只是一个简单的应用，在真正的企业建立 VIP 数据的案例中，可能还需要**性别**、**电话号码、年龄、电子邮件、地址**等信息。在建立 VIP 数据过程中，也许有些人会愿意提供手机号码，有些人不愿意提供，函数设计时也可以将 Tel 电话号码默认为空字符串，但是如果有电话号码时，程序也可以将它纳入字典内容。

程序实例 ch11_17.py：扩充 ch11_16.py，增加电话号码，调用时若没有电话号码则字典不含此字段，调用时若有电话号码则字典含此字段。

```python
1   # ch11_17.py
2   def build_vip(id, name, tel = ''):
3       """ 建立VIP信息 """
4       vip_dict = {'VIP_ID':id, 'Name':name}
5       if tel:
6           vip_dict['Tel'] = tel
7       return vip_dict
8
9   member1 = build_vip('101', 'Nelson')
10  member2 = build_vip('102', 'Henry', '0952222333')
11  print(member1)
12  print(member2)
```

```
==================== RESTART: D:\Python\ch11\ch11_17.py ====================
{'VIP_ID': '101', 'Name': 'Nelson'}
{'VIP_ID': '102', 'Name': 'Henry', 'Tel': '0952222333'}
```

程序第 10 行调用 build_vip( ) 函数时，由于有电话号码字段，所以上述程序第 5 行会得到 if 语句的 tel 是 True，所以在第 6 行会将此字段增加到字典中。

11-3-7 将循环应用于建立 VIP 会员字典

我们可以将循环的概念应用于 VIP 会员字典的建立。

程序实例 ch11_18.py：这个程序在执行时基本上是用无限循环的概念，但是当一个数据建立完成时，会询问是否继续，如果输入非 'y' 的字符，程序将执行结束。

```python
1   # ch11_18.py
2   def build_vip(id, name, tel = ''):
3       """ 建立VIP信息 """
4       vip_dict = {'VIP_ID':id, 'Name':name}
5       if tel:
6           vip_dict['Tel'] = tel
7       return vip_dict
8
9   while True:
10      print("建立VIP信息系统")
11      idnum = input("请输入ID: ")
12      name = input("请输入姓名: ")
13      tel = input("请输入电话号码: ")        # 如果直接按Enter可不建立此字段
14      member = build_vip(idnum, name, tel)   # 建立字典
15      print(member, '\n')
16      repeat = input("是否继续(y/n)? 输入非y字符可结束系统: ")
17      if repeat != 'y':
18          break
19
20  print("欢迎下次再使用")
```

执行结果

```
==================== RESTART: D:\Python\ch11\ch11_18.py ====================
建立VIP信息系统
请输入ID: 100
请输入姓名: James
请输入电话号码: 0911223344
{'VIP_ID': '100', 'Name': 'James', 'Tel': '0911223344'}

是否继续(y/n)? 输入非y字符可结束系统: y
建立VIP信息系统
请输入ID: 101
请输入姓名: Kevin
请输入电话号码:
{'VIP_ID': '101', 'Name': 'Kevin'}

是否继续(y/n)? 输入非y字符可结束系统: n
欢迎下次再使用
```

笔者在上述输入第 2 个数据时，在电话号码字段没有输入而是直接按 Enter 键，这个动作相当于不做输入，此时将造成可以省略此字段。

11-4 调用函数时参数是列表

11-4-1 基本传递列表参数的应用

在调用函数时，也可以将列表（此列表可以是由**数值、字符串**或**字典**所组成）当参数传递给函数，然后函数可以遍历列表内容，然后执行更进一步的操作。

程序实例 ch11_19.py：传递列表给 product_msg( ) 函数，函数会遍历列表，然后列出一封产品发表会的信件。

```
1  # ch11_19
2  def product_msg(customers):
3      str1 = '亲爱的: '
4      str2 = '本公司将在2020年12月20日北京举行产品发表会'
5      str3 = '总经理:深石敬上'
6      for customer in customers:
7          msg = str1 + customer + '\n' + str2 + '\n' + str3
8          print(msg, '\n')
9
10 members = ['Damon', 'Peter', 'Mary']
11 product_msg(members)
```

执行结果

```
==================== RESTART: D:\Python\ch11\ch11_19.py ====================
亲爱的: Damon
本公司将在2020年12月20日北京举行产品发表会
总经理:深石敬上

亲爱的: Peter
本公司将在2020年12月20日北京举行产品发表会
总经理:深石敬上

亲爱的: Mary
本公司将在2020年12月20日北京举行产品发表会
总经理:深石敬上
```

11-4-2　观察传递一般变量与列表变量到函数的区别

在讲解修改列表内容前，本节先用两个简单的程序说明传递整数变量与传递列表变量到函数的差别。如果传递的是一般整数变量，其实只是将此变量值传给函数，此变量内容在函数更改时原先主程序的变量值不会改变。

程序实例 ch11_19_1.py：主程序调用函数时传递整数变量，这个程序会在主程序以及函数中列出此变量的值与地址的变化。

```
1  # ch11_19_1.py
2  def mydata(n):
3      print("子程序 id(n) = : ", id(n), "\t", n)
4      n = 5
5      print("子程序 id(n) = : ", id(n), "\t", n)
6
7  x = 1
8  print("主程序 id(x) = : ", id(x), "\t", x)
9  mydata(x)
10 print("主程序 id(x) = : ", id(x), "\t", x)
```

执行结果

```
==================== RESTART: D:\Python\ch11\ch11_19_1.py ====================
主程序 id(x) = :   1349175424        1
子程序 id(n) = :   1349175424        1
子程序 id(n) = :   1349175488        5
主程序 id(x) = :   1349175424        1
```

从上述程序可以发现，主程序在调用 mydata( ) 函数时传递了参数 x，在 mydata( ) 函数中将变量设为 n，当第 4 行变量 n 内容更改为 5 时，这个变量在内存的地址也更改了，所以函数 mydata( ) 执行结束时回到主程序，第 10 行可以得到原先主程序的变量 x 仍然是 1。

如果主程序调用函数所传递的是列表变量，其实是将此列表变量的地址参照传给函数，如果在函数中此列表变量地址参照的内容更改时，原先主程序列表变量内容会随着改变。

程序实例 ch11_19_2.py：主程序调用函数时传递列表变量，这个程序会在主程序以及函数中列出此列表变量的值与地址的变化。

```
1  # ch11_19_2.py
2  def mydata(n):
3      print("函 数 id(n) = : ", id(n), "\t", n)
4      n[0] = 5
5      print("函 数 id(n) = : ", id(n), "\t", n)
6
7  x = [1, 2]
8  print("主程序 id(x) = : ", id(x), "\t", x)
9  mydata(x)
10 print("主程序 id(x) = : ", id(x), "\t", x)
```

执行结果

```
==================== RESTART: D:\Python\ch11\ch11_19_2.py ====================
主程序 id(x) = :   43833864         [1, 2]
函 数 id(n) = :   43833864         [1, 2]
函 数 id(n) = :   43833864         [5, 2]
主程序 id(x) = :   43833864         [5, 2]
```

从上述执行结果可以得到，列表变量的地址不论是在主程序或是函数都保持一致，所以第 4 行函数 mydata( ) 内列表内容改变时，函数执行结束回到主程序可以看到主程序列表内容也更改了。

11-4-3 在函数内修改列表的内容

由 11-4-2 节可以知道 Python 允许主程序调用函数时，传递的参数是列表名称，这时在函数内直接修改列表的内容，同时列表经过修改后，主程序的列表也将随着永久性更改结果。

程序实例 ch11_20.py：设计一个麦当劳的点餐系统，顾客在麦当劳点餐时，可以将所点的餐点放入 unserved 列表，服务完成后将已服务餐点放入 served 列表。

```python
1  # ch11_20.py
2  def kitchen(unserved, served):
3      """ 将未服务的餐点转为已经服务 """
4      print("厨房处理顾客所点的餐点")
5      while unserved:
6          current_meal = unserved.pop( )
7          # 模拟出餐点过程
8          print("菜单: ", current_meal)
9          # 将已出餐点转入已经服务列表
10         served.append(current_meal)
11
12 def show_unserved_meal(unserved):
13     """ 显示尚未服务的餐点 """
14     print("=== 下列是尚未服务的餐点 ===")
15     if not unserved:
16         print("*** 没有餐点 ***", "\n")
17     for unserved_meal in unserved:
18         print(unserved_meal)
19
20 def show_served_meal(served):
21     """ 显示已经服务的餐点 """
22     print("=== 下列是已经服务的餐点 ===")
23     if not served:
24         print("*** 没有餐点 ***", "\n")
25     for served_meal in served:
26         print(served_meal)
27
28 unserved = ['大麦克', '劲辣鸡腿堡', '麦克鸡块']    # 所点餐点
29 served = []                                      # 已服务餐点
30
31 # 列出餐厅处理前的点餐内容
32 show_unserved_meal(unserved)                    # 列出未服务餐点
33 show_served_meal(served)                        # 列出已服务餐点
34
35 # 餐厅服务过程
36 kitchen(unserved, served)                       # 餐厅处理过程
37 print("\n", "=== 厨房处理结束 ===", "\n")
38
39 # 列出餐厅处理后的点餐内容
40 show_unserved_meal(unserved)                    # 列出未服务餐点
41 show_served_meal(served)                        # 列出已服务餐点
```

执行结果

```
==================== RESTART: D:\Python\ch11\ch11_20.py ====================
=== 下列是尚未服务的餐点 ===
大麦克
劲辣鸡腿堡
麦克鸡块
=== 下列是已经服务的餐点 ===
*** 没有餐点 ***

厨房处理顾客所点的餐点
菜单:  麦克鸡块
菜单:  劲辣鸡腿堡
菜单:  大麦克

 === 厨房处理结束 ===

=== 下列是尚未服务的餐点 ===
*** 没有餐点 ***

=== 下列是已经服务的餐点 ===
麦克鸡块
劲辣鸡腿堡
大麦克
```

这个程序的主程序从第 28 行开始，将所点的餐点放在 unserved 列表，第 29 行将已经处理的餐点放在 served 列表，程序刚开始是设置空列表。为了了解所做的设置，所以第 32 和 33 行是列出尚未服务的餐点和已经服务的餐点。

程序第 36 行是调用 kitchen( ) 函数，这个程序主要是列出餐点，同时将已经处理的餐点从尚未服务列表 unserved，转入已经服务的列表 served。

程序第 40 和 41 行再执行一次列出尚未服务餐点和已经服务餐点，以便验证整个执行过程。

对于上述程序而言，读者可能会好奇，主程序部分与函数部分是使用相同的列表变量 served 与 unserved，所以经过第 36 行调用 kitchen( ) 后造成列表内容的改变，是否设计这类要更改列表内容的程序时，函数与主程序的变量名称一定要相同？答案是否定的。

程序实例 ch11_21.py：重新设计 ch11_20.py，但是主程序的尚未服务列表改为 order_list，已经服务列表改为 served_list，下面只列出主程序内容。

```
28  order_list = ['大麦克', '劲辣鸡腿堡', '麦克鸡块']        # 所点餐点
29  served_list = []                                  # 已服务餐点
30
31  # 列出餐厅处理前的点餐内容
32  show_unserved_meal(order_list)                    # 列出未服务餐点
33  show_served_meal(served_list)                     # 列出已服务餐点
34
35  # 餐厅服务过程
36  kitchen(order_list, served_list)                  # 餐厅处理过程
37  print("\n", "=== 厨房处理结束 ===", "\n")
38
39  # 列出餐厅处理后的点餐内容
40  show_unserved_meal(order_list)                    # 列出未服务餐点
41  show_served_meal(served_list)                     # 列出已服务餐点
```

执行结果　与 ch11_20.py 相同。

得到上述结果最主要的原因是，当传递列表给函数时，即使函数内的列表与主程序列表是不同的名称，但是函数列表 unserved/served 与主程序列表 order_list/served_list 是指向相同的内存位置，所以在函数更改列表内容时主程序列表内容也随着更改。

11-4-4　使用副本传递列表

有时候在设计餐厅系统时，可能想要保存餐点内容，但是经过先前程序设计可以发现，order_list 列表已经变为空列表了，为了避免这样的情形发生，可以在调用 kitchen( ) 函数时传递副本列表，处理方式如下：

```
kitchen(order_list[:], served_list)      # 传递副本列表（可以参考 6-8-3 节）
```

程序实例 ch11_22.py：重新设计 ch11_21.py，但是保留原 order_list 的内容，整个程序主要是在第 36 行，笔者使用副本传递列表，其他只是程序有一些小调整，例如，原先函数 show_unserved_meal( ) 改名为 show_order_meal( )。

```
1   # ch11_22.py
2   def kitchen(unserved, served):
3       """ 将所点的餐点转为已经服务 """
4       print("厨房处理顾客所点的餐点")
5       while unserved:
6           current_meal = unserved.pop( )
7           # 模拟出餐点过程
8           print("菜单: ", current_meal)
9           # 将已出餐点转入已经服务列表
10          served.append(current_meal)
11
12  def show_order_meal(unserved):
13      """ 显示所点的餐点 """
14      print("=== 下列是所点的餐点 ===")
15      if not unserved:
16          print("*** 没有餐点 ***", "\n")
17      for unserved_meal in unserved:
18          print(unserved_meal)
19
20  def show_served_meal(served):
21      """ 显示已经服务的餐点 """
22      print("=== 下列是已经服务的餐点 ===")
23      if not served:
24          print("*** 没有餐点 ***", "\n")
25      for served_meal in served:
26          print(served_meal)
27
28  order_list = ['大麦克', '劲辣鸡腿堡', '麦克鸡块']   # 所点餐点
29  served_list = []                                    # 已服务餐点
30
31  # 列出餐厅处理前的点餐内容
32  show_order_meal(order_list)                         # 列出所点的餐点
33  show_served_meal(served_list)                       # 列出已服务餐点
34
35  # 餐厅服务过程
36  kitchen(order_list[:], served_list)                 # 餐厅处理过程
37  print("\n", "=== 厨房处理结束 ===", "\n")
38
39  # 列出餐厅处理后的点餐内容
40  show_order_meal(order_list)                         # 列出所点的餐点
41  show_served_meal(served_list)                       # 列出已服务餐点
```

执行结果

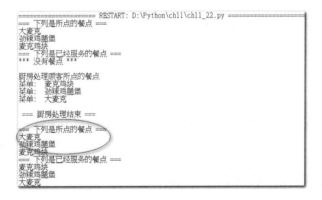

由上述执行结果可以发现，原先存储点餐的 order_list 列表经过 kitchen( ) 函数后，此列表的内容没有改变。

11-4-5　传递列表的提醒

函数传递列表时有一点必须留意，在重复调用过程预设列表时会遗留先前调用的内容。

程序实例 ch11_22_1.py：这个 insertChar( ) 函数有两个参数，第一个参数内容可以是任意数据，

第二个参数是空列表 myList，程序预期是每次调用 insertChar( ) 时将第一个参数内容插入第二个空列表内。

```
1  # ch11_22_1.py
2  def insertChar(letter, myList=[]):
3      myList.append(letter)
4      print(myList)
5
6  insertChar('x')
7  insertChar('y')
```

执行结果

```
==================== RESTART: D:/Python/ch11/ch11_22_1.py ====================
['x']
['x', 'y']
```

从上述执行结果发现，第二次调用 insertChar( ) 时，原先第一次所传递的字符 x 仍然存在 myList 列表内。如果想设计这类程序，建议使用 None 取代 [ ]。

程序实例 ch11_22_2.py：将列表参数默认值设为 None，重新设计 ch11_22_1.py。

```
1  # ch11_22_2.py
2  def insertChar(letter, myList=None):
3      if myList == None:
4          myList = []
5      myList.append(letter)
6      print(myList)
7
8  insertChar('x')
9  insertChar('y')
```

执行结果

```
==================== RESTART: D:/Python/ch11/ch11_22_2.py ====================
['x']
['y']
```

上述语句是在函数内用 if 语句判断是否建立空列表。

11-5 传递任意数量的参数

11-5-1 传递处理任意数量的参数

在设计 Python 的函数时，有时候可能会有多个参数传递到这个函数，此时可以用下列方式设计。

程序实例 ch11_23.py：建立一个冰淇淋的配料程序，一般冰淇淋可以在上面加上配料，这个程序在调用制作冰淇淋函数 make_icecream( ) 时，可以传递 0 到多个配料，然后 make_icecream( ) 函数会将配料结果的冰淇淋列出来。

```
1   # ch11_23.py
2   def make_icecream(*toppings):
3       """ 列出制作冰淇淋的配料 """
4       print("这个冰淇淋所加配料如下")
5       for topping in toppings:
6           print("--- ", topping)
7
8   make_icecream('草莓酱')
9   make_icecream('草莓酱', '葡萄干', '巧克力碎片')
```

执行结果

```
==================== RESTART: D:\Python\ch11\ch11_23.py ====================
这个冰淇淋所加配料如下
---    草莓酱
这个冰淇淋所加配料如下
---    草莓酱
---    葡萄干
---    巧克力碎片
```

上述程序最关键的是第 2 行 make_icecream( ) 函数的参数 "*toppings"，这个加上 "*" 符号的参数代表可以有 0 到多个参数将传递到这个函数内。参数 "*toppings" 的另一个特点是，它可以将所传递的参数群组化成元组（tuple）。

程序实例 ch11_23_1.py：重新设计 ch11_23.py，验证 "*toppings" 参数的数据类型是元组。

```
1    # ch11_23_1.py
2    def make_icecream(*toppings):
3        """ 列出制作冰淇淋的配料 """
4        print("这个冰淇淋所加配料如下")
5        for topping in toppings:
6            print("--- ", topping)
7        print(type(toppings))
8        print(toppings)
9
10   make_icecream('草莓酱')
11   make_icecream('草莓酱', '葡萄干', '巧克力碎片')
```

执行结果

```
==================== RESTART: D:\Python\ch11\ch11_23_1.py ====================
这个冰淇淋所加配料如下
---    草莓酱
<class 'tuple'>
('草莓酱',)
这个冰淇淋所加配料如下
---    草莓酱
---    葡萄干
---    巧克力碎片
<class 'tuple'>
('草莓酱', '葡萄干', '巧克力碎片')
```

上述程序第 7 行可以打印 toppings 的数据类型是 <class 'tuple'>，第 8 行可以列出 toppings 的数据内容。上述程序如果调用 make_icecream( ) 时没有传递参数，第 5、6 行的 for 循环将不会执行第 6 行的循环内容。

程序实例 ch11_23_2.py：在调用 make_icecream( ) 时没有传递参数的观察。

```
1  # ch11_23_2.py
2  def make_icecream(*toppings):
3      """ 列出制作冰淇淋的配料 """
4      print("这个冰淇淋所加配料如下")
5      for topping in toppings:
6          print("--- ", topping)
7
8  make_icecream()
```

执行结果

```
==================== RESTART: D:\Python\ch11\ch11_23_2.py ====================
这个冰淇淋所加配料如下
```

11-5-2　设计含有一般参数与任意数量参数的函数

程序设计时有时会遇上需要传递一般参数与任意数量参数，碰上这类状况，任意数量的参数必须放在最右边。

程序实例 ch11_24.py：重新设计 ch11_23.py，传递参数时第一个参数是冰淇淋的种类，然后才是不同数量的冰淇淋的配料。

```
1  # ch11_24.py
2  def make_icecream(icecream_type, *toppings):
3      """ 列出制作冰淇淋的配料 """
4      print("这个 ", icecream_type, " 冰淇淋所加配料如下")
5      for topping in toppings:
6          print("--- ", topping)
7
8  make_icecream('香草', '草莓酱')
9  make_icecream('芒果', '草莓酱', '葡萄干', '巧克力碎片')
```

执行结果

```
==================== RESTART: D:\Python\ch11\ch11_24.py ====================
这个  香草   冰淇淋所加配料如下
---  草莓酱
这个  芒果   冰淇淋所加配料如下
---  草莓酱
---  葡萄干
---  巧克力碎片
```

11-5-3　设计含有一般参数与任意数量的关键词参数

在 11-2-3 节有介绍调用函数的参数是**关键词参数**（**参数**是用**参数名称 = 值**配对方式呈现的），其实也可以设计含任意数量关键词参数的函数，方法是在函数内使用 **kwargs（kwargs 是程序设计师可以自行命名的参数，可以想成 key word arguments），这时关键词参数将会变成任意数量的字典元素，其中，自变量是键，对应的值是字典的值。

程序实例 ch11_25.py：这个程序基本上是用 build_dict() 函数建立一个球员的字典数据，主程序会传入一般参数与任意数量的关键词参数，最后可以列出执行结果。

```
1   # ch11_25.py
2   def build_dict(name, age, **players):
3       """ 建立NBA球员的字典数据 """
4       info = {}                # 建立空字典
5       info['Name'] = name
6       info['Age'] = age
7       for key, value in players.items( ):
8           info[key] = value
9       return info              # 返回所建的字典
10
11  player_dict = build_dict('James', '32',
12                          City = 'Cleveland',
13                          State = 'Ohio')
14
15  print(player_dict)           # 打印所建字典
```

执行结果

```
==================== RESTART: D:/Python/ch11/ch11_25.py ====================
{'Name': 'James', 'Age': '32', 'City': 'Cleveland', 'State': 'Ohio'}
>>>
```

上述语句最关键的是第 2 行 build_dict( ) 函数内的参数 "**player"，这是可以接受任意数量关键词的参数，它可以将所传递的关键词参数群组化成字典（dict）。

11-6　进一步认识函数

在 Python 中所有东西都是对象，例如，字符串、列表、字典甚至函数也是对象，可以将函数赋值给一个变量，也可以将函数当作参数传送，甚至将函数返回，当然也可以动态建立或是销毁。这让 Python 使用起来非常有弹性，也可以完成其他程序语言无法做到的事情，但是其实也多了一些理解上的难度。

11-6-1　函数文件字符串 docstring

请再看一次 ch11_3.py 程序：

```
1   # ch11_3.py
2   def greeting(name):
3       """Python函数需传递名字name"""
4       print("Hi,", name, "Good Morning!")
5   greeting('Nelson')
```

上述函数 greeting( ) 名称下方是 """Python 函数需 … """ 字符串，Python 语言将此**函数注释**称为**文件字符串** docstring（document string 的缩写）。一个公司在设计大型程序时，常常将工作分成很多小程序，每个人的工作将用函数完成，为了要让其他团队成员了解你所设计的函数，必须用**文件字符串**注明此函数的功能与用法。

可以使用 help（函数名称）列出此函数的文件字符串，参考下列实例。假设已经执行了 ch11_3.py 程序，下面是列出此程序的 greeting( ) 函数的**文件字符串**。

```
>>> help(greeting)
Help on function greeting in module __main__:

greeting(name)
    Python函数需传递名字name
```

如果只是想要看函数注释，可以使用下列方式。

```
>>> print(greeting.__doc__)
Python函数需传递名字name
```

上述语句中奇怪的 greeting.__doc__ 就是 greeting( ) 函数文件字符串的变量名称，"__" 其实是两个下画线，这是系统保留名称的方法，以后会介绍这方面的知识。

11-6-2　函数是一个对象

其实在 Python 中函数也是一个对象，假设有一个函数如下：

```
>>> def upperStr(text):
        return text.upper()

>>> upperStr('deepstone')
'DEEPSTONE'
```

可以使用对象赋值方式处理此对象，或者说将函数设置给一个变量。

```
>>> upperLetter = upperStr
```

经上述语句执行后 upperLetter 也变成了一个函数，所以可以执行下列操作。

```
>>> upperLetter('deepstone')
'DEEPSTONE'
```

从上述语句执行可以知道，upperStr 和 upperLetter 指的是同一个函数对象。此外，一个函数若是拿掉小括号 ( )，这个函数就是一个内存内的地址了，可参考下列验证。由于 upperStr 和 upperLetter 是指相同对象，所以它们的内存地址相同。

```
>>> upperStr
<function upperStr at 0x0040F150>
>>> upperLetter
<function upperStr at 0x0040F150>
```

如果用 type( ) 观察，可以得到 upperStr 和 upperLetter 都是函数对象。

```
>>> type(upperStr)
<class 'function'>
>>> type(upperLetter)
<class 'function'>
```

11-6-3　函数可以是数据结构成员

函数既然可以是一个对象，就可以将函数当作数据结构（例如，列表、元组 … ）的元素，自然也可以迭代这些函数，这个概念可以应用于自建函数或内建函数。

程序实例 ch11_25_1.py：将所定义的函数 total 与 Python 内建的函数 min( )、max( )、sum( ) 等，当作列表的元素，然后迭代，内建函数会列出 <built-in …>，非内建函数则列出内存地址。

```
1  # ch11_25_1.py
2  def total(data):
3      return sum(data)
4
5  x = (1,5,10)
6  myList = [min, max, sum, total]
7  for f in myList:
8      print(f)
```

执行结果

```
==================== RESTART: D:/Python/ch11/ch11_25_1.py ====================
<built-in function min>
<built-in function max>
<built-in function sum>
<function total at 0x00A9C618>
```

程序实例 ch11_25_2.py：用 for 循环迭代列表内的元素，这些元素是函数，这次有传递参数 (1, 5, 10)。

```
1   # ch11_25_2.py
2   def total(data):
3       return sum(data)
4
5   x = (1,5,10)
6   myList = [min, max, sum, total]
7   for f in myList:
8       print(f, f(x))
```

执行结果

```
==================== RESTART: D:\Python\ch11\ch11_25_2.py ====================
<built-in function min> 1
<built-in function max> 10
<built-in function sum> 16
<function total at 0x04155BB8> 16
```

11-6-4　函数可以当作参数传递给其他函数

在 Python 中函数也可以当作参数传递给其他函数，当函数当作参数传递时，可以不用加上 ( ) 符号，这样 Python 就可以将函数当作对象处理。如果加上括号，会被视为调用这个函数。

程序实例 ch11_25_3.py：函数当作是传递参数的基本应用。

```
1   # ch11_25_3.py
2   def add(x, y):
3       return x+y
4
5   def mul(x, y):
6       return x*y
7
8   def running(func, arg1, arg2):
9       return func(arg1, arg2)
10
11  result1 = running(add, 5, 10)
12  print(result1)
13  result2 = running(mul, 5, 10)
14  print(result2)
```

执行结果

```
==================== RESTART: D:/Python/ch11/ch11_25_3.py ====================
15
50
```

上述第 8 行 running( ) 函数的第 1 个参数是函数，第 2、3 个参数是一般数值，这个 running

函数会依所传递的第一个参数，才会知道要调用 add( ) 或 mul( )，然后才将 arg1 和 arg2 传递给指定的函数。在上述程序中，running( ) 函数可以接受其他函数当作参数的函数，又称其为**高阶函数**（Higher-order function）。

11-6-5　函数当作参数与 *args 不定量的参数

前面已经介绍可以将函数当作传递参数使用，其实也可以配合 *args 与 **kwargs 共同使用。

程序实例 ch11_25_4.py：函数当作参数与 *args 不定量参数配合使用。

```
1  # ch11_25_4.py
2  def mysum(*args):
3      return sum(args)
4
5  def run_with_multiple_args(func, *args):
6      return func(*args)
7
8  print(run_with_multiple_args(mysum,1,2,3,4,5))
9  print(run_with_multiple_args(mysum,6,7,8,9))
```

执行结果

```
==================== RESTART: D:/Python/ch11/ch11_25_4.py ====================
15
30
```

第 5 行 run_with_multiple_args( ) 函数可以接受一个函数与一系列的参数。

11-6-6　嵌套函数

嵌套函数是指函数内部也可以有函数，有时候可以利用这个特性执行复杂的运算。嵌套函数具有可重复使用、封装，隐藏数据的效果。

程序实例 ch11_25_5.py：计算两个坐标点的距离，外层函数是第 2 ～ 7 行的 dist( )，此函数第 3、4 行是内层 mySqrt( ) 函数。

```
1  # ch11_25_5.py
2  def dist(x1,y1,x2,y2):          # 计算两点的距离函数
3      def mySqrt(z):              # 计算开根号值
4          return z ** 0.5
5      dx = (x1 - x2) ** 2
6      dy = (y1 - y2) ** 2
7      return mySqrt(dx+dy)
8
9  print(dist(0,0,1,1))
```

执行结果

```
==================== RESTART: D:/Python/ch11/ch11_25_5.py ====================
1.4142135623730951
```

11-6-7　函数也可以当作返回值

在嵌套函数的应用中，常常会应用到将一个内层函数当作返回值，这时所返回的是内层函数的

内存地址。

程序实例 ch11_25_6.py：计算 1-(n-1) 的总和，观察函数当作返回值的应用，这个程序的第 2 ～ 6
行是 outer( ) 函数，第 6 行的返回值是不含 ( ) 的 inner。

```
1   # ch11_25_6.py
2   def outer():
3       def inner(n):
4           print('inner running')
5           return sum(range(n))
6       return inner
7
8   f = outer()         # outer()返回inner地址
9   print(f)            # 打印inner内存
10  print(f(5))         # 实际执行的是inner()
11
12  y = outer()
13  print(y)
14  print(y(10))
```

执行结果

```
=================== RESTART: D:\Python\ch11\ch11_25_6.py ===================
<function outer.<locals>.inner at 0x02DDF150>
inner running
10
<function outer.<locals>.inner at 0x03201738>
inner running
45
```

这个程序在执行第 8 行时，outer( ) 会返回 inner 的内存地址，所以对于 f 而言所获得的只是内
层函数 inner( ) 的内存地址，所以第 9 行可以列出 inner( ) 的内存地址。当执行第 10 行 f(5) 时，才是
真正执行计算总和。

由于 inner( ) 是在执行期间被定义，所以第 12 行时会产生新的 inner( ) 地址，所以主程序两次
调用会有不同的 inner( )。最后读者必须了解，我们无法在主程序中直接调用内部函数，这会产生
错误。

11-6-8　闭包 closure

内部函数是一个动态产生的程序，当它可以记住函数以外的程序所建立的环境变量值时，可以
称这个内部函数是**闭包**（closure）。

程序实例 ch11_25_7.py：一个线性函数 ax+b 的闭包说明。

```
1   # ch11_25_7.py
2   def outer():
3       b = 10                  # inner所使用的变量值
4       def inner(x):
5           return 5 * x + b    # 引用第3行的b
6       return inner
7
8   b = 2
9   f = outer()
10  print(f(b))
```

执行结果

```
=================== RESTART: D:/Python/ch11/ch11_25_7.py ===================
20
```

上述语句第 3 行中 b 是一个环境变量，这也是定义在 inner( ) 以外的变量，由于第 6 行使用 inner 当作返回值，inner( ) 内的 b 其实就是第 3 行所定义的 b，变量 b 和 inner( ) 就构成了一个 closure。程序第 10 行中的 f(b)，其实这个 b 将是 Inner(x) 的 x 参数，所以最后可以得到 5×2 + 10，结果是 20。

其实 __closure__ 内是一个元组，环境变量 b 就是存在 cell_contents 内。

```
>>> print(f)
<function outer.<locals>.inner at 0x0357F150>
>>> print(f.__closure__)
(<cell at 0x039D72D0: int object at 0x5B8EC910>,)
>>> print(f.__closure__[0].cell_contents)
10
```

程序实例 ch11_25_8.py：闭包 closure 的另一个应用，这也是线性函数 ax+b，不过环境变量是 outer( ) 的参数。

```
1  # ch11_25_8.py
2  def outer(a, b):
3      ''' a 和 b 将是inner()的环境变量 '''
4      def inner(x):
5          return a * x + b
6      return inner
7
8  f1 = outer(1, 2)
9  f2 = outer(3, 4)
10 print(f1(1), f2(3))
```

执行结果

```
==================== RESTART: D:/Python/ch11/ch11_25_8.py ====================
3 13
```

这个程序第 8 行相当于建立了 x+2，第 9 行建立了 3x+4，相当于使用了 closure 将最终线性函数确定下来，第 10 行传递适当的值，就可以获得结果。在这里我们发现程序代码可以重复使用，此外，如果没有 closure，我们需要传递 a、b、x 参数，所以 closure 可以让程序设计更有效率，同时以后扩充时程序代码更容易移植。

11-7 递归式函数设计

一个函数可以调用其他函数，也可以调用自己，其中，调用本身的动作称为**递归式**（recursive）调用，递归式调用有下列特点。

（1）每次调用自己时，都会使范围越来越小。

（2）必须要有一个终止的条件来结束递归函数。

递归函数可以使程序变得很简洁，但是设计这类程序时如果不小心很容易进入无限循环的陷阱，所以使用这类函数时一定要特别小心。递归函数最常见的应用是处理正整数的**阶乘**（factorial），一个正整数的阶乘是所有小于以及等于该数的正整数的积，同时如果正整数是 0 则阶乘为 1，依照概念正整数是 1 时阶乘也是 1。此阶乘数字的表示法为 n!。

实例 1：n 是 3，下列是阶乘数的计算方式。

n! = 1×2×3

　　结果是 6

实例 2：n 是 5，下列是阶乘数的计算方式。

　　n! = 1×2×3×4×5

　　结果是 120

　　阶乘数的概念是由法国数学家克里斯蒂安·克兰普（Christian Kramp, 1760—1826）所发表，他虽然学医但是却同时对数学感兴趣，发表了许多数学文章。

程序实例 ch11_26.py：使用递归函数执行阶乘（factorial）运算。

```
1  # ch11_26.py
2  def factorial(n):
3      """ 计算n的阶乘, n 必须是正整数 """
4      if n == 1:
5          return 1
6      else:
7          return (n * factorial(n-1))
8
9  value = 3
10 print(value, " 的阶乘结果是 = ", factorial(value))
11 value = 5
12 print(value, " 的阶乘结果是 = ", factorial(value))
```

执行结果

```
==================== RESTART: D:\Python\ch11\ch11_26.py ====================
3  的阶乘结果是 =   6
5  的阶乘结果是 =   120
```

　　上述 factorial( ) 函数的终止条件是参数值为 1 的情况，由第 4 行判断然后返回 1，下列是正整数为 3 时递归函数的情况讲解。

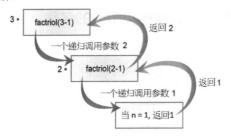

　　Python 预设最大递归次数为 1000 次，可以先导入 sys 模块，第 13 章会介绍导入模块的更多知识。读者可以使用 sys.getrecursionlimit( ) 列出 Python 预设或目前递归的最大次数。

```
>>> import sys
>>> sys.getrecursionlimit( )
1000
```

　　sys.setrecursionlimit( ) 可以设置最大递归次数。

11-8　局部变量与全局变量

　　在设计函数时，另一个重点是适当地使用变量名称。某个变量只能在该函数内使用，影响范围限定在这个函数内，这个变量称为**局部变量**（local variable）。如果某个变量的影响范围是整个程序，则这个变量称为**全局变量**（global variable）。

Python 程序在调用函数时会建立一个内存工作区间，在这个内存工作区间可以处理属于这个函数的变量，当函数工作结束，返回原先的调用程序时，这个内存工作区间就被收回，原先存在的变量也将被销毁，这也是为何**局部变量**的影响范围只限定在所属的函数内。

对于**全局变量**而言，一般是在主程序内建立，程序在执行时，不仅主程序可以引用，所有属于这个程序的函数也可以引用，所以它的影响范围是整个程序。

11-8-1　全局变量可以在所有函数中使用

一般在主程序内建立的变量称为全局变量，这个变量可以供主程序内与本程序的所有函数引用。

程序实例 ch11_27.py：这个程序会设置一个全局变量，然后函数也可以调用。

```
1  # ch11_27.py
2  def printmsg():
3      """ 函数本身没有定义变量，只有执行打印全局变量功能 """
4      print("函数打印: ", msg)      # 打印全局变量
5
6  msg = 'Global Variable'          # 设置全局变量
7  print("主程序行印: ", msg)        # 打印全局变量
8  printmsg()                       # 调用函数
```

执行结果

```
==================== RESTART: D:\Python\ch11\ch11_27.py ====================
主程序行印:  Global Variable
函数打印:   Global Variable
```

11-8-2　局部变量与全局变量使用相同的名称

在设计程序时建议对全局变量与函数内的局部变量不要使用相同的名称，因为对新手而言很容易造成混淆。如果发生全局变量与函数内的局部变量使用相同的名称时，Python 会将相同名称的**区域**与**全局**变量视为不同的变量，在局部变量所在的函数中是使用局部变量内容，其他区域则是使用全局变量的内容。

程序实例 ch11_28.py：局部变量与全局变量定义了相同的变量 msg，但是内容不相同。然后执行打印，可以发现在函数与主程序中所打印的内容有不同的结果。

```
1  # ch11_28.py
2  def printmsg():
3      """ 函数本身有定义变量，将执行打印局部变量功能 """
4      msg = 'Local Variable'       # 设置局部变量
5      print("函数打印: ", msg)      # 打印局部变量
6
7  msg = 'Global Variable'          # 这是全局变量
8  print("主程序行印: ", msg)        # 打印全局变量
9  printmsg()                       # 调用函数
```

执行结果

```
==================== RESTART: D:\Python\ch11\ch11_28.py ====================
主程序行印:  Global Variable
函数打印:   Local Variable
```

11-8-3　程序设计注意事项

一般程序设计时在使用局部变量时需注意下列事项，否则程序会有错误产生。

（1）局部变量内容无法在其他函数引用，可参考 ch11_29.py。

（2）局部变量内容无法在主程序引用，可参考 ch11_30.py。

（3）在函数内不能更改全局变量的值，可参考 ch11_30_1.py。

（4）如果要在函数内存取或修改全局变量值，需在函数内使用 global 声明此变量，可参考 ch11_30_2.py。

程序实例 ch11_29.py：局部变量在其他函数中引用，造成程序错误的应用。

```
1  # ch11_29.py
2  def defmsg():
3      msg = 'pringmsg variable'
4
5  def printmsg():
6      print(msg)          # 打印defmsg()函数定义的局部变量
7
8  printmsg()              # 调用printmsg()
```

执行结果

```
==================== RESTART: D:\Python\ch11\ch11_29.py ====================
Traceback (most recent call last):
  File "D:\Python\ch11\ch11_29.py", line 8, in <module>
    printmsg()              # 呼叫printmsg()
  File "D:\Python\ch11\ch11_29.py", line 6, in printmsg
    print(msg)          # 打印defmsg()函数定义的局部变量
NameError: name 'msg' is not defined
```

上述程序的错误原因主要是 printmsg( ) 函数内没有定义 msg 变量，所以产生程序错误。

程序实例 ch11_30.py：局部变量在主程序中引用产生错误的实例。

```
1  # ch11_30.py
2  def defmsg():
3      msg = 'pringmsg variable'
4
5  print(msg)          # 主程序行打印局部变量产生错误
```

执行结果

```
==================== RESTART: D:\Python\ch11\ch11_30.py ====================
Traceback (most recent call last):
  File "D:\Python\ch11\ch11_30.py", line 5, in <module>
    print(msg)          # 主程序行打印局部变量产生错误
NameError: name 'msg' is not defined
```

上述程序的错误原因主要是主程序内没有定义 msg 变量，所以产生程序错误。

程序实例 ch11_30_1.py：在函数内尝试更改全局变量，结果是增加定义一个局部变量。

```
1  # ch11_30_1.py
2  def printmsg():
3      msg = "Java"          # 尝试更改全局变量造成建立一个局部变量
4      print("更改后: ", msg)
5  msg = "Python"
6  printmsg()
```

```
==================== RESTART: D:\Python\ch11\ch11_30_1.py ====================
更改后： Java
```

如果全局变量在函数内可能更改内容时，需要在函数内使用 global 声明这个全局变量，程序才不会有错。

程序实例 ch11_30_2.py：使用 global 在函数内声明全局变量。

```
1  # ch11_30_2.py
2  def printmsg():
3      global msg
4      msg = "Java"            # 更改全局变量
5      print("更改后: ", msg)
6  msg = "Python"
7  print("更改前: ", msg)
8  printmsg()
```

```
==================== RESTART: D:\Python\ch11\ch11_30_2.py ====================
更改前:  Python
更改后:  Java
```

11-8-4　locals( ) 和 globals( )

Python 提供函数让我们了解目前变量的名称与内容。

locals( )：用字典方式列出所有的局部变量名称与内容。

globals( )：用字典方式列出所有的全局变量名称与内容。

程序实例 ch11_30_3.py：列出所有局部变量与全局变量的内容。

```
1  # ch11_30_3.py
2  def printlocal():
3      lang = "Java"
4      print("语言 : ", lang)
5      print("局部变量 : ", locals())
6  msg = "Python"
7  printlocal()
8  print("语言 : ", msg)
9  print("全局变量 : ",globals())
```

```
==================== RESTART: D:\Python\ch11\ch11_30_3.py ====================
语言 :  Java
局部变量 :  {'lang': 'Java'}
语言 :  Python
全局变量 :  {'__name__': '__main__', '__doc__': None, '__package__': None, '__lo
ader__': <class '_frozen_importlib.BuiltinImporter'>, '__spec__': None, '__annot
ations__': {}, '__builtins__': <module 'builtins' (built-in)>, '__file__': 'D:\\
Python\\ch11\\ch11_30_3.py', 'printlocal': <function printlocal at 0x036A0420>,
'msg': 'Python'}
```

请留意在上述全局变量中，除了最后一个 'msg':'Python' 是程序设置的，其他均是系统内建，后面会针对此部分做说明。

11-9 匿名函数 lambda

匿名函数（anonymous function）是指一个没有名称的函数，适合在程序中只存在一小段时间的情况。Python 使用 def 定义一般函数，匿名函数则是使用 lambda 来定义，有人称之为 lambda 表达式，也可以将匿名函数称为 lambda 函数。有时会将匿名函数与 Python 的内建函数 filter( )、map( )、reduce( ) 等共同使用，此时匿名函数将只是这些函数的参数，后面将以实例做进行讲解。

11-9-1　匿名函数 lambda 的语法

匿名函数最大的特点是可以有许多的参数，但是只能有一个表达式，然后可以将执行结果返回。

```
lambda arg1[, arg2, …,argn]:expression    # arg1 是参数，可以有多个参数
```
其中，expression 就是匿名函数 lambda 表达式的内容。

程序实例 ch11_31.py：使用一般函数设计返回平方值。

```
1  # ch11_31.py
2  # 使用一般函数
3  def square(x):
4      value = x ** 2
5      return value
6
7  # 输出平方值
8  print(square(10))
```

执行结果

```
==================== RESTART: D:/Python/ch11/ch11_31.py ====================
100
```

程序实例 ch11_32.py：单一参数的匿名函数应用，可以返回平方值。

```
1  # ch11_32.py
2  # 定义lambda函数
3  square = lambda x: x ** 2
4
5  # 输出平方值
6  print(square(10))
```

执行结果　与 ch11_31.py 相同。

下列是匿名函数含有多个参数的应用。

程序实例 ch11_33.py：含两个参数的匿名函数应用，可以返回参数的积（相乘的结果）。

```
1  # ch11_33.py
2  # 定义lambda函数
3  product = lambda x, y: x * y
4
5  # 输出相乘结果
6  print(product(5, 10))
```

```
==================== RESTART: D:\Python\ch11\ch11_33.py ====================
50
```

11-9-2　使用 lambda 匿名函数的时机

使用 lambda 函数的最佳时机是在一个函数的内部，可以参考下列实例。

程序实例 ch11_33_1.py：这是一个 2x+b 方程式，有两个变量，第 5 行定义 linear 时，才确定 lambda 方程式是 2x+5，所以第 6 行可以得到 25。

```
1  # ch11_33_1.py
2  def func(b):
3      return lambda x : 2 * x + b
4
5  linear  = func(5)          # 5将传给lambda的 b
6  print(linear(10))          # 10是lambda的 x
```

```
==================== RESTART: D:/Python/ch11/ch11_33_1.py ====================
25
```

程序实例 ch11_33_2.py：重新设计 ch11_33_1.py，使用一个函数但是有两个方程式。

```
1  # ch11_33_2.py
2  def func(b):
3      return lambda x : 2 * x + b
4
5  linear  = func(5)          # 5将传给lambda的 b
6  print(linear(10))          # 10是lambda的 x
7
8  linear2 = func(3)
9  print(linear2(10))
```

```
==================== RESTART: D:/Python/ch11/ch11_33_2.py ====================
25
23
```

11-9-3　匿名函数应用于高阶函数的参数

匿名函数一般是用在不需要函数名称的场合，例如，一些高阶函数（Higher-order function）的部分参数是函数，这时就很适合使用匿名函数，同时让程序变得更简洁。在正式以实例讲解前，我们先举一个使用一般函数当作函数参数的实例。

程序实例 ch11_33_3.py：以一般函数当作函数参数的实例。

```
1  # ch11_33_3.py
2  def mycar(cars,func):
3      for car in cars:
4          print(func(car))
5  def wdcar(carbrand):
6      return "My dream car is " + carbrand.title()
7
8  dreamcars = ['porsche','rolls royce','maserati']
9  mycar(dreamcars, wdcar)
```

执行结果

```
=================== RESTART: D:\Python\ch11\ch11_33_3.py ===================
My dream car is Porsche
My dream car is Rolls Royce
My dream car is Maserati
```

上述程序第 9 行调用 mycar( ) 使用两个参数，第 1 个参数是 dreamcars 字符串，第 2 个参数是 wdcar( ) 函数，wdcar( ) 函数的功能是结合字符串 "My dream car is" 和将 dreamcars 列表元素的字符串第 1 个字母用大写。

其实上述 wdcar( ) 函数就是使用匿名函数的好时机。

程序实例 ch11_33_4.py：重新设计 ch11_33_3.py，使用匿名函数取代 wdcar( )。

```
1  # ch11_33_4.py
2  def mycar(cars,func):
3      for car in cars:
4          print(func(car))
5
6  dreamcars = ['porsche','rolls royce','maserati']
7  mycar(dreamcars, lambda carbrand:"My dream car is " + carbrand.title())
```

执行结果　与 ch11_33_3.py 相同。

18-4-3 节会以实例介绍使用 lambda 表达式的好时机。

11-9-4　匿名函数的使用与 filter( )

有一个内建函数 filter( )，主要是**筛选序列**，它的语法格式如下：

```
filter(func, iterable)
```

上述函数将依次将 iterable（可以重复执行，例如，字符串 string、列表 list 或元组 tuple）的元素（item）放入 func(item) 内，然后将 func( ) 函数执行结果是 True 的元素（item）组成新的**筛选对象**（filter object）返回。

程序实例 ch11_34.py：使用传统函数定义方式将列表元素内容是奇数的元素筛选出来。

```
1  # ch11_34.py
2  def oddfn(x):
3      return x if (x % 2 == 1) else None
4
5  mylist = [5, 10, 15, 20, 25, 30]
6  filter_object = filter(oddfn, mylist)        # 返回filter object
7
8  # 输出奇数列表
9  print("奇数列表: ",[item for item in filter_object])
```

执行结果

```
==================== RESTART: D:\Python\ch11\ch11_34.py ====================
奇数列表: [5, 15, 25]
```

第 9 行使用 item for item in filter_object，这是可以取得 filter object 元素的方式，这个操作方式与下列 for 循环类似。

```
for item in filter_object:
 print(item)
```

若是想要获得列表结果，可以使用下列方式。

```
oddlist = [item for item in filter_object]
```

程序实例 ch11_35.py：重新设计 ch11_34.py，将 filter object 转为列表，下面只列出与 ch11_34.py 不同的程序代码。

```
7  oddlist = [item for item in filter_object]
8  # 输出奇数列表
9  print("奇数列表: ",oddlist)
```

执行结 与 ch11_34.py 相同。

匿名函数的最大优点是可以让程序变得更简洁，可参考下列程序实例。

程序实例 ch11_36.py：使用匿名函数重新设计 ch11_35.py。

```
1  # ch11_36.py
2  mylist = [5, 10, 15, 20, 25, 30]
3
4  oddlist = list(filter(lambda x: (x % 2 == 1), mylist))
5
6  # 输出奇数列表
7  print("奇数列表: ",oddlist)
```

执行结果 与 ch11_35.py 相同。

上述程序第 4 行直接使用 list( ) 函数将返回的 filter object 转成列表了。

11-9-5 匿名函数的使用与 map( )

Google 有一篇大数据领域著名的论文 *MapReduce:Simplified Data Processing on Large Clusters*，接下来的两节将介绍 map( ) 和 reduce( ) 函数。

有一个内建函数 map( )，它的语法格式如下：

```
map(func, iterable)
```

上述函数依次将 iterable 重复执行，例如，字符串 string、列表 list 或元组（tuple）的元素（item）放入 func(item) 内，然后将 func( ) 函数执行结果返回。

程序实例 ch11_37.py：使用匿名函数对列表元素执行平方运算。

```
1  # ch11_37.py
2  mylist = [5, 10, 15, 20, 25, 30]
3
4  squarelist = list(map(lambda x: x ** 2, mylist))
5
6  # 输出列表元素的平方值
7  print("列表的平方值: ",squarelist)
```

执行结果

```
==================== RESTART: D:\Python\ch11\ch11_37.py ====================
列表的平方值:  [25, 100, 225, 400, 625, 900]
```

11-9-6　匿名函数的使用与 reduce( )

内建函数 reduce( ) 的语法格式如下：

```
reduce(func, iterable)              # func 必须有两个参数
```

它会先对可迭代对象的第 1 个和第 2 个元素操作，结果再和第 3 个元素操作，直到最后一个元素。假设 iterable 有 4 个元素，可以用下列方式。

reduce（f, [a, b, c, d]）= f（f（f（a, b），c），d）

早期 reduce( ) 是内建函数，现在已被移至 funtools，所以使用时需在程序前方加上 import。

```
import functools as reduce          # 导入 reduce ( )
```

程序实例 ch11_37_1.py：设计字符串转整数的函数，为了验证转整数结果正确，将此字符串加10，最后再输出。

```
1  # ch11_37_1.py
2  from functools import reduce
3  def strToInt(s):
4      def func(x, y):
5          return 10*x+y
6      def charToNum(s):
7          print("s = ", type(s), s)
8          mydict = {'0':0,'1':1,'2':2,'3':3,'4':4,'5':5,'6':6,'7':7,'8':8,'9':9}
9          n = mydict[s]
10         print("n = ", type(n), n)
11         return n
12     return reduce(func,map(charToNum,s))
13
14 string = '5487'
15 x = strToInt(string) + 10
16 print("x = ", x)
```

执行结果

```
==================== RESTART: D:/Python/ch11/ch11_37_1.py ====================
s =  <class 'str'> 5
n =  <class 'int'> 5
s =  <class 'str'> 4
n =  <class 'int'> 4
s =  <class 'str'> 8
n =  <class 'int'> 8
s =  <class 'str'> 7
n =  <class 'int'> 7
x =  5497
```

这本书是以教学为目的，所以会讲解程序演变过程，上述程序第 8 行和第 9 行可以简化如下。

```
8      n = {'0':0,'1':1,'2':2,'3':3,'4':4,'5':5,'6':6,'7':7,'8':8,'9':9}[s]
```

可以参考本书代码文件 ch11_37_2.py，当然也可以进一步简化 charToNum( ) 函数如下。

```
6       def charToNum(s):
7           return {'0':0,'1':1,'2':2,'3':3,'4':4,'5':5,'6':6,'7':7,'8':8,'9':9}[s]
8       return reduce(func,map(charToNum,s))
```

可以参考本书代码文件 ch11_37_3.py。

程序实例 ch11_37_4.py：使用 lambda 简化前一个程序设计。

```
1   # ch11_37_4.py
2   from functools import reduce
3   def strToInt(s):
4       def charToNum(s):
5           return {'0':0,'1':1,'2':2,'3':3,'4':4,'5':5,'6':6,'7':7,'8':8,'9':9}[s]
6       return reduce(lambda x,y:10*x+y, map(charToNum,s))
7
8   string = '5487'
9   x = strToInt(string) + 10
10  print("x = ", x)
```

执行结果 与 ch11_37_1.py 相同。

11-10 pass 与函数

在 7-4-8 节已经有对 pass 指令做过介绍，其实当我们在设计大型程序时，可能会先规划各个函数的功能，然后再逐一完成各个函数设计，但是在程序完成前可以先将尚未完成的函数内容放上 pass。

程序实例 ch11_38.py：将 pass 应用于函数设计。

```
1   # ch11_38.py
2   def fun(arg):
3       pass
```

执行结果 程序没有执行结果。

11-11 type 关键词应用于函数

在结束本章前列出函数的数据类型，读者可以参考。

程序实例 ch11_39.py：输出函数与匿名函数的数据类型。

```
1   # ch11_39.py
2   def fun(arg):
3       pass
4
5   print("列出fun的type类型    :        ", type(fun))
6   print("列出lambda的type类型:        ", type(lambda x:x))
7   print("列出内建函数abs的type类型: ", type(abs))
```

执行结果

```
================== RESTART: D:\Python\ch11\ch11_39.py ==================
列出fun的type类型     :        <class 'function'>
列出lambda的type类型:           <class 'function'>
列出内建函数abs的type类型:      <class 'builtin_function_or_method'>
```

11-12 设计自己的 range( )

在 Python 2 中，range( ) 所返回的是列表，在 Python 3 版本中所返回的则是 range 对象。range( ) 最大的特点是它不需要预先存储所有序列范围的值，因此可以节省内存与增加程序效率，每次迭代时，它会记得上次调用的位置同时返回下一个位置，这是一般函数做不到的。

程序实例 ch11_39_1.py：设计自己的 range( ) 函数，此函数名称是 myRange( )。

```python
1  # ch11_39_1.py
2  def myRange(start=0, stop=100, step=1):
3      n = start
4      while n < stop:
5          yield n
6          n += step
7
8  print(type(myRange))
9  for x in myRange(0,5):
10     print(x)
```

执行结果

```
================== RESTART: D:/Python/ch11/ch11_39_1.py ==================
<class 'function'>
0
1
2
3
4
```

上述设计的 myRange( ) 函数，数据类型是 function，所执行的功能与 range( ) 类似，不过当调用此函数时，它的返回值不是使用 return，而是使用 yield，同时整个函数内部不是立即执行。第一次 for 循环执行时会执行到 yield 关键词，然后返回 n 值。下一次 for 循环迭代时会继续执行此函数的第 6 行 "n += step"，然后回到函数起点再执行到 yield，循环直到没有值可以返回。

我们又将此 range( ) 称为**生成器**（generator）。

11-13 装饰器

在程序设计时我们会设计一些函数，有时候想在函数内增加一些功能，但是又不想更改原先的函数，这时可以使用 Python 所提供的**装饰器**（decorator）。装饰器其实也是一种函数，基本上此函数会接收一个函数，然会返回另一个函数。下面是一个简单打印所传递的字符串然后输出的实例。

```
>>> def greeting(string):
        return string

>>> greeting('Hello! iPhone')
'Hello! iPhone'
```

假设不想更改 greeting( ) 函数内容，但是希望将输出改成大写，此时就是使用装饰器的时机。

程序实例 ch11_39_2.py：装饰器函数的基本操作。这个程序将设计一个 upper( ) 装饰器，这个程序除了将所输入字符串改成大写，同时也列出所装饰的函数名称，以及函数所传递的参数。

```
1   # ch11_39_2.py
2   def upper(func):              # 装饰器
3       def newFunc(args):
4           oldresult = func(args)
5           newresult = oldresult.upper()
6           print('函数名称 : ', func.__name__)
7           print('函数参数 : ', args)
8           return newresult
9       return newFunc
10
11  def greeting(string):         # 问候函数
12      return string
13
14  mygreeting = upper(greeting)  # 手动装饰器
15  print(mygreeting('Hello! iPhone'))
```

执行结果

```
==================== RESTART: D:\Python\ch11\ch11_39_2.py ====================
函数名称 :  greeting
函数参数 :  Hello! iPhone
HELLO! IPHONE
```

上述程序第 14 行是手动设置装饰器，第 15 行是调用装饰器和打印。

装饰器设计的原则是有一个函数当作参数，然后在装饰器内重新定义一个含有装饰功能的新函数，可参考第 3 ~ 8 行。第 4 行是获得原函数 greeting( ) 的结果，第 5 行是将 greeting( ) 的结果装饰成新的结果，也就是将字符串转成大写。第 6 行是打印原函数的名称，在这里使用了 func.__name__，这是函数名称变量。第 7 行是打印所传递参数内容，第 8 行是返回新的结果。

上述第 14 行是手动设置装饰器，在 Python 中可以在要装饰的函数前面加上 @decorator，直接定义装饰器。

程序实例 ch11_39_3.py：第 10 行直接使用 @upper 定义装饰器方式，取代手动定义装饰器，重新设计 ch11_39_2.py，程序第 14 行可以直接调用 greeting( ) 函数。

```
1   # ch11_39_3.py
2   def upper(func):              # 装饰器
3       def newFunc(args):
4           oldresult = func(args)
5           newresult = oldresult.upper()
6           print('函数名称 : ', func.__name__)
7           print('函数参数 : ', args)
8           return newresult
9       return newFunc
10  @upper                        # 设置装饰器
11  def greeting(string):         # 问候函数
12      return string
13
14  print(greeting('Hello! iPhone'))
```

执行结果　与 ch11_39_2.py 相同。

装饰器另一个常用概念是为一个函数增加除错的检查功能，例如，有一个除法函数如下。

```
>>> def mydiv(x,y):
        return x/y

>>> mydiv(6,2)
3.0
>>> mydiv(6,0)
Traceback (most recent call last):
  File "<pyshell#22>", line 1, in <module>
    mydiv(6,0)
  File "<pyshell#20>", line 2, in mydiv
    return x/y
ZeroDivisionError: division by zero
```

很明显若 div( ) 的第 2 个参数是 0 时，将造成除法错误，不过可以使用装饰器修改此除法功能。

程序实例 ch11_39_4.py：设计一个装饰器 @errcheck，为一个除法增加除数为 0 的检查功能。

```
 1  # ch11_39_4.py
 2  def errcheck(func):                 # 装饰器
 3      def newFunc(*args):
 4          if args[1] != 0:
 5              result = func(*args)
 6          else:
 7              result = "除数不可为0"
 8          print('函数名称 : ', func.__name__)
 9          print('函数参数 : ', args)
10          print('执行结果 : ', result)
11          return result
12      return newFunc
13  @errcheck                           # 设置装饰器
14  def mydiv(x, y):                    # 函数
15      return x/y
16
17  print(mydiv(6,2))
18  print(mydiv(6,0))
```

执行结果

```
================== RESTART: D:\Python\ch11\ch11_39_4.py ==================
函数名称 :  mydiv
函数参数 :  (6, 2)
执行结果 :  3.0
3.0
函数名称 :  mydiv
函数参数 :  (6, 0)
执行结果 :  除数不可为0
除数不可为0
```

在上述程序第 3 行的 newFunc(*args) 中出现 *args，这会接收所传递的参数，同时以元组（tuple）方式存储，第 4 行是检查除数是否为 0，如果不为 0 则执行第 5 行除法运算，设置除法结果存在 result 变量中。如果第 4 行检查除数是 0 则执行第 7 行，设置 result 变量内容是"除数不可为 0"。

一个函数可以有两个以上的装饰器，方法是在函数上方设置装饰器函数，当有多个装饰器函数时，会按由下往上次序一次执行装饰器，这又称为**装饰器堆栈**（decorator stacking）。

程序实例 ch11_39_5.py：扩充设计 ch11_39_3.py 程序，主要是为 greeting( ) 函数增加 @bold 装饰器函数，这个函数会在字符串前后增加 bold 字符串。另外一个需注意的是，@bold 装饰器是在 @upper 装饰器的上方。

```
1   # ch11_39_5.py
2   def upper(func):                    # 大写装饰器
3       def newFunc(args):
4           oldresult = func(args)
5           newresult = oldresult.upper()
6           return newresult
7       return newFunc
8   def bold(func):                     # 加粗体字符串装饰器
9       def wrapper(args):
10          return 'bold' + func(args) + 'bold'
11      return wrapper
12
13  @bold                               # 设置加粗体字符串装饰器
14  @upper                              # 设置大写装饰器
15  def greeting(string):               # 问候函数
16      return string
17
18  print(greeting('Hello! iPhone'))
```

执行结果

```
=================== RESTART: D:/Python/ch11/ch11_39_5.py ===================
boldHELLO! IPHONEbold
```

上述程序会先执行下方的 @upper 装饰器，这时可以将字符串改为大写，然后再执行 @bold 装饰器，最后得到前后增加 bold 的字符串。装饰器位置改变也将改变执行结果，可参考下列实例。

程序实例 ch11_39_6.py：更改 @upper 和 @bold 次序，重新设计 ch11_39_5.py，并观察执行结果。

```
1   # ch11_39_6.py
2   def upper(func):                    # 装饰器
3       def newFunc(args):
4           oldresult = func(args)
5           newresult = oldresult.upper()
6           return newresult
7       return newFunc
8   def bold(func):
9       def wrapper(args):
10          return 'bold' + func(args) + 'bold'
11      return wrapper
12
13  @upper                              # 设置大写装饰器
14  @bold                               # 设置加粗体字符串大写装饰器
15  def greeting(string):               # 问候函数
16      return string
17
18  print(greeting('Hello! iPhone'))
```

执行结果

```
=================== RESTART: D:/Python/ch11/ch11_39_6.py ===================
BOLDHELLO! IPHONEBOLD
```

11-14　专题——函数的应用 / 最大公约数 / 质数

11-14-1　用函数重新设计记录一篇文章每个单词出现次数

程序实例 ch11_40.py：这个程序主要是设计两个函数，modifySong( ) 会将所传来的字符串有标点符号部分用空格符取代；wordCount( ) 会将字符串转成列表，同时将列表转成字典，最后遍历字典然后记录每个单词出现的次数。

```
1   # ch11_40.py
2   def modifySong(songStr):                    # 将歌曲的标点符号用空字符取代
3       for ch in songStr:
4           if ch in ".,?":
5               songStr = songStr.replace(ch,'')
6       return songStr                          # 返回取代结果
7
8   def wordCount(songCount):
9       global mydict
10      songList = songCount.split()            # 将歌曲字符串转成列表
11      print("以下是歌曲列表")
12      print(songList)
13      mydict = {wd:songList.count(wd) for wd in set(songList)}
14
15  data = """Are you sleeping, are you sleeping, Brother John, Brother John?
16  Morning bells are ringing, morning bells are ringing.
17  Ding ding dong, Ding ding dong."""
18
19  mydict = {}                                 # 空字典未来存储单词计数结果
20  print("以下是将歌曲大写字母全部改成小写同时将标点符号用空字符取代")
21  song = modifySong(data.lower())
22  print(song)
23
24  wordCount(song)                             # 执行歌曲单词计数
25  print("以下是最后执行结果")
26  print(mydict)                               # 打印字典
```

执行结果

```
==================== RESTART: D:\Python\ch11\ch11_40.py ====================
以下是将歌曲大写字母全部改成小写同时将标点符号用空字符取代
are you sleeping are you sleeping brother john brother john
morning bells are ringing morning bells are ringing
ding ding dong ding ding dong
以下是歌曲列表
['are', 'you', 'sleeping', 'are', 'you', 'sleeping', 'brother', 'john', 'brother
', 'john', 'morning', 'bells', 'are', 'ringing', 'morning', 'bells', 'are', 'rin
ging', 'ding', 'ding', 'dong', 'ding', 'ding', 'dong']
以下是最后执行结果
{'are': 4, 'you': 2, 'bells': 2, 'dong': 2, 'ringing': 2, 'brother': 2, 'john':
2, 'sleeping': 2, 'morning': 2, 'ding': 4}
```

11-14-2　最大公约数

在第 7 章习题 ex7_16.py 已经有介绍过**最大公约数**的概念了，有两个数字分别是 n1 和 n2，**公约数**是可以被 n1 和 n2 整除的数字，1 是它们的公约数，但不是最大公约数。假设最大公约数是 gcd，查找最大公约数可以从 n=2, 3, … 开始，每次找到比较大的公约数时将此 n 设给 gcd，直到 n 大于 n1 或 n2，最后的 gcd 值就是最大公约数。

程序实例 ch11_41.py：设计最大公约数 GCD 函数，然后输入两个数字做测试。

```
1  # ch11_41.py
2  def GCD(n1, n2):
3      gcd = 1                          # 初始化最大公约数
4      n = 2                            # 从2开始检测
5      while n <= n1 and n <= n2:
6          if n1 % n == 0 and n2 % n == 0:
7              gcd = n                  # 新最大公约数
8          n += 1
9      return gcd
10
11  n1, n2 = eval(input("请输入2个整数值："))
12  print("最大公约数是：", GCD(n1,n2))
```

执行结果

```
==================== RESTART: D:\Python\ch11\ch11_41.py ====================
请输入2个整数值：16, 24
最大公约数是：8
>>>
==================== RESTART: D:\Python\ch11\ch11_41.py ====================
请输入2个整数值：150, 2525
最大公约数是：25
```

11-14-3　质数

在 7-3-4 节有说明质数的概念与算法，本节将讲解设计质数的函数 isPrime( )。

程序实例 ch11_42.py：设计 isPrime( ) 函数，这个函数可以响应所输入的数字是否质数，如果是返回 True，否则返回 False。

```
1  # ch11_42.py
2  def isPrime(num):
3      """ 测试num是否质数 """
4      for n in range(2, num):
5          if num % n == 0:
6              return False
7      return True
8
9  num = int(input("请输入大于1的整数做质数测试 = "))
10  if isPrime(num):
11      print("%d是质数" % num)
12  else:
13      print("%d不是质数" % num)
```

执行结果

```
==================== RESTART: D:\Python\ch11\ch11_42.py ====================
请输入大于1的整数做质数测试 = 12
12不是质数
>>>
==================== RESTART: D:\Python\ch11\ch11_42.py ====================
请输入大于1的整数做质数测试 = 13
13是质数
```

习题

1. 请设计一个绝对值函数 absolute(n)，如果输入 -5 则输出 5，如果输入 5 则输出 5。(11-2 节)

```
================== RESTART: D:\Python\ex\ex11_1.py ==================
请输入数值 = 6
绝对值是  6
>>>
================== RESTART: D:\Python\ex\ex11_1.py ==================
请输入数值 = -11
绝对值是  11
```

2. 请设计 mymax(n1, n2)，此函数将输出较大值。(11-2 节)

```
================== RESTART: D:\Python\ex\ex11_2.py ==================
请输入2个数值 = 10, 20
较大值是 : 20
>>>
================== RESTART: D:\Python\ex\ex11_2.py ==================
请输入2个数值 = 9, 2
较大值是 : 9
```

3. 请设计一个函数 reverse(n)，此函数可以反向显示此数。(11-2 节)

```
================== RESTART: D:\Python\ex\ex11_3.py ==================
请输入1个数值 = 5793
3975
```

4. 请设计可以执行两个数值运算的加法、减法、乘法、除法运算的小型计算器。这个程序必须设计 add(n1, n2)、sub(n1, n2)、mul(n1, n2)、div(n1, n2)4 个函数，所有计算结果必须使用 return 返回给主程序。(11-3 节)

```
================== RESTART: D:\Python\ex\ex11_4.py ==================
请输入第1个数字 = 10
请输入第2个数字 = 5
请输入运算符(+,-,*,/) : +
计算结果 =  15
>>>
================== RESTART: D:\Python\ex\ex11_4.py ==================
请输入第1个数字 = 10
请输入第2个数字 = 5
请输入运算符(+,-,*,/) : /
计算结果 =  2.0
>>>
================== RESTART: D:\Python\ex\ex11_4.py ==================
请输入第1个数字 = 10
请输入第2个数字 = 5
请输入运算符(+,-,*,/) : @
运算公式输入错误
```

5. 请将上一题扩充为可以重复执行，每次运算结束会询问是否继续，如果输入 Y 或 y，程序继续，若是输入其他字符程序会结束。(11-3 节)

```
================== RESTART: D:\Python\ex\ex11_5.py ==================
请输入第1个数字 = 10
请输入第2个数字 = 5
请输入运算符(+,-,*,/) : +
计算结果 =  15
是否继续?(Y or y=继续) : y
请输入第1个数字 = 10
请输入第2个数字 = 5
请输入运算符(+,-,*,/) : /
计算结果 =  2.0
是否继续?(Y or y=继续) : q
```

6. 请重新设计 ch11_14.py，请将 guest_info( ) 函数在传递参数不变的情况下，处理为适合外国人姓名的使用环境。这个程序使用以下两个数据做测试。(11-3 节)

| firstname:Ivan | middlename:Carl | lastname:Hung |
| firstname:Mary | middlename:Ice | lastname:Hung |

```
================== RESTART: D:/Python/ex/ex11_6.py ==================
Mr. Ivan Carl Hung Welcome
Miss Mary Ice Hung Welcome
```

7. 请设计摄氏温度转华氏温度函数 CtoF(c)，华氏温度转摄氏温度函数 FtoC(f)，然后设计下列温度转换表。(11-3 节)

```
==================== RESTART: D:\Python\ex\ex11_7.py ====================
摄氏温度      华氏温度      |      华氏温度      摄氏温度
21           69.80        |      70           21.11
22           71.60        |      75           23.89
23           73.40        |      80           26.67
24           75.20        |      85           29.44
25           77.00        |      90           32.22
26           78.80        |      95           35.00
27           80.60        |      100          37.78
28           82.40        |      105          40.56
29           84.20        |      110          43.33
30           86.00        |      115          46.11
```

8. 在 7-6-3 节已经有介绍圆周率的莱布尼茨公式，如下所示：(11-3 节)

$$pi = 4\left(1 - \frac{1}{3} + \frac{1}{5} - \frac{1}{7} + \cdots + \frac{(-1)^{i+1}}{2i-1}\right)$$

设计一个 pi(i) 函数，列出 i 是 1, 1001, …,9001 时的 pi（i）值。

```
==================== RESTART: D:/Python/ex/ex11_8.py ====================
  i      PI
  1     4.00000
1001    3.14259
2001    3.14209
3001    3.14193
4001    3.14184
5001    3.14179
6001    3.14176
7001    3.14174
8001    3.14172
9001    3.14170
```

9. 在第 4 章习题 ex4_12.py 中有说明计算三角形面积的方法，三角形边长的特点是两边长的和必须大于第三边。请设计 isTriangle(s1,s2,s3) 函数，这个函数可以判断所输入三角形的三个边长，可否成为三角形。如果所输入的边长可以成为三角形，同时设计 area(s1,s2,s3) 函数计算三角形的面积。(11-3 节)

```
==================== RESTART: D:\Python\ex\ex11_9.py ====================
请输入3个边长 : 5, 2, 2
这不是三角形的边长
>>>
==================== RESTART: D:\Python\ex\ex11_9.py ====================
请输入3个边长 : 2, 2, 2
这是三角形的边长
三角形面积是 :     1.732
```

10. 请设计一个函数 isPalindrome(n)，这个函数可以判断所输入的数值是不是回文（Palindrome）数字，回文数字的条件是从左读或是从右读都相同。例如，22,232,556655, … , 都算是回文数字。(11-3 节)

```
==================== RESTART: D:\Python\ex\ex11_10.py ====================
请输入1个数值 = 232
这是回文数
>>>
==================== RESTART: D:\Python\ex\ex11_10.py ====================
请输入1个数值 = 556655
这是回文数
>>>
==================== RESTART: D:\Python\ex\ex11_10.py ====================
请输入1个数值 = 5566
这不是回文数
```

11. 请重新设计 ch11_24.py，将程序改为制作 pizza，所以请将函数名称改为 make_pizza，第一

个参数改为 pizza 的尺寸，然后请到 pizza 店选择 5 种配料。(11-5 节)

```
================ RESTART: D:\Python\ex\ex11_11.py ================
这个 5 吋Pizza所加配料如下
---   海鲜
这个 7 吋Pizza所加配料如下
---   蔬菜
---   辛香料
---   香菇
---   干酪
---   海鲜
```

12. 设计一个递归函数 isPalindrome(s)，这个函数可以测试所输入的字符串是不是回文字符串，回文字符串的条件是从左读或是从右读都相同。例如，aa,aba,moom, ⋯ , 都算是回文字符串。(11-7 节)

```
================ RESTART: D:\Python\ex\ex11_12.py ================
请输入字符串 : aba
aba 是回文字符串
>>>
================ RESTART: D:\Python\ex\ex11_12.py ================
请输入字符串 : data
data 不是回文字符串
>>>
================ RESTART: D:\Python\ex\ex11_12.py ================
请输入字符串 : moom
moom 是回文字符串
```

13. Fibonacci 数列的起源最早可以追溯到 1150 年印度数学家 Gopala，在西方最早研究这个数列的是意大利科学家**列奥纳多·斐波那契**（Leonardo Fibonacci），后来人们将此数列简称为**费氏数列**。

请设计递归函数 fib(n)，产生前 10 个费氏数列 Fibonacci 数字，fib(n) 中的 n 主要是此数列的索引，费氏数列数字的规则如下。(11-7 节)

$F_0 = 0$ # 索引是 0

$F_1 = 1$ # 索引是 1

⋯

$F_n = F_{n-1} + F_{n-2}$ (n ≥ 2)   # 索引是 n

最后值应该是 0, 1, 1, 2, 3, 5, 8, 13, 21, 34, ⋯

```
================ RESTART: D:\Python\ex\ex11_13.py ================
下列是前10个Fibonacci数列
 0   1   1   2   3   5   8   13  21  34
```

14. 重新设计 ch11_34.py，产生偶数列表。(11-9 节)

```
================ RESTART: D:\Python\ex\ex11_14.py ================
偶数列表: [10, 20, 30]
```

15. 重新设计 ch11_36.py，产生偶数列表。(11-9 节)

```
================ RESTART: D:\Python\ex\ex11_15.py ================
偶数列表: [10, 20, 30]
```

16. 美国 NBA 球员 Lin 的前 10 场得分资料如下 : (11-9 节)

25, 18, 12, 22, 31, 17, 26, 19, 18, 10

请使用匿名函数和 filter( ) 函数，列出得分超过 20 分（含）的列表。

```
================ RESTART: D:\Python\ex\ex11_16.py ================
得分大于或等于20分的列表: [25, 22, 31, 26]
```

17. 请重新设计 ch11_39_5.py，增加设计 @italic 装饰器，这个装饰器可以在字符串外围增加 italic 字符串，下列是执行结果。(11-9 节)

```
==================== RESTART: D:/Python/ex/ex11_17.py ====================
italicboldHELLO! IPHONEbolditalic
```

18. 使用 map( ) 将 [1,2,3,4,5] 转为 ['1','2','3','4','5']。

```
==================== RESTART: D:/Python/ex/ex11_18.py ====================
['1', '2', '3', '4', '5']
```

12

第 1 2 章

类——面向对象的程序设计

本章摘要

Python 其实是一种面向对象（Object Oriented Programming）语言，在 Python 中所有的数据类型都是对象，Python 也允许程序设计师自创数据类型，这种自创的数据类型就是本章的主题——**类**（class）。

设计程序时可以将世间万物分组归类，然后使用**类**（class）来定义分类，本章将列举一系列不同的类，扩展读者的思维。

12-1 类的定义与使用

类的语法定义如下：

```
class      Classname( )          # 类名称第一个字母建议使用大写
    statement1
    ...
    statementn
```

本节将以银行为例，说明最基本的类的概念。

12-1-1 定义类

程序实例 ch12_1.py：Banks 类的定义。

```
1  # ch12_1.py
2  class Banks():
3      ''' 定义银行类 '''
4      bankname = 'Taipei Bank'        # 定义属性
5      def motto(self):                # 定义方法
6          return "以客为尊"
```

执行结果　这个程序没有输出结果。

对上述程序而言，Banks 是**类名称**，在这个类中定义了一个**属性** bankname 与一个**方法** motto。

在类内定义方法（method）的方式与第 11 章定义函数的方式相同，但是不可以称之为函数（function）而必须称之为**方法**（method），在程序设计时可以随时调用函数，但是只有属于该类的**对象**（object）才可调用相关的方法。

12-1-2 操作类的属性与方法

若是想操作类的属性与方法，首先需声明该类的**对象（object）变量**，可以简称**对象**，然后使用下列方式操作。

```
object. 类的属性
object. 类的方法 ( )
```

程序实例 ch12_2.py：扩充 ch12_1.py，列出银行的名称与服务宗旨。

```
1   # ch12_2.py
2   class Banks():
3       ''' 定义银行类 '''
4       bankname = 'Taipei Bank'        # 定义属性
5       def motto(self):                # 定义方法
6           return "以客为尊"
7
8   userbank = Banks()                  # 定义对象userbank
9   print("目前服务银行是 ", userbank.bankname)
10  print("银行服务理念是 ", userbank.motto())
```

执行结果

```
==================== RESTART: D:\Python\ch12\ch12_2.py ====================
目前服务银行是   Taipei Bank
银行服务理念是   以客为尊
```

从上述执行结果可以发现，我们成功地存取了 Banks 类内的**属性**与**方法**。程序第 8 行定义了 userbank 当作 Banks 类的对象，然后使用 userbank 对象读取了 Banks 类内的 bankname 属性与 motto( ) 方法。这个程序主要是列出 bankname 属性值与 motto( ) 方法返回的内容。

建立一个对象后，这个对象就可以像其他 Python 对象一样，可以将这个对象当作列表、元组、字典或集合元素使用，也可以将此对象当作函数的参数传送，或是将此对象当作函数的返回值。

12-1-3　类的建构方法

建立类很重要的一个工作是**初始化整个类**。**初始化类**是在类内建立一个初始化**方法**（method），这是一个特殊**方法**，当在程序内声明这个类的对象时将自动执行这个方法。初始化方法有一个固定名称是"__init__( )"，写法是 init 左右各有两个下画线字符。init 其实是 initialization 的缩写，通常又将这类初始化的方法称为**建构方法**（constructor）。在初始化的方法内可以执行一些属性变量设置。下面先用一个实例做解说。

程序实例 ch12_3.py：重新设计 ch12_2.py，设置初始化方法，同时存第一笔开户的钱 100 元到银行里，然后列出存款金额。

```
1   # ch12_3.py
2   class Banks():
3       ''' 定义银行类 '''
4       bankname = 'Taipei Bank'                # 定义属性
5       def __init__(self, uname, money):       # 初始化方法
6           self.name = uname                   # 设置存款者名字
7           self.balance = money                # 设置所存的钱
8
9       def get_balance(self):                  # 获得存款余额
10          return self.balance
11
12  hungbank = Banks('hung', 100)               # 定义对象hungbank
13  print(hungbank.name.title(), " 存款余额是 ", hungbank.get_balance())
```

执行结果

```
==================== RESTART: D:\Python\ch12\ch12_3.py ====================
Hung   存款余额是   100
```

程序 12 行定义 Banks 类的 hungbank 对象时，Banks 类会自动启动 __init__( ) 初始化函数，在这个定义中 self 是必需的，同时需放在所有参数的**最前面**（相当于最左边），Python 在初始化时会自动传入这个参数 self，代表的是类本身的对象，未来在类内想要参照各**属性**与**函数**执行运算都要使用 self，可参考第 6、7 和 10 行。

在这个 Banks 类的 __init__(self, uname, money) 方法中，有另外两个参数 uname 和 money，未来在定义 Banks 类的对象时（第 12 行）需要传递两个参数，分别给 uname 和 money。至于程序第 6 和 7 行内容如下：

```
self.name = uname                ; name 是 Banks 类的属性
self.balance = money             ; balance 是 Banks 类的属性
```

读者可能会思考，既然 __init__ 这么重要，为何 ch12_2.py 没有这个初始化函数仍可运行？其实对 ch12_2.py 而言是使用预设没有参数的 __init__( ) 方法。

在程序第 9 行另外有一个 get_balance(self) 方法，在这个方法内只有一个参数 self，所以调用时可以不用任何参数，可以参考第 13 行。这个方法目的是返回存款余额。

程序实例 ch12_4.py：扩充 ch12_3.py，主要是增加执行存款与取款功能，同时在类内可以直接列出目前余额。

```
1   # ch12_4.py
2   class Banks():
3       ''' 定义银行类 '''
4       bankname = 'Taipei Bank'              # 定义属性
5       def __init__(self, uname, money):     # 初始化方法
6           self.name = uname                 # 设置存款者名字
7           self.balance = money              # 设置所存的钱
8
9       def save_money(self, money):          # 设计存款方法
10          self.balance += money             # 执行存款
11          print("存款 ", money, " 完成")     # 打印存款完成
12
13      def withdraw_money(self, money):      # 设计取款方法
14          self.balance -= money             # 执行取款
15          print("取款 ", money, " 完成")     # 打印取款完成
16
17      def get_balance(self):                # 获得存款余额
18          print(self.name.title(), " 目前余额: ", self.balance)
19
20  hungbank = Banks('hung', 100)             # 定义对象hungbank
21  hungbank.get_balance()                    # 获得存款余额
22  hungbank.save_money(300)                  # 存款300元
23  hungbank.get_balance()                    # 获得存款余额
24  hungbank.withdraw_money(200)              # 提款200元
25  hungbank.get_balance()                    # 获得存款余额
```

执行结果

```
================= RESTART: D:\Python\ch12\ch12_4.py =================
Hung  目前余额:  100
存款  300  完成
Hung  目前余额:  400
取款  200  完成
Hung  目前余额:  200
```

类建立完成后，随时可以使用多个对象引用这个类的属性与函数，可参考下列实例。

程序实例 ch12_5.py：使用与 ch12_4.py 相同的 Banks 类，然后定义两个对象操作这个类。下面是与 ch12_4.py 不同的程序代码内容。

```
20    hungbank = Banks('hung', 100)                # 定义对象hungbank
21    johnbank = Banks('john', 300)                # 定义对象johnbank
22    hungbank.get_balance()                       # 获得hung存款余额
23    johnbank.get_balance()                       # 获得john存款余额
24    hungbank.save_money(100)                     # hung存款100
25    johnbank.withdraw_money(150)                 # john取款150
26    hungbank.get_balance()                       # 获得hung存款余额
27    johnbank.get_balance()                       # 获得john存款余额
```

执行结果

```
================= RESTART: D:\Python\ch12\ch12_5.py =================
Hung    目前余额：  100
John    目前余额：  300
存款   100   完成
取款   150   完成
Hung    目前余额：  200
John    目前余额：  150
```

12-1-4　属性初始值的设置

在先前程序的 Banks 类中第 4 行 bankname 是设为"Taipei Bank"，其实这是初始值的设置，通常 Python 在设初始值时是将初始值设在 __init__( ) 方法内，下列这个程序在定义 Banks 类对象时，省略开户金额，相当于定义 Banks 类对象时只要两个参数。

程序实例 ch12_6.py：设置开户（定义 Banks 类对象）只要姓名，同时设置开户金额是 0 元，读者可留意第 7 和 8 行的设置。

```
1   # ch12_6.py
2   class Banks():
3       ''' 定义银行类 '''
4
5       def __init__(self, uname):                # 初始化方法
6           self.name = uname                     # 设置存款者名字
7           self.balance = 0                      # 设置开户金额是0
8           self.bankname = "Taipei Bank"         # 设置银行名称
9
10      def save_money(self, money):              # 设计存款方法
11          self.balance += money                 # 执行存款
12          print("存款 ", money, " 完成")        # 打印存款完成
13
14      def withdraw_money(self, money):          # 设计取款方法
15          self.balance -= money                 # 执行取款
16          print("取款 ", money, " 完成")        # 打印取款完成
17
18      def get_balance(self):                    # 获得存款余额
19          print(self.name.title(), " 目前余额: ", self.balance)
20
21  hungbank = Banks('hung')                      # 定义对象hungbank
22  print("目前开户银行 ", hungbank.bankname)     # 列出目前开户银行
23  hungbank.get_balance()                        # 获得hung存款余额
24  hungbank.save_money(100)                      # hung存款100
25  hungbank.get_balance()                        # 获得hung存款余额
```

执行结果

```
================= RESTART: D:\Python\ch12\ch12_6.py =================
目前开户银行  Taipei Bank
Hung    目前余额:  0
存款   100   完成
Hung    目前余额:  100
```

12-2 类的访问权限——封装

可以看到我们可以从程序直接引用类内的属性（可参考 ch12_6.py 的第 22 行）与方法（可参考 ch12_6.py 的第 23 行），像这种类内的属性可以让外部引用的称为**公有（public）属性**，而可以让外部引用的方法称为**公有方法**。前面所使用的 Banks 类内的属性与方法都是**公有属性**与**方法**。但是设计程序时可以发现，外部直接引用时也代表可以直接修改类内的属性值，这将造成类数据不安全。

Python 提供了**私有属性**与**方法**的概念，这个概念的主要思想是类外无法直接更改类内的**私有属性**，类外也无法直接调用**私有方法**，这个概念又称为**封装**（encapsulation）。

12-2-1 私有属性

为了确保类内属性的安全，其实有必要限制外部无法直接存取类内的属性值。

程序实例 ch12_7.py：外部直接存取属性值，造成存款余额不安全的实例。

```
21  hungbank = Banks('hung')              # 定义对象hungbank
22  hungbank.get_balance()
23  hungbank.balance = 10000              # 类外直接篡改存款余额
24  hungbank.get_balance()
```

执行结果

```
==================== RESTART: D:\Python\ch12\ch12_7.py ====================
Hung  目前余额：  0
Hung  目前余额：  10000
```

上述程序第 23 行直接在类外就更改了存款余额，当第 24 行列出存款余额时，可以发现没有经过 Banks 类内的 save_money( ) 方法存钱动作，整个余额就从 0 元增至 10000 元。为了避免这种现象产生，Python 对于类内的属性增加了**私有属性**（private attribute）的概念，应用方式是声明时在属性名称前面增加 __（**两个下画线**）。声明为**私有属性**后，类外的程序就无法引用了。

程序实例 ch12_8.py：重新设计 ch12_7.py，主要是将 Banks 类的属性声明为私有属性，这样就无法由外部程序修改了。

```
1   # ch12_8.py
2   class Banks():
3       ''' 定义银行类 '''
4
5       def __init__(self, uname):              # 初始化方法
6           self.__name = uname                 # 设置私有存款者名字
7           self.__balance = 0                  # 设置私有开户金额是0
8           self.__bankname = "Taipei Bank"     # 设置私有银行名称
9
10      def save_money(self, money):            # 设计存款方法
11          self.__balance += money             # 执行存款
12          print("存款 ", money, " 完成")       # 打印存款完成
13
14      def withdraw_money(self, money):        # 设计取款方法
15          self.__balance -= money             # 执行取款
16          print("取款 ", money, " 完成")       # 打印取款完成
17
18      def get_balance(self):                  # 获得存款余额
19          print(self.__name.title(), " 目前余额：", self.__balance)
20
21  hungbank = Banks('hung')                    # 定义对象hungbank
22  hungbank.get_balance()
23  hungbank.__balance = 10000                  # 类外直接修改存款余额
24  hungbank.get_balance()
```

执行结果

```
================== RESTART: D:\Python\ch12\ch12_8.py ==================
Hung  目前余额:  0
Hung  目前余额:  0
```

请读者留意第 6 ～ 8 行设置私有属性的方式。第 23 行尝试修改存款余额，但从输出结果可以知道修改失败，因为执行结果的存款余额是 0。对上述程序而言，存款余额只会在存款（save_money( )）和取款（withdraw_money( )）方法被触发时，依参数金额更改。

下面是执行完 ch12_8.py 后，尝试设置私有属性结果失败的实例。

```
>>> hungbank._Banks_balance = 12000
>>> hungbank.get_balance()
Hung  目前余额:  0
```

其实 Python 的高手可以用其他方式设置或取得私有属性，若是以执行完 ch12_8.py 之后为例，可以使用下列方法存取私有属性。

对象名称 . _ 类名称私有属性　# 此例相当于 hungbank._Banks__balance

下面是执行结果。

```
>>> hungbank._Banks__balance = 12000
>>> hungbank.get_balance()
Hung  目前余额:  0
```

实质上私有属性因为可以被外界调用，所以设置私有属性名称时就需特别小心。

12-2-2　私有方法

既然类有**私有属性**，其实也有**私有方法**（private method），它的概念与私有属性类似，基本思想是类外的程序无法调用。不过请留意实质上类外依旧可以调用此私有方法。至于其声明定义方式与私有属性相同，只要在方法前面加上 __（两个下画线）符号即可。若是延续上述程序实例，可能会遇上换汇的问题，通常银行在换汇时会针对客户对银行的贡献制定不同的汇率与手续费，这个部分是客户无法得知的，碰上这类应用就很适合以私有方法处理换汇程序。为了简化问题，下面是在初始化类时，先设置美金与台币的汇率以及换汇的手续费，其中，汇率（__rate）与手续费率（__service_charge）都是私有属性。

```
9        self.__rate = 30                   # 默认美金与台币换汇比例
10       self.__service_charge = 0.01       # 换汇的服务费
```

下面是使用者可以调用的公有方法，在这里只能输入换汇率的金额。

```
23   def usa_to_taiwan(self, usa_d):              # 美金兑换台币方法
24       self.result = self.__cal_rate(usa_d)
25       return self.result
```

在上述公有方法中调用了 __cal_rate（usa_d），这是**私有方法**，类外无法使用，下面是此**私有方法**的内容。

```
27   def __cal_rate(self,usa_d):                 # 计算换汇，这是私有方法
28       return int(usa_d * self.__rate * (1 - self.__service_charge))
```

在上述私有方法中可以看到内部包含比较敏感且不适合给外部人参与的数据。

程序实例 ch12_9.py：下面是私有方法应用的完整程序代码实例。

```
1   # ch12_9.py
2   class Banks():
3       ''' 定义银行类 '''
4
5       def __init__(self, uname):            # 初始化方法
6           self.__name = uname               # 设置私有存款者名字
7           self.__balance = 0                # 设置私有开户金额是0
8           self.__bankname = "Taipei Bank"   # 设置私有银行名称
9           self.__rate = 30                  # 预设美金与台币换汇比例
10          self.__service_charge = 0.01      # 换汇的服务费
11
12      def save_money(self, money):          # 设计存款方法
13          self.__balance += money           # 执行存款
14          print("存款 ", money, " 完成")    # 打印存款完成
15
16      def withdraw_money(self, money):      # 设计取款方法
17          self.__balance -= money           # 执行取款
18          print("取款 ", money, " 完成")    # 打印取款完成
19
20      def get_balance(self):                # 获得存款余额
21          print(self.__name.title(), " 目前余额: ", self.__balance)
22
23      def usa_to_taiwan(self, usa_d):       # 美金兑换台币方法
24          self.result = self.__cal_rate(usa_d)
25          return self.result
26
27      def __cal_rate(self,usa_d):           # 计算换汇这是私有方法
28          return int(usa_d * self.__rate * (1 - self.__service_charge))
29
30  hungbank = Banks('hung')                  # 定义对象hungbank
31  usdallor = 50
32  print(usdallor, " 美金可以兑换 ", hungbank.usa_to_taiwan(usdallor), " 台币")
```

执行结果

```
==================== RESTART: D:\Python\ch12\ch12_9.py ====================
50  美金可以兑换  1485  台币
```

如果类外直接调用私有属性会产生错误，当执行完 ch12_9.py 后，请执行下列指令。

```
>>> hungbank.__cal_rate(50)
Traceback (most recent call last):
  File "<pyshell#9>", line 1, in <module>
    hungbank.__cal_rate(50)
AttributeError: 'Banks' object has no attribute '__cal_rate'
```

破解私有方法的方式类似破解私有属性，当执行完 ch12_9.py 后，可以执行下列指令，直接计算汇率。

```
>>> hungbank._Banks__cal_rate(50)
1485
```

12-2-3　从存取属性值看 Python 风格 property( )

经过前两节的说明，相信读者对于 Python 的面向对象程序封装设计有了一些基础了，本节将讲解偏向 Python 风格的操作。为了容易说明与了解，本节将用简单的实例解说。

程序实例 ch12_9_1.py：定义成绩类 Score，这时外部可以打印与修改成绩。

```
1  # ch12_9_1.py
2  class Score():
3      def __init__(self, score):
4          self.score = score
5
6  stu = Score(50)
7  print(stu.score)
8  stu.score = 100
9  print(stu.score)
```

执行结果

```
==================== RESTART: D:/Python/ch12/ch12_9_1.py ====================
50
100
```

由于外部可以随意更改成绩，所以这是有风险、不恰当的。为了保护成绩，可以将分数设为私有属性，同时未来改成 getter 和 setter 存取这个私有属性。

程序实例 ch12_9_2.py：将 score 设为私有属性，设计含 getter 概念的 getscore( ) 和 setter 概念的 setscore( ) 存取分数，这时外部将无法直取存取 score。

```
1  # ch12_9_2.py
2  class Score():
3      def __init__(self, score):
4          self.__score = score
5      def getscore(self):
6          print("inside the getscore")
7          return self.__score
8      def setscore(self, score):
9          print("inside the setscore")
10         self.__score = score
11
12 stu = Score(0)
13 print(stu.getscore())
14 stu.setscore(80)
15 print(stu.getscore())
```

执行结果

```
==================== RESTART: D:/Python/ch12/ch12_9_2.py ====================
inside the getscore
0
inside the setscore
inside the getscore
80
```

如果外部强制修订私有属性 score，将不会成功。下面想在外部更改 score 为 100，但是失败了。

```
>>> stu.score = 100
>>> stu.getscore()
inside the getscore
80
```

上述语句虽然可以运行，但是新式 Python 设计风格是使用 property( ) 方法：

新式属性 = property(getter[,setter[,fdel[,doc]]])

getter 是获取属性值函数，setter 是设置属性值函数，fdel 是删除属性值函数，doc 是属性描述，返回的是新式属性，未来可以由此新式属性存取私有属性内容。

程序实例 ch12_19_3.py：使用 Python 风格重新设计 ch12_19_2.py，读者需留意第 11 行的 property( )，在这里设置 sc 当作 property( ) 的返回值，未来可以直接由 sc 存取私有属性 __score。

```
1   # ch12_9_3.py
2   class Score():
3       def __init__(self, score):
4           self.__score = score
5       def getscore(self):
6           print("inside the getscore")
7           return self.__score
8       def setscore(self, score):
9           print("inside the setscore")
10          self.__score = score
11      sc = property(getscore, setscore)    # Python 风格
12
13  stu = Score(0)
14  print(stu.sc)
15  stu.sc = 80
16  print(stu.sc)
```

执行结果

```
==================== RESTART: D:/Python/ch12/ch12_9_3.py ====================
inside the getscore
0
inside the setscore
inside the getscore
80
```

上述执行第 14 行时相当于执行 getscore( )，执行第 15 行时相当于执行 setscore( )。此外，虽然改用 property( ) 让工作呈现 Python 风格，但是在主程序中仍可以使用 getscore( ) 和 setscore( ) 方法。

12-2-4 装饰器 @property

延续前一节的讨论，我们可以使用装饰器 @property，首先将 getscore( ) 和 setscore( ) 方法的名称全部改为 sc( )，然后在 sc( ) 方法前加上下列装饰器。

（1）@property：放在 getter 方法前。

（2）@sc.setter：放在 setter 方法前。

程序实例 ch12_9_4.py：使用装饰器重新设计 ch12_9_3.py。

```
1   # ch12_9_4.py
2   class Score():
3       def __init__(self, score):
4           self.__score = score
5       @property
6       def sc(self):
7           print("inside the getscore")
8           return self.__score
9       @sc.setter
10      def sc(self, score):
11          print("inside the setscore")
12          self.__score = score
13
14  stu = Score(0)
15  print(stu.sc)
16  stu.sc = 80
17  print(stu.sc)
```

执行结果　与 ch12_9_3.py 相同。

经上述设计后未来将无法存取私有属性。

```
>>> stu.__score
Traceback (most recent call last):
  File "<pyshell#71>", line 1, in <module>
    stu.__score
AttributeError: 'Score' object has no attribute '__score'
```

上述语句只是将 sc 特性应用在 Score 类内的属性 __score，其实这个概念可以扩充至一般程序设计中，例如，计算面积。

程序实例 ch12_9_5.py：计算正方形的面积。

```
1  # ch12_9_5.py
2  class Square():
3      def __init__(self, sideLen):
4          self.__sideLen = sideLen
5      @property
6      def area(self):
7          return self.__sideLen ** 2
8
9  obj = Square(10)
10 print(obj.area)
```

执行结果

```
==================== RESTART: D:/Python/ch12/ch12_9_5.py ====================
100
```

12-2-5　方法与属性的类型

严格区分设计 Python 面向对象程序时，又可将类的方法区分为实例方法（属性）与类方法（属性）。

实例方法与属性的特色是有 self，属性开头是 self，同时所有方法的第一个参数是 self，这些是建立类对象时，属于对象的一部分。先前所述的都是实例方法与属性，使用时需建立此类的对象，然后由对象调用。

类方法前面则是 @classmethod，所不同的是第一个参数习惯是用 cls。类方法与属性不需要实例化，它们可以由类本身直接调用。另外，类属性会随时被更新。

程序实例 ch12_9_6.py：类方法与属性的应用。这个程序执行时，每次建立 Counter( ) 类对象（11 ～ 13 行），类属性值会更新，此外，这个程序使用类名称就可以直接调用类属性与方法。

```
1  # ch12_9_6.py
2  class Counter():
3      counter = 0                          # 类属性,可由类本身调用
4      def __init__(self):
5          Counter.counter += 1             # 更新指标
6      @classmethod
7      def show_counter(cls):               # 类方法,可由类本身调用
8          print("class method")
9          print("counter = ", cls.counter)    # 也可使用Counter.counter调用
10         print("counter = ", Counter.counter)
11
12 one = Counter()
13 two = Counter()
14 three = Counter()
15 Counter.show_counter()
```

执行结果

```
==================== RESTART: D:/Python/ch12/ch12_9_6.py ====================
class method
counter =  3
counter =  3
```

12-2-6　静态方法

静态方法是由 @staticmethod 开头，不需要原先的 self 或 cls 参数，只是碰巧存在类的函数，与类方法和实例方法没有绑定关系，这个方法也是由类名称直接调用的。

程序实例 ch12_9_7.py：静态方法的调用实例。

```
1  # ch12_9_7.py
2  class Pizza():
3      @staticmethod
4      def demo():
5          print("I like Pizza")
6
7  Pizza.demo()
```

执行结果

```
==================== RESTART: D:/Python/ch12/ch12_9_7.py ====================
I like Pizza
```

12-3　类的继承

在程序设计时有时我们感觉某些类已经大致可以满足需求，这时可以修改此类完成工作，可是这样会让程序显得更复杂。或者可以重新写新的类，可是这样会需要维护更多的程序。

碰上这类问题解决的方法是使用继承，也就是延续使用旧类，设计子类继承此类，然后在子类中设计新的属性与方法，这也是本节的主题。

在面向对象程序设计中，类是可以继承的，其中，被继承的类称为**父类**（parent class）、**基类**（base class）或**超类**（superclass），继承的类称为**子类**（child class）或**衍生类**（derived class）。类继承的最大优点是许多**父类**的**公有方法**或属性，在子类中不用重新设计，可以直接引用。

在设计程序时，基类必须在衍生类前面，整个程序代码结构如下。

```
class BaseClassName( ):                          # 先定义基类
    Base Class 的内容
class DerivedClassName(BaseClassName):     # 再定义衍生类
    Derived Class 的内容
```

衍生类继承了基类的公有属性与方法，同时也可以有自己的属性与方法。

12-3-1 衍生类继承基类的实例应用

在延续先前说明的 Banks 类前，下面先用简单的范例做说明。

程序实例 ch12_9_8.py：设计 Father 类，也设计 Son 类，Son 类继承了 Father 类，Father 类有 hometown( ) 方法，然后 Father 类和 Son 类对象都会调用 hometown( ) 方法。

```
1  # ch12_9_8.py
2  class Father():
3      def hometown(self):
4          print('我住在台北')
5
6  class Son(Father):
7      pass
8
9  hung = Father()
10 ivan = Son()
11 hung.hometown()
12 ivan.hometown()
```

执行结果

```
==================== RESTART: D:\Python\ch12\ch12_9_8.py ====================
我住在台北
我住在台北
```

上述 Son 类继承了 Father 类，所以第 12 行可以调用 Father 类，然后可以打印相同的字符串。

程序实例 ch12_10.py：延续 Banks 类建立一个分行 Shilin_Banks，这个衍生类没有任何数据，直接引用基类的公有函数，执行银行的存款作业。下面是与 ch12_9.py 不同的程序代码。

```
30 class Shilin_Banks(Banks):
31     # 定义士林分行
32     pass
33
34 hungbank = Shilin_Banks('hung')              # 定义对象hungbank
35 hungbank.save_money(500)
36 hungbank.get_balance()
```

执行结果

```
==================== RESTART: D:\Python\ch12\ch12_10.py ====================
存款  500  完成
Hung  目前余额:  500
```

上述第 35 和 36 行所引用的方法就是基类 Banks 的公有方法。

12-3-2 如何取得基类的私有属性

基于保护的原因，基本上类定义外是无法直接取得类内的**私有属性**的，即使是它的衍生类也无法直接读取，如果真是要取得可以使用 return 方式，返回私有属性内容。

在延续先前的 Banks 类前，下面先用短小易懂的程序讲解这个概念。

程序实例 ch12_10_1.py：设计一个子类 Son 的对象存取父类私有属性的应用。

```
1  # ch12_10_1.py
2  class Father():
3      def __init__(self):
4          self.__address = '台北市罗斯福路';
5      def getaddr(self):
6          return self.__address
7
8  class Son(Father):
9      pass
10
11 hung = Father()
12 ivan = Son()
13 print('父类 : ',hung.getaddr())
14 print('子类 : ',ivan.getaddr())
```

执行结果

```
==================== RESTART: D:\Python\ch12\ch12_10_1.py ====================
父类 : 台北市罗斯福路
子类 : 台北市罗斯福路
```

从上述第 14 行可以看到，子类对象 ivan 顺利地取得父类的私有属性 address。

程序实例 ch12_11.py：衍生类对象取得基类的银行名称 bankname 属性。

```
30      def bank_title(self):              # 获得银行名称
31          return self.__bankname
32
33 class Shilin_Banks(Banks):
34     # 定义士林分行
35     pass
36
37 hungbank = Shilin_Banks('hung')         # 定义对象hungbank
38 print("我的存款银行是: ", hungbank.bank_title())
```

执行结果

```
==================== RESTART: D:\Python\ch12\ch12_11.py ====================
我的存款银行是:  Taipei Bank
```

12-3-3 衍生类与基类有相同名称的属性

程序设计时，衍生类也可以有自己的初始化 __init__() 方法，同时也有可能衍生类的属性与方法名称和基类重复，碰上这个状况 Python 会先找寻衍生类是否有这个名称，如果有则先使用，如果没有则使用基类的名称内容。

程序实例 ch12_11_1.py：衍生类与基类有相同名称的简单说明。

```
 1  # ch12_11_1.py
 2  class Person():
 3      def __init__(self,name):
 4          self.name = name
 5  class LawerPerson(Person):
 6      def __init__(self,name):
 7          self.name = name + "律师"
 8
 9  hung = Person("洪锦魁")
10  lawer = LawerPerson("洪锦魁")
11  print(hung.name)
12  print(lawer.name)
```

执行结果

```
=================== RESTART: D:\Python\ch12\ch12_11_1.py ===================
洪锦魁
洪锦魁律师
```

上述衍生类与基类有相同的属性 name，但是衍生类对象将使用自己的属性。下列是 Banks 类的应用说明。

程序实例 ch12_12.py：这个程序主要是将 Banks 类的 bankname 属性改为公有属性，但是在衍生类中则有自己的初始化方法，主要是基类与衍生类均有 bankname 属性，不同类对象将呈现不同的结果。下面是第 8 行的内容。

```
 8          self.bankname = "Taipei Bank"       # 设置银行名称
```

下面是修改部分程序代码内容。

```
33  class Shilin_Banks(Banks):
34      # 定义士林分行
35      def __init__(self, uname):
36          self.bankname = "Taipei Bank - Shilin Branch"  # 定义分行名称
37
38  jamesbank = Banks('James')                            # 定义Banks类对象
39  print("James's banks = ", jamesbank.bankname)         # 打印银行名称
40  hungbank = Shilin_Banks('Hung')                       # 定义Shilin_Banks类对象
41  print("Hung's banks  = ", hungbank.bankname)          # 打印银行名称
```

执行结果

```
=================== RESTART: D:\Python\ch12\ch12_12.py ===================
James's banks =  Taipei Bank
Hung's banks  =  Taipei Bank - Shilin Branch
```

从上述可知，Banks 类对象 James 所使用的 bankname 属性是 Taipei Bank，Shilin_Banks 对象 Hung 所使用的 bankname 属性是 Taipei Bank – Shilin Branch。

12-3-4　衍生类与基类有相同名称的方法

程序设计时，衍生类也可以有自己的方法，同时也有可能衍生类的方法名称和基类方法名称重复，碰上这个状况 Python 会先寻找衍生类是否有这个名称，如果有则先使用，如果没有则使用基类的名称内容。

程序实例 ch12_12_1.py：衍生类的方法名称和基类方法名称重复的应用。

```
1   # ch12_12_1.py
2   class Person():
3       def job(self):
4           print("我是老师")
5
6   class LawerPerson(Person):
7       def job(self):
8           print("我是律师")
9
10  hung = Person()
11  ivan = LawerPerson()
12  hung.job()
13  ivan.job()
```

执行结果

```
==================== RESTART: D:\Python\ch12\ch12_12_1.py ====================
我是老师
我是律师
```

程序实例 ch12_13.py：衍生类与基类名称重复的实例。这个程序的基类与衍生类均有 bank_title( )
函数，Python 会由触发 bank_title( ) 方法的对象去判别应使用哪一个方法执行。

```
30      def bank_title(self):                       # 获得银行名称
31          return self.__bankname
32
33  class Shilin_Banks(Banks):
34      # 定义士林分行
35      def __init__(self, uname):
36          self.bankname = "Taipei Bank - Shilin Branch"    # 定义分行名称
37      def bank_title(self):                       # 获得银行名称
38          return self.bankname
39
40  jamesbank = Banks('James')                      # 定义Banks类对象
41  print("James's banks = ", jamesbank.bank_title())    # 打印银行名称
42  hungbank = Shilin_Banks('Hung')                 # 定义Shilin_Banks类对象
43  print("Hung's banks  = ", hungbank.bank_title())     # 打印银行名称
```

执行结果

```
==================== RESTART: D:\Python\ch12\ch12_13.py ====================
James's banks =  Taipei Bank
Hung's banks  =  Taipei Bank - Shilin Branch
```

上述程序的执行过程如下。

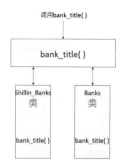

上述第 30 行的 bank_title( ) 是属于 Banks 类，第 37 行的 bank_title( ) 是属于 Shilin_Banks 类。
第 40 行是 Banks 对象，所以第 41 行会触发第 30 行的 bank_title( ) 方法。第 42 行是 Shilin_

Banks 对象，所以第 42 行会触发第 37 行的 bank_title( ) 方法。其实上述方法就是面向对象的**多态**（polymorphism），但是**多态**不一定需要是有父子关系的类。读者可以将以上想成**方法多功能化**，即相同的函数名称，放入不同类型的对象可以产生不同的结果。使用者可以不需要知道是如何设计的，隐藏在内部的设计细节交由程序设计师负责。12-4 节还会举实例说明。

12-3-5　衍生类引用基类的方法

衍生类引用基类的方法时需使用 super( )，下面将使用另一类的类了解这个概念。

程序实例 ch12_14.py：这是一个衍生类调用基类方法的实例，首先建立一个 Animals 类，然后建立这个类的衍生类 Dogs，Dogs 类在初始化中会使用 super( ) 调用 Animals 类的初始化方法，可参考第 14 行，经过初始化处理后，mydog.name 将由 "lily" 变为 "My pet lily"。

```
1   # ch12_14.py
2   class Animals():
3       """Animals类, 这是基类 """
4       def __init__(self, animal_name, animal_age ):
5           self.name = animal_name  # 记录动物名称
6           self.age = animal_age    # 记录动物年龄
7
8       def run(self):              # 输出动物 is running
9           print(self.name.title(), " is running")
10                               ¦
11  class Dogs(Animals):
12      """Dogs类, 这是Animal的衍生类 """
13      def __init__(self, dog_name, dog_age):
14          super().__init__('My pet ' + dog_name.title(), dog_age)
15
16  mycat = Animals('lucy', 5)       # 建立Animals对象以及测试
17  print(mycat.name.title(), ' is ', mycat.age, " years old.")
18  mycat.run()
19
20  mydog = Dogs('lily', 6)          # 建立Dogs对象以及测试
21  print(mydog.name.title(), ' is ', mydog.age, " years old.")
22  mydog.run()
```

执行结果

```
==================== RESTART: D:\Python\ch12\ch12_14.py ====================
Lucy  is  5  years old.
Lucy  is running
My Pet Lily  is  6  years old.
My Pet Lily  is running
```

12-3-6　衍生类有自己的方法

面向对象设计很重要的一环是衍生类有自己的方法，

程序实例 ch12_14_1.py：扩充 ch12_14.py，让 Dogs 类有自己的方法 sleeping( )。

```
1   # ch12_14_1.py
2   class Animals():
3       """Animals类, 这是基类 """
4       def __init__(self, animal_name, animal_age ):
5           self.name = animal_name # 记录动物名称
6           self.age = animal_age    # 记录动物年龄
7
8       def run(self):              # 输出动物 is running
9           print(self.name.title(), " is running")
10
11  class Dogs(Animals):
12      """Dogs类, 这是Animal的衍生类 """
13      def __init__(self, dog_name, dog_age):
14          super().__init__('My pet ' + dog_name.title(), dog_age)
15      def sleeping(self):
16          print("My pet", "is sleeping")
17
18  mycat = Animals('lucy', 5)      # 建立Animals对象以及测试
19  print(mycat.name.title(), ' is ', mycat.age, " years old.")
20  mycat.run()
21
22  mydog = Dogs('lily', 6)         # 建立Dogs对象以及测试
23  print(mydog.name.title(), ' is ', mydog.age, " years old.")
24  mydog.run()
25  mydog.sleeping()
```

执行结果

```
=================== RESTART: D:/Python/ch12/ch12_14_1.py ===================
Lucy  is  5  years old.
Lucy  is running
My Pet Lily  is  6  years old.
My Pet Lily  is running
My pet is sleeping
```

上述 Dogs 子类有一个自己的方法 sleep( )，第 25 行则是调用自己的子方法。

12-3-7　"三代同堂"的类与取得基类的属性 super( )

在继承的概念里，也可以使用 Python 的 super( ) 方法取得基类的属性，这对于设计"三代同堂"的类是很重要的。

下面是一个"三代同堂"的程序，在这个程序中有祖父（Grandfather）类，它的子类是父亲（Father）类，父亲类的子类是 Ivan 类。其实 Ivan 要取得父亲类的属性很容易，可是要取得祖父类的属性时就会碰上困难，解决方式是在 Father 类与 Ivan 类的 __init__( ) 方法中增加下列设置。

　　super( ).__init__( )　　　　　　　# 将父类的属性复制

这样 Ivan 就可以取得祖父（Grandfather）类的属性了。

程序实例 ch12_15.py：这个程序会建立一个 Ivan 类的对象 ivan，然后分别调用 Father 类和 Grandfather 类的方法打印信息，接着分别取得 Father 类和 Grandfather 类的属性。

```
1   # ch12_15
2   class Grandfather():
3       """ 定义祖父的资产 """
4       def __init__(self):
5           self.grandfathermoney = 10000
6       def get_info1(self):
7           print("Grandfather's information")
8
```

```
9   class Father(Grandfather):        # 父类是Grandfather
10      """ 定义父亲的资产 """
11      def __init__(self):
12          self.fathermoney = 8000
13          super().__init__()
14      def get_info2(self):
15          print("Father's information")
16
17  class Ivan(Father):                # 父类是Father
18      """ 定义Ivan的资产 """
19      def __init__(self):
20          self.ivanmoney = 3000
21          super().__init__()
22      def get_info3(self):
23          print("Ivan's information")
24      def get_money(self):           # 取得资产明细
25          print("\nIvan资产: ", self.ivanmoney,
26                "\n父亲资产: ", self.fathermoney,
27                "\n祖父资产: ", self.grandfathermoney)
28
29  ivan = Ivan()
30  ivan.get_info3()                   # 从Ivan中获得
31  ivan.get_info2()                   # 流程 Ivan -> Father
32  ivan.get_info1()                   # 流程 Ivan -> Father -> Grandtather
33  ivan.get_money()                   # 取得资产明细
```

执行结果

```
==================== RESTART: D:\Python\ch12\ch12_15.py ====================
Ivan's information
Father's information
Grandfather's information

Ivan资产:  3000
父亲资产:  8000
祖父资产:  10000
```

上述程序各类的相互关系如下。

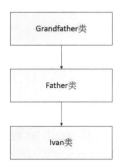

12-3-8 兄弟类属性的取得

假设有一个父亲（Father）类，这个父亲类有两个儿子分别是 Ivan 类和 Ira 类，如果 Ivan 类想取得 Ira 类的属性 iramoney，可以使用下列方法。

```
Ira( ).iramoney                    # Ivan 取得 Ira 的属性 iramoney
```

程序实例 ch12_16.py：设计 3 个类，Father 类是 Ivan 和 Ira 类的父类，所以 Ivan 和 Ira 算是兄弟类，这个程序可以从 Ivan 类分别读取 Father 和 Ira 类的资产属性。这个程序中最重要的是第 21 行，请留意取得 Ira 属性的写法。

```
1   # ch12_16.py
2   class Father():
3       """ 定义父亲的资产 """
4       def __init__(self):
5           self.fathermoney = 10000
6
7   class Ira(Father):                          # 父类是Father
8       """ 定义Ira的资产 """
9       def __init__(self):
10          self.iramoney = 8000
11          super().__init__()
12
13  class Ivan(Father):                         # 父类是Father
14      """ 定义Ivan的资产 """
15      def __init__(self):
16          self.ivanmoney = 3000
17          super().__init__()
18      def get_money(self):                    # 取得资产明细
19          print("Ivan资产: ", self.ivanmoney,
20                "\n父亲资产: ", self.fathermoney,
21                "\nIra资产 : ", Ira().iramoney)  # 注意写法
22
23  ivan = Ivan()
24  ivan.get_money()                            # 取得资产明细
```

执行结果

```
==================== RESTART: D:\Python\ch12\ch12_16.py ====================
Ivan资产:   3000
父亲资产:   10000
Ira资产 :   8000
```

上述程序各类的相互关系如下。

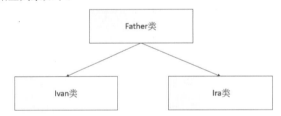

12-3-9　认识 Python 类方法的 self 参数

如果读者懂 Java 可以知道类的方法没有 self 参数，本节将用一个简单的实例，讲解 self 参数的概念。

程序实例 ch12_16_1.py：建立类对象与调用类方法。

```
1   # ch12_16_1.py
2   class Person():
3       def interest(self):
4           print("Smiling is my interest")
5
6   hung = Person()
7   hung.interest()
```

执行结果

```
==================== RESTART: D:/Python/ch12/ch12_16_1.py ====================
Smiling is my interest
```

其实上述第 7 行相当于将 hung 当作 self 参数，然后传递给 Person 类的 interest( ) 方法。甚至也可以用下列方式，获得相同的输出。

```
>>> Person.interest(hung)
Smiling is my interest
```

上述语句只是有趣，不建议如此。

12-4　多态

在 12-3-4 节已经有说明基类与衍生类有相同方法名称的实例，其实那就是本节将要说明的**多态**（polymorphism）的基本概念，但是在**多态**的概念中是不局限在必须有父子关系的类。

程序实例 ch12_17.py：这个程序有 3 个类，Animals 类是基类，Dogs 类是 Animals 类的衍生类，基于继承的特性所以两个类都有 which( ) 和 action( ) 方法，另外设计了一个与上述无关的类 Monkeys，这个类也有 which( ) 和 action( ) 方法，然后程序分别调用 which( ) 和 action( ) 方法，程序会由对象类判断应该使用哪一个方法响应程序。

```python
1   # ch12_17.py
2   class Animals():
3       """Animals类，这是基类 """
4       def __init__(self, animal_name):
5           self.name = animal_name          # 记录动物名称
6       def which(self):                     # 返回动物名称
7           return 'My pet ' + self.name.title()
8       def action(self):                    # 动物的行为
9           return ' sleeping'
10
11  class Dogs(Animals):
12      """Dogs类，这是Animal的衍生类 """
13      def __init__(self, dog_name):        # 记录动物名称
14          super().__init__(dog_name.title())
15      def action(self):                    # 动物的行为
16          return ' running in the street'
17
18  class Monkeys():
19      """猴子类，这是其他类 """
20      def __init__(self, monkey_name):     # 记录动物名称
21          self.name = 'My monkey ' + monkey_name.title()
22      def which(self):                     # 返回动物名称
23          return self.name
24      def action(self):                    # 动物的行为
25          return ' running in the forest'
26
27  def doing(obj):                          # 列出动物的行为
28      print(obj.which(), "is", obj.action())
29
30  my_cat = Animals('lucy')                 # Animals对象
31  doing(my_cat)
32  my_dog = Dogs('gimi')                    # Dogs对象
33  doing(my_dog)
34  my_monkey = Monkeys('taylor')            # Monkeys 对象
35  doing(my_monkey)
```

执行结果

```
==================== RESTART: D:\Python\ch12\ch12_17.py ====================
My pet Lucy is  sleeping
My pet Gimi is  running in the street
My monkey Taylor is  running in the forest
```

上述程序各类的相互关系如下。

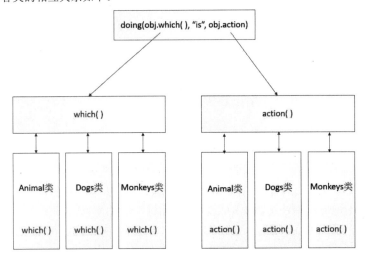

对上述程序而言，第 30 行的 my_cat 是 Animal 类对象，所以在第 31 行此对象会触发 Animal 类的 which( ) 和 action( ) 方法。第 32 行的 my_dog 是 Dogs 类对象，所以在第 32 行此对象会触发 Dogs 类的 which( ) 和 action( ) 方法。第 34 行的 my_monkey 是 Monkeys 类对象，所以在第 35 行此对象会触发 Monkeys 类的 which( ) 和 action( ) 方法。

12-5 多重继承

12-5-1 基本概念

在面向对象的程序设计中，也常会发生一个类继承多个类的应用，此时子类也同时继承了多个类的方法。在这个时候，读者应该了解发生多个父类拥有相同名称的方法时，应该先执行哪一个父类的方法。在程序中可用下列语法代表继承多个类。

```
class 类名称（父类 1，父类 2，…，父类 n）:
    类内容
```

程序实例 ch12_18.py：这个程序 Ivan 类继承了 Father 和 Uncle 类，Grandfather 类则是 Father 和 Uncle 类的父类。在这个程序中只设置一个 Ivan 类的对象 ivan，然后由这个类分别调用 action3( )、action2( ) 和 action1( )，其中，Father 和 Uncle 类同时拥有 action2( ) 方法，读者可以观察最后是执行哪一个 action2( ) 方法。

```
1   # ch12_18.py
2   class Grandfather():
3       """ 定义祖父类 """
4       def action1(self):
5           print("Grandfather")
6
7   class Father(Grandfather):
8       """ 定义父亲类 """
9       def action2(self):      # 定义action2()
10          print("Father")
11
12  class Uncle(Grandfather):
13      """ 定义叔父类 """
14      def action2(self):      # 定义action2()
15          print("Uncle")
16
17  class Ivan(Father, Uncle):
18      """ 定义Ivan类 """
19      def action3(self):
20          print("Ivan")
21
22  ivan = Ivan()
23  ivan.action3()             # 顺序 Ivan
24  ivan.action2()             # 顺序 Ivan -> Father
25  ivan.action1()             # 顺序 Ivan -> Father -> Grandfather
```

执行结果

```
==================== RESTART: D:\Python\ch12\ch12_18.py ====================
Ivan
Father
Grandfather
```

上述程序各类的相互关系如下。

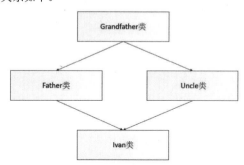

程序实例 ch12_19.py：这个程序基本上是重新设计 ch12_18.py，主要是 Father 和 Uncle 类的方法名称是不一样的，Father 类是 action3( ) 和 Uncle 类是 action2( )，这个程序在建立 Ivan 类的 ivan 对象后，会分别启动各类的 actionX( ) 方法。

```
1   # ch12_19.py
2   class Grandfather():
3       """ 定义祖父类 """
4       def action1(self):
5           print("Grandfather")
6
7   class Father(Grandfather):
8       """ 定义父亲类 """
9       def action3(self):      # 定义action3()
10          print("Father")
11
```

```
12  class Uncle(Grandfather):
13      """ 定义叔父类 """
14      def action2(self):        # 定义action2()
15          print("Uncle")
16
17  class Ivan(Father, Uncle):
18      """ 定义Ivan类 """
19      def action4(self):
20          print("Ivan")
21
22  ivan = Ivan()
23  ivan.action4()                # 顺序 Ivan
24  ivan.action3()                # 顺序 Ivan -> Father
25  ivan.action2()                # 顺序 Ivan -> Father -> Uncle
26  ivan.action1()                # 顺序 Ivan -> Father -> Uncle -> Grandfather
```

执行结果

```
==================== RESTART: D:\Python\ch12\ch12_19.py ====================
Ivan
Father
Uncle
Grandfather
```

12-5-2 super( ) 应用于多重继承的问题

我们知道 super( ) 可以继承父类的方法，下面先看看可能产生的问题。

程序实例 ch12_19_1.py：super( ) 应用于多重继承的问题。

```
1   # ch12_19_1.py
2   class A():
3       def __init__(self):
4           print('class A')
5
6   class B():
7       def __init__(self):
8           print('class B')
9
10  class C(A,B):
11      def __init__(self):
12          super().__init__()
13          print('class C')
14
15  x = C()
```

执行结果

```
==================== RESTART: D:/Python/ch12/ch12_19_1.py ====================
class A
class C
```

上述第 10 行设置类 C 继承类 A 和 B，可是当我们设置对象 x 是类 C 的对象时，可以发现第 10 行 C 类的第 2 个参数 B 类没有被启动。其实 Python 使用 super( ) 的多重继承，在此算是协同作业（co-operative），我们必须在基类中也增加 super( ) 设置，才可以正常作业。

程序实例 ch12_19_2.py：重新设计 ch12_19_1.py，增加第 4 行和第 9 行，解决一般常见 super( ) 应用于多重继承的问题。

```
1  # ch12_19_2.py
2  class A():
3      def __init__(self):
4          super().__init__()
5          print('class A')
6
7  class B():
8      def __init__(self):
9          super().__init__()
10         print('class B')
11
12 class C(A,B):
13     def __init__(self):
14         super().__init__()
15         print('class C')
16
17 x = C()
```

执行结果

```
==================== RESTART: D:/Python/ch12/ch12_19_2.py ====================
class B
class A
class C
```

　　上述语句得到所有类的初始化方法（__init__( )）均被启动了，这个概念很重要，因为我们如果在初始化方法中想要子类继承所有父类的属性时，必须要使全部的父类均被启动，例如可以参考 ex12_9.py。

12-6　type 与 instance

　　一个大型程序可能是由许多人合作设计的，有时我们想了解某个对象变量的数据类型，或是所属类关系，可以使用本节所述的方法。

12-6-1　type( )

　　type( ) 函数先前已经使用许多次了，可以使用 type( ) 函数得到某一对象变量的类名称。

程序实例 ch12_20.py：列出类对象与对象内方法的数据类型。

```
1  # ch12_20.py
2  class Grandfather():
3      """ 定义祖父类 """
4      pass
5
6  class Father(Grandfather):
7      """ 定义父亲类 """
8      pass
9
10 class Ivan(Father):
11     """ 定义Ivan类 """
12     def fn(self):
13         pass
14
15 grandfather = Grandfather()
16 father = Father()
17 ivan = Ivan()
18 print("grandfather对象类型: ", type(grandfather))
19 print("father对象类型     : ", type(father))
20 print("ivan对象类型       : ", type(ivan))
21 print("ivan对象fn方法类型 : ", type(ivan.fn))
```

执行结果

```
==================== RESTART: D:\Python\ch12\ch12_20.py ====================
grandfather对象类型:    <class '__main__.Grandfather'>
father对象类型         <class '__main__.Father'>
ivan对象类型          :  <class '__main__.Ivan'>
ivan对象fn方法类型    :  <class 'method'>
```

由上述可以得到类的对象类型是 class，同时会列出 "__main__. 类的名称"。如果是类内的方法同时也列出 "method" 方法。

12-6-2　isinstance( )

isinstance( ) 函数可以返回对象的类是否属于某一类，它包含两个参数，语法如下。

isinstance (对象 , 类)　　　　　　 # 可返回 True 或 False

如果对象的类是属于**第 2 个参数类**或属于**第 2 个参数的子类**，则返回 True，否则返回 False。

程序实例 ch12_21.py：一系列 isinstance( ) 函数的测试。

```
1  # ch12_21.py
2  class Grandfather():
3      """ 定义祖父类 """
4      pass
5
6  class Father(Grandfather):
7      """ 定义父亲类 """
8      pass
9
10 class Ivan(Father):
11     """ 定义Ivan类 """
12     def fn(self):
13         pass
14
15 grandfa = Grandfather()
16 father = Father()
17 ivan = Ivan()
18 print("ivan属于Ivan类: ", isinstance(ivan, Ivan))
19 print("ivan属于Father类: ", isinstance(ivan, Father))
20 print("ivan属于GrandFather类: ", isinstance(ivan, Grandfather))
21 print("father属于Ivan类: ", isinstance(father, Ivan))
22 print("father属于Father类: ", isinstance(father, Father))
23 print("father属于Grandfather类: ", isinstance(father, Grandfather))
24 print("grandfa属于Ivan类: ", isinstance(grandfa, Ivan))
25 print("grandfa属于Father类: ", isinstance(grandfa, Father))
26 print("grandfa属于Grandfather类: ", isinstance(grandfa, Grandfather))
```

执行结果

```
==================== RESTART: D:\Python\ch12\ch12_21.py ====================
ivan属于Ivan类:  True
ivan属于Father类:  True
ivan属于GrandFather类:  True
father属于Ivan类:  False
father属于Father类:  True
father属于Grandfather类:  True
grandfa属于Ivan类:  False
grandfa属于Father类:  False
grandfa属于Grandfather类:  True
```

12-7　特殊属性

其实设计或是看到别人设计的 Python 程序时，若是看到 __xx__ 类的字符串就要特别留意了，这些大多数是特殊属性或方法，本书将简要说明几个重要且常见的。

12-7-1　文件字符串 __doc__

在 11-6-1 节已经有一些说明，本节将以程序实例解说。文件字符串的英文原意是 docstring，Python 鼓励程序设计师在设计函数或类时，尽量为函数或类增加文件的注释，未来可以使用 __doc__ 特殊属性列出此文件注释。

程序实例 ch12_22.py：将文件注释应用于函数。

```
1  # ch12_22.py
2  def getMax(x, y):
3      '''文件字符串实例
4  建议x, y是整数
5  这个函数将返回较大值'''
6      if int(x) > int(y):
7          return x
8      else:
9          return y
10
11  print(getMax(2, 3))        # 打印较大值
12  print(getMax.__doc__)      # 打印文件字符串docstring
```

执行结果

```
==================== RESTART: D:\Python\ch12\ch12_22.py ====================
3
文件字符串实例
建议x，y是整数
这个函数将传回较大值
```

程序实例 ch12_23.py：将文件注释应用于类与类内的方法。

```
1  # ch12_23.py
2  class Myclass:
3      '''文件字符串实例
4  Myclass类的应用'''
5      def __init__(self, x):
6          self.x = x
7      def printMe(self):
8          '''文本文件字符串实例
9  Myclass类内printMe方法的应用'''
10          print("Hi", self.x)
11
12  data = Myclass(100)
13  data.printMe()
14  print(data.__doc__)            # 打印Myclass文件字符串docstring
15  print(data.printMe.__doc__)    # 打印printMe文件字符串docstring
```

执行结果

```
==================== RESTART: D:\Python\ch12\ch12_23.py ====================
Hi 100
文件字符串实例
Myclass类的应用
文本文件字符串实例
Myclass类内printMe方法的应用
```

了解以上概念后，如果读者看到有一个程序代码如下：

```
>>> x = 'abc'
>>> print(x.__doc__)
str(object='') -> str
str(bytes_or_buffer[, encoding[, errors]]) -> str

Create a new string object from the given object. If encoding or
errors is specified, then the object must expose a data buffer
that will be decoded using the given encoding and error handler.
Otherwise, returns the result of object.__str__() (if defined)
or repr(object).
encoding defaults to sys.getdefaultencoding().
errors defaults to 'strict'.
>>>
```

以上只是列出 Python 系统内部有关字符串的 docstring。

12-7-2　__name__ 属性

如果你是 Python 程序设计师，常在网络上看别人写的程序，一定会经常在程序末端看到下列语句。

```
if __name__ == '__main__':
doSomething( )
```

初学 Python 时，笔者照上述语句编写，程序一定可以执行，当时不明白意思，觉得应该要告诉读者。如果上述程序是自己执行，那么 __name__ 就一定是 __main__。

程序实例 ch12_24.py：一个程序只有一行，就是打印 __name__。

```
1  # ch12_24.py
2  print('ch12_24.py module name = ', __name__)
```

执行结果

```
==================== RESTART: D:\Python\ch12\ch12_24.py ====================
ch12_24.py module name =  __main__
```

经过上述实例我们知道，如果程序是自己执行时，__name__ 就是 __main__。所以下列程序实例可以列出结果。

程序实例 ch12_25.py：__name__ == __main__ 的应用。

```
1  # ch12_25.py
2  def myFun():
3      print("__name__ == __main__")
4  if __name__ == '__main__':
5      myFun()
```

执行结果

```
==================== RESTART: D:\Python\ch12\ch12_25.py ====================
__name__ == __main__
```

如果 ch12_24.py 是被 import 到另一个程序时，则 __name__ 是本身的文件名。第 13 章会介绍关于 import 的知识，它的用途是将模块导入，方便程序调用。

程序实例 ch12_26.py：这个程序用 import 导入 ch12_24.py，结果 __name__ 变成了 ch12_24。

```
1  # ch12_26.py
2  import ch12_24
```

执行结果

```
==================== RESTART: D:\Python\ch12\ch12_26.py ====================
ch12_24.py module name =  ch12_24
```

程序实例 ch12_27.py：这个程序用 import 导入 ch12_25.py，由于 __name__ 已经不再是 __main__，所以程序没有任何输出。

```
1  # ch12_27.py
2  import ch12_25
```

执行结果

```
==================== RESTART: D:\Python\ch12\ch12_27.py ====================
```

所以 __name__ 可以判别这个程序是自己执行还是被其他程序 import 导入当成模块使用的。

12-8　类的特殊方法

12-8-1　__str__( ) 方法

这是类的特殊方法，可以协助返回易读取的字符串。

程序实例 ch12_28.py：在没有定义 __str__( ) 方法的情况下，列出类的对象。

```
1  # ch12_28.py
2  class Name:
3      def __init__(self, name):
4          self.name = name
5
6  a = Name('Hung')
7  print(a)
```

执行结果

```
==================== RESTART: D:\Python\ch12\ch12_28.py ====================
<__main__.Name object at 0x03624830>
```

上述语句在没有定义 __str__( ) 方法的情况下，获得了一个不太容易阅读的结果。

程序实例 ch12_29.py：在定义 __str__( ) 方法的情况下，重新设计上一个程序。

```
1    # ch12_29.py
2    class Name:
3        def __init__(self, name):
4            self.name = name
5        def __str__(self):
6            return '%s' % self.name
7
8    a = Name('Hung')
9    print(a)
```

执行结果

```
==================== RESTART: D:\Python\ch12\ch12_29.py ====================
Hung
```

上述语句定义了 __str__( ) 方法后，就得到一个适合阅读的结果了。对于程序 ch12_29.py 而言，如果在 Python Shell 窗口中输入 a，将同样获得不容易阅读的结果。

```
==================== RESTART: D:\Python\ch12\ch12_29.py ====================
Hung
>>> a
<__main__.Name object at 0x04204850>
```

12-8-2　__repr__( ) 方法

如果只是在 Python Shell 窗口中读入类变量 a，系统是调用 __repr__( ) 方法做响应，为了要获得容易阅读的结果，也需要定义此方法。

程序实例 ch12_30.py：定义 __repr__( ) 方法，其实此方法的内容与 __str__( ) 相同，所以可以用等号取代。

```
1     # ch12_30.py
2     class Name:
3         def __init__(self, name):
4             self.name = name
5         def __str__(self):
6             return '%s' % self.name
7         __repr__ = __str__
8
9     a = Name('Hung')
10    print(a)
```

执行结果

```
==================== RESTART: D:\Python\ch12\ch12_30.py ====================
Hung
>>> a
Hung
```

12-8-3　__iter__( ) 方法

建立类的时候也可以将类定义成一个迭代对象，类似 list 或 tuple，供 for … in 循环内使用，这时类需设计 next( ) 方法，取得下一个值，直到达到结束条件，可以使用 raise StopIteration（第 15 章会介绍，raise）终止进程。

程序实例 ch12_31.py：Fib 序列数的设计。

```
1  # ch12_31.py
2  class Fib():
3      def __init__(self, max):
4          self.max = max
5
6      def __iter__(self):
7          self.a = 0
8          self.b = 1
9          return self
10
11     def __next__(self):
12         fib = self.a
13         if fib > self.max:
14             raise StopIteration
15         self.a, self.b = self.b, self.a + self.b
16         return fib
17 for i in Fib(100):
18     print(i)
```

执行结果

```
==================== RESTART: D:\Python\ch12\ch12_31.py ====================
0
1
1
2
3
5
8
13
21
34
55
89
```

12-8-4　__eq__( )方法

假设我们想要了解两个字符串或其他内容是否相同，依照我们的知识可以使用下列方式设计。

程序实例 ch12_32.py：设计检查字符串是否相等。

```
1  # ch12_32.py
2  class City():
3      def __init__(self, name):
4          self.name = name
5      def equals(self, city2):
6          return self.name.upper() == city2.name.upper()
7
8  one = City("Taipei")
9  two = City("taipei")
10 three = City("myhome")
11 print(one.equals(two))
12 print(one.equals(three))
```

执行结果

```
==================== RESTART: D:/Python/ch12/ch12_32.py ====================
True
False
```

现在将 equals( ) 方法改为 __eq( )__ ，可以参考下列实例。

程序实例 ch12_33.py：使用 __eq( )__ 取代 equals( ) 方法，可以得到和 ch12_32.py 相同的结果。

```
1  # ch12_33.py
2  class City():
3      def __init__(self, name):
4          self.name = name
5      def __eq__(self, city2):
6          return self.name.upper() == city2.name.upper()
7
8  one = City("Taipei")
9  two = City("taipei")
10 three = City("myhome")
11 print(one == two)
12 print(one == three)
```

执行结果　与 ch12_32.py 相同。

上述是类的特殊方法，主要是了解内容是否相同，下面是拥有这类特点的其他系统方法。

逻辑方法	说明
__eq__(self, other)	self == other # 等于
__ne__(self, other)	self != other # 不等于
__lt__(self, other)	self < other # 小于
__gt__(self, other)	self > other # 大于
__le__(self, other)	self <= other # 小于或等于
__ge__(self, other)	self >= other # 大于或等于

数学方法	说明
__add__(self, other)	self + other # 加法
__sub__(self, other)	self − other # 减法
__mul__(self, other)	self * other # 乘法
__floordiv__(self, other)	self / /other # 整数除法
__truediv__(self, other)	self / other # 除法
__mod__(self, other)	self % other # 余数
__pow__(self, other)	self ** other # 次方

12-9　专题——几何数据的应用

程序实例 ch12_34.py：设计一个 Geometric 类，这个类主要是设置 color 是 Green。另外设计一个 Circle 类，这个类有 getRadius( ) 方法可以获得半径，setRadius( ) 方法可以设置半径，getDiameter( ) 方法可以取得直径，getPerimeter( ) 方法可以取得圆周长，getArea( ) 方法可以取得面积，getColor( ) 方法可以取得颜色。

```
1  # ch12_34.py
2  class Geometric():
3      def __init__(self):
4          self.color = "Green"
5  class Circle(Geometric):
6      def __init__(self,radius):
7          super().__init__()
8          self.PI = 3.14159
9          self.radius = radius
10     def getRadius(self):
11         return self.radius
12     def setRadius(self,radius):
13         self.radius = radius
14     def getDiameter(self):
15         return self.radius * 2
16     def getPerimeter(self):
17         return self.radius * 2 * self.PI
18     def getArea(self):
19         return self.PI * (self.radius ** 2)
20     def getColor(self):
21         return color
22
23 A = Circle(5)
24 print("圆形的颜色 : ", A.color)
25 print("圆形的半径 : ", A.getRadius())
26 print("圆形的直径 : ", A.getDiameter())
27 print("圆形的圆周 : ", A.getPerimeter())
28 print("圆形的面积 : ", A.getArea())
29 A.setRadius(10)
30 print("圆形的直径 : ", A.getDiameter())
```

执行结果

```
================= RESTART: D:\Python\ch12\ch12_34.py =================
圆形的颜色 :  Green
圆形的半径 :  5
圆形的直径 :  10
圆形的圆周 :  31.4159
圆形的面积 :  78.53975
圆形的直径 :  20
```

习题

1. 设计一个类 Myschool，这个类包含属性 title，也有一个 departments( ) 方法，属性内容如下。(12-1 节)

title = " 明志科大 "

departments( ) 方法则是返回列表 [" 机械 ", " 电机 ", " 化工 "]

读者需声明一个 Myschool 对象，然后依下列方式打印信息。

```
================= RESTART: D:\Python\ex\ex12_1.py =================
明志科大
机械
电机
化工
```

2. 设计一个类 Myschool，这个类包含属性 name 和 score，也有一个 msg( ) 方法，程序设置 Myschool 对象时需传递两个参数，下面是示范设置方式。(12-1 节)

hung = Myschool('kevin', 80)

这个类的方法主要是可以输出问候语和成绩，请留意英文名字第一个输出字母是大写。

```
================= RESTART: D:\Python\ex\ex12_2.py =================
Hi!Kevin你的成绩是80分
```

3. 请扩充习题 1，增加初始化 schoolname 属性，schoolname 内容是 'Python School'，请设计 msg( ) 方法输出第一行是 title，第二行才是原先的输出。(12-1 节)

```
==================== RESTART: D:\Python\ex\ex12_3.py ====================
Python School
Hi!Kevin你的成绩是80分
```

4. 请利用 ch12_9.py 的类，同时修改部分内容，在程序部分执行下列工作 : (12-2 节)

（1）存款 5000 元；

（2）提款 3000 元；

（3）存款 1500 元；

（4）兑换美金外币 100 美元（记住：汇率是要增加手续费用 1%）；

（5）列出剩余金额。

请列出上述每次的执行结果账单。

```
==================== RESTART: D:\Python\ex\ex12_4.py ====================
存款  5000  完成
Hung  目前余额: 5000
提款  3000  完成
Hung  目前余额: 2000
存款  1500  完成
Hung  目前余额: 3500
兑换100美元
提款  3030  完成
Hung  目前余额: 470
```

5. 请扩充 ch12_13.py，增加 Banks 子类北投（Beitou）分行，北投分行内容可以参照士林分行，程序末端增加北投分行类对象（可参考 43 行），然后打印银行名称（可参考 44 行）。(12-3 节)

```
==================== RESTART: D:/Python/ex/ex12_5.py ====================
James's banks =  Taipei Bank
Hung's banks =  Taipei Bank - Shilin Branch
Kevin's banks =  Taipei Bank - Shilin Branch
```

6. 请扩充 ch12_14.py，为 Animals 类增加 Birds 子类，这个子类有自己的 run( ) 方法，输出方式可以比照第 9 行，但是字符串是 " is flying."。请为这个程序增加类似 20 ~ 22 行的工作，但是将对象类设为 Birds。(12-3 节)

```
==================== RESTART: D:/Python/ex/ex12_6.py ====================
Lucy  is  5  years old.
Lucy  is running
My Pet Lily  is  6  years old.
My Pet Lily  is running
My Pet Cici  is  8  years old.
My Pet Cici is flying
```

7. 请适度修订 ch12_16.py，将第 23 行对象改为 : (12-3 节)

```
ira = Ira( )
```

第 24 行也需修改，在 Ira 类内增加设计方法可以调用 Ivan 类的 get_money( ) 方法，然后输出结果。

```
==================== RESTART: D:\Python\ex\ex12_7.py ====================
Ira资产: 8000
父亲资产: 10000
Ivan资产: 3000
```

8. 请扩充 ch12_18.py，增加 Grandfather 类的子类 Aunt 类，这个类也是 Ivan 类的父类。请参考第 14 行建立 action2( ) 方法但是列出 "Aunt"。在第 17 行 Ivan 类内的参数如下。(12-4 节)

```
Father, Uncle, Aunt                        --- ex12_8_1.py
```

请再设计两个程序参数分别如下。

Uncle, Aunt, Father   --- ex12_8_2.py

Aunt, Father, Uncle   --- ex12_8_3.py

同时列出结果。

```
==================== RESTART: D:/Python/ex/ex12_8_1.py ====================
Ivan
Father
Grandfather
```

```
==================== RESTART: D:/Python/ex/ex12_8_2.py ====================
Ivan
Uncle
Grandfather
```

```
==================== RESTART: D:/Python/ex/ex12_8_3.py ====================
Ivan
Aunt
Grandfather
```

9. 请扩充 ch12_15.py，增加 Grandmother 类，这是 Father 类的父类，她的资产是 20000，请参考 Grandfather 类建立 get_info4( ) 方法，同时在程序中扩充输出 Grandmother 的资产。(12-5 节)

```
==================== RESTART: D:\Python\ex\ex12_9.py ====================
Ivan's information
Father's information
Grandfather's information
Grandmother's information

Ivan资产：    3000
父亲资产：    8000
祖父资产：    10000
祖母资产：    20000
```

13

第 13 章

设计与应用模块

本章摘要

第 11 章介绍了函数（function），第 12 章介绍了类（class），其实在大型程序设计中，每个人可能只是负责一小部分的函数或类设计，为了可以让团队的其他人可以互相分享设计成果，最后每个人所负责的功能函数或类将存储在**模块**（module）中，然后供团队其他成员使用。在网络上或国外的技术文件中常可以看到有的文章将**模块**（module）称为**套件**（package）。

通常将模块分成以下 3 大类。

（1）自己程序建立的模块，本章 13-1 节至 13-4 节会做说明。

（2）Python 内建的模块，13-5 节至 13-10 节会有实例说明。例如，数学模块 math、随机数模块 random、文件处理模块 os、时间模块 time、系统模块 sys 等。可以使用下列网址查询所有 Python 内部模块：

http://docs.python.org/3/library

（3）外部模块，需使用 pip 安装，未来章节会在使用时说明，也可参考附录 B。

本章将讲解将自己所设计的函数或类存储成模块然后加以引用，最后也将讲解 Python 常用的内建模块。Python 最大的优势是资源免费，因此有许多公司使用它开发了许多功能强大的模块，这些模块称为外部模块或第三方模块，后面章节会逐步说明使用外部模块执行更多有意义的工作。

13-1　将自建的函数存储在模块中

一个大型程序一定是由许多的函数或类所组成的，为了让程序的工作可以分工以及增加程序的可读性，可以将所建的函数或类存储成模块（module）形式的独立文件，未来再加以调用。

13-1-1　准备工作

假设有一个程序内容是用于建立冰淇淋（ice cream）与饮料（drink），如下所示。

程序实例 ch13_1.py：这个程序基本上是扩充 ch11_23.py，再增加建立饮料的函数 make_drink( )。

```
1   # ch13_1.py
2   def make_icecream(*toppings):
3       # 列出制作冰淇淋的配料
4       print("这个冰淇淋所加配料如下")
5       for topping in toppings:
6           print("--- ", topping)
7
8   def make_drink(size, drink):
9       # 输入饮料规格与种类,然后输出饮料
10      print("所点饮料如下")
11      print("--- ", size.title())
12      print("--- ", drink.title())
13
14  make_icecream('草莓酱')
15  make_icecream('草莓酱', '葡萄干', '巧克力碎片')
16  make_drink('large', 'coke')
```

执行结果

```
==================== RESTART: D:\Python\ch13\ch13_1.py ====================
这个冰淇淋所加配料如下
---   草莓酱
这个冰淇淋所加配料如下
---   草莓酱
---   葡萄干
---   巧克力碎片
所点饮料如下
---   Large
---   Coke
```

假设我们会常常需要在其他程序中调用 make_icecream( ) 和 make_drink( )，此时可以考虑将这两个函数建立成**模块**，未来可以供其他程序调用。

13-1-2　建立函数内容的模块

模块的扩展名与 Python 程序文件一样是 py，对于程序实例 ch13_1.py 而言，可以只保留 make_icecream( ) 和 make_drink( )。

程序实例 makefood.py：使用 ch13_1.py 建立一个模块，此模块名称是 makefood.py。

```
1   # makefood.py
2   # 这是一个包含两个函数的模块(module)
3   def make_icecream(*toppings):
4       ''' 列出制作冰淇淋的配料 '''
5       print("这个冰淇淋所加配料如下")
6       for topping in toppings:
7           print("--- ", topping)
8
9   def make_drink(size, drink):
10      ''' 输入饮料规格与种类,然后输出饮料 '''
11      print("所点饮料如下")
12      print("--- ", size.title())
13      print("--- ", drink.title())
```

执行结果　由于这不是一般程序所以没有任何执行结果。

现在已经成功地建立模块 makefood.py 了。

13-2　应用自己建立的函数模块

有几种方法可以应用函数模块，下面将分成 6 节进行说明。

13-2-1　import 模块名称

要导入 13-1-2 节所建的模块，只要在程序内加上下列简单的语法即可。

`import` 模块名称　　　　　# 导入模块

若以 13-1-2 节的实例，只要在程序内加上下列简单的语句即可。

`import makefood`

程序中要引用模块的函数语法如下。

模块名称 . 函数名称　　　　# 模块名称与函数名称间有小数点 "."

程序实例 ch13_2.py：实际导入模块 makefood.py 的应用。

```
1  # ch13_2.py
2  import makefood              # 导入模块makefood.py
3
4  makefood.make_icecream('草莓酱')
5  makefood.make_icecream('草莓酱', '葡萄干', '巧克力碎片')
6  makefood.make_drink('large', 'coke')
```

执行结果　与 ch13_1.py 相同。

13-2-2　导入模块内特定单一函数

如果只想导入模块内单一特定的函数，可以使用下列语法。

　　from 模块名称 import 函数名称

未来程序引用所导入的函数时可以省略模块名称。

程序实例 ch13_3.py：这个程序只导入 makefood.py 模块的 make_icecream( ) 函数，所以程序第 4
和 5 行执行没有问题，但是执行程序第 6 行时就会产生错误。

```
1  # ch13_3.py
2  from makefood import make_icecream  # 导入模块makefood.py的函数make_icecream
3
4  make_icecream('草莓酱')
5  make_icecream('草莓酱', '葡萄干', '巧克力碎片')
6  make_drink('large', 'coke')            # 因为没有导入此函数所以会产生错误
```

执行结果

```
==================== RESTART: D:\Python\ch13\ch13_3.py ====================
这个冰淇淋所加配料如下
---   草莓酱
这个冰淇淋所加配料如下
---   草莓酱
---   葡萄干
---   巧克力碎片
Traceback (most recent call last):
  File "D:\Python\ch13\ch13_3.py", line 6, in <module>
    make_drink('large', 'coke')          # 因为没有导入此函数所以会产生错误
NameError: name 'make_drink' is not defined
```

13-2-3　导入模块内多个函数

如果想导入模块内多个函数时，函数名称间需以逗号隔开，语法如下。

　　from 模块名称 import 函数名称 1，函数名称 2，… ，函数名称 n

程序实例 ch13_4.py：重新设计 ch13_3.py，增加导入 make_drink( ) 函数。

```
1  # ch13_4.py
2  # 导入模块makefood.py的make_icecream和make_drink函数
3  from makefood import make_icecream, make_drink
4
5  make_icecream('草莓酱')
6  make_icecream('草莓酱', '葡萄干', '巧克力碎片')
7  make_drink('large', 'coke')
```

执行结果　与 ch13_1.py 相同。

13-2-4　导入模块所有函数

如果想导入模块内所有函数时，语法如下。

```
from 模块名称 import  *
```

程序实例 ch13_5.py：导入模块所有函数的应用。

```
1  # ch13_5.py
2  from makefood import *        # 导入模块makefood.py所有函数
3
4  make_icecream('草莓酱')
5  make_icecream('草莓酱', '葡萄干', '巧克力碎片')
6  make_drink('large', 'coke')
```

执行结果　与 ch13_1.py 相同。

13-2-5　使用 as 给函数指定替代名称

有时候会碰上所设计程序的函数名称与模块内的函数名称相同，或是感觉模块的函数名称太长，此时可以自行给模块的函数名称一个**替代名称**，未来可以使用这个**替代名称**代替原先模块的名称。语法格式如下。

```
from 模块名称 import 函数名称 as 替代名称
```

程序实例 ch13_6.py：使用替代名称 icecream 代替 make_icecream，重新设计 ch13_3.py。

```
1  # ch13_6.py
2  # 使用icecream替代make_icecream函数名称
3  from makefood import make_icecream as icecream
4
5  icecream('草莓酱')
6  icecream('草莓酱', '葡萄干', '巧克力碎片')
```

执行结果

```
=================== RESTART: D:\Python\ch13\ch13_6.py ===================
这个冰淇淋所加配料如下
--- 草莓酱
这个冰淇淋所加配料如下
--- 草莓酱
--- 葡萄干
--- 巧克力碎片
```

13-2-6　使用 as 给模块指定替代名称

Python 也允许给模块替代名称，未来可以使用此替代名称导入模块，其语法格式如下。

```
import 模块名称 as 替代名称
```

程序实例 ch13_7.py：使用 m 当作模块替代名称，重新设计 ch13_2.py。

```
1  # ch13_7.py
2  import makefood as m          # 导入模块makefood.py的替代名称m
3
4  m.make_icecream('草莓酱')
5  m.make_icecream('草莓酱', '葡萄干', '巧克力碎片')
6  m.make_drink('large', 'coke')
```

　与 ch13_1.py 相同。

13-3　将自建的类存储在模块内

第 12 章介绍了类，当程序设计越来越复杂时，可能也会建立许多类，Python 也允许将所建立的类存储在模块内，这将是本节的重点。

13-3-1　准备工作

下面将使用第 12 章的程序实例，说明将类存储在模块中的方式。

程序实例 ch13_8.py：修改 ch12_13.py，简化 Banks 类，同时让程序有两个类，至于程序内容读者应该可以轻易了解。

```
 1  # ch13_8.py
 2  class Banks():
 3      ''' 定义银行类 '''
 4
 5      def __init__(self, uname):                   # 初始化方法
 6          self.__name = uname                      # 设置私有存款者名字
 7          self.__balance = 0                       # 设置私有开户金额是0
 8          self.__title = "Taipei Bank"             # 设置私有银行名称
 9
10      def save_money(self, money):                 # 设计存款方法
11          self.__balance += money                  # 执行存款
12          print("存款 ", money, " 完成")          # 打印存款完成
13
14      def withdraw_money(self, money):             # 设计取款方法
15          self.__balance -= money                  # 执行取款
16          print("取款 ", money, " 完成")          # 打印取款完成
17
18      def get_balance(self):                       # 获得存款余额
19          print(self.__name.title(), " 目前余额: ", self.__balance)
20
21      def bank_title(self):                        # 获得银行名称
22          return self.__title
23
24  class Shilin_Banks(Banks):
25      ''' 定义士林分行 '''
26      def __init__(self, uname):
27          self.title = "Taipei Bank - Shilin Branch"  # 定义分行名称
28      def bank_title(self):                        # 获得银行名称
29          return self.title
30
31  jamesbank = Banks('James')                       # 定义Banks类对象
32  print("James's banks = ", jamesbank.bank_title())  # 打印银行名称
33  jamesbank.save_money(500)                         # 存钱
34  jamesbank.get_balance()                           # 列出存款金额
35  hungbank = Shilin_Banks('Hung')                  # 定义Shilin_Banks类对象
36  print("Hung's banks  = ", hungbank.bank_title())  # 打印银行名称
```

执行结果

```
=================== RESTART: D:\Python\ch13\ch13_8.py ===================
James's banks =  Taipei Bank
存款  500  完成
James  目前余额:  500
Hung's banks  =  Taipei Bank - Shilin Branch
```

13-3-2 建立类内容的模块

模块的扩展名与 Python 程序文件一样是 py，对于程序实例 ch13_8.py 而言，可以只保留 Banks 类和 Shilin_Banks 类。

程序实例 banks.py：使用 ch13_8.py 建立一个模块，此模块名称是 banks.py。

```
1   # banks.py
2   # 这是一个包含两个类的模块(module)
3   class Banks():
4       ''' 定义银行类 '''
5       def __init__(self, uname):              # 初始化方法
6           self.__name = uname                 # 设置私有存款者名字
7           self.__balance = 0                  # 设置私有开户金额是0
8           self.__title = "Taipei Bank"        # 设置私有银行名称
9
10      def save_money(self, money):            # 设计存款方法
11          self.__balance += money             # 执行存款
12          print("存款 ", money, " 完成")       # 打印存款完成
13
14      def withdraw_money(self, money):        # 设计取款方法
15          self.__balance -= money             # 执行取款
16          print("取款 ", money, " 完成")       # 打印取款完成
17
18      def get_balance(self):                  # 获得存款余额
19          print(self.__name.title(), " 目前余额: ", self.__balance)
20
21      def bank_title(self):                   # 获得银行名称
22          return self.__title
23
24  class Shilin_Banks(Banks):
25      ''' 定义士林分行 '''
26      def __init__(self, uname):
27          self.title = "Taipei Bank - Shilin Branch"  # 定义分行名称
28      def bank_title(self):                   # 获得银行名称
29          return self.title
```

执行结果 由于这不是程序所以没有任何执行结果。

现在已经成功地建立模块 banks.py 了。

13-4 应用自己建立的类模块

其实导入模块内的类与导入模块内的函数是一样的，下面将分成几节进行说明。

13-4-1 导入模块的单一类

方法与 13-2-2 节相同，语法格式如下。

　　from 模块名称 import 类名称

程序实例 ch13_9.py：使用导入模块方式，重新设计 ch13_8.py。由于这个程序只导入 Banks 类，所以此程序不执行原先的第 35 行和第 36 行。

```
1   # ch13_9.py
2   from banks import Banks                     # 导入banks模块的Banks类
3
4   jamesbank = Banks('James')                  # 定义Banks类对象
5   print("James's banks = ", jamesbank.bank_title())  # 打印银行名称
6   jamesbank.save_money(500)                   # 存钱
7   jamesbank.get_balance()                     # 列出存款金额
```

执行结果

```
=================== RESTART: D:\Python\ch13\ch13_9.py ===================
James's banks =  Taipei Bank
存款  500  完成
James  目前余额:  500
```

由执行结果读者应该体会，整个程序变得非常简洁了。

13-4-2　导入模块的多个类

与 13-2-3 节相同，如果模块内有多个类，也可以使用下列方式导入多个类，所导入的类名称间需以逗号隔开。

from 模块名称 import 类名称 1，类名称 2，…，类名称 n

程序实例 ch13_10.py：同时导入 Banks 类和 Shilin_Banks 类方式，重新设计 ch13_8.py。

```
1  # ch13_10.py
2  # 导入banks模块的Banks和Shilin_Banks类
3  from banks import Banks, Shilin_Banks
4
5  jamesbank = Banks('James')                    # 定义Banks类对象
6  print("James's banks = ", jamesbank.bank_title())  # 打印银行名称
7  jamesbank.save_money(500)                      # 存钱
8  jamesbank.get_balance()                        # 列出存款金额
9  hungbank = Shilin_Banks('Hung')                # 定义Shilin_Banks类对象
10 print("Hung's banks  = ", hungbank.bank_title())   # 打印银行名称
```

执行结果　与 ch13_8.py 相同。

13-4-3　导入模块内所有类

与 13-2-4 节相同，如果想导入模块内所有类时，语法如下。

from 模块名称 import *

程序实例 ch13_11.py：使用导入模块所有类的方式重新设计 ch13_8.py。

```
1  # ch13_11.py
2  from banks import *                            # 导入banks模块所有类
3
4  jamesbank = Banks('James')                     # 定义Banks类对象
5  print("James's banks = ", jamesbank.bank_title())  # 打印银行名称
6  jamesbank.save_money(500)                      # 存钱
7  jamesbank.get_balance()                        # 列出存款金额
8  hungbank = Shilin_Banks('Hung')                # 定义Shilin_Banks类对象
9  print("Hung's banks  = ", hungbank.bank_title())   # 打印 # 打印银行名称
```

执行结果　与 ch13_8.py 相同。

13-4-4　import 模块名称

与 13-2-1 节相同，要导入 13-3-2 节所建的模块，只要在程序内加上下列简单的语法即可。

import 模块名称　　　　　# 导入模块

若以 13-3-2 节的实例为例，只要在程序内加上下列简单的语法即可。

```
import banks
```

程序中要引用模块的类，语法如下。

模块名称 . 类名称　　# 模块名称与类名称间有小数点 "."

程序实例 ch13_12.py：使用 import 模块名称方式，重新设计 ch13_8.py，读者应该留意第 2、4 和 8 行的设计方式。

```
1  # ch13_12.py
2  import banks                                  # 导入banks模块
3
4  jamesbank = banks.Banks('James')             # 定义Banks类对象
5  print("James's banks = ", jamesbank.bank_title())  # 打印银行名称
6  jamesbank.save_money(500)                     # 存钱
7  jamesbank.get_balance()                       # 列出存款金额
8  hungbank = banks.Shilin_Banks('Hung')        # 定义Shilin_Banks类对象
9  print("Hung's banks  = ", hungbank.bank_title())   # 打印银行名称
```

执行结果　与 ch13_8.py 相同。

13-4-5　模块内导入另一个模块的类

有时候可能一个模块内有太多类了，此时可以考虑将一系列的类分成两个或更多个模块存储。如果拆成类的模块之间彼此有衍生关系，则子类也需将父类导入，执行时才不会有错误产生。下面是将 Banks 模块拆成两个模块的内容。

程序实例 banks1.py：这个模块含父类 Banks 的内容。

```
1   # banks1.py
2   # 这是一个包含Banks类的模块(module)
3   class Banks():
4       # 定义银行类
5       def __init__(self, uname):               # 初始化方法
6           self.__name = uname                  # 设置私有存款者名字
7           self.__balance = 0                   # 设置私有开户金额是0
8           self.__title = "Taipei Bank"         # 设置私有银行名称
9
10      def save_money(self, money):             # 设计存款方法
11          self.__balance += money              # 执行存款
12          print("存款 ", money, " 完成")         # 打印存款完成
13
14      def withdraw_money(self, money):         # 设计取款方法
15          self.__balance -= money              # 执行取款
16          print("取款 ", money, " 完成")         # 打印取款完成
17
18      def get_balance(self):                   # 获得存款余额
19          print(self.__name.title(), " 目前余额: ", self.__balance)
20
21      def bank_title(self):                    # 获得银行名称
22          return self.__title
```

程序实例 shilin_banks.py：这个模块含子类 Shilin_Banks 的内容，读者应留意第 3 行，笔者在这个模块内导入了 banks1.py 模块的 Banks 类。

```
1   # shilin_banks.py
2   # 这是一个包含Shilin_Banks类的模块(module)
3   from banks1 import Banks                          # 导入Banks类
4
5   class Shilin_Banks(Banks):
6       # 定义士林分行
7       def __init__(self, uname):
8           self.title = "Taipei Bank - Shilin Branch"  # 定义分行名称
9       def bank_title(self):                        # 获得银行名称
10          return self.title
```

程序实例 ch13_13.py：这个程序中，在第 2 和 3 行分别导入两个模块，整个程序的执行内容与 ch13_8.py 相同。

```
1   # ch13_13.py
2   from banks1 import Banks                          # 导入banks模块的Banks类
3   from shilin_Banks import Shilin_Banks             # 导入Shilin_Banks模块的Shilin_Banks类
4
5   jamesbank = Banks('James')                        # 定义Banks类对象
6   print("James's banks = ", jamesbank.bank_title()) # 打印银行名称
7   jamesbank.save_money(500)                         # 存钱
8   jamesbank.get_balance()                           # 列出存款金额
9   hungbank = Shilin_Banks('Hung')                   # 定义Shilin_Banks类对象
10  print("Hung's banks  = ", hungbank.bank_title())  # 打印银行名称
```

执行结果　与 ch13_8.py 相同。

13-5　随机数 random 模块

随机数（Random number）是指平均散布在某区间的数字。随机数用途很广，最常见的应用是设计游戏时可以控制输出结果，其实赌场的老虎机就是靠它赚钱。本节将介绍 random 模块中最有用的 3 个方法，同时也会分析赌场赚钱的利器。

13-5-1　randint( )

这个方法可以随机产生指定区间的整数，它的语法如下。

```
randint(min, max)                    # 可以产生 min (含) 与 max (含) 之间的整数值
```

程序实例 ch13_14.py：建立一个程序分别产生各 3 组在 1 ～ 100、500 ～ 1000、2000 ～ 3000 的数字。

```
1   # ch13_14.py
2   import random               # 导入模块random
3
4   n = 3
5   for i in range(n):
6       print("1-100     : ", random.randint(1, 100))
7
8   for i in range(n):
9       print("500-1000  : ", random.randint(500, 1000))
10
11  for i in range(n):
12      print("2000-3000 : ", random.randint(2000, 3000))
```

执行结果

```
==================== RESTART: D:\Python\ch13\ch13_14.py ====================
1-100       :    11
1-100       :    83
1-100       :    21
500-1000    :    619
500-1000    :    767
500-1000    :    976
2000-3000   :    2794
2000-3000   :    2043
2000-3000   :    2013
```

程序实例 ch13_15.py：猜数字游戏，这个程序首先会用 randint( ) 方法产生一个 1 ~ 10 的数字，
然后如果猜的数值太小会要求猜大一些，然后如果猜的数值太大会要求猜小一些。

```python
1  # ch13_15.py
2  import random                          # 导入模块random
3
4  min, max = 1, 10
5  ans = random.randint(min, max)         # 随机数产生答案
6  while True:
7      yourNum = int(input("请猜1-10之间数字: "))
8      if yourNum == ans:
9          print("恭喜!答对了")
10         break
11     elif yourNum < ans:
12         print("请猜大一些")
13     else:
14         print("请猜小一些")
```

执行结果

```
==================== RESTART: D:\Python\ch13\ch13_15.py ====================
请猜1-10之间数字: 5
请猜大一些
请猜1-10之间数字: 8
恭喜!答对了
```

一般赌场的机器可以用随机数控制输赢，例如，某个猜大小机器，一般人以为猜对率是 50%，
但是只要控制随机数，赌场可以直接控制输赢比例。

程序实例 ch13_16.py：这是一个猜大小的游戏，程序执行初可以设置庄家的输赢比例，程序执行
过程中会立即回应是否猜对。

```python
1  # ch13_16.py
2  import random                                    # 导入模块random
3
4  min, max = 1, 100                                # 随机数最小与最大值设定
5  winPercent = int(input("请输入庄家赢的比率(0-100)之间 :"))
6
7  while True:
8      print("猜大小游戏: L或1表示大,  S或s表示小, Q或q则程序结束")
9      customerNum = input("= ")                    # 读取玩家输入
10     if customerNum == 'Q' or customerNum == 'q':  # 若输入Q或q
11         break                                    # 程序结束
12     num = random.randint(min, max)               # 产生是否让玩家答对的随机数
13     if num > winPercent:                         # 随机数在81~100间回应玩家猜对
14         print("恭喜!答对了\n")
15     else:                                        # 随机数在1~80间回应玩家猜错
16         print("答错了!请再试一次\n")
```

执行结果

```
=============== RESTART: D:\Python\ch13\ch13_16.py ===============
请输入庄家赢的比率(0~100)之间 :80
猜大小游戏: L或l表示大，  S或s表示小，Q或q则程序结束
= l
恭喜! 答对了

猜大小游戏: L或l表示大，  S或s表示小，Q或q则程序结束
= s
答错了! 请再试一次

猜大小游戏: L或l表示大，  S或s表示小，Q或q则程序结束
= q
```

这个程序的关键点 1 是程序第 5 行，庄家可以在程序启动时先设置赢的比率。第 2 个关键点是程序第 12 行产生的随机数，由 1 ～ 100 的随机数决定玩家是赢或输，猜大小只是晃子。例如，庄家刚开始设置赢的概率是 80%，相当于如果随机数是在 81 ～ 100 算玩家赢，如果随机数是 1 ～ 80 算玩家输。

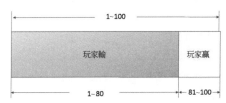

13-5-2　choice( )

这个方法可以在一个列表（list）中随机返回一个元素。

程序实例 ch13_17.py：有一个水果列表，使用 choice( ) 方法随机选取一个水果。

```
1  # ch13_17.py
2  import random                      # 导入模块random
3
4  fruits = ['苹果', '香蕉', '西瓜', '水蜜桃', '百香果']
5  print(random.choice(fruits))
```

执行结果　下列是程序执行两次的结果。

```
=============== RESTART: D:\Python\ch13\ch13_17.py ===============
水蜜桃
>>>
=============== RESTART: D:\Python\ch13\ch13_17.py ===============
西瓜
```

程序实例 ch13_17_1.py：骰子有 6 面，点数是 1 ～ 6，这个程序会产生 10 次 1 ～ 6 的值。

```
1  # ch13_17_1.py
2  import random                      # 导入模块random
3
4  for i in range(10):
5      print(random.choice([1,2,3,4,5,6]), end=",")
```

执行结果

```
=============== RESTART: D:/Python/ch13/ch13_17_1.py ===============
5,5,2,6,4,6,1,2,6,1,
```

13-5-3 shuffle( )

这个方法可以将列表元素重新排列，如果要设计扑克牌（Porker）游戏，在发牌前可以使用这个方法将牌打乱重新排列。

程序实例 ch13_18.py：将列表内的扑克牌次序打乱，然后重新排列。

```
1  # ch13_18.py
2  import random                        # 导入模块random
3
4  porker = ['2', '3', '4', '5', '6', '7', '8',
5            '9', '10', 'J', 'Q', 'K', 'A']
6  for i in range(3):
7      random.shuffle(porker)           # 将次序打乱重新排列
8      print(porker)
```

执行结果

```
==================== RESTART: D:\Python\ch13\ch13_18.py ====================
['7', '5', '10', '8', '2', 'A', '9', '3', 'Q', 'J', '4', 'K', '6']
['Q', '4', 'A', 'K', '10', '5', '6', '2', '3', '9', '7', '8', 'J']
['5', 'Q', '7', '8', '4', 'K', '2', '3', '9', '6', 'A', 'J', '10']
```

将列表元素打乱，很适合老师出防止作弊的考题。例如，如果有 50 位学生，为了避免学生偷窥邻座的考卷，可以将出好的题目处理成列表，然后使用 for 循环执行 50 次 shuffle( )，这样就可以得到 50 份考题相同但是次序不同的考卷。这个将当作读者的习题。

13-5-4 sample( )

sample( ) 的语法如下。

sample(列表, 数量)

可以随机返回第 2 个参数数量的列表元素。

程序实例 ch13_18_1.py：设计大乐透彩票号码，大乐透号码是由 6 个 1 ～ 49 的数字组成，然后外加一个特别号，这个程序会产生 6 个号码以及一个特别号。

```
1  # ch13_18_1.py
2  import random                        # 导入模块random
3
4  lotterys = random.sample(range(1,50), 7)   # 7组号码
5  specialNum = lotterys.pop()          # 特别号
6
7  print("第xxx期大乐透号码 ", end="")
8  for lottery in sorted(lotterys):     # 排序打印大乐透号码
9      print(lottery, end=" ")
10 print("\n特别号:%d" % specialNum)     # 打印特别号
```

执行结果

```
==================== RESTART: D:\Python\ch13\ch13_18_1.py ====================
第xxx期大乐透号码 1 20 28 31 35 39
特别号:29
```

13-5-5 uniform( )

uniform( ) 可以随机产生（x,y）之间的浮点数，它的语法格式如下。

```
uniform(x,y)
```

x 是随机数最小值，包含 x 值；y 是随机数最大值，不包含该值。

程序实例 ch13_18_2.py：产生 5 个 0 ～ 10 随机浮点数的应用。

```
1  # ch13_18_2.py
2  import random
3
4  for i in range(5):
5      print("uniform(1,10) : ", random.uniform(1, 10))
```

执行结果

```
===================== RESTART: D:/Python/ch13/ch13_18_2.py =====================
uniform(1,10) :  4.650312334612405
uniform(1,10) :  6.862453320095783
uniform(1,10) :  3.2055807663870484
uniform(1,10) :  2.712843194025017
uniform(1,10) :  7.5172219039912065
```

13-5-6　random( )

random( ) 可以随机产生 0.0（含）～ 1.0 的随机浮点数。

程序实例 ch13_18_3.py：产生 10 个 0.0 ～ 1.0 的随机浮点数。

```
1  # ch13_18_3.py
2  import random
3
4  for i in range(10):
5      print(random.random())
```

执行结果

```
===================== RESTART: D:/Python/ch13/ch13_18_3.py =====================
0.8265495242543065
0.7281007292756023
0.6852959134781751
0.9485994816643372
0.9149833287644756
0.9846475437517717
0.9814128181047725
0.8033467190495047
0.13216803444569913
0.6610479743073929
```

13-6　时间 time 模块

13-6-1　time( )

time( ) 方法可以返回自 1970 年 1 月 1 日 00:00:00AM 以来的秒数，初看好像用处不大，其实如果想要掌握某段工作所花时间则是很有用的。例如，若应用于程序实例 ch13_15.py，可以用它计算猜数字所花时间。

程序实例 ch13_19.py：计算自 1970 年 1 月 1 日 00:00:00AM 以来的秒数。

```
1   # ch13_19.py
2   import time                          # 导入模块time
3
4   print("计算1970年1月1日00:00:00至今的秒数 = ", int(time.time()))
```

执行结果

```
==================== RESTART: D:\Python\ch13\ch13_19.py ====================
计算1970年1月1日00:00:00至今的秒数 =  1559207734
```

读者的执行结果将和笔者不同，因为我们是在不同的时间点执行这个程序。

程序实例 ch13_20.py：扩充 ch13_15.py 的功能，主要是增加计算花多少时间猜对数字。

```
1   # ch13_20.py
2   import random                        # 导入模块random
3   import time                          # 导入模块time
4
5   min, max = 1, 10
6   ans = random.randint(min, max)       # 随机数产生答案
7   yourNum = int(input("请猜1~10之间数字: "))
8   starttime = int(time.time())         # 起始秒数
9   while True:
10      if yourNum == ans:
11          print("恭喜!答对了")
12          endtime = int(time.time())   # 结束秒数
13          print("所花时间: ", endtime - starttime, " 秒")
14          break
15      elif yourNum < ans:
16          print("请猜大一些")
17      else:
18          print("请猜小一些")
19      yourNum = int(input("请猜1~10之间数字: "))
```

执行结果

```
==================== RESTART: D:\Python\ch13\ch13_20.py ====================
请猜1~10之间数字: 5
请猜大一些
请猜1~10之间数字: 8
恭喜!答对了
所花时间:  2  秒
```

13-6-2　sleep( )

sleep( ) 方法可以让工作暂停，这个方法的参数单位是**秒**。这个方法对于设计动画非常有帮助，未来还会介绍这个方法更多的应用。

程序实例 ch13_21.py：每秒打印一次列表的内容。

```
1   # ch13_21.py
2   import time                          # 导入模块time
3
4   fruits = ['苹果', '香蕉', '西瓜', '水蜜桃', '百香果']
5   for fruit in fruits:
6       print(fruit)
7       time.sleep(1)                    # 暂停1秒
```

执行结果

```
==================== RESTART: D:\Python\ch13\ch13_21.py ====================
苹果
香蕉
西瓜
水蜜桃
百香果
```

13-6-3　asctime( )

这个方法会以可以阅读的方式列出目前的系统时间。

程序实例 ch13_22.py：列出目前系统时间。

```
1  # ch13_22.py
2  import time                         # 导入模块time
3
4  print(time.asctime())               # 列出目前系统时间
```

执行结果

```
==================== RESTART: D:\Python\ch13\ch13_22.py ====================
Wed Nov 21 16:00:59 2018
```

13-6-4　localtime( )

这个方法可以返回目前时间的结构数据，所返回的结构可以用索引方式获得其中内容。

程序实例 ch13_23.py：使用 localtime( ) 方法列出目前时间的结构数据，同时使用索引列出其中
内容。

```
1  # ch13_23.py
2  import time                         # 导入模块time
3
4  xtime = time.localtime()
5  print(xtime)                        # 列出目前系统时间
6  print("年 ", xtime[0])
7  print("月 ", xtime[1])
8  print("日 ", xtime[2])
9  print("时 ", xtime[3])
10 print("分 ", xtime[4])
11 print("秒 ", xtime[5])
12 print("星期几    ", xtime[6])
13 print("第几天    ", xtime[7])
14 print("夏令时间 ", xtime[8])
```

执行结果

```
==================== RESTART: D:\Python\ch13\ch13_23.py ====================
time.struct_time(tm_year=2019, tm_mon=5, tm_mday=30, tm_hour=17, tm_min=33, tm_s
ec=38, tm_wday=3, tm_yday=150, tm_isdst=0)
年   2019
月   5
日   30
时   17
分   33
秒   38
星期几    3
第几天    150
夏令时间 0
```

上述索引第 12 行中 [6] 代表星期几的设置，0 代表星期一，1 代表星期二，…上述第 13 行中索引 [7] 是第几天的设置，代表这是一年中的第几天。上述第 14 行中索引 [8] 是夏令时间的设置，0 代表不是，1 代表是。

13-7　系统 sys 模块

这个模块可以控制 Python Shell 窗口消息。

13-7-1　version 和 version_info 属性

这个属性可以列出目前所使用 Python 的版本消息。

程序实例 ch13_24.py：列出目前所使用 Python 的版本消息。

```
1  # ch13_24.py
2  import sys
3
4  print("目前Python版本是: ", sys.version)
5  print("目前Python版本是: ", sys.version_info)
```

执行结果

```
==================== RESTART: D:\Python\ch13\ch13_24.py ====================
目前Python版本是:  3.7.0 (v3.7.0:1bf9cc5093, Jun 27 2018, 04:06:47) [MSC v.1914
32 bit (Intel)]
目前Python版本是:  sys.version_info(major=3, minor=7, micro=0, releaselevel='fin
al', serial=0)
```

13-7-2　stdin 对象

stdin 是 standard input 的缩写，是指从屏幕输入（可想成 Python Shell 窗口），这个对象可以搭配 readline( ) 方法，读取屏幕输入直到按 Enter 键。

程序实例 ch13_25.py：读取屏幕输入。

```
1  # ch13_25.py
2  import sys
3  print("请输入字符串，输入完按Enter = ", end = "")
4  msg = sys.stdin.readline()
5  print(msg)
```

执行结果

```
==================== RESTART: D:\Python\ch13\ch13_25.py ====================
请输入字符串，输入完按Enter = Python王者归来
Python王者归来
```

在 readline( ) 方法内可以加上正整数参数，例如 readline(n)，这个 n 代表所读取的字符数，其中一个中文字或空格也算一个字符数。

程序实例 ch13_26.py：从屏幕读取 8 个字符数。

```
1   # ch13_26.py
2   import sys
3   print("请输入字符串，输入完按Enter = ", end = "")
4   msg = sys.stdin.readline(8)          # 读8个字符
5   print(msg)
```

执行结果

```
==================== RESTART: D:\Python\ch13\ch13_26.py ====================
请输入字符串，输入完按Enter = Python王者归来
Python王者
>>>
==================== RESTART: D:\Python\ch13\ch13_26.py ====================
请输入字符串，输入完按Enter = I like Python
I like P
```

13-7-3　stdout 对象

stdout 是 standard ouput 的缩写，是指从屏幕输出（可想成 Python Shell 窗口），这个对象可以搭配 write( ) 方法，从屏幕输出数据。

程序实例 ch13_27.py：使用 stdout 对象输出数据。

```
1   # ch13_27.py
2   import sys
3
4   sys.stdout.write("I like Python")
```

执行结果

```
==================== RESTART: D:\Python\ch13\ch13_27.py ====================
I like Python
```

其实这个对象若是使用 Python Shell 窗口，最后会同时列出输出的字符数。

```
>>> import sys
>>> sys.stdout.write("I like Python")
I like Python13
>>>
```

13-7-4　platform 属性

可以返回目前 Python 的使用平台。

程序实例 ch13_27_1.py：列出笔者计算机的使用平台。

```
1   # ch13_27_1.py
2   import sys
3
4   print(sys.platform)
```

执行结果

```
================= RESTART: D:\Python\ch13\ch13_27_1.py =================
win32
```

13-7-5　path 属性

Python 的 sys.path 参数是一个列表数据，这个列表记录模块所在的目录，当使用 import 导入模块时，Python 会到此列表目录找寻文件，然后导入。

程序实例 ch13_27_2.py：列出笔者计算机目前环境变量 path 的值。

```
1  # ch13_27_2.py
2  import sys
3  for dirpath in sys.path:
4      print(dirpath)
```

执行结果

```
================= RESTART: D:\Python\ch13\ch13_27_2.py =================
D:\Python\ch13
C:\Users\User\AppData\Local\Programs\Python\Python37-32\Lib\idlelib
C:\Users\User\AppData\Local\Programs\Python\Python37-32\python37.zip
C:\Users\User\AppData\Local\Programs\Python\Python37-32\DLLs
C:\Users\User\AppData\Local\Programs\Python\Python37-32\lib
C:\Users\User\AppData\Local\Programs\Python\Python37-32
C:\Users\User\AppData\Local\Programs\Python\Python37-32\lib\site-packages
```

读者可以看到笔者计算机所列出 sys.path 的内容，当导入模块时 Python 会依上述顺序往下查找所导入的模块，当找到第一个时就会导入。上述 sys.path 第 0 个元素是 D:\Python\ch13，这是笔者所设计模块的目录，如果笔者不小心设计了相同的系统模块，例如 time，同时它的查找路径在标准 Python 链接库的模块路径前面，将造成程序无法存取标准链接库的模块。

13-7-6　getwindowsversion( )

返回目前 Python 安装环境的 Windows 操作系统版本。

程序实例 ch13_27_3.py：列出目前的 Windows 操作系统版本。

```
1  # ch13_27_3.py
2  import sys
3
4  print(sys.getwindowsversion())
```

执行结果

```
================= RESTART: D:\Python\ch13\ch13_27_3.py =================
sys.getwindowsversion(major=10, minor=0, build=17134, platform=2, service_pack='
')
```

13-7-7　executable

列出目前所使用 Python 的可执行文件路径。

程序实例 ch13_27_4.py：列出笔者计算机 Python 的可执行文件路径。

```
1   # ch13_27_4.py
2   import sys
3
4   print(sys.executable)
```

```
=================== RESTART: D:/Python/ch13/ch13_27_4.py ===================
C:\Users\cshun\AppData\Local\Programs\Python\Python37-32\pythonw.exe
```

13-7-8 获得 getrecursionlimit( ) 与设置 setrecursionlimit( ) 循环次数

在 11-7 节已经说明 sys.setrecursionlimit( ) 可以获得目前 Python 的循环次数，sys.setcursionlimit(x) 则是可以设置目前 Python 的循环次数，参数 x 是循环次数。

```
>>> import sys
>>> sys.setrecursionlimit(100)
>>> sys.getrecursionlimit()
100
```

13-7-9 DOS 命令行自变量

有时候设计一些程序必须在 DOS 命令行执行，命令行上所输入的自变量会以列表形式记录在 sys.argv 内。

程序实例 ch13_27_5.py：列出命令行自变量。

```
1   # ch13_27_5.py
2   import sys
3   print("命令行参数 : ", sys.argv)
```

执行结果

```
PS C:\Users\User> python d:\Python\ch13\ch13_27_5.py
命令行参数 :  ['d:\\Python\\ch13\\ch13_27_5.py']
PS C:\Users\User> python d:\Python\ch13\ch13_27_5.py Hello! Hi Good-bye
命令行参数 :  ['d:\\Python\\ch13\\ch13_27_5.py', 'Hello!', 'Hi', 'Good-bye']
```

13-8 keyword 模块

这个模块有一些 Python 关键词的功能。

13-8-1 kwlist 属性

这个属性包含所有 Python 的关键词。

程序实例 ch13_28.py：列出所有 Python 关键词。

```
1  # ch13_28.py
2  import keyword
3
4  print(keyword.kwlist)
```

执行结果

```
==================== RESTART: D:\Python\ch13\ch13_28.py ====================
['False', 'None', 'True', 'and', 'as', 'assert', 'async', 'await', 'break', 'cla
ss', 'continue', 'def', 'del', 'elif', 'else', 'except', 'finally', 'for', 'from
', 'global', 'if', 'import', 'in', 'is', 'lambda', 'nonlocal', 'not', 'or', 'pas
s', 'raise', 'return', 'try', 'while', 'with', 'yield']
```

13-8-2 iskeyword( )

这个方法可以返回参数的字符串是否是关键词，如果是返回 True，如果否返回 False。

程序实例 ch13_29.py：检查列表内的字是否是关键词。

```
1  # ch13_29.py
2  import keyword
3
4  keywordLists = ['as', 'while', 'break', 'sse', 'Python']
5  for x in keywordLists:
6      print("%8s " % x, keyword.iskeyword(x))
```

执行结果

```
==================== RESTART: D:/Python/ch13/ch13_29.py ====================
      as  True
   while  True
   break  True
     sse  False
  Python  False
```

13-9 日期 calendar 模块

日期模块有一些日历数据，很方便使用，本节将介绍几个常用的方法，使用此模块前需要先 import calendar。

13-9-1 列出某年是否闰年 isleap( )

如果是闰年返回 True，否则返回 False。

程序实例 ch13_30.py：分别列出 2020 年和 2021 年是否闰年。

```
1  # ch13_30.py
2  import calendar
3
4  print("2020年是否闰年", calendar.isleap(2020))
5  print("2021年是否闰年", calendar.isleap(2021))
```

```
==================== RESTART: D:\Python\ch13\ch13_30.py ====================
2020年是否闰年 True
2021年是否闰年 False
```

13-9-2　打印月历 month( )

这个方法完整的参数是 month(year,month)，可以列出指定年份月份的月历。

程序实例 ch13_31.py：列出 2020 年 1 月的月历。

```
1  # ch13_31.py
2  import calendar
3
4  print(calendar.month(2020,1))
```

执行结果

```
==================== RESTART: D:/Python/ch13/ch13_31.py ====================
    January 2020
Mo Tu We Th Fr Sa Su
       1  2  3  4  5
 6  7  8  9 10 11 12
13 14 15 16 17 18 19
20 21 22 23 24 25 26
27 28 29 30 31
```

13-9-3　打印年历 calendar( )

这个方法完整的参数是 calendar(year)，可以列出指定年份的年历。

程序实例 ch13_32.py：列出 2020 年的年历。

```
1  # ch13_32.py
2  import calendar
3
4  print(calendar.calendar(2020))
```

执行结果

```
==================== RESTART: D:/Python/ch13/ch13_32.py ====================
                                  2020

          January                   February                   March
Mo Tu We Th Fr Sa Su      Mo Tu We Th Fr Sa Su      Mo Tu We Th Fr Sa Su
       1  2  3  4  5                      1  2                         1
 6  7  8  9 10 11 12       3  4  5  6  7  8  9       2  3  4  5  6  7  8
13 14 15 16 17 18 19      10 11 12 13 14 15 16       9 10 11 12 13 14 15
20 21 22 23 24 25 26      17 18 19 20 21 22 23      16 17 18 19 20 21 22
27 28 29 30 31            24 25 26 27 28 29         23 24 25 26 27 28 29
                                                    30 31

           April                      May                       June
Mo Tu We Th Fr Sa Su      Mo Tu We Th Fr Sa Su      Mo Tu We Th Fr Sa Su
       1  2  3  4  5                   1  2  3       1  2  3  4  5  6  7
 6  7  8  9 10 11 12       4  5  6  7  8  9 10       8  9 10 11 12 13 14
13 14 15 16 17 18 19      11 12 13 14 15 16 17      15 16 17 18 19 20 21
20 21 22 23 24 25 26      18 19 20 21 22 23 24      22 23 24 25 26 27 28
27 28 29 30               25 26 27 28 29 30 31      29 30

           July                     August                   September
Mo Tu We Th Fr Sa Su      Mo Tu We Th Fr Sa Su      Mo Tu We Th Fr Sa Su
       1  2  3  4  5                      1  2          1  2  3  4  5  6
 6  7  8  9 10 11 12       3  4  5  6  7  8  9       7  8  9 10 11 12 13
13 14 15 16 17 18 19      10 11 12 13 14 15 16      14 15 16 17 18 19 20
20 21 22 23 24 25 26      17 18 19 20 21 22 23      21 22 23 24 25 26 27
27 28 29 30 31            24 25 26 27 28 29 30      28 29 30
                         31

          October                   November                  December
Mo Tu We Th Fr Sa Su      Mo Tu We Th Fr Sa Su      Mo Tu We Th Fr Sa Su
          1  2  3  4                         1          1  2  3  4  5  6
 5  6  7  8  9 10 11       2  3  4  5  6  7  8       7  8  9 10 11 12 13
12 13 14 15 16 17 18       9 10 11 12 13 14 15      14 15 16 17 18 19 20
19 20 21 22 23 24 25      16 17 18 19 20 21 22      21 22 23 24 25 26 27
26 27 28 29 30 31         23 24 25 26 27 28 29      28 29 30 31
                         30
```

13-10 几个增强 Python 功力的模块

13-10-1 collections 模块

1. defaultdict( )

这个方法可以为新建立的字典设置默认值，它的参数是一个函数，如果参数是 int，则参数相当于是 int( )，默认值会返回 0。如果参数是 list 或 dict，默认值是分别返回 "[ ]" 或 "{ }"。如果省略参数，会返回 None。

程序实例 ch13_33.py：使用 defaultdict( ) 建立字典的应用。

```
1  # ch13_33.py
2  from collections import defaultdict
3  fruits = defaultdict(int)
4  fruits["apple"] = 20
5  fruits["orange"]              # 使用int预设的0
6  print(fruits["apple"])
7  print(fruits["orange"])
8  print(fruits)
```

执行结果

```
==================== RESTART: D:/Python/ch13/ch13_33.py ====================
20
0
defaultdict(<class 'int'>, {'apple': 20, 'orange': 0})
```

除了使用 int、list … 外，也可以自行设计 defaultdict( ) 方法内的函数。

程序实例 ch13_34.py：使用自行设计的函数重新设计程序实例 ch13_33.py。

```
1   # ch13_34.py
2   from collections import defaultdict
3   def price():
4       return 10
5
6   fruits = defaultdict(price)
7   fruits["apple"] = 20
8   fruits["orange"]              # 使用自行设计的price()
9   print(fruits["apple"])
10  print(fruits["orange"])
11  print(fruits)
```

执行结果

```
==================== RESTART: D:/Python/ch13/ch13_34.py ====================
20
10
defaultdict(<function price at 0x02F20420>, {'apple': 20, 'orange': 10})
```

程序实例 ch13_35.py：使用 lambda 重新设计 ch13_34.py。

```
1  # ch13_35.py
2  from collections import defaultdict
3
4  fruits = defaultdict(lambda:10)
5  fruits["apple"] = 20
6  fruits["orange"]                # 使用lambda设置的10
7  print(fruits["apple"])
8  print(fruits["orange"])
9  print(fruits)
```

执行结果　与 ch13_34.py 相同。

当使用 defaultdict(int) 时，也就是参数放 int 时，可以利用此特性建立计数器。

程序实例 ch13_36.py：利用参数是 int 的特性建立计数器。

```
1  # ch13_36.py
2  from collections import defaultdict
3
4  fruits = defaultdict(int)
5  for fruit in ["apple","orange","apple"]:
6      fruits[fruit] += 1
7
8  for fruit, count in fruits.items():
9      print(fruit, count)
```

执行结果

```
==================== RESTART: D:/Python/ch13/ch13_36.py ====================
apple 2
orange 1
```

对于 ch13_36.py 而言，如果改成第 9 章的 dict，使用上述第 6 行的写法会有 KeyError 错误，因为尚未建立该键，必须使用下列方式改写。

程序实例 ch13_37.py：使用传统 dict 字典方式重新设计 ch13_36.py。

```
1   # ch13_37.py
2
3   fruits = {}
4   for fruit in ["apple","orange","apple"]:
5       if not fruit in fruits:
6           fruits[fruit] = 0
7       fruits[fruit] += 1
8
9   for fruit, count in fruits.items():
10      print(fruit, count)
```

执行结果　与 ch13_36.py 相同。

2. Counter( )

这个方法可以将列表元素转成字典的键，字典的值则是元素在列表中出现的次数。留意：此方法所建的数据类型是 Collections.Counter，元素则是字典。

程序实例 ch13_38.py：使用 Counter( ) 将列表转成字典的应用。

```
1  # ch13_38.py
2  from collections import Counter
3
4  fruits = ["apple","orange","apple"]
5  fruitsdict = Counter(fruits)
6  print(fruitsdict)
```

执行结果

```
==================== RESTART: D:/Python/ch13/ch13_38.py ====================
Counter({'apple': 2, 'orange': 1})
```

3. most_common( )

这个 most_common(n) 方法如果省略参数 n，可以参考键 : 值的数量由大排到小返回。n 是设置返回多少个元素。

程序实例 ch13_39.py：most_common( ) 的应用。

```
1  # ch13_39.py
2  from collections import Counter
3
4  fruits = ["apple","orange","apple"]
5  fruitsdict = Counter(fruits)
6  myfruits1 = fruitsdict.most_common()
7  print(myfruits1)
8  myfruits0 = fruitsdict.most_common(0)
9  print(myfruits0)
10 myfruits1 = fruitsdict.most_common(1)
11 print(myfruits1)
12 myfruits2 = fruitsdict.most_common(2)
13 print(myfruits2)
```

执行结果

```
==================== RESTART: D:/Python/ch13/ch13_39.py ====================
[('apple', 2), ('orange', 1)]
[]
[('apple', 2)]
[('apple', 2), ('orange', 1)]
```

4. Counter 对象的加与减

对于 Counter 对象而言，可以使用加法 + 与减法 -。将两个对象相加，相加的方式是所有元素相加，若是有重复的元素则键的值会相加。或是如果想列出 A 有但 B 没有的元素，可以使用 A－B。

程序实例 ch13_40.py：执行 Counter 对象相加，同时将 fruitsdictA 有的但是 fruitsdictB 没有的列出来。

```
1  # ch13_40.py
2  from collections import Counter
3
4  fruits1 = ["apple","orange","apple"]
5  fruitsdictA = Counter(fruits1)
6  fruits2 = ["grape","orange","orange", "grape"]
7  fruitsdictB = Counter(fruits2)
8  # 加法
9  fruitsdictAdd = fruitsdictA + fruitsdictB
10 print(fruitsdictAdd)
11 # 减法
12 fruitsdictSub = fruitsdictA - fruitsdictB
13 print(fruitsdictSub)
```

执行结果

```
==================== RESTART: D:/Python/ch13/ch13_40.py ====================
Counter({'orange': 3, 'apple': 2, 'grape': 2})
Counter({'apple': 2})
```

5. Counter 对象的交集与联集

可以使用 & 当作交集符号，| 是联集符号。联集与加法不一样，它不会将数量相加，只是取多的部分。交集则是取数量少的部分。

程序实例 ch13_41.py：交集与联集的应用。

```
1   # ch13_41.py
2   from collections import Counter
3
4   fruits1 = ["apple","orange","apple"]
5   fruitsdictA = Counter(fruits1)
6   fruits2 = ["grape","orange","orange", "grape"]
7   fruitsdictB = Counter(fruits2)
8   # 交集
9   fruitsdictInter = fruitsdictA & fruitsdictB
10  print(fruitsdictInter)
11  # 联集
12  fruitsdictUnion = fruitsdictA | fruitsdictB
13  print(fruitsdictUnion)
```

执行结果

```
==================== RESTART: D:/Python/ch13/ch13_41.py ====================
Counter({'orange': 1})
Counter({'apple': 2, 'orange': 2, 'grape': 2})
```

6. deque( )

这是数据结构中的双头序列，具有堆栈 stack 与序列 queue 的功能，可以从左右两边增加元素，也可以从左右两边删除元素。pop( ) 方法可以移除右边的元素并返回，popleft( ) 可以移除左边的元素并返回。

程序实例 ch13_42.py：在程序设计中有一个常用的名词"回文（palindrome）"。对于一个字符串，从左右两边往内移动，如果相同就一直比对到中央，如果全部相同就是回文，否则不是回文。

```
1   # ch13_42.py
2   from collections import deque
3
4   def palindrome(word):
5       wd = deque(word)
6       while len(wd) > 1:
7           if wd.pop() != wd.popleft():
8               return False
9       return True
10
11  print(palindrome("x"))
12  print(palindrome("abccba"))
13  print(palindrome("radar"))
14  print(palindrome("python"))
```

执行结果

```
==================== RESTART: D:/Python/ch13/ch13_42.py ====================
True
True
True
False
```

另一种简单的方式是使用 [::-1]，可以将字符串反转，直接比较就可以判断是否回文。

程序实例 ch13_43.py：使用字符串反转判断是否回文。

```
 1  # ch13_43.py
 2  from collections import deque
 3
 4  def palindrome(word):
 5      return word == word[::-1]
 6
 7  print(palindrome("x"))
 8  print(palindrome("abccba"))
 9  print(palindrome("radar"))
10  print(palindrome("python"))
```

执行结果　与 ch13_42.py 相同。

13-10-2　pprint 模块

之前所有程序都是使用 print( ) 做输出，输出原则是在 Python Shell 中输出，一行满了才跳到下一行输出。pprint( ) 的用法与 print( ) 相同，不过 pprint( ) 会执行一行输出一个元素，结果比较容易阅读。

程序实例 ch13_44.py：程序 ch13_27_2.py 输出 sys.path 的数据，当时为了执行结果看起来比较清爽，笔者使用 for 循环方式一次输出一个数据，其实使用 pprint( ) 可以获得几乎同样的结果。下面是比较 print( ) 与 pprint( ) 的结果。

```
 1  # ch13_44.py
 2  import sys
 3  from pprint import pprint
 4  print("使用print")
 5  print(sys.path)
 6  print("使用pprint")
 7  pprint(sys.path)
```

执行结果

```
==================== RESTART: D:/Python/ch13/ch13_44.py ====================
使用print
['D:/Python/ch13', 'C:\\Users\\User\\AppData\\Local\\Programs\\Python\\Python37-
32\\Lib\\idlelib', 'C:\\Users\\User\\AppData\\Local\\Programs\\Python\\Python37-
32\\python37.zip', 'C:\\Users\\User\\AppData\\Local\\Programs\\Python\\Python37-
32\\DLLs', 'C:\\Users\\User\\AppData\\Local\\Programs\\Python\\Python37-32\\lib'
, 'C:\\Users\\User\\AppData\\Local\\Programs\\Python\\Python37-32', 'C:\\Users\\
User\\AppData\\Local\\Programs\\Python\\Python37-32\\lib\\site-packages']
使用pprint
['D:/Python/ch13',
 'C:\\Users\\User\\AppData\\Local\\Programs\\Python\\Python37-32\\Lib\\idlelib',
 'C:\\Users\\User\\AppData\\Local\\Programs\\Python\\Python37-32\\python37.zip',
 'C:\\Users\\User\\AppData\\Local\\Programs\\Python\\Python37-32\\DLLs',
 'C:\\Users\\User\\AppData\\Local\\Programs\\Python\\Python37-32\\lib',
 'C:\\Users\\User\\AppData\\Local\\Programs\\Python\\Python37-32',
 'C:\\Users\\User\\AppData\\Local\\Programs\\Python\\Python37-32\\lib\\site-pack
ages']
```

13-10-3 itertools 模块

1. chain( )

这个方法可以将 chain( ) 参数的元素内容一一迭代出来。

程序实例 ch13_45.py：chain( ) 的应用。

```
1  # ch13_45.py
2  import itertools
3  for i in itertools.chain([1,2,3],('a','d')):
4      print(i)
```

执行结果

```
==================== RESTART: D:/Python/ch13/ch13_45.py ====================
1
2
3
a
d
```

2. cycle( )

这个方法会产生无限迭代。

程序实例 ch13_46.py：cycle( ) 的应用。

```
1  # ch13_46.py
2  import itertools
3  for i in itertools.cycle(('a','b','c')):
4      print(i)
```

执行结果 可以按 Ctrl+C 组合键让程序中断。

```
==================== RESTART: D:/Python/ch13/ch13_46.py ====================
a
b
c
a
b
```

3. accumulate( )

如果 accumulate( ) 只有一个参数，则是列出累计的值。如果 accumulate( ) 有两个参数，则第 2 个参数是函数，可以用此函数列出累计的计算结果。

程序实例 ch13_47.py：accumulate( ) 的应用。

```
1  # ch13_47.py
2  import itertools
3  def mul(x, y):
4      return (x * y)
5  for i in itertools.accumulate((1,2,3,4,5)):
6      print(i)
7
8  for i in itertools.accumulate((1,2,3,4,5),mul):
9      print(i)
```

执行结果

```
==================== RESTART: D:/Python/ch13/ch13_47.py ====================
1
3
6
10
15
1
2
6
24
120
```

13-11 专题——赌场游戏骗局 / 蒙特卡罗模拟 / 文件加密

13-11-1 赌场游戏骗局

　　全球每一家赌场都装潢得很漂亮，各种噱头让我们想一窥内部。其实绝大部分的赌场有关计算机控制的机台都是可以作弊的，读者可以想想如果是依照 1∶1 的比例输赢，赌场哪来的费用支付员工薪资、美丽的装潢。ch13_7.py 设计了赌大小的游戏，程序开始即可以设置庄家的输赢比例，在这种状况下玩家以为自己手气背，其实非也，只是机台已被控制。

程序实例 ch13_48.py：这是 ch13_16.py 的扩充，刚开始玩家有 300 美元赌本，每次赌注是 100 美元，如果猜对赌金增加 100 美元，如果猜错赌金减少 100 美元，赌金没了，或是输入 Q 或 q 则程序结束。

```
1   # ch13_48.py
2   import random                                    # 导入模块random
3   money = 300                                      # 赌金总额
4   bet = 100                                        # 赌注
5   min, max = 1, 100                                # 随机数最小与最大值设定
6   winPercent = int(input("请输入庄家赢的比率(0-100)之间 :"))
7
8   while True:
9       print("欢迎光临 : 目前筹码金额 %d 美元 " % money)
10      print("每次赌注 %d 美元 " % bet)
11      print("猜大小游戏: L或l表示大， S或s表示小，Q或q则程序结束")
12      customerNum = input("= ")                    # 读取玩家输入
13      if customerNum == 'Q' or customerNum == 'q': # 若输入Q或q
14          break                                    # 程序结束
15      num = random.randint(min, max)               # 产生是否让玩家答对的随机数
16      if num > winPercent:                         # 随机数在此区间回应玩家猜对
17          print("恭喜!答对了\n")
18          money += bet                             # 赌金总额增加
19      else:                                        # 随机数在此区间回应玩家猜错
20          print("答错了!请再试一次\n")
21          money -= bet                             # 赌金总额减少
22      if money <= 0:
23          break
24
25  print("欢迎下次再来")
```

执行结果

```
==================== RESTART: D:\Python\ch13\ch13_48.py ====================
请输入庄家赢的比率(0-100)之间 :90
欢迎光临：目前筹码金额 300 美元
每次赌注 100 美元
猜大小游戏: L或l表示大， S或s表示小，Q或q则程序结束
= l
答错了!请再试一次

欢迎光临：目前筹码金额 200 美元
每次赌注 100 美元
猜大小游戏: L或l表示大， S或s表示小，Q或q则程序结束
= l
答错了!请再试一次

欢迎光临：目前筹码金额 100 美元
每次赌注 100 美元
猜大小游戏: L或l表示大， S或s表示小，Q或q则程序结束
= s
答错了!请再试一次

欢迎下次再来
```

13-11-2　蒙特卡罗模拟

可以使用蒙特卡罗模拟计算 PI 值，首先绘制一个外接正方形的圆，圆的半径是 1。

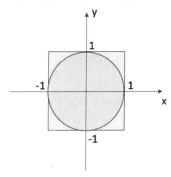

由上图可以知道，矩形面积是 4，圆面积是 PI。

如果现在要产生 1000000 个落在方形内的点，可以由下列公式计算点落在圆内的概率。

$$圆面积 / 矩形面积 = PI / 4$$

$$落在圆内的点个数 (Hits) = 1000000 \times PI / 4$$

如果落在圆内的点个数用 Hits 代替，则可以使用下列方式计算 PI。

$$PI = 4 \times Hits / 1000000$$

程序实例 ch13_49.py：蒙特卡罗模拟随机数计算 PI 值，这个程序会产生 100 万个随机点。

```python
1  # ch13_49.py
2  import random
3
4  trials = 1000000
5  Hits = 0
6  for i in range(trials):
7      x = random.random() * 2 - 1        # x轴坐标
8      y = random.random() * 2 - 1        # y轴坐标
9      if x * x + y * y <= 1:             # 判断是否在圆内
10         Hits += 1
11 PI = 4 * Hits / trials
12
13 print("PI = ", PI)
```

执行结果

```
=================== RESTART: D:\Python\ch13\ch13_49.py ===================
PI =  3.143156
```

13-11-3 再谈文件加密

在 9-8-4 节已经讲解过文件加密，有一个模块 string，这个模块有一个属性是 printable，这个属性可以列出所有 ASCII 的可打印字符。

```
>>> import string
>>> string.printable
'0123456789abcdefghijklmnopqrstuvwxyzABCDEFGHIJKLMNOPQRSTUVWXYZ!"#$%&\'()*+,-./:
;<=>?@[\\]^_`{|}~ \t\n\r\x0b\x0c'
```

上述字符串最大的优点是可以处理所有的文件内容，所以在加密编码时已经可以应用于所有文件。在上述字符中最后几个是转义字符，可以参考 3-4-3 节，在做编码加密时可以将这些字符排除。

```
>>> abc = string.printable[:-5]
>>> abc
'0123456789abcdefghijklmnopqrstuvwxyzABCDEFGHIJKLMNOPQRSTUVWXYZ!"#$%&\'()*+,-./:
;<=>?@[\\]^_`{|}~ '
```

程序实例 ch13_50.py：设计一个加密函数，然后为字符串执行加密，所加密的字符串在第 16 行设置，取材自 1-11 节 Python 之禅的内容。

```
 1  # ch13_50.py
 2  import string
 3
 4  def encrypt(text, encryDict):          # 加密文件
 5      cipher = []
 6      for i in text:                     # 执行每个字符加密
 7          v = encryDict[i]               # 加密
 8          cipher.append(v)               # 加密结果
 9      return ''.join(cipher)             # 将串行转成字符串
10
11  abc = string.printable[:-5]            # 取消不可打印字符
12  subText = abc[-3:] + abc[:-3]          # 加密字符串
13  encry_dict = dict(zip(subText, abc))   # 建立字典
14  print("打印编码字典\n", encry_dict)      # 打印字典
15
16  msg = 'If the implementation is easy to explain, it may be a good idea.'
17  ciphertext = encrypt(msg, encry_dict)
18
19  print("原始字符串 ", msg)
20  print("加密字符串 ", ciphertext)
```

执行结果

可以加密就可以解密，解密的字典基本上是将加密字典的键与值互换即可，如下所示。至于完整的程序设计将是读者的习题。

```
decry_dict = dict(zip(abc, subText))
```

13-11-4　只有自己可以破解的加密程序

上述加密字符间有一定规律，所以若是碰上高手可以破解此加密规则。如果想设计一个只有自己可以破解的加密程序，在程序实例 ch13_50.py 第 12 行可以使用下列方式处理。

```
newAbc = abc[:]                       # 产生新字符串复制
abllist = list(newAbc)                # 字符串转成列表
random.shuffle(abclist)               # 重排列表内容
subText = ''.join(abclist)            # 列表转成字符串
```

上述语句相当于打乱字符的对应顺序，如果这样做就必须将上述 subText 存储至数据库内，也就是保存字符打乱的顺序，否则连你自己未来也无法破解此加密结果。

程序实例 ch13_51.py：无法破解的加密程序，这个程序每次执行都会有不同的加密效果。

```
 1  # ch13_51.py
 2  import string
 3  import random
 4  def encrypt(text, encryDict):         # 加密文件
 5      cipher = []
 6      for i in text:                    # 执行每个字符加密
 7          v = encryDict[i]              # 加密
 8          cipher.append(v)              # 加密结果
 9      return ''.join(cipher)            # 将列表转成字符串
10
11  abc = string.printable[:-5]           # 取消不可打印字符
12  newAbc = abc[:]                       # 产生新字符串复制
13  abclist = list(newAbc)                # 转成列表
14  random.shuffle(abclist)               # 打乱列表顺序
15  subText = ''.join(abclist)            # 转成字符串
16  encry_dict = dict(zip(subText, abc))  # 建立字典
17  print("打印编码字典\n", encry_dict)    # 打印字典
18
19  msg = 'If the implementation is easy to explain, it may be a good idea.'
20  ciphertext = encrypt(msg, encry_dict)
21
22  print("原始字符串 ", msg)
23  print("加密字符串 ", ciphertext)
```

执行结果　下面是两次执行后显示不同的结果。

```
================ RESTART: D:\Python\ch13\ch13_51.py ================
打印编码字典
{'>': '0', '^': '1', 'Q': '2', 'Z': '3', '"': '4', '|': '5', 'L': '6', 'b': '7',
 'm': '8', 'K': '9', 'U': 'a', '3': 'b', 'C': 'c', 'p': 'd', 'c': 'e', 'i': 'f',
 'f': 'g', 'q': 'h', ' ': 'i', '+': 'j', '*': 'k', 'B': 'l', '=': 'm', 'l': 'n',
 'y': 'o', 'N': 'p', 'x': 'q', 'H': 'r', 's': 's', 'V': 't', 'd': 'u', 'w': 'v',
 '@': 'w', 'k': 'x', 'A': 'y', '~': 'z', 'T': 'A', '$': 'B', 'v': 'C', 'F': 'D',
 '8': 'E', '{': 'F', 'M': 'G', '\\': 'H', 'J': 'I', '6': 'J', '"': 'K', 'u': 'L',
 'a': 'M', '<': 'N', '2': 'O', 'W': 'P', 'O': 'Q', '(': 'R', 'g': 'S', 'e': 'T',
 '.': 'U', '&': 'V', '9': 'W', '0': 'X', '%': 'Y', 'G': 'Z', '4': '1', 'n': '2',
 't': '#', 'R': '$', ')': '%', '&': 'i', '}': '"', '?': '(', ')': ')', 'h': '*',
 'S': '+', ')': ')', 'X': '-', '1': '.', '5': '/', ':': ':', ';': ';', '<': '<',
 '#': '=', 'r': '>', '[': '?', ']': '@', 'D': '[', 'l': '\\', 'n': ']', '/': ';',
 '^': ';', 'o': ';', '`': ';', 'Y': ';', 'E': '~', '!': ';' }
原始字符串  If the implementation is easy to explain, it may be a good idea.
加密字符串  )gj#*Tj'8dnT8T]#M#'_]j'sjTMsoj#_jTqdnM']Fj'#j8Moj7TjMjS_uj'uTMU
```

```
原始字符串  If the implementation is easy to explain, it may be a good idea.
加密字符串  ]cbOnc3Y(lnYngbeb38gc3AcneAfcb8cnh(le3g6c3bcYefcdncec~88yc3yneD
```

由上述执行结果可以发现，加密结果更乱、更难理解，如何验证上述加密是正确的，这将是读者的习题。

习题

1. 请扩充 makefood 模块，增加 make_noodle( ) 函数，这个函数的第一个参数是面的种类，例如，牛肉面、肉丝面等，第二到多个参数则是自选配料，然后参考 ch13_2.py 调用方式，产生结果。（13-2 节）

```
===================== RESTART: D:\Python\ex\ex13_1.py =====================
牛肉面 的配料如下：
---   酸菜
---   辣酱
---   葱花
肉丝面 的配料如下：
---   辣酱
---   葱花
```

2. 请建立一个模块，这个模块含 4 个运算的类，分别是加法、减法、乘法和除法，运算完成后需返回结果。基本上每个方法都是含两个参数，运算原则是：

参数 1　op　参数 2

请分别用两组数字测试这个模块。（13-4 节）

```
===================== RESTART: D:\Python\ex\ex13_2.py =====================
请输入运算
1:加法
2:减法
3:乘法
4:除法
输入1/2/3/4: 1
a = 10
b = 5
a + b = 15
```

3. 请重新设计 ch13_15.py，将所猜数值改为 0 ～ 30，增加猜几次才答对，若是输入 Q 或 q，程序可直接结束。（13-5 节）

```
===================== RESTART: D:\Python\ex\ex13_3.py =====================
请猜1~30之间数字: 15
请猜大一些
请猜1~30之间数字: 23
请猜大一些
请猜1~30之间数字: 27
请猜大一些
请猜1~30之间数字: 29
恭喜!答对了
总共猜测 4 次
```

4. 在赌场有掷骰子机器，每次有 3 个骰子，可以压大或小、总计数字或是针对猜对数字获得理赔，请设计一个程序可以每次获得 3 组数字，然后列出结果。（13-5 节）

```
===================== RESTART: D:\Python\ex\ex13_4.py =====================
1 : 随机3组骰子值 : [1, 4, 4]
2 : 随机3组骰子值 : [1, 4, 6]
3 : 随机3组骰子值 : [1, 5, 6]
4 : 随机3组骰子值 : [3, 3, 4]
5 : 随机3组骰子值 : [2, 3, 3]
```

5. 请重新设计 ch13_17.py，每执行一次即将输出的水果从列表内删除，直到 fruits 列表为空。（13-5 节）

```
================== RESTART: D:\Python\ex\ex13_5.py ==================
执行前列表 ：['苹果', '香蕉', '西瓜', '水蜜桃', '百香果']
删除 ： 香蕉
目前列表 ：['苹果', '西瓜', '水蜜桃', '百香果']
删除 ： 百香果
目前列表 ：['苹果', '西瓜', '水蜜桃']
删除 ： 西瓜
目前列表 ：['苹果', '水蜜桃']
删除 ： 水蜜桃
目前列表 ：['苹果']
删除 ： 苹果
目前列表 ：[]
```

6. 重新设计 ch13_17_1.py，产生 600 个 1 ~ 6 的值，最后以排序字典方式列出每个骰子值出现的次数。你的骰子值出现的次数可能和下列结果不同。(13-5 节)

```
================== RESTART: D:/Python/ex/ex13_6.py ==================
1 : 83
2 : 105
3 : 106
4 : 95
5 : 123
6 : 88
```

7. 重新设计 ch13_18_1.py，取得威力彩号码，威力彩普通号与大乐透相同，但是特别号是 1 ~ 8 的数字，这个程序会先列出特别号，再将一般号码由小到大排列。(13-5 节)

```
================== RESTART: D:\Python\ex\ex13_7.py ==================
第1000期威力彩号码
特别号：4
13 19 32 35 42 46
```

8. 请列出目前你所使用的 Python 版本（version, version_info）、平台、窗口版本、可执行文件路径。(13-7 节)

```
================== RESTART: D:\Python\ex\ex13_8.py ==================
目前Python版本是： 3.7.1 (v3.7.1:260ec2c36a, Oct 20 2018, 14:05:16) [MSC v.1
915 32 bit (Intel)]
目前Python版本是： sys.version_info(major=3, minor=7, micro=1, releaselevel=
'final', serial=0)
目前Python平台是： win32
目前Python窗口版本是： sys.getwindowsversion(major=10, minor=0, build=17134, pla
tform=2, service_pack='')
目前Python可执行文件路径 C:\Users\User\AppData\Local\Programs\Python\Python37-32
\pythonw.exe
```

9. 请输入字符串，本程序可以判断是不是 Python 关键词。(13-8 节)

```
================== RESTART: D:\Python\ex\ex13_9.py ==================
输入字符串 ：as
as 是关键词
输入字符串 ：else
else 是关键词
输入字符串 ：ak
ak 不是关键词
输入字符串 ：q
q 不是关键词
```

10. 请重新设计 ch13_31.py，但是将年份和月份改为屏幕输入。(13-9 节)

```
================== RESTART: D:\Python\ex\ex13_10.py ==================
请输入年份 ：2019
请输入月份 ：12
    December 2019
Mo Tu We Th Fr Sa Su
                   1
 2  3  4  5  6  7  8
 9 10 11 12 13 14 15
16 17 18 19 20 21 22
23 24 25 26 27 28 29
30 31
```

11. 扩充程序实例 ch13_50.py，多设计一个解密函数，将加密结果字符串解密。(13-11 节)

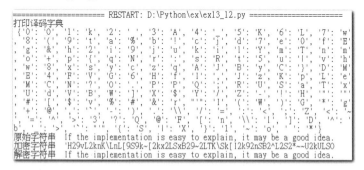

12. 扩充程序实例 ch13_51.py，多设计一个解密函数，将加密结果字符串解密。(13-11 节)

14

第 1 4 章

文件的读取与写入

本章摘要

本章将讲解使用 Python 处理 Windows 操作系统内文件的相关知识，例如，**文件路径的管理、文件的读取与写入、目录的管理、文件压缩与解压缩、认识编码规则**与**剪贴板**的相关应用。

14-1 文件夹与文件路径

有一个文件路径如下：

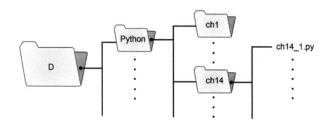

对于 ch14_1.py 而言，它的文件路径是：

```
D:\Python\ch14\ch14_1.py
```

对于 ch14_1.py 而言，它的目前工作**目录**（也可称**文件夹**）名称是：

```
D:\Python\ch14
```

14-1-1 绝对路径与相对路径

在操作系统中可以使用两种方式表达文件路径，下面是以 ch14_1.py 为例。

（1）**绝对路径**：路径从根目录开始表达，例如，若以 14-1 节的文件路径为例，它的绝对路径是：

```
D:\Python\ch14\ch14_1.py
```

（2）**相对路径**：是指相对于目前工作目录的路径，例如，若以 14-1 节的文件路径为例，若是目前工作目录是 D:\Python\ch14，它的相对路径是：

```
ch14_1.py
```

另外，在操作系统处理文件夹的概念中会使用两个特殊符号"."和".."，"."指的是目前文件夹，".."指的是上一层文件夹。但是在使用上，当指目前文件夹时也**可以省略".\"**。所以使用".\ch14_1.py"与"ch14_1.py"意义相同。

14-1-2 os 模块与 os.path 模块

在 Python 内有关文件路径的模块是 os，所以在本节实例最前面均需导入此模块。

```
import os                    # 导入 os 模块
```

在 os 模块内有另一个常用**模块 os.path**，14-1 节主要是使用这两个模块的方法，讲解与文件路径有关的文件夹知识，由于 os.path 是在 os 模块内，所以导入 os 模块后不用再导入 os.path 模块。

14-1-3　取得目前工作目录 os.getcwd( )

os 模块内的 getcwd( ) 可以取得目前工作目录。

程序实例 ch14_1.py：列出目前工作目录。

```
1  # ch14_1.py
2  import os
3
4  print(os.getcwd())                # 列出目前工作目录
```

执行结果

```
==================== RESTART: D:\Python\ch14\ch14_1.py ====================
D:\Python\ch14
```

14-1-4　取得绝对路径 os.path.abspath

os.path 模块内的 abspath(path) 会返回 path 的绝对路径，通常可以使用这个方法将文件或文件夹的相对路径转成绝对路径。

程序实例 ch14_2.py：取得绝对路径的应用。

```
1  # ch14_2.py
2  import os
3
4  print(os.path.abspath('.'))           # 列出目前工作目录的绝对路径
5  print(os.path.abspath('..'))          # 列出上一层工作目录的绝对路径
6  print(os.path.abspath('ch14_2.py'))   # 列出目前文件的绝对路径
```

执行结果

```
==================== RESTART: D:\Python\ch14\ch14_2.py ====================
D:\Python\ch14
D:\Python
D:\Python\ch14\ch14_2.py
```

14-1-5　返回特定路段相对路径 os.path.relpath( )

os.path 模块内的 relpath(path, start) 会返回从 start 到 path 的相对路径，如果省略 start，则返回目前工作目录至 path 的相对路径。

程序实例 ch14_3.py：返回特定路段相对路径的应用。

```
1  # ch14_3.py
2  import os
3
4  print(os.path.relpath('D:\\'))               # 列出目前工作目录至D:\的相对路径
5  print(os.path.relpath('D:\\Python\\ch13'))   # 列出目前工作目录至特定path的相对路径
6  print(os.path.relpath('D:\\', 'ch14_3.py'))  # 列出目前文件至D:\的相对路径
```

执行结果

```
==================== RESTART: D:\Python\ch14\ch14_3.py ====================
..\..
..\ch13
..\..\..
```

14-1-6　检查路径方法 exist/isabs/isdir/isfile

下列是常用的 os.path 模块方法。

exist(path)：如果 path 的文件或文件夹存在，返回 True，否则返回 False。

isabs(path)：如果 path 的文件或文件夹是绝对路径，返回 True，否则返回 False。

isdir(path)：如果 path 是文件夹，返回 True，否则返回 False。

isfile(path)：如果 path 是文件，返回 True，否则返回 False。

程序实例 ch14_4.py：检查路径方法的应用。

```
1   # ch14_4.py
2   import os
3
4   print("文件或文件夹存在 = ", os.path.exists('ch14'))
5   print("文件或文件夹存在 = ", os.path.exists('D:\\Python\\ch14'))
6   print("文件或文件夹存在 = ", os.path.exists('ch14_4.py'))
7   print(" --- ")
8
9   print("是绝对路径 = ", os.path.isabs('ch14_4.py'))
10  print("是绝对路径 = ", os.path.isabs('D:\\Python\\ch14\\ch14_4.py'))
11  print(" --- ")
12
13  print("是文件夹 = ", os.path.isdir('D:\\Python\\ch14\\ch14_4.py'))
14  print("是文件夹 = ", os.path.isdir('D:\\Python\\ch14'))
15  print(" --- ")
16
17  print("是文件 = ", os.path.isfile('D:\\Python\\ch14\\ch14_4.py'))
18  print("是文件 = ", os.path.isfile('D:\\Python\\ch14'))
```

执行结果

```
================== RESTART: D:\Python\ch14\ch14_4.py ==================
文件或文件夹存在 = False
文件或文件夹存在 = True
文件或文件夹存在 = True
 ---
是绝对路径 = False
是绝对路径 = True
 ---
是文件夹 = False
是文件夹 = True
 ---
是文件 = True
是文件 = False
>>>
```

14-1-7　文件与目录的操作 mkdir/rmdir/remove/chdir

这几个方法是在 os 模块内，建议执行下列操作前先用 os.path.exists( ) 检查路径是否存在。

mkdir(path)：建立 path 目录。

rmdir(path)：删除 path 目录，限制只能是空的目录。如果要删除底下有文件的目录需参考 14-5-7 节。

remove(path)：删除 path 文件。

chdir(path)：将目前工作文件夹改至 path。

程序实例 ch14_5.py：使用 mkdir 建立文件夹的应用。

```
1   # ch14_5.py
2   import os
3
4   mydir = 'testch14'
5   # 如果mydir不存在就建立此文件夹
6   if os.path.exists(mydir):
7       print("已经存在 %s " % mydir)
8   else:
9       os.mkdir(mydir)
10      print("建立 %s 文件夹成功" % mydir)
```

执行结果

```
================ RESTART: D:\Python\ch14\ch14_5.py ==================
建立 testch14 文件夹成功
>>>
```

下列是验证 testch14 建立成功的画面。

```
DATA (D:) ▸ Python ▸ ch14
☐ 名稱
  ⤷ testch14
  ⤷ ch14_1
```

程序实例 ch14_6.py：使用 rmdir 删除文件夹的应用。

```python
1   # ch14_6.py
2   import os
3
4   mydir = 'testch14'
5   # 如果mydir存在就删除此文件夹
6   if os.path.exists(mydir):
7       os.rmdir(mydir)
8       print("删除 %s 文件夹成功" % mydir)
9   else:
10      print("%s 文件夹不存在" % mydir)
```

执行结果

```
================ RESTART: D:\Python\ch14\ch14_6.py ==================
testch14 文件夹不存在
>>>
```

程序实例 ch14_7.py：删除指定 path 文件的应用。

```python
1   # ch14_7.py
2   import os
3
4   myfile = 'test.py'
5   # 如果myfile存在就删除此文件
6   if os.path.exists(myfile):
7       os.remove(myfile)
8       print("删除 %s 文件成功" % myfile)
9   else:
10      print("%s 文件不存在" % myfile)
```

执行结果　下列分别是删除文件不存在（左边）和存在（右边）的执行结果。

```
=========== RESTART: D:\Python\ch14\ch14_7.py
test.py 文件不存在
>>>
```

```
=========== RESTART: D:/Python/ch14/test.py
删除 test.py 文件成功
>>>
```

程序实例 ch14_8.py：更改目前工作文件夹，然后再返回原先工作文件夹。

```python
13      print("建立 %s 文件夹成功" % newdir)
14
15  # 将目前工作文件夹改至newdir
16  os.chdir(newdir)
17  print("列出最新工作文件夹 ", os.getcwd())
18
19  # 将目前工作文件夹返回
20  os.chdir(currentdir)
21  print("列出返回工作文件夹 ", currentdir)
```

```
13      print("建立 %s 文件夹成功" % newdir)
14
15  # 将目前工作文件夹改至newdir
16  os.chdir(newdir)
17  print("列出最新工作文件夹 ", os.getcwd())
18
19  # 将目前工作文件夹返回
20  os.chdir(currentdir)
21  print("列出返回工作文件夹 ", currentdir)
```

执行结果

```
==================== RESTART: D:\Python\ch14\ch14_8.py ====================
列出目前工作文件夹   D:\Python\ch14
已经存在 D:\Python
列出最新工作文件夹   D:\Python
列出返回工作文件夹   D:\Python\ch14
>>>
```

14-1-8 返回文件路径 os.path.join( )

这个方法可以将 os.path.join( ) 参数内的字符串结合为一个文件路径，参数可以有两个到多个。

程序实例 ch14_9.py：os.path.join( ) 方法的应用，这个程序会分别用 2、3、4 个参数测试这个方法。

```
1  # ch14_9.py
2  import os
3
4  print(os.path.join('D:\\', 'Python', 'ch14', 'ch14_9.py'))    # 4个参数
5  print(os.path.join('D:\\Python', 'ch14', 'ch14_9.py'))        # 3个参数
6  print(os.path.join('D:\\Python\\ch14', 'ch14_9.py'))          # 2个参数
```

执行结果

```
==================== RESTART: D:\Python\ch14\ch14_9.py ====================
D:\Python\ch14\ch14_9.py
D:\Python\ch14\ch14_9.py
D:\Python\ch14\ch14_9.py
```

程序实例 ch14_10.py：使用 for 循环将一个列表内的文件与一个路径结合。

```
1  # ch14_10.py
2  import os
3
4  files = ['ch14_1.py', 'ch14_2.py', 'ch14_3.py']
5  for file in files:
6      print(os.path.join('D:\\Python\\ch14', file))
```

执行结果

```
==================== RESTART: D:\Python\ch14\ch14_10.py ====================
D:\Python\ch14\ch14_1.py
D:\Python\ch14\ch14_2.py
D:\Python\ch14\ch14_3.py
```

14-1-9 获得特定文件的大小 os.path.getsize( )

这个方法可以获得特定文件的大小。

程序实例 ch14_11.py：获得 ch14_1.py 的文件大小，从执行结果可以知道是 92B。

```
1   # ch14_11.py
2   import os
3
4   # 如果文件在目前工作目录下可以省略路径
5   print(os.path.getsize("ch14_1.py"))
6   print(os.path.getsize("D:\\Python\\ch14\\ch14_1.py"))
```

执行结果

```
==================== RESTART: D:\Python\ch14\ch14_11.py ====================
92
92
```

14-1-10　获得特定工作目录的内容 os.listdir( )

这个方法将以列表方式列出特定工作目录的内容。

程序实例 ch14_12.py：以两种方式列出 D:\Python\ch14 的工作目录内容。

```
1   # ch14_12.py
2   import os
3
4   print(os.listdir("D:\\Python\\ch14"))
5   print(os.listdir("."))                    # 这代表目前工作目录
```

执行结果

```
==================== RESTART: D:/Python/ch14/ch14_12.py ====================
['ch14_1.py', 'ch14_10.py', 'ch14_11.py', 'ch14_12.py', 'ch14_2.py', 'ch14_3.py'
, 'ch14_4.py', 'ch14_5.py', 'ch14_6.py', 'ch14_7.py', 'ch14_8.py', 'ch14_9.py',
'testch14']
['ch14_1.py', 'ch14_10.py', 'ch14_11.py', 'ch14_12.py', 'ch14_2.py', 'ch14_3.py'
, 'ch14_4.py', 'ch14_5.py', 'ch14_6.py', 'ch14_7.py', 'ch14_8.py', 'ch14_9.py',
'testch14']
>>>
```

程序实例 ch14_13.py：列出特定工作目录所有文件的大小。

```
1   # ch14_13.py
2   import os
3
4   totalsizes = 0
5   print("列出D:\\Python\\ch14工作目录的所有文件")
6   for file in os.listdir('D:\\Python\\ch14'):
7       print(file)
8       totalsizes += os.path.getsize(os.path.join('D:\\Python\\ch14', file))
9
10  print("全部文件大小是 = ", totalsizes)
```

执行结果

```
==================== RESTART: D:\Python\ch14\ch14_13.py ====================
列出D:\Python\ch14工作目录的所有文件
ch14_1.py
ch14_10.py
ch14_11.py
ch14_12.py
ch14_13.py
ch14_2.py
ch14_3.py
ch14_4.py
ch14_5.py
ch14_6.py
ch14_7.py
ch14_8.py
ch14_9.py
全部文件大小是 =  3631
>>>
```

14-1-11　获得特定工作目录内容 glob

　　Python 内还有一个模块 glob 可用于列出特定工作目录内容，当导入这个模块后，可以使用 glob 方法获得特定工作目录的内容，这个方法最大的特点是可以使用通配符"*"，例如，可用"*.txt"获得所有 txt 扩展名的文件，"?"可以匹配任意字符，"[abc]"必须是 abc 字符。更多应用可参考下列实例。

程序实例 ch14_14.py：方法 1 是列出所有工作目录下的文件，方法 2 是列出以 ch14_1 开头的扩展名是 py 的文件，方法 3 是列出以 ch14_2 开头的所有文件。

```
 1  # ch14_14.py
 2  import glob
 3
 4  print("方法1:列出\\Python\\ch14工作目录的所有文件")
 5  for file in glob.glob('D:\\Python\\ch14\*.*'):
 6      print(file)
 7
 8  print("方法2:列出目前工作目录的特定文件")
 9  for file in glob.glob('ch14_1*.py'):
10      print(file)
11
12  print("方法3:列出目前工作目录的特定文件")
13  for file in glob.glob('ch14_2*.*'):
14      print(file)
```

执行结果

```
==================== RESTART: D:\Python\ch14\ch14_14.py ====================
方法1:列出\Python\ch14工作目录的所有文件
D:\Python\ch14\ch14_1.py
D:\Python\ch14\ch14_10.py
D:\Python\ch14\ch14_11.py
D:\Python\ch14\ch14_12.py
D:\Python\ch14\ch14_13.py
D:\Python\ch14\ch14_14.py
D:\Python\ch14\ch14_2.py
D:\Python\ch14\ch14_3.py
D:\Python\ch14\ch14_4.py
D:\Python\ch14\ch14_5.py
D:\Python\ch14\ch14_6.py
D:\Python\ch14\ch14_7.py
D:\Python\ch14\ch14_8.py
D:\Python\ch14\ch14_9.py
方法2:列出目前工作目录的特定文件
ch14_1.py
ch14_10.py
ch14_11.py
ch14_12.py
ch14_13.py
ch14_14.py
方法3:列出目前工作目录的特定文件
ch14_2.py
>>>
```

14-1-12　遍历目录树 os.walk( )

　　在 os 模块内提供了一个 os.walk( ) 方法可以遍历目录树，这个方法每次执行循环时将返回以下 3 个值。

　　（1）目前工作目录名称（dirName）。

　　（2）目前工作目录下的子目录列表（sub_dirNames）。

　　（3）目前工作目录下的文件列表（fileNames）。

　　下面是语法格式。

```
for dirName, sub_dirNames, fileNames in os.walk(目录路径):
    程序区块
```

上述 dirName, sub_dirNames, fileNames 名称可以自行命名，顺序则不可以更改，至于**目录路径**可以使用绝对地址或相对地址，**可以使用 os.walk（'.'）代表目前工作目录。**

程序实例 ch14_14_1.py：在范例 D:\Python\ch14 目录下列有一个 oswalk 目录，此目录内容如下。

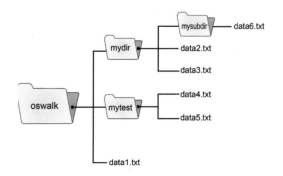

本程序将遍历此 oswalk 目录，同时列出内容。

```
1  # ch14_14_1.py
2  import os
3
4  for dirName, sub_dirNames, fileNames in os.walk('oswalk'):
5      print("目前工作目录名称：   ", dirName)
6      print("目前子目录名称列表: ", sub_dirNames)
7      print("目前文件名列表：     ", fileNames, "\n")
```

执行结果

```
================= RESTART: D:\Python\ch14\ch14_14_1.py =================
目前工作目录名称：   oswalk
目前子目录名称列表: ['mydir', 'mytest']
目前文件名列表：     ['data1.txt']

目前工作目录名称：   oswalk\mydir
目前子目录名称列表: ['mysubdir']
目前文件名列表：     ['data2.txt', 'data3.txt']

目前工作目录名称：   oswalk\mydir\mysubdir
目前子目录名称列表: []
目前文件名列表：     ['data6.txt']

目前工作目录名称：   oswalk\mytest
目前子目录名称列表: []
目前文件名列表：     ['data4.txt', 'data5.txt']
>>>
```

从上述执行结果可以看到，os.walk( ) 将遍历指定目录下的子目录，同时返回子目录列表和文件列表，如果所返回的子目录列表是 [ ] 代表其下没有子目录。

14-2　读取文件

Python 处理读取或写入文件首先需将文件打开，然后可以接收一次读取所有文件内容或是一行一行读取文件内容。Python 可以使用 open( ) 函数打开文件，文件打开后会返回文件对象，未来可用读取此文件对象方式读取文件内容，更多有关 open( ) 函数的内容可参考 4-3-1 节。

14-2-1　读取整个文件 read( )

文件打开后，可以使用 read( ) 读取所打开的文件。使用 read( ) 读取时，所有的文件内容将以一个字符串方式被读取然后存入字符串变量内，未来只要打印此字符串变量相当于可以打印整个文件内容。

在本书文件夹的 ch14 文件夹中有下列 ch14_15.txt 文件。

程序实例 ch14_15.py：读取 ch14_15.txt 文件然后输出，请读者留意程序第 7 行，笔者使用打印一般变量的方式就打印了整个文件。

```
1   # ch14_15.py
2
3   fn = 'ch14_15.txt'            # 设置要打开的文件
4   file_Obj = open(fn)          # 用预设mode=r打开文件,返回调用对象file_Obj
5   data = file_Obj.read()       # 读取文件到变量data
6   file_Obj.close()             # 关闭文件对象
7   print(data)                  # 输出变量data相当于输出文件
```

执行结果

```
==================== RESTART: D:\Python\ch14\ch14_15.py ====================
DeepMind
DeepStone
Deep Learning

>>>
```

上述语句使用 open( ) 打开文件时，建议使用 close( ) 将文件关闭，可参考第 6 行。若是没有关闭也许未来文件内容会有不可预期的损害。

另外，上述程序第 3 和 4 行所打开的文件 ch14_15.txt 没有文件路径，这表示这个文件需与程序文件在相同的工作目录，否则会有找不到这个文件的情况发生。当然设计程序时，也可以在第 3 行直接配置文件的绝对路径，如下所示。

D:\Python\ch14\ch14_15.txt

如果这样，就不必担心数据文件 ch14_15.txt 与程序文件 ch14_15.py 是否在相同目录了。

14-2-2　with 关键词

其实 Python 提供了一个关键词 with，应用在**打开文件**与**建立文件对象**时使用方式如下。

with open（要打开的文件） as 文件对象 :

　　相关系列指令

真正懂 Python 的使用者都是使用这种方式打开文件，最大的特点是可以不必在程序中关闭文件，with 指令会在结束不需要此文件时自动将它关闭，文件经"with open( ) as 文件对象"打开后会有一个文件对象，就可以使用 read( ) 读取此文件对象的内容了。

程序实例 ch14_16.py：使用 with 关键词重新设计 ch14_15.py。

```
1   # ch14_16.py
2
3   fn = 'ch14_15.txt'              # 设置要打开的文件
4   with open(fn) as file_Obj:      # 用默认mode=r打开文件,返回调用对象file_Obj
5       data = file_Obj.read()      # 读取文件到变量data
6       print(data)                 # 输出变量data相当于输出文件
```

执行结果　与 ch14_15.py 相同。

由于整个文件是以字符串方式被读取与存储，所以打印字符串时最后一行的空白行也将显示出来，不过可以使用 rstrip( ) 将 data 字符串变量（文件）末端的空格符删除。

程序实例 ch14_17.py：重新设计 ch14_16.py，但是删除文件末端的空白。

```
1   # ch14_17.py
2
3   fn = 'ch14_15.txt'              # 设置要打开的文件
4   with open(fn) as file_Obj:      # 用默认mode=r打开文件,返回调用对象file_Obj
5       data = file_Obj.read()      # 读取文件到变量data
6       print(data.rstrip())        # 输出变量data相当于输出文件,同时删除末端字符
```

执行结果

```
==================== RESTART: D:\Python\ch14\ch14_17.py ====================
DeepMind
DeepStone
Deep Learning
>>>
```

由执行结果可以看到文件末端不再有空白行了。

14-2-3　逐行读取文件内容

在 Python 中若想逐行读取文件内容，可以使用下列循环。

for line in file_Obj: # line 和 fileObj 可以自行取名, file_Obj 是文件对象

循环相关系列指令

程序实例 ch14_18.py：逐行读取和输出文件。

```
1   # ch14_18.py
2
3   fn = 'ch14_15.txt'              # 设置要打开的文件
4   with open(fn) as file_Obj:      # 用默认mode=r打开文件,返回调用对象file_Obj
5       for line in file_Obj:       # 逐行读取文件到变量line
6           print(line)             # 输出变量line相当于输出一行
```

执行结果

```
==================== RESTART: D:\Python\ch14\ch14_18.py ====================
DeepMind

DeepStone

Deep Learning

>>>
```

因为以记事本编辑的 ch14_15.txt 文本文件每行末端有换行符号，同时 print( ) 在输出时也有一

个换行输出的符号，所以才会得到上述每行输出后有空一行的结果。

程序实例 ch14_19.py：重新设计 ch14_18.py，但是删除每行末端的换行符号。

```
1   # ch14_19.py
2
3   fn = 'ch14_15.txt'          # 设置要打开的文件
4   with open(fn) as file_Obj:  # 用默认mode=r打开文件,返回调用对象file_Obj
5       for line in file_Obj:   # 逐行读取文件到变量line
6           print(line.rstrip()) # 输出变量line相当于输出一行,同时删除末端字符
```

执行结果

```
==================== RESTART: D:\Python\ch14\ch14_19.py ====================
DeepMind
DeepStone
Deep Learning
>>>
```

14-2-4　逐行读取使用 readlines( )

使用 with 关键词配合 open( ) 时，所打开的文件对象目前只在 with 区块内使用，适用在特别是想要遍历此文件对象时。Python 另外有一个方法 readlines( ) 可以采用逐行读取方式，一次读取全部 txt 的内容，同时以列表方式存储，另一个特点是读取时每行的换行字符都会存储在列表内。当然更重要的是可以在 with 区块外遍历原先文件对象内容。

在本书文件夹的 ch14 文件夹有下列 ch14_20.txt 文件。

```
Ming-Chi Institute of Technology
Ming-Chi University of Technology
I Love Ming-Chi
```

程序实例 ch14_20.py：使用 readlines( ) 逐行读取 ch14_20.txt，存入列表，然后打印此列表的结果。

```
1   # ch14_20.py
2
3   fn = 'ch14_20.txt'              # 设置要打开的文件
4   with open(fn) as file_Obj:     # 用默认mode=r打开文件,返回调用对象file_Obj
5       obj_list = file_Obj.readlines() # 每次读一行
6
7   print(obj_list)                # 打印列表
```

执行结果

```
==================== RESTART: D:\Python\ch14\ch14_20.py ====================
['Ming-Chi Institute of Technology\n', 'Ming-Chi University of Technology\n', 'I
 Love Ming-Chi\n', '\n']
>>>
```

由上述执行结果可以看到，在 txt 文件中的换行字符也出现在列表元素内。

程序实例 ch14_21.py：逐行输出 ch14_20.py 所保存的列表内容。

```
1   # ch14_21.py
2
3   fn = 'ch14_20.txt'              # 设置要打开的文件
4   with open(fn) as file_Obj:     # 用默认mode=r打开文件,返回调用对象file_Obj
5       obj_list = file_Obj.readlines() # 每次读一行
6
7   for line in obj_list:
8       print(line.rstrip())       # 打印列表
```

执行结果

```
==================== RESTART: D:\Python\ch14\ch14_21.py ====================
Ming-Chi Institute of Technology
Ming-Chi University of Technology
I Love Ming-Chi
```

14-2-5　数据组合

　　Python 的多功能用途，可以让我们很轻松地组合数据，例如，可以将原先分成 3 行显示的数据，以一个空格或不空格方式显示。

程序实例 ch14_22.py：重新设计 ch14_21.py，将分成 3 行显示的数据用 1 行显示。

```
1   # ch14_22.py
2
3   fn = 'ch14_20.txt'                  # 设置要打开的文件
4   with open(fn) as file_Obj:          # 用默认mode=r打开文件,返回调用对象file_Obj
5       obj_list = file_Obj.readlines() # 每次读一行
6
7   str_Obj = ''                        # 先设为空字符串
8   for line in obj_list:               # 将各行字符串存入
9       str_Obj += line.rstrip()
10
11  print(str_Obj)                      # 打印文件字符串
```

执行结果

```
==================== RESTART: D:\Python\ch14\ch14_22.py ====================
Ming-Chi Institute of TechnologyMing-Chi University of TechnologyI Love Ming-Chi
>>>
```

14-2-6　字符串的替换

　　使用 Word 进行字处理时常常会使用**查找 / 替换**功能，Python 也有这个方法，可以使用新字符串取代旧字符串。

　　字符串对象 .replace（旧字符串 , 新字符串）　　　　# 在字符串对象内，**新字符串**将取代**旧字符串**

程序实例 ch14_23.py：重新设计 ch14_21.py，但是将"工专"改为"科大"。

```
1   # ch14_23.py
2
3   fn = 'ch14_20.txt'                           # 设置要打开的文件
4   with open(fn) as file_Obj:                   # 返回调用物件file_Obj
5       data = file_Obj.read()                   # 读取文件到变量data
6       new_data = data.replace('工专', '科大')  # 新变量存储
7       print(new_data.rstrip())                 # 输出文件
```

执行结果

```
==================== RESTART: D:\Python\ch14\ch14_23.py ====================
Ming-Chi Institute of Technology
Ming-Chi University of Technology
I Love Ming-Chi
>>>
```

14-2-7 数据的查找

使用 Word 软件时也常会有查找功能，使用 Python 这类工作将变得相对简单。在本书文件夹的 ch14 文件夹有下列 sse.txt 文件。

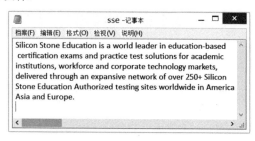

程序实例 ch14_24.py：数据查找的应用。这个程序会读取 sse.txt 文件，然后要求输入要查找的字符串，最后会响应此字符串是否在 sse.txt 文件中。

```
1  # ch14_24.py
2
3  fn = 'sse.txt'                    # 设置要打开的文件
4  with open(fn) as file_Obj:        # 用默认mode=r打开文件,返回调用对象file_Obj
5      obj_list = file_Obj.readlines() # 每次读一行
6
7  str_Obj = ''                      # 先设为空字符串
8  for line in obj_list:             # 将各行字符串存入
9      str_Obj += line.rstrip()
10
11 findstr = input("请输入要查找字符串 = ")
12 if findstr in str_Obj:            # 查找文件是否有要寻找字符串
13     print(" 查找%s 字符串存在 %s 文件中" % (findstr, fn))
14 else:
15     print(" 查找%s 字符串不存在 %s 文件中" % (findstr, fn))
```

执行结果

```
===================== RESTART: D:\Python\ch14\ch14_24.py =====================
请输入要查找字符串 = Stone
查找 Stone 字符串存在 sse.txt 文件中
>>>
===================== RESTART: D:\Python\ch14\ch14_24.py =====================
请输入要查找字符串 = Deep
查找 Deep 字符串不存在 sse.txt 文件中
>>>
```

14-2-8 数据查找使用 find( )

对于字符串的使用，Python 提供了一个 find( ) 方法，这个方法除了可以执行数据查找外，如果查找到数据还会返回数据的**索引位置**，如果没有找到则返回 -1。

```
index = S.find(sub[, start[, end]]) # S 代表被查找的字符串，sub 是要查找字符串
```

index 是如果查找到时**返回的索引值**，start 和 end 代表可以被查找字符串的区间，若是省略表示全部查找，如果没有找到则返回 -1 给 index。

程序实例 ch14_25.py：重新设计 ch14_24.py，当查找到字符串时同时列出字符串所在索引的位置。

```
1   # ch14_25.py
2
3   fn = 'sse.txt'                          # 设置要打开的文件
4   with open(fn) as file_Obj:              # 用默认mode=r打开文件,返回调用对象file_Obj
5       obj_list = file_Obj.readlines()     # 每次读一行
6
7   str_Obj = ''                            # 先设为空字符串
8   for line in obj_list:                   # 将各行字符串存入
9       str_Obj += line.rstrip()
10
11  findstr = input("请输入要查找字符串 = ")
12  index = str_Obj.find(findstr)           # 查找findstr字符串是否存在
13  if index >= 0:                          # 查找文件是否有要寻找字符串
14      print("查找 %s 字符串存在 %s 文件中" % (findstr, fn))
15      print("在索引 %s 位置出现" % index)
16  else:
17      print("查找 %s 字符串不存在 %s 文件中" % (findstr, fn))
```

执行结果

```
==================== RESTART: D:\Python\ch14\ch14_25.py ====================
请输入要查找字符串 = sse
查找 sse 字符串不存在 sse.txt 文件中
>>>
==================== RESTART: D:\Python\ch14\ch14_25.py ====================
请输入要查找字符串 = Stone
查找 Stone 字符串存在 sse.txt 文件中
在索引 8 位置出现
>>>
```

14-2-9　数据查找 rfind( )

rfind( ) 方法可以查找特定子字符串最后一次出现的位置，它的语法如下。

```
index = S.rfind(sub[, start[, end]]) # S 代表被查找字符串 , sub 是要
                                            查找子字符串
```

index 是如果查找到时**返回的索引值**，start 和 end 代表可以被查找字符串的区间，若是省略表示全部查找，如果没有找到则返回 –1 给 index。

程序实例 ch14_25_1.py：在字符串中查找子字符串的应用。

```
1   # ch14_25_1.py
2   msg = '''CIA Mark told CIA Linda that the secret USB
3   had given to CIA Peter'''
4   print("CIA最后出现位置: ", msg.rfind("CIA",0,len(msg)))
```

执行结果

```
==================== RESTART: D:\Python\ch14\ch14_25_1.py ====================
CIA最后出现位置: 57
```

上述第 4 行 rifnd( ) 第 2 个参数 0 代表从头开始查找，第 3 个参数 len(msg) 可以计算原始字符串长度代表查找全部字符串。

14-2-10　分批读取文件数据

在真实的文件读取应用中，如果文件很大时，可能要分批读取文件数据，下面是分批读取文件的应用。

程序实例 ch14_25_2.py：用一次读取 100 字符的方式，读取 sse.txt 文件。

```
1  # ch14_25_2.py
2
3  fn = 'sse.txt'              # 设置要打开的文件
4  chunk = 100
5  msg = ''
6  with open(fn) as file_Obj:  # 用默认mode=r打开文件,返回调用对象file_Obj
7      while True:
8          txt = file_Obj.read(chunk)      # 一次读取chunk数量
9          if not txt:
10             break
11         msg += txt
12 print(msg)
```

执行结果

```
=================== RESTART: D:/Python/ch14/ch14_25_2.py ===================
Silicon Stone Education is a world leader in education-based
 certification exams and practice test solutions for academic
institutions, workforce and corporate technology markets,
delivered through an expansive network of over 250+ Silicon
Stone Education Authorized testing sites worldwide in America,
Asia and Europe.
```

14-3 写入文件

程序设计时一定会碰上要求将执行结果保存起来，此时就可以将执行结果存入文件内。

14-3-1 将执行结果写入空的文件内

打开文件函数 open( ) 使用时**默认**是 mode='r'，即读取文件模式，因此如果打开文件是供读取可以省略 mode='r'。若是要供写入，那么就要设置写入模式 mode='w'，程序设计时可以省略 mode，直接在 open( ) 函数内输入 'w'。如果所打开的文件可以读取或写入，可以使用 'r+'。如果所打开的文件不存在，open( ) 会建立该文件对象，如果所打开的文件已经存在，原文件内容将被清空。

至于输出到文件可以使用 write( ) 方法，语法格式如下。

```
len = 文件对象.write(要输出数据)              # 可将数据输出到文件对象
```

上述方法会返回输出数据的数据长度。

程序实例 ch14_26.py：输出数据到文件的应用。

```
1  # ch14_26.py
2  fn = 'out14_26.txt'
3  string = 'I love Python.'
4
5  with open(fn, 'w') as file_Obj:
6      file_Obj.write(string)
```

执行结果 这个程序在执行时在 Python Shell 窗口中看不到结果，必须到 ch14 工作目录下查看所建的 out14_26.txt 文件，同时打开可以得到下列结果。

程序实例 ch14_26_1.py：重新设计 ch14_26.py，这个程序会返回数据长度。

```
1  # ch14_26_1.py
2  fn = 'out14_26.txt'
3  string = 'I love Python.'
4
5  with open(fn, 'w') as file_Obj:
6      print(file_Obj.write(string))
```

执行结果

```
==================== RESTART: D:/Python/ch14/ch14_26_1.py ====================
14
```

14-3-2　写入数值资料

write( ) 输出时无法输出数值数据，可参考下列错误范例。

程序实例 ch14_27.py：使用 write( ) 输出数值数据产生错误的实例。

```
1  # ch14_27.py
2  fn = 'out14_27.txt'
3  x = 100
4
5  with open(fn, 'w') as file_Obj:
6      file_Obj.write(x)                    # 直接输出数值x产生错误
```

执行结果

```
==================== RESTART: D:\Python\ch14\ch14_27.py ====================
Traceback (most recent call last):
  File "D:\Python\ch14\ch14_27.py", line 6, in <module>
    file_Obj.write(x)                    # 直接输出数值x产生错误
TypeError: write() argument must be str, not int
>>>
```

如果想要使用 write( ) 将数值数据输出，必须使用 str( ) 将数值数据转成字符串数据。

程序实例 ch14_28.py：将数值数据转成字符串数据输出的实例。

```
1  # ch14_28.py
2  fn = 'out14_28.txt'
3  x = 100
4
5  with open(fn, 'w') as file_Obj:
6      file_Obj.write(str(x))          # 使用str(x)输出
```

执行结果　这个程序执行时在 Python Shell 窗口中看不到结果，必须到 ch14 工作目录下查看所建的 out14_28.txt 文件，同时打开可以得到下列结果。

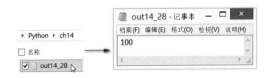

14-3-3　输出多行数据的实例

如果多行数据输出到文件中，设计程序时需留意各行间的换行符号问题，write( ) 不会主动在行的末端加上换行符号，如果有需要需自己处理。

程序实例 ch14_29.py：使用 write( ) 输出多行数据的实例。

```
1  # ch14_29.py
2  fn = 'out14_29.txt'
3  str1 = 'I love Python.'
4  str2 = 'Learn Python from the best book.'
5
6  with open(fn, 'w') as file_Obj:
7      file_Obj.write(str1)
8      file_Obj.write(str2)
```

执行结果　这个程序执行时在 Python Shell 窗口中看不到结果，必须到 ch14 工作目录下查看所建的 out14_29.txt 文件，同时打开可以得到下列结果。

其实输出至文件时可以使用空格或换行符号，以便获得想要的输出结果。

程序实例 ch14_30.py：增加换行符号方式重新设计 ch14_29.py。

```
1  # ch14_30.py
2  fn = 'out14_30.txt'
3  str1 = 'I love Python.'
4  str2 = 'Learn Python from the best book.'
5
6  with open(fn, 'w') as file_Obj:
7      file_Obj.write(str1 + '\n')
8      file_Obj.write(str2 + '\n')
```

执行结果　这个程序执行时在 Python Shell 窗口中看不到结果，必须到 ch14 工作目录下查看所建的 out14_30.txt 文件，同时打开可以得到下列结果。

14-3-4　建立附加文件

建立附加文件主要是可以将文件输出到所打开的文件末端，当以 open( ) 打开时，需增加参数 mode='a' 或是用 "a"（其实 a 是 append 的缩写）。如果用 open( ) 打开文件使用 "a" 参数时，若是所打开的文件不存在，Python 会打开空的文件供写入，如果所打开的文件存在，Python 在执行写入时不会清空原先的文件内容，而是将所写数据附加在原文件末端。

程序实例 ch14_31.py：建立附加文件的应用。

```
1   # ch14_31.py
2   fn = 'out14_31.txt'
3   str1 = 'I love Python.'
4   str2 = 'Learn Python from the best book.'
5
6   with open(fn, 'a') as file_Obj:
7       file_Obj.write(str1 + '\n')
8       file_Obj.write(str2 + '\n')
```

执行结果　本书 ch14 工作目录下没有 out14_31.txt 文件，所以执行第一次时，可以建立 out14_31. txt 文件，然后得到下列结果。

执行第二次时可以得到下列结果。

上述语句只要持续执行，输出数据将持续累积。

14-3-5　文件很长时的分段写入

有时候文件或字符串很长时，也可以用分批写入方式处理。

程序实例 ch14_31_1.py：将一个字符串用每次 100 字符方式写入文件，这个程序也会记录每次写入的字符数，第 2 ～ 11 行的文字取自 1-11 节 Python 之禅的内容。

```
1   # ch14_31_1.py
2   zenofPython = '''Beautiful is better than ugly.
3   Explicit is better than implicits.
4   Simple is better than complex.
5   Flat is better than nested.
6   Sparse is better than desse.
7   Readability counts.
8   Special cases aren't special enough to break the rules.
9   ...
10  ...
11  By Tim Peters'''
12
13  fn = 'out14_31_1.txt'
14  size = len(zenofPython)
15  offset = 0
16  chunk = 100
17  with open(fn, 'w') as file_Obj:
18      while True:
19          if offset > size:
20              break
21          print(file_Obj.write(zenofPython[offset:offset+chunk]))
22          offset += chunk
```

执行结果

```
================== RESTART: D:/Python/ch14/ch14_31_1.py ==================
100
100
52
```

上述语句执行后文件夹中将有 out14_31_1.txt 文件，此文件内容如下。

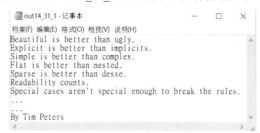

从上述执行结果可以看到，写了 3 次，第 3 次是 52 个字符。

14-4 读取和写入二进制文件

14-4-1 复制二进制文件

一般图文件、语音文件等都是二进制文件，如果要打开二进制文件，在使用 open( ) 时需要使用 'rb'，要写入二进制文件，在使用 open( ) 时需要使用 'wb'。

程序实例 ch14_31_2.py：复制图片文件，图片是二进制文件，这个程序会复制 hung.jpg，新复制的文件是 nhung.jpg。

```
1  # ch14_31_2.py
2  src = 'hung.jpg'
3  dst = 'hung1.jpg'
4  tmp = ''
5
6  with open(src, 'rb') as file_rd:
7      tmp = file_rd.read()
8      with open(dst, 'wb') as file_wr:
9          file_wr.write(tmp)
```

执行结果 本 Python Shell 窗口中不会有任何执行结果，不过可以在 ch14 文件夹下看到 hung.jpg 和 hung1.jpg（这是新复制的文件）。

14-4-2 随机读取二进制文件

在使用 Python 读取二进制文件时，可以随机控制读写指针的位置，也就是可以不必从头开始读取，读了每个字节后才可以读到文件最后位置。整个过程是使用 tell( ) 和 seek( ) 方法，tell( ) 可以返回从文件开头算起，目前读写指针的位置，以字节为单位。seek( ) 方法可以让目前读写指针跳到指定位置，语法如下。

offsetValue = seek(offset, origin)

seek( ) 方法会返回目前读写指针相对整体文件的位移值。其中，origrin 的意义如下。

origin 是 0（预设），读写指针移至开头算起的第 offset 个字节位置。

origin 是 1，读写指针移至目前位置算起的第 offset 个字节位置。

origin 是 2，读写指针移至相对结尾的第 offset 个字节位置。

程序实例 ch14_31_3.py：建立一个 0 ～ 255 的二进制文件。

```
1  # ch14_31_3.py
2  dst = 'bdata'
3  bytedata = bytes(range(0,256))
4  with open(dst, 'wb') as file_dst:
5      file_dst.write(bytedata)
```

执行结果 这只是建立一个 bdata 二进制文件。

程序实例 ch14_31_4.py：随机读取二进制文件的应用。

```
1  # ch14_31_4.py
2  src = 'bdata'
3
4  with open(src, 'rb') as file_src:
5      print("目前位移 : ", file_src.tell())
6      file_src.seek(10)
7      print("目前位移 : ", file_src.tell())
8      data = file_src.read()
9      print("目前内容 : ", data[0])
10     file_src.seek(255)
11     print("目前位移 : ", file_src.tell())
12     data = file_src.read()
13     print("目前内容 : ", data[0])
```

> **执行结果**

```
==================== RESTART: D:/Python/ch14/ch14_31_4.py ====================
目前位移 ：   0
目前位移 ：   10
目前内容 ：   10
目前位移 ：   255
目前内容 ：   255
```

14-5 shutil 模块

这个模块有提供一些方法让我们可以在 Python 程序内执行文件或目录的**复制、删除、更改位置**和**更改名称**。当然在使用前需加上下列加载模块指令。

```
import  shutil          #  加载模块指令
```

14-5-1 文件的复制 copy( )

在 shutil 模块可以使用 copy( ) 执行文件的复制，语法格式如下。

```
shutil.copy(source, destination)
```

上述语句可将 source 文件复制到 destination 目的位置，执行前 source 文件一定要存在，否则会产生错误。另外，这个方法也可以复制二进制文件。

程序实例 ch14_32.py：执行文件复制的应用。

```
1  # ch14_32.py
2  import shutil
3
4  shutil.copy('source.txt', 'dest.txt')          # 目前工作目录文件复制
5  shutil.copy('source.txt', 'D:\\Python')        # 目前工作目录文件复制至D:\Python
6  shutil.copy('D:\\Python\\source.txt', 'D:\\dest.txt') # 不同工作目录文件复制
```

> **执行结果** 这个程序没有列出任何数据，说明如下。

第 4 行，目前工作目录 source.txt 复制一份放在目前工作目录下，文件名是 dest.txt。

第 5 行，目前工作目录 source.txt 使用相同名称复制一份放在 D:\Python。

第 6 行，D:\Python 目录下 source.txt 复制一份放在 D:\ 下，名称是 dest.txt。

14-5-2 目录的复制 copytree( )

copytree( ) 的语法格式与 copy( ) 相同，只不过是复制目录，复制时目录底下的子目录或文件也将被复制。此外，执行前来源目录一定要存在，否则会产生错误。

程序实例 ch14_33.py：目录复制的应用。

```
1  # ch14_33.py
2  import shutil
3
4  shutil.copytree('old14', 'new14')                  # 目前工作目录的目录复制
5  shutil.copytree('D:\\Python\\old14', 'D:\\new14')   # 不同工作目录的目录复制
```

执行结果　这个程序没有列出任何数据，它的说明如下：

第 4 行，目前工作目录 old14 复制一份到目前工作目录，名称是 new14。

第 5 行，D:\Python 复制 old14 目录至 D:\，名称是 new14。

14-5-3　文件的移动 move( )

在 shutil 模块中可以使用 move( ) 执行文件的移动，语法格式如下。

```
shutil.move(source, destination)
```

上述语句可将 source 文件移动到 destination 目的位置，执行前 source 文件一定要存在，否则会产生错误，执行后 source 文件将不再存在。

程序实例 ch14_34.py：将目前目录的 data34.txt 移至目前目录的 test34 子目录。

```
1  # ch14_34.py
2  import shutil
3
4  shutil.move('data34.txt', '.\\test34')  # 移动目前工作目录data34.txt
```

执行结果　执行前目前目录底下需有 test34 子目录，然后可以得到下列结果。

14-5-4　文件名的更改 move( )

在移动过程中如果 destination 路径有含文件名，则可以达到更改文件名称的效果。

程序实例 ch14_35.py：在同目录下更改文件名。

```
1  # ch14_35.py
2  import shutil
3
4  shutil.move('data35.txt', 'out35.txt')  # 更改文件名
```

执行结果　上述程序会将 data35.txt 改名为 out35.txt。

在文件移动过程中若是 destination 的目录不存在，也将造成文件名的更改。

程序实例 ch14_36.py：文件名更改的另一种状况。

```
1  # ch14_36.py
2  import shutil
3
4  shutil.move('data36.txt', 'D:\\Python\\out36')  # out36不存在
```

执行结果　下面是验证结果。

上述语句执行前 D:\Python\out36.txt 不存在，将造成以 D:\Python\out36.txt 存储此文件。

14-5-5　目录的移动 move( )

这个 move( ) 也可以执行目录的移动，在移动时子目录也将随着移动。

程序实例 ch14_37.py：将目前工作目录的子目录 dir37 移至 D:\Python 目录下。

```
1   # ch14_37.py
2   import shutil
3
4   shutil.move('dir37', 'D:\\Python')
```

执行结果　下面是验证结果。

14-5-6　更改目录名称 move( )

如果在移动过程中 destination 的目录不存在，此时就可以达到更改目录名称的目的了，此时甚至路径名称也可能更改。

程序实例 ch14_38.py：将目前子目录 dir38 移动至 D:\Python，同时改名为 out38。

```
1   # ch14_38.py
2   import shutil
3
4   shutil.move('dir38', 'D:\\Python\\out38')
```

执行结果

14-5-7　删除有数据的目录 rmtree( )

os 模块的 rmdir( ) 只能删除空的目录，如果要删除含有数据文件的目录，需使用本节所介绍的rmtree( )。

程序实例 ch14_39.py：删除 dir39 目录，这个目录下有数据文件 data39.txt。

```
1   # ch14_39.py
2   import shutil
3
4   shutil.rmtree('dir39')
```

执行结果　执行后下列 D:\Python\ch14\dir39 将被删除。

14-5-8　安全删除文件或目录 send2trash( )

Python 内建的 shutil 模块在删除文件后就无法复原了，目前有一个第三方的模块 send2trash，执行删除文件或文件夹后是将被删除的文件放在回收站，如果后悔可以撤回。不过在使用此模块前需先下载这个外部模块。可以进入安装 Python 的文件夹，然后在 DOS 环境安装此模块，安装指令如下。

```
pip install send2trash
```

有关安装第 3 方模块的方法可参考附录 B，安装完成后就可以使用下列方式删除文件或目录了。

```
import    send2trash                          # 导入 send2trash 模块
send2trash.send2trash（文件或文件夹）          # 语法格式
```

程序实例 ch14_40.py：删除文件 data40.txt，未来可以在回收站找到此文件。

```
1   # ch14_40.py
2   import send2trash
3
4   send2trash.send2trash('data40.txt')
```

执行结果　下列是回收站中找到此 data40.txt 的结果。

14-6　文件压缩与解压缩

Windows 操作系统有提供功能将一般文件或目录执行压缩，压缩后的扩展名是 zip。Python 内有 zipFile 模块也可以将文件或目录执行压缩以及解压缩。当然程序开头需要加上下列指令导入此模块。

```
import   zipFile
```

14-6-1　执行文件或目录的压缩

执行文件压缩前首先要使用 ZipFile( ) 方法建立一份压缩后的文件名，在这个方法中另外要加上 'w' 参数，注明未来是供 write( ) 方法写入。

```
fileZip = zipfile.ZipFile('out.zip', 'w')    # out.zip 是未来存储压缩结果
```

上述 fileZip 和 out.zip 都可以自由设置名称。fileZip 是**压缩文件对象**，代表的是 out.zip，未来将被压缩的文件数据写入此**对象**，就可以执行将结果存入 out.zip。由于 ZipFile( ) 无法执行整个目录的压缩，不过可用循环方式将目录底下的文件压缩，即可达到压缩整个目录的目的。

程序实例 ch14_41.py：这个程序会将目前工作目录底下的 zipdir41 目录压缩，压缩结果存储在 out41.zip 内。这个程序执行前的 zipdir41 内容如下。

下面是程序内容。

```
1  # ch14_41.py
2  import zipfile
3  import glob, os
4
5  fileZip = zipfile.ZipFile('out41.zip', 'w')
6  for name in glob.glob('zipdir41/*'):          # 遍历zipdir41目录
7      fileZip.write(name, os.path.basename(name), zipfile.ZIP_DEFLATED)
8
9  fileZip.close()
```
                                                              ↑
                                                        说明压缩方式

执行结果 可以在相同目录下得到下列压缩文件 out41。

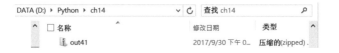

14-6-2　读取 zip 文件

ZipFile 对象有 namelist( ) 方法可以返回 zip 文件内所有被压缩的文件或目录名称，同时以列表方式返回此对象。这个返回的对象可以使用 infolist( ) 方法返回各元素的属性，文件名 filename、文件大小 file_size、压缩结果大小 compress_size、文件时间 data_time。

程序实例 ch14_42.py：将 ch14_41.py 所建的 zip 文件解析，列出所有被压缩的文件，以及文件名、文件大小和压缩结果大小。

```
1  # ch14_42.py
2  import zipfile
3
4  listZipInfo = zipfile.ZipFile('out41.zip', 'r')
5  print(listZipInfo.namelist())          # 以列表列出所有压缩文件
6  print("\n")
7  for info in listZipInfo.infolist():
8      print(info.filename, info.file_size, info.compress_size)
```

执行结果

```
=================== RESTART: D:\Python\ch14\ch14_42.py ===================
['20161024洪錦魁.jpg', 'antarctica2.jpg', 'forZipTest.docx', 'IMG_1658.jpg', 'IMG_803
6.jpg', 'IMG_8096.jpg', 'IMG_8957.JPG']

20161024洪錦魁.jpg 166763 166531
antarctica2.jpg 1440258 1430105
forZipTest.docx 1266045 1252488
IMG_1658.jpg 1478242 1475740
IMG_8036.jpg 2885322 2877251
IMG_8096.jpg 1473764 1471145
IMG_8957.JPG 129424 126337
>>>
```

14-6-3 解压缩 zip 文件

解压缩 zip 文件可以使用 extractall( ) 方法。

程序实例 ch14_43.py：将程序实例 ch14_41.py 所建的 out41.zip 解压缩，同时将压缩结果存入
out43 目录。

```
1   # ch14_43.py
2   import zipfile
3
4   fileUnZip = zipfile.ZipFile('out41.zip')
5   fileUnZip.extractall('out43')
6   fileUnZip.close()
```

执行结果

DATA (D:) ▸ Python ▸ ch14	∨	Ċ	查找 ch14
^ □名称	修改日期		**类型**
□ out43	2017/9/30 下午 1…		**档案资料夹**

14-7 认识编码格式 encode

目前为止所谈到的文本文件（.txt）的打开的编码都是使用 Windows 操作系统的默认方式，文
本模式下常用的编码方式有 utf-8 和 cp950。使用 open( ) 打开文件时，可以增加另一个常用的参数
encoding，open( ) 的语法将如下所示。

```
file_Obj = open(file, mode="r", encoding="cp950")
```

14-7-1 繁体中文 Windows 操作系统记事本默认的编码

打开中文 Windows 操作系统的记事本建立下列文件。

执行"**文件**"→"**另存为**"指令。

在繁体中文 Windows 环境下，上述默认编码是 ANSI，在这个编码格式下，在 Python 的 open( ) 内可以使用预设的 encoding="cp950" 编码，因为这是 Python 预设的所以可以省略此参数。请将上述文件使用默认的 ANSI 编码存至 ansi14_44.txt。

程序实例 ch14_44.py：使用 encoding="950" 打开 ansi14_44.txt，然后输出。

```
1   # ch14_44.py
2
3   fn = 'ansi14_44.txt'                    # 设置要打开的文件
4   file_Obj = open(fn, encoding='cp950')   # 用预设encoding='cp950'打开文件
5   data = file_Obj.read()                  # 读取文件到变量data
6   file_Obj.close()                        # 关闭文件对象
7   print(data)                             # 输出变量data相当于输出文件
```

执行结果

```
===================== RESTART: D:/Python/ch14/ch14_44.py =====================
Python語言
王者歸來

>>>
```

14-7-2 utf-8 编码

utf-8 英文全名是 8-bit Unicode Transformation Format，这是一种适合多语系的编码规则，主要是使用可变长度字节方式存储字符，以节省内存空间。例如，对于英文字母而言是使用 1 字节空间存储即可，对于含有附加符号的希腊文、拉丁文或阿拉伯文等则用两个字节空间存储字符，中文字则是以 3 字节空间存储字符，只有极少数的平面辅助文字需要 4 字节空间存储字符。也就是说，这种编码规则已经包含全球所有语言的字符了，所以采用这种编码方式设计网页时，其他国家的浏览器只要支持 utf-8 编码都可显示。例如，美国人即使使用英文版的 Internet Explorer 浏览器，也可以正常显示中文。

另外，有时我们在网络世界浏览其他国家的网页时，会发生显示乱码情况，主要原因就是对方网页设计师并没有将此属性设为 utf-8。例如，早期最常见的是，简体中文的编码是 gb2312，这种编码方式是以 2 字符组存储一个简体中文字，由于这种编码方式不适用多语系，无法在繁体中文 Windows 环境中使用，如果网页设计师采用此编码，将造成中国香港、中国澳门或中国台湾地区繁体中文 Widnows 的用户在繁体中文窗口环境浏览此网页时出现乱码。

其实 utf-8 是国际通用的编码，如果使用 Linux 或 Max OS，一般也是用国际编码，所以如果打开文件发生错误，请先检查文件的编码格式。打开 ansi14_44.txt 文件，然后执行"**另存为**"命令，此时编码规则请选择 utf-8 编码，将文件存入 utf14_45.txt，如下所示。

程序实例 ch14_45.py：重新设计 ch14_44.py，使用 encoding='950' 打开文件发生错误的实例。

```
1  # ch14_45.py
2
3  fn = 'utf14_45.txt'                           # 设置要打开的文件
4  file_Obj = open(fn, encoding='cp950')         # 用预设encoding='cp950' 打开文件
5  data = file_Obj.read()                        # 读取文件到变量data
6  file_Obj.close()                              # 关闭文件对象
7  print(data)                                   # 输出变量data相当于输出文件
```

执行结果

```
================= RESTART: D:\Python\ch14\ch14_45.py ==================
Traceback (most recent call last):
  File "D:\Python\ch14\ch14_45.py", line 5, in <module>
    data = file_Obj.read()                    # 读取档案到变量data
UnicodeDecodeError: 'cp950' codec can't decode byte 0x9e in position 11: illegal
multibyte sequence
>>>
```

上述结果很明显指出是译码 decode 错误。

程序实例 ch14_46.py：重新设计 ch14_45.py，使用 encoding='utf-8'。

```
1  # ch14_46.py
2
3  fn = 'utf14_45.txt'                           # 设置要打开的文件
4  file_Obj = open(fn, encoding='utf-8')         # 用encoding='utf-8' 打开文件
5  data = file_Obj.read()                        # 读取文件到变量data
6  file_Obj.close()                              # 关闭文件对象
7  print(data)                                   # 输出变量data相当于输出文件
```

执行结果

```
================= RESTART: D:\Python\ch14\ch14_46.py ==================
Python语言
王者归来

>>>
```

14-7-3　认识 utf-8 编码的 BOM

使用中文 Windows 操作系统的记事本以 utf-8 编码时，操作系统会在文件前端增加**字节顺序记号**（Byte Order Mark, BOM），俗称**文件前端代码**，主要功能是判断文字以 Unicode 表示时，字节的排序方式。

程序实例 ch14_47.py：重新设计 ch14_20.py，使用逐行读取方式读取 utf-8 编码格式的 utf14_45.txt 文件，验证 BOM 的存在。

```
1  # ch14_47.py
2
3  fn = 'utf14_45.txt'                           # 设置要打开的文件
4  with open(fn, encoding='utf-8') as file_Obj:  # 打开utf-8文件
5      obj_list = file_Obj.readlines()           # 每次读一行
6
7  print(obj_list)                               # 打印串行
```

执行结果

```
================= RESTART: D:\Python\ch14\ch14_47.py ==================
['\ufeffPython语言\n', '王者归来\n']
>>>
```

从上述执行结果可以看到 \ufeff 字符，其实 u 代表这是 Unicode 编码格式，fe 和 ff 是十六进制的编码格式，代表编码格式。在 utf-8 的编码中有两种编码格式主张，有一派主张数值较大的字节要放在前面，这种方式称为 Big Endian（BE）系统。另一派主张数值较小的字节要放在前面，这种方式称为 Little Endian（LE）系统。目前，Windows 系统的编法是 LE 系统，它的 BOM 内容是 \ufeff，由于目前没有所谓的 \ufffe 内容，所以一般就用 BOM 内容是 \ufeff 代表这是 LE 的编码系统。这两个字符在 Unicode 中不占空间，所以许多时候感觉不到它们的存在。

使用 open( ) 函数时，也可以很明确地使用 encoding='utf-8-sig'，这时即使是逐行读取也可以将 BOM 去除。

程序实例 ch14_48.py：重新设计 ch14_47.py，使用 encoding='utf-8-sig' 格式。

```
1  # ch14_48.py
2
3  fn = 'utf14_45.txt'                            # 设置要打开的文件
4  with open(fn, encoding='utf-8-sig') as file_Obj:  # 打开utf-8文件
5      obj_list = file_Obj.readlines()            # 每次读一行
6
7  print(obj_list)                                # 打印列表
```

执行结果 从执行结果可以看到 \ufeff 字符没有了。

```
==================== RESTART: D:\Python\ch14\ch14_48.py ====================
['Python语言\n', '王者归来\n']
>>>
```

另外有一些专业的文字编辑软件提供使用 utf-8 格式但是去除 BOM 的方式存盘，例如，NotePad 软件，操作时可在菜单栏的"编码"一项中选择"编译成 utf-8 码（文件首无 Bom）"，最后将执行结果存入 utf14_49.txt。

程序实例 ch14_49.py：重新设计 ch14_47.jpy，这次改读取 utf14_49.txt，并观察执行结果，看不到 \ufeff 字符了。

```
1  # ch14_49.py
2
3  fn = 'utf14_49.txt'                            # 设置要打开的文件
4  with open(fn, encoding='utf-8') as file_Obj:   # 打开utf-8文件
5      obj_list = file_Obj.readlines()            # 每次读一行
6
7  print(obj_list)                                # 打印列表
```

执行结果

```
==================== RESTART: D:\Python\ch14\ch14_49.py ====================
['Python语言\n', '王者归来\n']
>>>
```

14-8 剪贴板的应用

剪贴板的功能是属于第三方 pyperclip 模块内，使用前需使用下列方式安装此模块，更多知识可参考附录 B。

```
pip install pyperclip
```
然后在程序前面加上下列导入 pyperclip 模块功能。
```
import pyperclip
```
安装完成后就可以使用下面两个方法。

（1）copy( )：可将列表数据复制至剪贴板。

（2）paste( )：将剪贴板数据复制回字符串变量。

程序实例 ch14_50.py：将数据复制至剪贴板，再将剪贴板数据复制回字符串变量 string，同时打印 string 字符串变量。

```
1   # ch14_50.py
2   import pyperclip
3
4   pyperclip.copy('明志科大-勤劳朴实')        # 将字符串复制至剪贴板
5   string = pyperclip.paste()               # 从剪贴板复制回string
6   print(string)                            # 打印
```

执行结果

```
================== RESTART: D:\Python\ch14\ch14_50.py ==================
明志科大-勤劳朴实
>>>
```

其实上述执行第 4 行后，如果打开剪贴板（可打开 Word 再进入剪贴板功能）可以看到“明志科大 - 勤劳朴实”字符串已经出现在剪贴板中。程序第 5 行则是将剪贴板数据复制至 string 字符串变量，第 6 行则是打印 string 字符串变量。

14-9　专题——分析文件 / 加密文件

14-9-1　以读取文件方式处理分析文件

我们有学过**字符串**、**列表**、**字典**、**设计函数**、**文件打开**与**读取文件**，本节将举一个实例可以应用上述概念。

程序实例 ch14_51.py：有一首两只老虎的儿歌放在 ch14_51.txt 文件内，其实这首耳熟能详的儿歌是法国歌曲，原歌词如下：

这个程序主要是列出每个单词出现的次数，为了简单，全部单词改成小写显示。这个程序将用字典保存执行结果，字典的**键**是单词，字典的**值**是单词出现次数。为了让读者了解本程序的每个步骤，笔者将输出每一个阶段的变化。

```python
1   # ch14_51.py
2   def modifySong(songStr):                # 将歌曲的标点符号用空字符取代
3       for ch in songStr:
4           if ch in ".,?":
5               songStr = songStr.replace(ch,'')
6       return songStr                       # 返回取代结果
7
8   def wordCount(songCount):
9       global mydict
10      songList = songCount.split()         # 将歌曲字符串转成列表
11      print("以下是歌曲列表")
12      print(songList)
13      mydict = {wd:songList.count(wd) for wd in set(songList)}
14
15  fn = "ch14_51.txt"
16  with open(fn) as file_Obj:               # 打开歌曲文件
17      data = file_Obj.read()               # 读取歌曲文件
18      print("以下是所读取的歌曲")
19      print(data)                          # 打印歌曲文件
20
21  mydict = {}                              # 空字典未来储存单字计数结果
22  print("以下是将歌曲大写字母全部改成小写同时将标点符号用空字符取代")
23  song = modifySong(data.lower())
24  print(song)
25
26  wordCount(song)                          # 执行歌曲单词计数
27  print("以下是最后执行结果")
28  print(mydict)                            # 打印字典
```

执行结果

```
==================== RESTART: D:\Python\ch14\ch14_51.py ====================
以下是所读取的歌曲
Are you sleeping, are you sleeping, Brother John, Brother John?
Morning bells are ringing, morning bells are ringing.
Ding ding dong, Ding ding dong.
以下是将歌曲大写字母全部改成小写同时将标点符号用空字符取代
are you sleeping are you sleeping brother john brother john
morning bells are ringing morning bells are ringing
ding ding dong ding ding dong
以下是歌曲列表
['are', 'you', 'sleeping', 'are', 'you', 'sleeping', 'brother', 'john', 'brother
', 'john', 'morning', 'bells', 'are', 'ringing', 'morning', 'bells', 'are', 'rin
ging', 'ding', 'ding', 'dong', 'ding', 'ding', 'dong']
以下是最后执行结果
{'are': 4, 'john': 2, 'ding': 4, 'ringing': 2, 'sleeping': 2, 'dong': 2, 'brothe
r': 2, 'morning': 2, 'bells': 2, 'you': 2}
```

14-9-2 加密文件

13-10-4 已经介绍了加密文件的概念，但是那只是为一个字符串执行加密，更进一步地我们可以设计为一个文件加密，一般文件中有 '\n' 或 '\t' 字符，所以必须在加密与解密字典内增加考虑这两个字符。

程序实例 ch14_52.py：这个程序将加密由 Tim Peters 所写的 "Python 之禅"。首先将此 "Python 之禅" 建立在 ch14 文件夹内，文件名是 zenofPython.txt，然后读取此文件，最后列出加密结果。读者需留意第 11 行，不可打印字符只删除最后 3 个字符。

```
 1  # ch14_52.py
 2  import string
 3
 4  def encrypt(text, encryDict):          # 加密文件
 5      cipher = []
 6      for i in text:                      # 执行每个字符加密
 7          v = encryDict[i]                # 加密
 8          cipher.append(v)                # 加密结果
 9      return ''.join(cipher)              # 将列表转成字符串
10
11  abc = string.printable[:-3]            # 取消不可打印字符
12  subText = abc[-3:] + abc[:-3]          # 加密字符串字符串
13  encry_dict = dict(zip(subText, abc))   # 建立字典
14
15  fn = "zenofPython.txt"
16  with open(fn) as file_Obj:             # 打开文件
17      msg = file_Obj.read()              # 读取文件
18
19  ciphertext = encrypt(msg, encry_dict)
20
21  print("原始字符串")
22  print(msg)
23  print("加密字符串")
24  print(ciphertext)
```

执行结果

```
=================== RESTART: D:\Python\ch14\ch14_52.py ===================
原始字符串
The Zen of Python, by Tim Peters

Beautiful is better than ugly.
Explicit is better than implicit.
Simple is better than complex.
Complex is better than complicated.
Flat is better than nested.
Sparse is better than dense.
Readability counts.
Special cases aren't special enough to break the rules.
Although practicality beats purity.
Errors should never pass silently.
Unless explicitly silenced.
In the face of ambiguity, refuse the temptation to guess.
There should be one-- and preferably only one --obvious way to do it.
Although that way may not be obvious at first unless you're Dutch.
Now is better than never.
Although never is often better than *right* now.
If the implementation is hard to explain, it's a bad idea.
If the implementation is easy to explain, it may be a good idea.
Namespaces are one honking great idea -- let's do more of those!
加密字符串
Wkh0#hqOri0SBwkrq/0eBOWlpOShwhuv22Ehdxwlixo0lv0ehwwhu0wkdq0xjoB;2HAsolflw0lv0ehw
whu0wkdq0lpsolflw;2Vlpsoh0lv0ehwwhu0wkdq0frpsohA;2FrpsohA0lv0ehwwhu0wkdq0frpsolf
dwhg;2Iodw0lv0ehwwhu0wkdq0qhvwhg;2Vsduvh0lv0ehwwhu0wkdq0ghqvh;2Uhdgdelolw0B0frxqw
v;2Vshfldo0fdvhv0duhq*w0vshfldo0hqrxjk0wr0euhdn0wkh0uxohv;2Dowkrxjk0sudfwlfdolwB
0ehdwv0sxulwB;2Huuruv0vkrxog0qhyhu0sdvv0vlohqwoB;2Xqohvv0hAsolflwoB0vlohqfhg;2Lq
0wkh0idfh0ri0dpeljxlwB/0uhixvh0wkh0whpswdwlrq0wr0jxhvv;2Wkhuh0vkrxog0eh0rqh::0dq
g0suhihudeoB0rqoB0rqh0::reylrxv0zdB0wr0gr0lw;2Dowkrxjk0wkdw0zdB0pdB0qrw0eh0reylr
xv0dw0iluvw0xqohvv0Brx*uh0Gxwfk;2Qrz0lv0ehwwhu0wkdq0qhyhu;2Dowkrxjk0qhyhu0lv0riw
hq0ehwwhu0wkdq0*uljkw*0qrz;2Li0wkh0lpsohphqwdwlrq0lv0kdug0wr0hAsodlq/0lw*v0d0edg
0lghd;2Li0wkh0lpsohphqwdwlrq0lv0hdvB0wr0hAsodlq/0lw0pdB0eh0d0jrrg0lghd;2Qdphvsdf
hv0duh0rqh0krqnlqj0juhdw0lghd0::0ohw*v0gr0pruh0ri0wkrvh$
```

如何验证上述加密正确？最好的方式是为上述加密结果解密，这将是读者的习题。

习题

1. 请输入一个目录，如果此目录存在则输出"xxx 已经存在"，如果此目录不存在则先输出"目录不存在"，建立此目录，然后输出"建立此目录"。（14-1 节）

```
========= RESTART: D:\Python\ex\ex14_1.py =========
请输入目录 : abc
abc 已经存在
>>>
========= RESTART: D:\Python\ex\ex14_1.py =========
请输入目录 : abc
abc 已经存在
```

2. 请输入一个文件，如果文件不存在则输出"xxx 文件不存在"，如果文件存在则输出此文件的大小。(14-1 节)

```
========= RESTART: D:\Python\ex\ex14_2.py =========
请输入文件 : ex14_1.py
ex14_1.py : 236
>>>
========= RESTART: D:\Python\ex\ex14_2.py =========
请输入文件 : tmp.py
tmp.py 文件不存在
```

3. 请重新设计 ch14_13.py，输入特定目录，如果此目录不存在，则列出"xxx 此目录不存在"。如果此目录存在，本程序会列出特定目录的所有文件和大小，同时列出此目录所有文件数量和全部大小。(14-1 节)

```
========= RESTART: D:\Python\ex\ex14_3.py =========
请输入目录 : D:\\Python\\ch1
ch1_1.py : 24
ch1_2.py : 62
ch1_3.py : 135
ch1_4.py : 139
全部文件数量是 =  4
全部文件大小是 =  360
>>>
========= RESTART: D:\Python\ex\ex14_3.py =========
请输入目录 : aaa
aaa 目录不存在
```

4. 请更改设计 ch14_7.py，让各行字符串在同一行输出，下列是执行结果。(14-2 节)

```
========= RESTART: D:\Python\ex\ex14_4.py =========
itute of TechnologyMing-Chi University of TechnologyI
```

5. 本章讲解了读取文件的知识，也讲解了写入文件的知识，请设计一个 copy 程序，将一个文件写入另一个文件内。程序执行时会先要求输入原始文件的文件名，然后要求输入目的文件的文件名，程序会将原始文件的内容写入目的文件内。本书 ch14 文件夹有下列测试文件 data14_5.txt。(14-3 节)

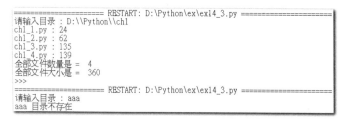

下列是执行示范输出。

执行完后可以在目前文件夹看到 out14_5.txt 文件，它的内容将和 data14_5.txt 相同。(14-3 节)

6. 有 5 个字符串内容如下。(14-3 节)

```
str1 = 'Python'
str2 = 'Author : Jiin-Kwei Hung'
```

```
str3 = 'DeepMind Co.'
str4 = 'DeepStone Corporation'
str5 = 'Deep Learning'
```

请依上述字符串执行下列工作。

（1）分 5 行输出，将执行结果存入 ex14_6_1.txt。

```
Python
Author : Jiin-Kwei Hung
DeepMind Co.
DeepStone Corporation
Deep Learning
```

（2）同一行输出，彼此间不空格，将执行结果存入 ex14_6_2.txt。

```
PythonAuthor : Jiin-Kwei HungDeepMind Co.DeepStone CorporationDeep Learning
```

（3）同一行输出，彼此间空两格，将执行结果存入 ex14_6_3.txt。

```
Python  Author : Jiin-Kwei Hung  DeepMind Co.  DeepStone Corporation  Deep Learning
```

7. 请一次读取 ex14_6_1.txt，然后输出到屏幕。（14-3 节）

```
==================== RESTART: D:\Python\ex\ex14_7.py ====================
Python
Author : Jiin-Kwei Hung
DeepMind Co.
DeepStone Corporation
Deep Learning
```

8. 请一次一行读取 ex14_6_1.txt，然后输出到屏幕。（14-3 节）

```
==================== RESTART: D:\Python\ex\ex14_8.py ====================
Python

Author : Jiin-Kwei Hung

DeepMind Co.

DeepStone Corporation

Deep Learning
```

9. 请一次一行读取 ex14_6_1.txt，然后处理成一行且彼此间不空格，然后输出到屏幕。
（14-3 节）

```
==================== RESTART: D:\Python\ex\ex14_9.py ====================
PythonAuthor : Jiin-Kwei HungDeepMind Co.DeepStone CorporationDeep Learning
```

10. 请参考 ch14_31_2.py，设计 copy 二进制文件，以图文件为实例，其中，来源文件和目标文件必须由屏幕输入。（14-4 节）

```
==================== RESTART: D:\Python\ex\ex14_10.py ====================
请输入来源图文件：hung.jpg
请输入目的图文件：hung1.jpg
```

11. 请参考 ch14_32.py，重新设计上述 ex14_10.py，来源文件和目标文件必须由屏幕输入。
（14-5 节）

```
==================== RESTART: D:\Python\ex\ex14_11.py ====================
请输入来源图文件：hung.jpg
请输入目的图文件：hung2.jpg
```

12. 请参考 ch14_41.py 执行特定目录内容的文件压缩，必须从屏幕输入要压缩的目录，以及存储压缩结果的文件。在习题文件夹下有 zipabc 目录，这个文件夹内容与 ch14 文件夹的 zipdir41 相同，下面是示范输出。(14-6 节)

```
==================== RESTART: D:\Python\ex\ex14_12.py ====================
请输入要压缩的目录 : zipabc
请输入保存压缩文件的名称 : zip14_12.zip
```

上述保存压缩文件的名称是 zip14_12.zip，所以可以在目前目录看到此文件。

13. 请参考 ch14_43.py 执行解压缩文件，读者必须从屏幕输入要解压缩的文件，以及存放的目录位置。(14-6 节)

```
==================== RESTART: D:\Python\ex\ex14_13.py ====================
请输入要解压缩的目录 : zip14_12.zip
请输入存放解压缩的目录 : result
```

14. 请扩充设计 ch14_51.py，这个程序将所有出现的单词按从多到少打印出来。(14-9 节)

```
==================== RESTART: D:/Python/ex/ex14_14.py ====================
ding : 4
are : 4
bells : 2
sleeping : 2
morning : 2
dong : 2
ringing : 2
john : 2
you : 2
brother : 2
```

15. 为 ch14_52.py 所加密的字符串存入 zenofPython_Encry.txt，同时解密所加密的字符串，最后将解密的结果存入 zenofPython_Decry.txt，然后打开文件观察执行结果。

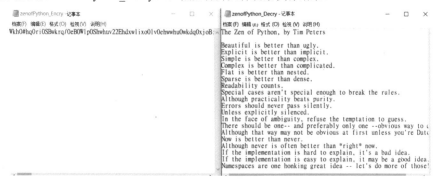